Le Gaz au Liban
Souveraineté et Enjeux

Ce livre a été le sujet d'une thèse de doctorat à l'USJ, Ecole Doctorale Sciences de l'Homme et de la Société – Faculté des Lettres et des Sciences Humaines – département d'Histoire et de Relations Internationales, sous la direction du professeur Carla Eddé.

Charbel A. Skaff

Le Gaz au Liban
Souveraineté et Enjeux

Préface de Carla Eddé

Éditions
Saër Al Mashrek

© **Editions Saër Al Mashrek**, 2020

Jdeidé, Liban
Centre Baylayan, 7ème étage
Tel/fax: +961 1 900624

info@entire-east.com
www.entire-east.com

ISBN: 978-614-451-177-0

Préface

C'est une recherche minutieuse, réellement passionnante, que nous livre aujourd'hui Charbel Skaff sur la gestion par l'Etat libanais de la potentialité de l'existence de gisements de gaz dans les eaux libanaises. La question est particulièrement centrale, étant donné la situation économique du pays.

L'étude se base sur des sources originales, faites de nombreux entretiens avec des acteurs impliqués dans le dossier à un titre ou l'autre, et une abondante exploitation de la presse libanaise et internationale, sans oublier les séminaires spécialisés et rapports sur la question.

L'ouvrage synthétise les découvertes de gisements importants de gaz dans les eaux de plusieurs Etats de la région : l'Egypte, Chypre et Israël. Il détaille les prospections faites au large du Liban par des entreprises internationales. Il analyse surtout la délicate question à laquelle l'Etat libanais se trouve rapidement confronté : celle de la délimitation de ses frontières maritimes. Etant donné l'état de guerre avec Israël et parce qu'il semble difficile de soulever la question avec la Syrie, au vu du conflit qui ravage alors le pays, du fait également de la complexité des relations entre les deux pays, Beyrouth décide d'engager les pourparlers avec Chypre. L'auteur analyse la négociation de l'accord conclu en 2007 et les raisons de sa non-ratification par le Liban en définitive. Il montre qu'une erreur extrêmement préjudiciable est intervenue, qui prive le Liban de centaines de Km² de ses eaux territoriales, au profit de l'ennemi israélien. Les Etats-Unis multiplient les médiations pour un règlement de ce litige sur les frontières maritimes. La Russie, quoique très présente sur la scène, investissant notamment dans le gaz israélien et obtenant de la Syrie des contrats avantageux pour l'avenir, ne propose pas ses bons offices. Pourtant, la compagnie Novatek remporte, avec la compagnie française Total et l'italienne Eni, les appels d'offres pour la prospection. La France et l'Italie consolident ainsi leur poids au Liban, déjà conséquent du fait de leur investissement dans la Finul, à la tête de laquelle Paris et Rome se sont succédé.

Le Liban est aussi placé face à des choix d'alliances à l'échelle régionale. Si Israël, la Grèce et Chypre semblent se diriger vers une coopération accrue, la Turquie multiplie les contacts avec Beyrouth et ambitionne manifestement de se positionner comme le hub régional du passage des oléoducs, concurrencée en cela par l'Egypte. L'Iran s'efforce aussi de sortir de son isolement à travers des alliances régionales, politiques mais aussi énergétiques.

Ces questions stratégiques recoupent les débats politiques internes qui se développent autour de la question. Le dossier du gaz n'échappe pas à la polarisation qui divise la scène politique entre les camps opposés des Huit et Quatorze mars. Ces clivages semblent se doubler dans le cas du gaz d'une lutte entre alliés politiques du même bord, et plus particulièrement entre le Courant patriotique libre (CPL) du Président Michel Aoun et le mouvement Amal du Président du Parlement. Les dissensions politiques bloquent l'adoption des lois dans le secteur gazier pendant plusieurs années.

Sur ces questions comme sur bien d'autres, le Liban n'adopte pas une politique claire, du fait des discordes internes et de ses hésitations. L'auteur montre ainsi clairement dans son bel ouvrage les difficultés du pays à exercer pleinement sa souveraineté.

Pr. Carla Eddé
Vice Recteur aux Relations Internationales de L'USJ

INTRODUCTION

Les ressources naturelles sont indispensables pour assurer le fonctionnement des économies modernes. L'atteinte et le maintien d'un niveau de vie élevé sont impérativement dépendants de l'approvisionnement en ces ressources. Eléments importants de l'économie mondiale, ces ressources marquent notre ère et constituent le socle de la croissance mondiale. Les carburants en particulier, à commencer par le pétrole et le gaz naturel, sont devenus des produits stratégiques parce qu'ils suscitent une demande internationale toujours croissante et qu'ils se font rares. La prospection se poursuit ainsi sans cesse afin de découvrir de nouveaux gisements et les méthodes d'exploitation sont sans cesse développées pour que l'exploitation de gisements d'accès difficile devienne rentable. C'est dans ce contexte que se situent les nouvelles découvertes de gaz en Méditerranée orientale qui appartiennent actuellement à Israël, à l'Egypte et à Chypre et potentiellement au Liban et à la Syrie. Le gaz représente actuellement le quart de la consommation énergétique mondiale, avec un taux de croissance annuelle de 2.5 à 3%[1]. Connue pour ses avantages économiques et écologiques, cette énergie fossile est devenue la plus utilisée après le pétrole depuis 2004.

Indispensables à la vie et synonymes de puissance, les ressources naturelles sont donc des sources classiques de guerre. Pour Razmig Keucheyan, les conflits autour de la nature ne sont pas une nouveauté et les ressources naturelles ont été depuis toujours objet de luttes, dans le cadre de guerres interétatiques ou de guerres civiles[2]. Le lien entre la guerre et les ressources naturelles a été pensé par le géographe David Harvey qui a introduit la notion

---

1- «World Energy Outlook», http://aie.org/WEO/2017, [consulté le 25 août 2017].
2- BADIE, Bertrand, VIDAL, Dominique. *Nouvelles guerres, Comprendre les conflits du 21ᵉ siècle*, Paris la Découverte.2016. 339 p.

d' « accumulation par dépossession[3] » qui désigne l'accaparement par le capitalisme de nouvelles ressources, au besoin, par la force. Dans son ouvrage intitulé *Resource Wars*[4], le chercheur Michael Klare affirme toutefois qu'elles sont devenues les principales raisons de guerre. Selon lui, depuis la fin de la guerre froide en 1990, les conflits sont de moins en moins idéologiques et de plus en plus liés aux enjeux économiques, et à la volonté de contrôler les ressources naturelles dont l'eau, le pétrole et le gaz. Bertrand Badie semble partager cet avis: il affirme que la nature des guerres a profondément changé et qu'au 21ᵉ siècle une minorité d'entre elles peuvent être décrites comme des conflits interétatiques ; la plupart ont pour enjeu le contrôle du pouvoir ou des ressources naturelles[5]. Les « guerres pour les ressources » dont la majorité se présente comme des conflits locaux, condensent des enjeux et des rapports de force qui mobilisent des acteurs nationaux et transnationaux, publics aussi bien que privés. Ainsi, ces guerres redessinent-elles les territoires de la mondialisation[6]. Elles révèlent aussi la puissance d'un Etat, question classique appelée à se renouveler dans la mondialisation actuelle, avec les nouveaux enjeux liés aux frontières en général et aux frontières maritimes en particulier[7].

Il est du moins certain que dans la politique contemporaine, les ressources naturelles constituent un facteur essentiel des relations internationales. Pour les Etats de la Méditerranée orientale concernés, les découvertes de gaz offshore portent en elles des enjeux sur les plans externes et internes avec de possibles répercussions sur les domaines socio-économiques et politiques, militaires et géopolitiques.

Le bassin méditerranéen a été depuis l'Antiquité et jusqu'au 21éme siècle l'un des centres d'échanges internationaux les plus actifs, en particulier du fait

---

3- BADIE, Bertrand, VIDAL, Dominique. *Nouvelles guerres, Comprendre les conflits du 21ᵉ siècle*, Paris la Découverte.2016. 339 p.
4- KLARE, Mickael. *RessourceWars,* New York: Owl Books. 2001. P. 13
5- BADIE, Bertrand, VIDAL, Dominique. *Nouvelles guerres, Comprendre les conflits du 21ᵉ siècle*, Paris la Découverte.2016. p. 39
6- Serfati, Claude, et Philippe Le Billon. « Mondialisation et conflits de ressources naturelles », *Ecologie & politique*, vol. 34, no. 1, 2007, pp. 9-14.
7- ARGOUNES, Fabrice. *Théories de la puissance.* Paris : Biblis Inédit.2018. p 13

de sa position géographique stratégique entre l'Europe, l'Afrique et l'Asie, ce qui a constitué l'un des fondements majeurs de sa prospérité économique[8]. Le terme de Méditerranée est inventé au 19éme siècle pour faire référence à l'étendue de l'eau entre les rives européennes, nord-africaines et asiatiques[9]. En 1829, les savants de l'expédition de Morée mettent en évidence les similarités écologiques et morphologiques qui forment un système. Comme résultat, la Méditerranée est considérée comme catégorie intellectuelle. En 1832, Michel Chevalier fait de cette mer à la fois un espace et une idée[10]. Du côté arabe de la rive, le nom de la Méditerranée est employé en 1830. Rifa'at al-Tahtawi adopte la nomination européenne en parlant de bahr al-mutawassit (mcr au milieu de la terre) et non plus de bahr al-abyad ou du bahr al-rum[11]. Après la bataille de Lépante, les navires européens sillonnent la Méditerranée qui devient un espace presque dominé par les puissances occidentales. Pour la Grande-Bretagne, la Levant Company domine les échanges et pour la France, la Chambre de commerce de Marseille est en charge du commerce et sa marine, présente à Toulon, contrôle cet espace maritime. L'importance géopolitique de la Méditerranée pour les Européens est révélée à partir de 1830. La France établit une alliance avec Mohamad Ali en Egypte ; et avec la Grande-Bretagne et la Russie, elles soutiennent les insurgés grecs contre les Ottomans en 1828. Cette mer devient le prolongement de la route de l'Inde, et s'inscrit sur les cartes de la Grande Bretagne. L'importance géopolitique s'accroit avec la nouvelle perception de cet espace en tant que zone de jonction après l'émergence de l'idée méditerranéenne. Les récentes découvertes de gaz renouvellent ce rôle important et le consolident.

Exposé aux vicissitudes d'une géopolitique compliquée, le Moyen-Orient connaît une multitude de conflits idéologiques, voire militaires depuis plusieurs décennies. La confrontation sunnite-chiite concerne la majorité des pays du Levant. Elle prend des formes différentes et semble être le centre autour duquel se concentre la majorité des problèmes actuels au Moyen-Orient. L'émergence

---

8- CORM, Georges. *La Méditerranée, espace de conflit, espace de rêve*. Paris : l'Harmattan. 2001. p 278
9- LAURENS, Henri et REY Matthieu. *Méditerranées politiques*. Paris : Puf. 2017. P 16
10- Michel Chevalier, Religion saint – simonienne. Système de la Méditerranée, Paris, Fayard, 2006
11- LAURENS, Henri et REY Matthieu. *Méditerranées politiques*. Paris : Puf. 2017. P 16

du Califat de l'Etat islamique en Syrie et en Iraq en juin 2014 complique encore davantage les données avant qu'il ne soit anéantie après avoir commis des atrocités et des crimes abominables. La lutte anti-impérialiste a aussi une base solide dans la région du Proche-Orient où le colonialisme est toujours présent dans les esprits et alimente la dénonciation de l'hégémonie des Etats-Unis dans le Golfe arabo-persique. L'Iran, de son côté, se veut être le chef de file dans la région, avec la Syrie et son allié libanais le Hezbollah, fortement impliqué dans la lutte contre Israël. Cela sans oublier le conflit israélo-palestinien qui se poursuit depuis 1948 et qui ne trouve pas encore une solution équitable pour une paix juste et durable. Les divisions internes libanaises sont en corrélation avec les problèmes de la région notamment la confrontation sunnite-chiite. Ces découvertes peuvent difficilement y échapper dans la mesure où elles ne concernent pas le Liban seulement et que l'intérêt qu'elles suscitent dépasse l'échelle nationale et est de nature à multiplier les implications des forces régionales et internationales. Ces forces trouvent dans l'instabilité de la région, surtout après les révolutions arabes fin 2010, une cause supplémentaire pour l'ingérence.

Les découvertes de gaz en Méditerranée orientale suscitent chez les grandes puissances mondiales un intérêt croissant pour la région. En règle générale, la pratique de ces puissances vise à consolider leurs positions stratégiques. Outre son implication directe dans la résolution du litige libano – israélien, la sixième flotte américaine assure une présence militaire permanente en Méditerranée pour préserver les intérêts des Etats-Unis incluant la conservation des passages énergétiques. La politique de la sécurité énergétique est donc liée à la politique militaire. La stratégie des Etats-Unis consiste à éviter les grandes perturbations et à assurer la libre circulation des grands pétroliers qui acheminent le pétrole et le gaz vers les marchés mondiaux. Ainsi, le problème des frontières du Liban sud avec Israël incite les Etats-Unis à mener depuis 2011 une médiation entre les deux pays, et cela pour la première fois depuis de nombreuses années. De même, la crise syrienne offre l'opportunité à la Russie de s'installer sur le devant de la scène géopolitique au Moyen-Orient. Cette grande puissance accorde une importance capitale à la région orientale de la Méditerranée depuis le règne de Catherine II qui essaya de donner à la Russie un accès libre à cette mer. L'opération militaire lancée en 2015 pour soutenir l'allié syrien a permis la signature de deux accords avec le gouvernement central. Le premier pour la modernisation de la base navale russe à Tartous qui permet à sa flotte d'être présente dans les eaux chaudes de la Méditerranée et le deuxième pour le déploiement à durée indéterminée des forces aérospatiales russes sur la base de Hmeimim dans la province alaouite de Lattaquié. Pour sa part, l'Europe élabore une politique énergétique qui vise à accroître la diversification des sources et des voies d'approvisionnement en gaz. La proximité des gisements du gaz du Liban et de la Méditerranée orientale de l'UE pourra contribuer à diminuer la dépendance énergétique du continent vis-à-vis de la Russie premier fournisseur de l'Europe. Les intérêts et relations historiques consolident la position des compagnies européennes qui sont directement impliquées dans le dossier du gaz libanais sachant qu'elles le sont aussi en Chypre et en Egypte.

Le gaz offshore contribue également aux recompositions des alliances régionales qui se redessinent. L'Egypte et la Turquie représentant les deux passages naturels pour l'exportation du gaz en Méditerranée essayent de consolider leurs rôles et tentent de s'imposer comme acteurs régionaux clés sur le plan énergétique. La position égyptienne est renforcée suite aux découvertes de gisements de gaz sur son sol et dans sa mer dont le plus important est le champ maritime Zohr découvert par la compagnie italienne Eni en 2015. Cependant, depuis 2011, l'Egypte fait face à de profonds changements politiques. Après le soulèvement populaire, le président Hosni Moubarak démissionne. Mohamad Morsi, allié du Président turc Recep Tayyip Erdogan, lui succède favorisant un rapprochement considérable entre les deux pays. L'intervention de l'armée égyptienne met fin au mandat de Morsi en 2013 et le général Abdel Fattah Al Sissi, farouche opposant aux Frères musulmans et à leur allié turc, arrive au pouvoir. Les alliances changent profondément et une course est lancée entre les deux puissances régionales pour la détention des clés de l'exportation des nouvelles ressources découvertes dans un contexte économique interne de plus en plus difficile pour les deux pays. Pour sa part, l'Iran tente de construire un axe chiite énergétique avec l'Irak, la Syrie et le Liban. Il entreprend des actions pour consolider sa présence politique, économique et militaire. Son poids au Liban lui permet d'avoir une influence sur le dossier du gaz et d'accroître ainsi son rôle régional et sa présence sur les côtes de la Méditerranée.

Ainsi, pour le Liban, Etat faible, situé dans une région stratégique et instable, les richesses potentielles en gaz posent-elles de nombreuses questions. Le Liban peut-il surmonter ses divisions internes pour faire avancer un dossier important comme celui du gaz ? Dans quelle mesure les institutions libanaises, dans leur état actuel, sont-elles capables de répondre aux exigences imposées par les nouvelles richesses nationales ? Le gaz représentera-t-il une opportunité pour reconstruire les administrations militaires et civiles du pays ? Aux échelles interne et externe, ces découvertes seront-elles une source de paix ou de guerre ? Ont-elles déjà modifiées la politique étrangère du Liban ? Vont-elles stabiliser la région à l'instar du Golfe arabo-persique où les mers et les passages maritimes sont surveillés par les flottes des grandes puissances, ou au contraire elles contribueront à augmenter l'instabilité au Proche-Orient et au déclenchement de nouveaux conflits et guerres ?

Le défi s'avère particulièrement sensible et crucial à relever pour le Liban, pays ayant historiquement un rôle important dans l'échange méditerranéen. Ce pays a, en effet, du mal à se relever d'une guerre civile de quinze ans (1975-1990). Celle-ci se solde, entre autres conséquences graves, par une double occupation de son territoire : celle d'Israël, avec lequel il est en guerre depuis 1948 ; et la Syrie à laquelle le lie l'arabité et, depuis 1991, plusieurs traités inégaux (dont des traités de défense commune). Il vient tout juste de recouvrer son indépendance après le retrait des armées israélienne en 2000 et syrienne en 2005 quand il se retrouve face aux défis de la possibilité de la présence de gaz offshore. Des études sont menées depuis l'an 2000, en mer libanaise, par des compagnies internationales alors que sont annoncées des découvertes de gaz en Israël, en Egypte et à Chypre. La composition géologique uniforme du bassin levantin consolide l'idée que le Liban, partie intégrante de ce bassin, possède aussi de grandes quantités de gaz dans ses fonds marins même si l'ampleur des quantités libanaises existantes et leur valeur commerciale ne peuvent être déterminées exactement avant le début des explorations. La classe politique libanaise manifeste son enthousiasme pour cette nouvelle richesse, qui apparait au moment opportun, dans un pays menacé de banqueroute en raison de sa dette qui se chiffre fin 2018 à 85,1 milliards de dollars américains[12].

L'extraction du pétrole et du gaz au Liban pose un problème d'une nature bien spécifique vu la constitution politique du pays. Erving Goffman a été l'un des premiers à étudier le concept de l'identité pour caractériser des groupes minoritaires aux Etats-Unis[13]. Les mouvements nationalistes en Europe ont aussi interprété ce concept. Ainsi la vision française basée sur le contrat social s'opposait à l'idée allemande fondée sur le Volksgeist, le droit du sol au droit du sang, la nation révolutionnaire à la nation romantique[14]. Pour Salim Abou, l'identité est une « dialectique vivante du même et de l'autre, où le même est d'autant plus lui-même qu'il est ouvert à l'autre[15] ». En réalité, l'identité du Liban reste une question problématique et un sujet difficile à cerner. Les différentes visions identitaires des communautés ont façonné la conception de l'identité nationale. Le système multiconfessionnel libanais donne son identité au pays tout en menaçant l'unité nationale de manière quasi structurelle. Ainsi, à chaque communauté libanaise correspond-il un mythe pour lequel elle essaie d'avoir des justificatifs historiques qui s'associent à une interprétation différente de l'histoire du pays. Pour Michel Chiha, le Liban est le résultat d'un compromis confessionnel[16]. « Le Liban, écrit-il, est un pays de minorités associées … Il est cela, tacitement ou formellement, depuis le passé le plus lointain. C'est son visage providentiel[17] ». Cette fracture identitaire fragilise le pays et contribue à l'affaiblissement de l'Etat et au mauvais fonctionnement de ses institutions. En réalité, la théorie de l'Etat signifie l'unité des fondements du droit public envisagé comme un système[18]. Les mutations des structures sociales et

---

12-http://finance.gov.lb/enus/Finance/PublicDebt/DebtReports/Documents/Debt%20&%20Debt%20 Markets%20QIV%202018.pdf, [consulté le 5 janvier 2019].

13- Debs, Nayla. « L'identité libanaise, une difficile identité plurielle », *Topique*, vol. 110, no. 1, 2010, pp. 105-116.

14- *Ibid.*

15- Abou S. (2002), *L'identité culturelle*, Beyrouth, Perrin Presse de l'Université St-Joseph, p.52.

16- Chiha M. *Politique intérieure*. Beyrouth, Éd. du Trident. 1964 p.44

17- Chiha M. *Politique intérieure*. Beyrouth, Éd. du Trident. 1964 p.262-263

18- Olivier Jouanjan, Eric Maulin « Introduction - La théorie de l'État entre passé et avenir. Journées en l'honneur de Carrés de Malberg », Jus Politicum, n° 8.

politiques en affinité avec cette forme de pouvoir politique, ont développé cette définition qui s'est enrichie pour inclure la théorie de la constitution, du droit constitutionnel, de la défense des libertés publiques et de la régulation économique et sociale[19]. Antoine Messara élabore une théorie générale des institutions politiques libanaises et montre que la typologie consensuelle n'est pas un régime politique, mais une classification en droit constitutionnel comparé qui comporte de multiples aménagements institutionnels[20]. Le système de pouvoir consensuel partagé entre chefs politico-communautaires a rendu le pouvoir central faible et incapable de sauvegarder la souveraineté de l'État. Cette faiblesse de l'Etat est expliqué par Elisabeth Picard par le fait que le partage communautaire est vécu comme un jeu à somme nulle car la société, segmentée par ses appartenances primordiales et soumise aux chefs des grandes familles qui s'érigent en entrepreneurs d'identité, ne peut promouvoir ses intérêts communs ni nouer des liens de solidarité horizontaux[21]. Les facteurs et les processus qui ont déterminé le succès de l'Etat moderne comme forme de domination politique centralisée n'ont pas trouvé les dynamiques qui donnent sens et cohérence à cette idée dans le contexte libanais.

La potentialité de gaz constitue donc à la fois une opportunité indéniable et un défi certain pour le Liban. Pour être source de richesses pour tous, cette manne doit être explorée d'abord ; seules les grandes entreprises peuvent le faire étant donné les conditions techniques très difficiles puisque le gaz se trouverait profondément enfui au fond de la mer. Les énormes investissements requis ne sauraient se faire sans une certaine stabilité politique, condition qui fait souvent défaut au Liban. Mais la question renvoie aussi aux compétences de l'administration libanaise. La restructuration de l'État et de ses institutions devient une nécessité. Il y a aussi tout un cadre juridique à mettre en place. Le cadre est aussi éminemment politique et géopolitique, et renvoie, entre autres facteurs, à la question de la délimitation des frontières internationales du Liban, sujet de conflits classique au Liban et dans l'ensemble du Moyen-Orient.

Notre recherche s'interroge précisément sur la gestion de ce dossier complexe. Comment l'Etat et le pouvoir libanais ont-ils réagi à la potentialité

19- DELOYE, Yves. *Sociologie historique du politique*. Paris : La découverte. 2017 p 19
20- MESSARA, Antoine, *Théorie générale du système politique libanais*, Paris, Cariscript-Paris, 1994, p 406
21- Picard Elizabeth, La guerre civile au Liban, Violence de masse et Résistance - Réseau de recherche, [en ligne], publié le : 13 Juillet, 2012, accéder le 01/04/2019, https://www.sciencespo.fr/mass-vio-lence-war-massacre-resistance/fr/document/la-guerre-civile-au-liban, ISSN 1961-9898

de gaz dans les zones maritimes nationales ? Cette possibilité a-t-elle permis le renforcement des institutions ? La question se pose pour l'Etat et pour ses différentes administrations civiles et militaires. Cette même recherche étudiera ainsi la définition en 2007 d'une politique pétrolière nationale.

L'Etat libanais lance aussi le processus de délimitation de ses frontières maritimes, condition préalable à toute exploration. Jean Gottmann définit la frontière comme étant « une ligne qui limite l'espace sur lequel s'étend une souveraineté nationale[22] ». Les théoriciens contemporains contestent cette définition et insistent sur les interactions d'échelle locale entre sociétés avoisinantes. Pour Michel Foucher, les frontières sont des discontinuités territoriales, à fonction de marquage politique. En ce sens, il s'agit d'institutions établies par des décisions politiques, concertées ou imposées, et régies par des textes juridiques[23]. L'ordre politique moderne implique la reconnaissance par les autres de frontières d'Etat démarquées, à base territoriale et souveraine. La souveraineté, comme droit légitime exclusif de l'exercice de la violence interne, doit être mutuellement reconnue, depuis le traité de Westphalie en 1648 qui précisa les frontières de neuf Etats et ensembles étatiques. C'est le modèle de base. D'où l'importance des traités frontaliers : au-delà de la délimitation territoriale, il s'agit de forcer une reconnaissance internationale, au nom du principe fondateur dans l'ordre international de l'égalité formelle des Etats.

La question des frontières renvoie à celle de la complexité des relations libano–syriennes, complexité que synthétisent deux faits : la non-délimitation du tracé de frontières et la libre circulation des biens et des personnes entre les deux pays, sans visa ou autres contraintes, presque jusqu'en janvier 2015 (quand l'Etat libanais s'efforce d'organiser le flux de réfugiés fuyant les conflits en Syrie). C'est en particulier la zone des fermes de Chebaa dont l'identité nationale n'est pas clairement établie : ce territoire syrien jusqu'à son occupation par Israël en 1967 est considéré comme libanais par le Liban, revendication mise en avant depuis le retrait israélien du reste du territoire libanais en 2000, et défendue par le Liban dans les instances onusiennes, sachant

---

22- FOUCHER,Michel. *L'obsession des frontières*. Paris : Perrin. 2012. P 15
23- *Ibid.*

que la Syrie n'a ni confirmé ni infirmé cette libanité auprès de l'ONU[24]. Pour exploiter ses richesses gazières, le Liban doit délimiter ses frontières avec ces deux pays.

Le Liban a cru trouver une échappatoire à cette question géopolitique complexe : c'est avec Chypre qu'il signe en 2007 un accord pour la détermination de la ZEE. Mais cet accord, faute de ratification de la part du parlement libanais, n'entre pas en vigueur. Le 10 juillet 2011, Israël adopte officiellement le tracé de sa zone économique exclusive. Le Liban l'accuse d'empiéter sur sa zone économique exclusive maritime[25].

La présence de ressources naturelles accroît les risques de conflit interétatique mais aussi civil selon Collier et Hoeffler (2004) qui ont analysé cinquante-deux guerres civiles qui ont eu lieu entre 1960 et 1999[26]. De plus, selon la même source, la dépendance économique envers les ressources naturelles augmente les risques de guerre civile pendant les cinq années qui suivent l'amplification de cette dépendance, sachant que la relation n'est pas linéaire[27]. Dans le même contexte, Fearon et Laitin démontrent que le risque de guerre civile dans un pays exportateur de pétrole est de 19,1 % contre 9,2 % pour un pays non doté de ressources pétrolières[28]. Le lien entre la présence de ressources naturelles et l'occurrence de conflits a également été analysé par Reynal-Querol. En effet, suite à son étude qui a porté sur l'histoire de 138 pays entre 1960 et 1995, elle conclut que l'abondance en ressources naturelles est l'un des facteurs sources de conflits[29]. Quant à la durée des guerres civiles, Doyle et Sambanis avancent qu'elle est plus longue dans les pays dotés de ressources naturelles[30]. Au Liban, pays qui connaît déjà plusieurs fractures,

---

24- https://www.lorientlejour.com/article/1168207/fermes-de-chebaa-joumblatt-persiste-et-signe-et-ac-cuse-ses-detracteurs-de-legitimer-son-meurtre.html, [consulté le 27 avril 2019].

25- RIZK, Sibyle, « Gaz offshore», *le Commerce du Levant*, août 2011, page 59.

26- Collier P. et Hoeffler A. (2002), « Greed and Grievance in civil wars », Oxford Economics Papers, Vol. 56, No. 4, p. 563-95

27- Hugon, Philippe. « Le rôle des ressources naturelles dans les conflits armés africains », Hérodote, vol. 134, no. 3, 2009, pp. 63-79.

28- *Ibid.*

29- *Ibid.*

30- DOYLE M., SAMBANIS N. (2000), « International peacebuilding: a theoretical and quantitative analysis », American Political Science Review, 94 (4), p. 779-802.

avivées par les crises régionales récentes, notamment celle de la Syrie, et exacerbée par la polarisation de la scène politique, une question primordiale se pose : la présence de ressources naturelles peut-elle contribuer à accroître les fractures existantes et les transformer en guerre civile ?

Certes, il semble que cette manne suscite l'unanimité dans un champ politique fortement polarisé, structuré autour d'une division entre les deux coalitions antagonistes du 8 et 14 mars qui s'affrontent depuis leur émergence en 2005. Le dossier du gaz est une expression explicite des rapports de forces internes entre les partis politiques. Le duel politique a eu des répercussions visibles sur le dossier. Nous étudierons ainsi la gestion interne du dossier du gaz et nous tenterons d'analyser son impact sur les relations entre 8 et 14 mars et dans chacun des deux courants. Le dossier a manifestement fourni une nouvelle occasion de surenchères et de compromis politiques dans les deux camps.

La structure du système politique libanais, le jeu électoral, l'ingérence de la classe politique dans les administrations favorisent des pratiques clientélistes. Le clientélisme est fréquemment associé à la corruption, au népotisme, à l'aliénation de la citoyenneté ; il est l'objet d'une stigmatisation constante[31]. Ces pratiques se donnent à voir également dans la communication politique. Le gaz devient un outil privilégié des campagnes médiatiques des partis politiques qui essayent de convaincre un électorat hésitant qui dénonce de plus en plus les pratiques clientélistes. Philippe Riuotort explique que la communication politique qui vise à légitimer le pouvoir public a colonisé la vie politique moderne sachant que cette forme de communication, au sens moderne, a pris naissance aux Etats-Unis[32].

La potentialité du gaz aura en particulier donné une nouvelle importance au ministère de l'Energie qui se donne à voir à travers l'ample communication que celui-ci pratique autour des études engagées sur la question. Le Courant Patriotique Libre entend dominer ce ministère, se heurtant à la concurrence du chef du législatif. C'est du moins une hypothèse que nous développerons.

31- BRIQUET, Jean Louis et SAWICKI Frédéric. *Le clientélisme politique dans les sociétés contemporaines.* : Politique d'aujourd'hui. 1998. P 4
32- RIUTORT, Philipe. *Sociologie de la communication politique.* Paris : La découverte. 2013 p 127

Par ailleurs, le dossier du gaz est un outil important pour étudier le Liban souverain et les limites de cette souveraineté recouvrée. Certes, le Liban se libère des armées étrangères mais peut-il exercer sa pleine souveraineté ? Il est, de nouveau, reconnu comme acteur par les puissances régionales et internationales, mais est-il est à la hauteur de cette reconnaissance ? Parvient-il à prendre des décisions concernant les litiges frontaliers avec Israël, la Syrie et Chypre ? Peut-il faire partie des alliances régionales qui se dessinent ou répondre aux exigences de la médiation américaine concernant les limites maritimes de sa ZEE ? Les choix de sa politique étrangère reflètent – ils vraiment les lignes directrices qui sont dans l'intérêt suprême de l'Etat ?

Pour répondre à ces questions quant à la capacité du Liban à bénéficier de ses ressources à l'heure de l'indépendance recouvrée et de saisir leurs possibles répercussions sur ses relations au niveau régional et international, nous avons entrepris d'étudier la manière avec laquelle le dossier du gaz a été géré jusqu'ici, et ce dès le début des années 2000 et surtout depuis 2007, par l'Etat et les hommes politiques libanais et jusqu'à 2018; nous nous sommes aussi penché sur la gestion diplomatique de ce dossier pendant la même période.

Pour bien mener notre recherche, nous avons eu recours à de nombreuses sources et informations. Soulignons la difficulté d'accéder à des renseignements sur un sujet d'actualité aussi sensible et sur lequel il y a encore peu d'études académiques.

Nous avons effectué une veille sur la question du gaz dans la presse libanaise, en particulier les quotidiens de langue arabe et de bords politiques différents An-Nahar, *As-Safir*, *Al-Akhbar*, depuis janvier 2011 et jusqu'à la mi-décembre 2017. Nous avons aussi consulté systématiquement pour les années 2011-2018 des revues économiques notamment Le Commerce du Levant. Nous avons aussi consulté quasi quotidiennement la presse israélienne (Haaretz, Jeruzalem post, Ynetnews) et internationale (Le Figaro, Le Monde, Washington Post), ainsi que des sites d'informations (BBC, Russia Today, France 24). Les alarmes et notifications envoyés à notre demande par les sites web des articles liés au sujet nous ont permis un suivi permanent du dossier pendant des années grâce aux moteurs de recherche en français, en anglais et en arabe.

Nous avons aussi effectué une veille systématique sur des sites spécialisés : le site du ministère libanais de l'Energie, celui du programme norvégien Ofd, de l'agence de transparence internationale, du centre libanais pour les études LCPS, du site web spécialisé « Lebanon oil and gaz », et autres.

Nous avons également pratiqué l'observation participante en assistant aux travaux de plusieurs sommets internationaux du pétrole et du gaz qui se sont tenus à Beyrouth en 2012, 2013, 2014, 2015, 2016 et 2017.

Pour compléter, voire décrypter les masses d'informations recueillies, nous avons mené des entrevues avec une vingtaine d'experts et hommes politiques. Nous avons interviewé, à plusieurs reprises, des acteurs politiques ayant un rôle clé dans le dossier tel le chef de l'Autorité de l'énergie Wissam Chbat et plusieurs des membres de cette Autorité comme Gaby Daaboul, juriste spécialiste, et Wissam Dahabi, économiste spécialiste. L'ancien Président de la république, Michel Sleiman, nous a renseigné sur l'évolution du dossier durant son mandat tandis que le conseiller du chef du parlement, Ali Hamdan, nous a expliqué le point de vue du chef du législatif. L'émissaire américain Frederick Hoff nous a révélé les détails de sa médiation entre le Liban et Israël. Les différents conseillers spécialistes du dossier des principaux partis comme le Courant du Futur, les Forces Libanaises, les Kataëb ont aussi accepté d'exprimer leurs points de vue. Les ex-ambassadeurs du Liban aux Etats-Unis, Abdallah Bou Habib et Antoine Chédid, nous ont révélé des détails importants concernant le dossier. Les préparatifs de l'armée libanaise et du ministère de l'Environnement ont été le sujet d'entretien avec un général du ministère de la Défense et avec un responsable du ministère de l'Environnement. Per Lerson, l'un des responsables du programme OfD, nous a parlé de la contribution de la Norvège au dossier.

Ces contacts réguliers ayant souvent créé la confiance avec les interviewés, certains d'entre eux nous ont montré des rapports, cartes et documents confidentiels.

Notre étude s'articule autour de trois parties. La première vise à étudier les perspectives de l'existence du gaz offshore libanais en détaillant les découvertes réalisées jusqu'à présent en Méditerranée orientale. Elle revient sur la délimitation concomitante des frontières maritimes et en particulier le traité libano-chypriote, principal accord international en la matière, et source de difficultés pour le Liban qui n'arrive pas, dans le cadre international, à prouver toute sa souveraineté sur ses frontières maritimes. Cette partie étudie aussi la mise en place du cadre national et notamment de l'Autorité de l'énergie.

La deuxième partie porte sur la gestion interne du dossier. Dans une arène politique extrêmement polarisée, elle montre l'exacerbation des tensions entre les courants politiques libanais et leur volonté de monopoliser le dossier du pétrole et du gaz. Elle analysera les blocages politiques ayant retardé l'avancement du dossier sur fond de fractures confessionnelles, voire des risques d'éclatement d'une guerre civile. De même, elle analysera comment les administrations libanaises les plus concernées se saisissent du dossier.

La troisième et dernière partie porte sur les prolongements régionaux et internationaux des découvertes de gaz en Méditerranée orientale. Elle montre le rôle central de la politique étrangère libanaise qui aura la tâche de faciliter l'ouverture des routes envisagées pour l'exportation du gaz. Elle analyse également l'implication des puissances, en particulier les Etats-Unis, l'Union européenne, la Russie et la Chine. Elle interroge aussi les équilibres régionaux et leurs recompositions en cours, entre la consolidation de la puissance d'Israël par le gaz et les rivalités pour être le chef de file d'un nouvel axe énergétique opposant l'Egypte, la Turquie et l'Iran.

Partie I

Le Liban parmi les nouveaux pays producteurs de gaz

Chapitre 1
Les découvertes prometteuses de gaz offshore en Méditerranée orientale

Le bassin du Levant se situe à l'Est de la Méditerranée et borde les côtes du Liban, d'Israël, de Chypre, de l'Egypte et de la Syrie. Il couvre une zone d'environ 400,000 Km2[33]. Il est limité au nord par le bassin de Tartus, à l'ouest par la montagne sous-marine connue sous le nom de l'Eratosthène, au sud par le cône du delta du Nil et à l'est par la plaque du Levant.

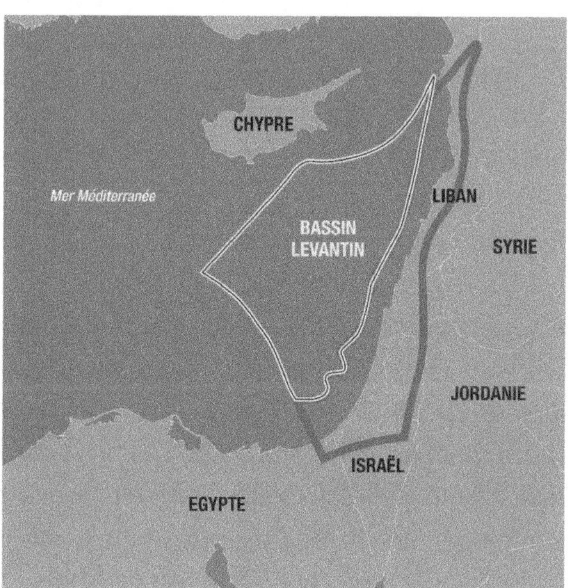

Figure 1 : Localisation du bassin du Levant
(Source: http://pubs.usgs.gov/fs/2010/3014/pdf/FS10-3014.pdf,
consulté le 5 septembre 2010)

33-« Assessment of Undiscovered Oil and Gas Resources of the Levant Basin Province, Eastern Mediterranean», http://pubs.usgs.gov/fs/2010/3014/pdf/FS10-3014.pdf, [consulté le 5 septembre 2012].

Sa composition géologique se caractérise par la présence de nombreuses failles et l'enfoncement des couches sédimentaires sous d'épaisses couches de sel du fait que la Méditerranée a été pendant longtemps une mer fermée. Son potentiel énergétique était très mal connu quand les moyens disponibles ne permettaient pas encore l'exploration dans les grandes profondeurs. Ainsi, les techniques de forages il y a 10 ans permettaient d'atteindre seulement 500 à 600 mètres de profondeur[34], alors que le forage en Méditerranée demande un creusement entre 1500 et 2000 mètres au moins. La situation politique et sécuritaire très instable dans cette région depuis le début du conflit israélo-arabe à la fin des années 1940 rendait la question encore plus compliquée.

Avec le perfectionnement des méthodes de prospection sismique à travers de nouvelles techniques utilisées par les compagnies pétrolières qui permettent de localiser et de délimiter en 2D et 3D les structures géologiques susceptibles de contenir les hydrocarbures, de nouvelles études ont été menées sur le bassin levantin. Les résultats ne se sont pas fait attendre.

1. Les pays arabes et autres

Au début des années 1990, la compagnie britannique British Gas obtient des droits des concessions pour effectuer des forages au large de l'Egypte. Les résultats sont promoteurs, mais la compagnie s'intéresse au secteur énergétique israélien en raison d'un contexte politique plus favorable(35). Le début des prospections dans le bassin levantin remonte à 1999, suite à un accord entre Israël et l'Autorité palestinienne qui a rendu possible l'exploration au large de Gaza. Des découvertes ont été faites par la compagnie britannique British Gas sur les champs de Gaza Marine 1 et 2, sans qu'il soit possible de les exploiter à cause de la flambée de la violence et de l'arrêt du dialogue entre les responsables palestiniens et israéliens , alors que dans la même période, et au large des côtes israéliennes, un champ plus important, Mari B, a été découvert en 1999 (28Mds de m3) par la compagnie américaine Noble Energy, partenaire de l'entreprise israélienne Delek Energy, et son exploitation a été possible

---

34-« Assessment of Undiscovered Oil and Gas Resources of the Levant Basin Province, Eastern Mediterranean», http://pubs.usgs.gov/fs/2010/3014/pdf/FS10-3014.pdf, [consulté le 5 septembre 2012].

35- AMSELLEM, David, « Méditerranée orientale : de l'eau dans le gaz ? », Politique Etrangère, 2016/4, p 61-72.

grâce à la construction d'un gazoduc(36). La production israélienne n'a pas dépassé 1Md de m3/an et l'Etat hébreu a continué à importer des quantités additionnelles de l'Egypte voisine.

1.1. Israël et Chypre

En 2008, on identifie le champ de « Dalit » au large de Haïfa. Mais le véritable tournant eut lieu l'an 2009 avec la découverte d'un nouveau champ proche géographiquement de « Dalit » et connu sous le nom de « Damar », et dont les réserves sont estimées à 170 Mds de m3 à une profondeur de 4900 mètres, sous 1670 mètres d'eau[37]. Selon les experts israéliens, les réserves de ce gisement peuvent suffire aux besoins d'Israël pendant 30 ans. La deuxième grande découverte de 2009 est celle de « Tamar » à 90 km de Haïfa, qui est placé au quatrième rang mondial des découvertes à fort potentiel pour la même année. La révision des premières estimations des réserves de ce champ est portée à 238 Mds de m3, ce qui signifie des milliards de dollars américains[38].

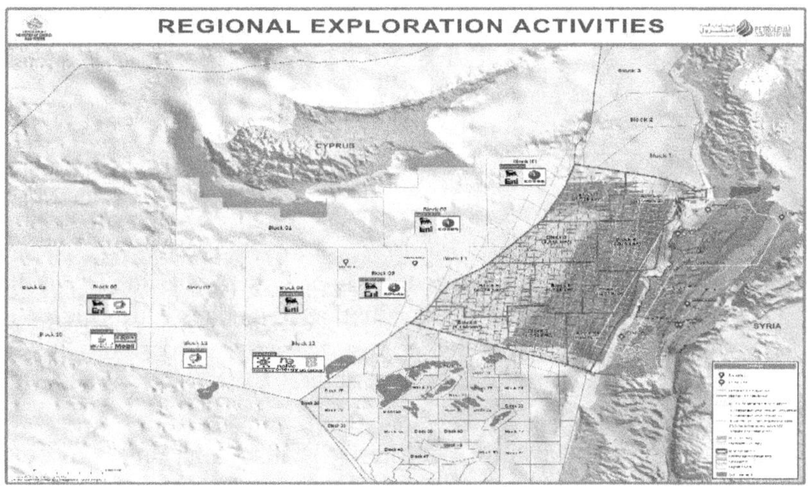

Figure 2 : Localisation des cibles gazières dans le bassin du Levant
(Source : www.lpa.gov.lb, consulté le 10 juin 2017)

36- HAEUT, Jean-Pierre, « Israël membre de l'OPEP », http://www.kbintelligence.com/fileadmin/pdf/Israel.pdf, [consulté le 4 juillet 2016].
37- ALEXANDER, Neta, « New gas discovery in Israel sea», Haaretz, 21 mars 2010.
38- *Ibid.*

En mars 2010, l'US Geological Survey (USGS) dans le cadre d'un programme gouvernemental pour l'estimation des ressources pétrolières et gazières dans les mers du monde, a publié une évaluation des ressources récupérables dans le périmètre de ce bassin[39]. Cette évaluation est basée sur des informations géologiques publiées et sur des données commerciales provenant des divers champs de production. L'approche de l'USGS est de définir des modèles de systèmes pétroliers et d'unités géologiques afin d'évaluer le potentiel de pétrole et de gaz non encore découverts.

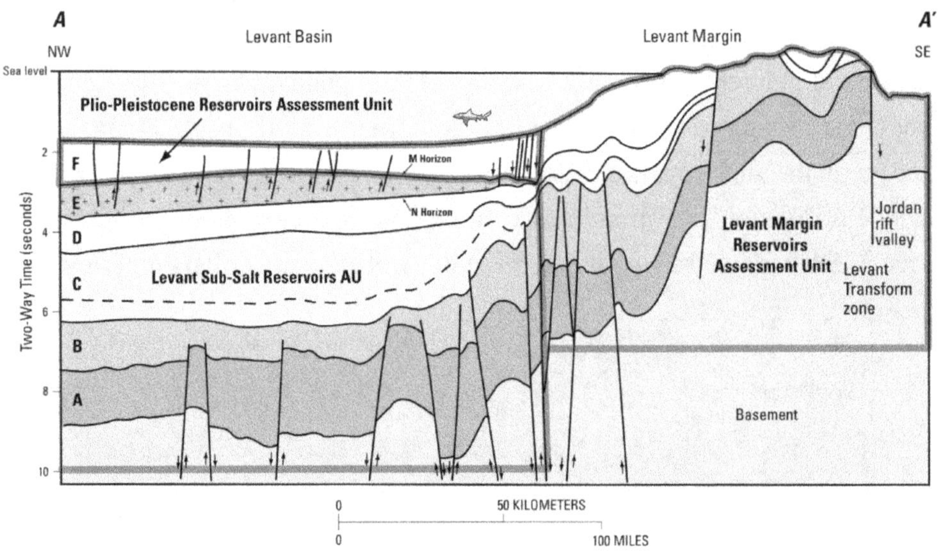

Figure 3 : Coupe géologique de la partie méridionale du bassin du Levant illustrant la définition des trois unités d'évaluation (UA) dans cette étude.
(Source: http://pubs.usgs.gov/fs/2010/3014/pdf/FS10-3014.pdf, consulté le 5 septembre 2010)

Comme le montre la figure numéro 3, les trois unités d'évaluation géologiques définies pour cette étude sont : les réservoirs du Plio-Pléistocène (Plio-Pleistocene Reservoirs), les réservoirs situés sous le sel de la mer (Levant Sub-Salt reservoirs) et les réservoirs de la marge du Levant (Levant Margin Reservoirs). Selon les données du USGS, il y a une probabilité de 95% de trouver au moins 1400 milliards de m3 de gaz, étant donné que « les ressources

---

39-« Assessment of Undiscovered Oil and Gas Resources of the Levant Basin Province, Eastern Mediterranean», http://pubs.usgs.gov/fs/2010/3014/pdf/FS10-3014.pdf, [consulté le 5 septembre 2016].

pétrolières et gazières du bassin du Levant étaient estimées à 1,68 milliards de barils de pétrole, et 3 450 milliards de mètres cubes de gaz[40]».

« La zone du bassin du Levant est à l'image des grandes régions d'exploitation à travers le monde », a souligné un porte-parole du Programme ressources énergétiques de l'USGS, « ses ressources en gaz sont plus importantes que tout ce que nous avons connu aux États-Unis »[41].

Pour l'ensemble de la Méditerranée orientale, l'USGS a évalué le total à 9,700 milliards de mètres cubes de gaz et à 3,4 milliards de barils de pétrole[42]. Une simple comparaison des réserves de quelques bassins dans le monde permet de saisir l'importance des nouvelles découvertes. En effet et toujours selon l'USGS, le bassin de Sibérie occidentale - le plus grand bassin de gaz connu - recèle 18 milliards de mètres cubes de gaz. Le bassin du Rube' Al-Khali compterait 12,062 milliards de mètres cubes de gaz dans le Sud-ouest de l'Arabie Saoudite et le Yémen du Nord ; celui de Ghawar (Great Ghawar Uplift) dans l'Est de l'Arabie saoudite, 6427 milliards de mètres cubes, et dans la chaîne plissée du Zagros le long du Golfe arabo-persique, en Irak et en Iran, 6 003 milliards de mètres cubes[43].

Les résultats de l'USGS sont consolidés par une grande découverte qui confirme la présence de gaz en Méditerranée Orientale. En effet, le 2 juin 2010, la compagnie américaine Noble Energy, partenaire de l'Etat hébreux et exploitant principal de la mer israélienne, annonce la découverte d'un nouveau champ baptisé Léviathan en référence au monstre marin biblique, qui se situe à 130 km au large des côtes de Haïfa, à 2000 mètres au-dessous du sol marin[44]. Noble Energy, avec les trois sociétés israéliennes (Delek Drilling, Avner Oil et Gaz et Ratio) opérant sur le permis de recherche, estiment les réserves à 453 milliards de m3 avec une probabilité de succès dépassant les 50%. La compagnie américaine ne tarde pas à envoyer une plate-forme sur le site et les

---

40-« Assessment of Undiscovered Oil and Gas Resources of the Levant Basin Province, Eastern Mediterranean», http://pubs.usgs.gov/fs/2010/3014/pdf/FS10-3014.pdf, [consulté le 5 septembre 2016].
41-*Ibid.*
42-*Ibid.*
43-*Ibid.*
44-KEDMI, Sharon,«Forward to gas », *Haaretz*, 21 septembre 2011.

opérations de forage commencent en octobre 2010. Le 29 novembre, Ratio Oil, une des compagnies israéliennes partenaires, annonce que le gaz a été atteint là où l'on espérait. Selon le quotidien israélien Haaretz, le Petroleum Council israélien a accordé jusqu'à maintenant 29 licences d'exploitation pour le gaz et le pétrole[45], la licence de Noble Energy couvre 6100 Km2 et celle de Delek couvre 7750 Km2. A la fin de l'année 2015, les réserves totales israéliennes, prouvées ou potentielles, avoisinent les 1500 milliards de mètres cubes de gaz naturel[46].

Année	Champs	Estimation
2004	Mari B	28 milliards de m3
2008	Dalit	16 milliards de m3
2009	Damar	170 milliards de m3
2009	Tamar	238 milliards de m3
2010	Léviathan	453 milliards de m3
2011	Tanin	31 milliards de m3
2012	Sara and Mira	180 milliards de m3
2013	Karish	51 milliards de m3
2014	Royee	91 milliards de m3
2016	Dolphine	2,3 milliards de m3

Tableau 1: liste des champs israéliens
(Source : http://www.lcps-lebanon.org/publications/1436792630/, consulté le 10 avril 2017)

Le gisement Léviathan à lui seul peut faire d'Israël un Etat indépendant au niveau énergétique et lui assure des réserves suffisantes pour plus d'un siècle[47]. Le directeur exécutif de Noble Energy déclare à Bloomberg : « nous avons trouvé des quantités de gaz naturel qui débordent de loin les besoins israéliens, pour cela Israël doit être capable d'exporter pour justifier la suite

---

45-KEDMI, Sharon, «Forward to gas », *Haaretz*, 21 septembre 2011
46-https://www.ifri.org/fr/publications/enotes/notes-de-lifri/risques-politiques-geopolitiques-gouvernance-gaz-israel, [consulté le 16 avril 2017].
47-LEVINSON Charles et CHAZAN Guy, « Big Gas Find Sparks a Frenzy in Israel », *The Wall Street Journal*, 30 décembre 2010.

des explorations[48] ». Le gouvernement de Tel-Aviv commence à élaborer des plans pour devenir un Etat exportateur, adhérer à l'organisation de l'OPEP, et érer au mieux cette nouvelle richesse naturelle créant, à l'image de beaucoup d'autres pays producteurs, un fonds souverain qui investit à long terme dans l'économie nationale[49]. Toujours suivant Bloomberg, les champs découverts jusqu'à présent ont au moins une valeur estimée à 240 milliards de dollars américains.

L'autosuffisance énergétique d'Israël était pendant longtemps impensable, et elle eut des conséquences positives sur l'Etat israélien qui voyait d'un mauvais œil ses voisins arabes submergés par les ressources énergétiques. Cette frustration est formulée sous la forme d'une anecdote de Golda Meir, Premier ministre d'Israël entre 1969 et 1974, qui disait que Moïse avait conduit les enfants d'Israël au seul endroit du Moyen-Orient où il n'y a pas de pétrole[50]. L'instabilité politique de l'Egypte après la révolution égyptienne et la chute du président Hosni Moubarak en 2011, poussent le gouvernement israélien à accélérer l'exploitation de ses propres ressources, alors que l'approvisionnement en gaz provenant de l'Egypte, qui depuis 2008 fournissait 40% de la consommation totale israélienne, ne cesse de diminuer avec les sabotages répétés du gazoduc qui alimente Israël et qui passe par le Sinaï égyptien[51].

Les découvertes de gaz se poursuivent en Israël. Les champs Karish et Tanin, découverts respectivement en 2011 et 2013, ont des ressources en gaz estimées à 2,4 tcf[52]. La compagnie exploratrice Energean Oil & Gas annonce que les deux champs seront développés à l'aide d'une unité flottante de production, de stockage et de déchargement (FPSO : floating production, storage and offloading) afin d'assurer une production rapide conformément

---

48-MOUSSA, Helmi, « Bloomberg : les découvertes de gaz suffissent Israël pour 150 ans », *As-Safir*, 13 mars 2012.

49-« Israël a assez de gaz pour devenir exportateur », http://www.france24.com/en/20101229-israel-has-enought-gaz-become-exporter, [consulté le 29 décembre 2011].

50- SELLEM, Jonathan-Simon, http://jssnews.com/2011/12/08/il-y-a-30-ans-jour-pour-jour-mort-de-golda-meir/, [consulté le 29 décembre 2011].

51- MOUSSA, Helmi, « Bloomberg : les découvertes de gaz suffissent Israël pour 150 ans », *As-Safir*, le 13 mars 2012.

52- http://www.energean.com/wp-content/uploads/2015/01/Karish-Tanin-Israel-March-2017-2.pdf, [consulté le 17 avril 2017].

aux objectifs du gouvernement israélien. Le développement des champs grâce à la technique FPSO permettra à Energean de maximiser le rétablissement des réserves et de minimiser l'impact sur l'environnement. Cela permet également à l'entreprise de traiter, de stocker et de décharger en toute sécurité le pétrole loin de la côte, avec les installations terrestres minimales nécessaires. L'utilisation de la FPSO entraînera la livraison de gaz à des prix compétitifs au bénéfice des consommateurs israéliens et de l'économie nationale. Energean présente son plan de développement sur le terrain (FDP : Formal Field Develoment) pour les deux champs à la mi-2017. Le plan englobe le forage de 3-4 puits pour développer le champ karish et 2-3 puits pour développer le terrain de Tanin. La société a l'intention de produire du gaz en 2020. Le développement de Karish et de Tanin devrait impliquer un investissement d'environ 1,3 à 1,5 milliards de dollars[53]. Mathios Rigas, PDG d'Energean, déclare : « Nous sommes ravis de prendre les actions nécessaires pour développer les deux champs de gaz ce qui entraînera une diversification de l'offre et des prix compétitifs sur le marché intérieur israélien[54] ».

En 2014, Israël annonce la découverte d'un nouveau champ de gaz naturel nommé Royee au large de la côte avec des estimations de 3,2 milliards de mètres cubes, soit environ un tiers de la taille du champ géant de Tamar[55]. Situé à environ 150 kilomètres au large d'Israël et à proximité de ses frontières maritimes avec Chypre et l'Égypte, ce champ est la troisième plus grande découverte dans les eaux israéliennes et la quatrième plus grande dans le Bassin méditerranéen, déclare Eyal Shuker, PDG d'Israël Opportunity, qui détient une participation de 10% dans le projet Royee[56]. Il ajoute que le forage sera effectué à partir d'une plate-forme louée aux partenaires du champ Léviathan et dirigée par Edison, la compagnie italienne réputée pour les forages en mer profonde ainsi pour les projets de gaz naturel liquéfié.

53-http://www.energean.com/wp-content/uploads/2015/01/Karish-Tanin-Israel-March-2017-2.pdf, [consulté le 17 avril 2017].
54- http://www.worldoil.com/news/2017/1/11/energean-to-develop-karish-and-tanin-gas-fields-with-fpso-program-offshore-Israel, [consulté le 17 avril 2017].
55- AZRAN, Eran, «Major New Gas Find Off Israel's Mediterranean Coast», Haaretz, 14 décembre 2014.
56- *Ibid.*

De son côté, Chypre lance le premier appel d'offres pour les prospections en février 2007[57]. Les 51,000 km2 de la ZEE Chypriote sont divisés en 13 blocs marins[58]. En décembre 2011, la compagnie texane Nobel Energy opérant sur le bloc 12 de la mer chypriote annonce que les forages d'exploration ont permis la découverte d'un gisement de gaz naturel d'excellente qualité baptisé Aphrodite. Les réserves de ce site peuvent dépasser les 200 milliards de m3[59]. Aphrodite est à une profondeur de 5600 mètres sous la surface de l'eau, sous une profondeur d'eau de 1700 mètres[60]. Le bloc 12 est alors déclaré commercialement viable. Le groupe américain Noble cède des parts aux compagnies israéliennes Delek et Avner ainsi qu'au britannique BG International qui détiennent respectivement 30% et 35% du consortium[61]. Les deux compagnies israéliennes annoncent en 2014 une hausse de 12% des réserves du gisement[62]. Le programme de développement du champs Aphrodite est présenté en juin 2015 avec un investissement de 4 milliards de dollars[63]. Sa capacité de production est de 8,2 milliards de m3 par an, et les actionnaires espèrent commencer la vente en 2020[64].

En octobre 2012, Chypre lance le deuxième appel d'offres et annonce qu'elle accorde quatre licences d'explorations au français Total, à un consortium composé de l'italien Eni et du Sud-Coréen Kogas et au russe Novatec. Nicosie compte bien continuer l'attribution des licences d'explorations et devenir un pays exportateur[65].

Ce même pays lance le troisième appel d'offres et ouvre en décembre 2016 les trois blocs maritimes 6, 8 et 10 aux explorations. Huit groupes présentent

---

57- NEME, Cyrille, « Gaz offshore : Liban, Israël, Chypre », *le Commerce du Levant*, décembre 2012, page 82.

58- *Ibid.*

59- *Ibid.*

60- http://www.energymed.eu/2013/06/10, [consulté le 18 avril 2017].

61- OLJ, « Chypre lance de nouveaux appels d'offres pour l'exploration de gaz », *OLJ*, 24 mars 2016.

62- http://www.energymed.eu/2014/11/24, [consulté le 20 avril 2017].

63- BACCARINI, Luca, « découvertes de gaz : quel lendemain », *Revue internationale et stratégique*, 2016/4, p 113-122.

64- *Ibid.*

65- *Ibid.*

des dossiers pour obtenir des permis d'exploration[66]. Après la sélection, des négociations ont été menées entre les compagnies et le gouvernement chypriote. Les permis d'exploration ont été donnés après l'approbation des contrats par le gouvernement chypriote le 17 mars 2017 suite à la réussite des négociations. Un nouveau contrat d'exploration a été signé en avril 2017 entre Total, ENI et le gouvernement de Nicosie. Il porte sur le bloc 6 de la ZEE chypriote et les travaux de forage sont prévus avant la fin de 2017[67]. Pour Total, c'est le deuxième contrat obtenu sachant qu'elle a déjà les droits d'explorations dans le bloc 11. Quant au groupe italien Eni, il a signé un contrat pour le bloc 8. Le ministre chypriote de l'Energie George Lakkotrypis considère que « L'implication continuelle de Total et ENI, malgré les défis affrontés actuellement par le marché mondial du gaz et du pétrole, nous incite à être optimiste quant à nos perspectives de ressources hydrocarbures ». Il ajoute que « les compagnies sont plutôt optimistes quant aux perspectives pour les hydrocarbures en Méditerranée orientale et plus spécifiquement dans la zone économique exclusive de Chypre[68] ». Exxon Mobile et Qatar Petroleum signent un contrat pour le bloc 10 où les explorations sont prévues en 2018[69]. Le bloc 10 attire le nombre d'offres le plus élevé car il est adjacent au gisement de Zohr découvert en 2015 en mer égyptienne. L'américain Exxon Mobil, associé à Qatar Petroleum, a été retenu pour le bloc 10 face à un consortium composé de Total, Eni et du groupe norvégien Statoil. Le troisième appel d'offres a rapporté 103,5 millions d'euros à la République de Chypre[70]. Pour rappel, Chypre a connu une crise financière en 2013, et son économie se redresse difficilement.

Chypre envisage de devenir un des acteurs énergétiques en Méditerranée orientale. Pour l'exportation de gaz, trois options sont avancées. La première est la construction d'un terminal de gaz naturel liquéfié (GNL) à terre pour exporter le gaz vers l'Europe et l'Asie, la deuxième est la construction d'un gazoduc vers l'Egypte, et la troisième la construction d'un gazoduc qui achemine le gaz vers l'Italie à travers la mer Méditerranée et la Grèce.

66- OLJ, « Chypre : Exxon Mobil, Total et Eni retenus pour l'exploration de gaz », *OLJ*, 22 décembre 2016.

67- Le calendrier a été respecté.

68- Le Figaro, « Total décroche un deuxième contrat d'exploration offshore à Chypre », le Figaro, 7 mars 2017.

69- Le calendrier a été respecté.

70- OLJ, « Total et ENI signent un nouveau contrat d'exploration à Chypre », OLJ, 7 avril 2017.

La construction d'une usine de liquéfaction à Vassilikos, dans le sud de l'île, est envisagée par le gouvernement. L'usine permettra l'acheminement du gaz par les navires méthaniers sur les marchés internationaux. Le PDG de la Compagnie nationale d'hydrocarbures chypriote, Charles Ellinas, estime que la décision d'investissement dans un tel projet est d'une importance géoéconomique majeure[71]. La compagnie australienne Woodside Petroleum, un des leaders mondiaux dans le domaine du GNL, entame des négociations avec l'opérateur américain Noble Energy pour la construction d'une usine[72]. Cependant les quantités découvertes dans le champs Aphrodite sont encore insuffisantes pour justifier le projet du GNL qui doit attendre l'annonce de nouvelles découvertes.

Quant à l'exportation vers l'Egypte, le ministre égyptien de l'Energie, Chérif Ismail, déclare lors de sa visite à Nicosie en novembre 2014 que son pays envisage d'importer du gaz chypriote[73]. Il ajoute que son pays possède d'excellentes infrastructures gazières qui peuvent recevoir et traiter le gaz provenant de l'île. Ismail et son homologue chypriote, Georges Lacotripes, se sont mis d'accord pour accélérer les étapes visant à la mise en œuvre de l'exportation. Les découvertes de gaz en Egypte ont changé la donne.

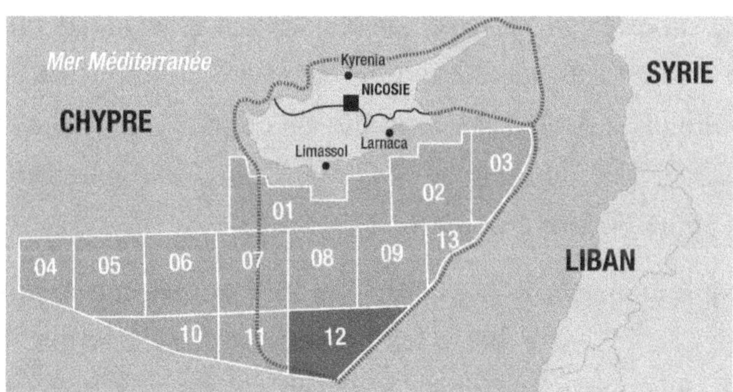

Figure 4 : Localisation des 13 blocs de la ZEE chypriote
(Source : www.AFP.com, avril 2015, consulté le 10 avril 2017)

71- http://www.energymed.eu/2013/06/10, [consulté le 18 avril 2017].
72- Le commerce du Levant, « Woodside Petroleum se tourne vers Chypre », *Le Commerce du Levant*, Juillet 2014, p 46.
73- http://www.aljoumhouria.com/news/index/189027, [consulté le 14 mai 2017].

Face à toutes ces données, quelle fut alors la réaction d'Ankara ? La Turquie réagit aux explorations de Chypre en lançant des travaux de prospection dans la ZEE de la République turque de Chypre-Nord et en annonçant son intention de renforcer sa présence militaire en Méditerranée, notamment dans les zones contestées autour de l'île de Chypre. Elle dénonce l'accord signé entre Nicosie et Israël en 2010 délimitant les zones maritimes. Le Premier ministre turc, Recep Tayyip Erdogan, déclare en septembre 2011 que « les travaux d'explorations débuteront dans une semaine[74] » et que les navires de prospection seront escortés par la marine turque. La compagnie pétrolière turque TPAO est chargée de conduire les recherches. Un navire norvégien commence une mission de reconnaissance autour de l'île grecque de Kastellórizo. Le ministre turc de l'Energie Taner Yildiz annonce que « des plateformes pétrolières pourraient suivre en cas de découvertes[75] ». L'attitude turque vise à préserver les intérêts de la République turque de Chypre-Nord qui peine à lancer des explorations dans sa zone maritime, faute de reconnaissance mondiale. Il est de l'intérêt de la Turquie d'accélérer le processus de paix dans l'île afin que la partie nord puisse bénéficier de la manne naturelle récemment découverte déclare le journaliste Jihad el Zein spécialiste de la Turquie[76]. Pour rappel, l'île de Chypre est divisée en deux parties nord et sud depuis 1974, date de l'invasion militaire turque suite à la tentative du coup d'Etat mené par le régime des colonels à Athènes. Un processus de paix qui vise à réunifier l'île est lancé en 2004, date de l'entrée de Chypre dans l'Union européenne, mais ce processus peine encore à aboutir[77].

La Turquie menace de boycotter les compagnies qui explorent dans la ZEE chypriote. Le 27 mars 2013, le ministre turc de l'Energie, Taner Yildiz, annonce la suspension par son pays des projets communs avec le groupe italien Eni. La décision turque n'a pas eu de conséquences auprès de ladite compagnie qui continue toujours ses travaux dans la mer chypriote. Ankara annonce le 3

74- PERRIER, Guillaume, « les gisements de gaz aiguisent les appétits d'Ankara », *Le Monde*, le 20 septembre 2011.
75- *Ibid.*
76- Entretien avec Jihad Zein, Beyrouth, le 9 mai 2017.
77- En mai 2015, l'ONU relance de nouveau le processus de paix, qui n'a pas abouti à une réelle avancée.

octobre 2014 son intention de mener des prospections sismiques dans les blocs de la ZEE chypriote qui ont déjà fait l'objet de l'octroi de permis ; parmi eux le bloc sur lequel l'italien ENi est associé au coréen Kogas. Nicosie réagit aux déclarations turques en annonçant que les négociations de paix seront un échec si la Turquie continue l'obstruction des explorations en ZEE chypriote. Le ministre des Affaires étrangères chypriote annonce que Chypre considère l'action turque comme un acte très dangereux et révèle que tous les partis chypriotes se réunissent avec le président pour décider du sort des négociations de paix[78]. L'Union européenne apporte son soutien à Chypre au sommet de Bruxelles le 3 novembre 2014 et condamne la Turquie en lui demandant de respecter les droits souverains de Chypre sur sa ZEE. Dans le même contexte, et dans la déclaration du Caire le 8 novembre 2014, l'Egypte, la Grèce et Chypre appellent la Turquie à cesser ses activités d'exploration sismique au large de l'île de Chypre. Le président chypriote Nicos Anastasiades a qualifié le comportement turc de « provocations dangereuses pour toute la région[79] ». Le gaz découvert ajoute une dimension supplémentaire aux divergences existantes entre l'UE et la Turquie.

En signe d'apaisement, le Premier ministre turc Ahmet Dauutoglu visite Athènes en décembre 2014. Il déclare que la Turquie a droit à une partie des réserves de gaz dans la mer chypriote et qu'elle a l'intention d'exploiter conjointement cette manne avec Chypre[80]. Il rappelle que le gaz peut être délivré à la Grèce à travers le sol turc. Dauutoglu assure que Ankara ne veut pas l'escalade dans la mer Egée ou en Méditerranée orientale et proclame son intention d'établir de bonnes relations régionales. Jihad Zein explique que la Turquie, suite à la détérioration de ses relations avec Israël, a été contrainte de rechercher l'apaisement avec Chypre et l'UE. « L'escalade médiatique peut être bénéfique au projet d'Erdogan qui cherche à renforcer sa légitimité islamique et régionale, mais toute confrontation militaire peut avoir des résultats contraires[81] ». Il ajoute que la Turquie essaye de renforcer sa position en tant

78- http://www.mtv.com.lb/news/396856, [consulté le 14 mai 2017].
79- http://www.energymed.eu/2014/11/10, [consulté le 20 avril 2017].
80- http://www.aljoumhouria.com/news/index/19204, [consulté le 14 mai 2017].
81- Entretien avec Jihad Zein, Beyrouth, le 9 mai 2017

qu'acteur principal sur la scène arabo-islamique surtout après l'affaiblissement du rôle des grands pays arabes traditionnels. Les manœuvres politiques et diplomatiques sont les outils adéquats pour soutenir les chypriotes turcs qui sont toujours en négociation avec Nicosie pour la réunification de l'île.

L'apaisement turc n'a pas empêché le renforcement de la coordination gréco-chypriote. Le ministre de la Défense grec, Panos Kaminos, déclare lors de sa visite à Chypre en février 2015 que les deux pays envisagent de lancer des manœuvres militaires conjointes pour assurer la sécurité et garantir l'exploitation de leurs ressources naturelles[82]. Il ajoute que les deux pays intensifient et renforcent leur coopération suite aux tensions avec la Turquie sur le dossier de l'exploration gazière dans la ZEE chypriote. La coordination entre les deux pays continue après 2015 et se concrétise par la participation à la formation d'un forum de gaz en 2019, sujet qui sera traité une peu plus loin.

1.2. Egypte et Syrie

La compagnie britannique BP annonce en mars 2015, sa décision d'investir dans le développement de deux blocs gaziers en mer égyptienne nommés respectivement « North Alexandria » et « West Mediterranean Deepwater » pour 12 milliards de dollars[83].

En août 2015, la compagnie italienne ENI annonce la découverte du plus grand gisement de gaz en Méditerranée orientale. La compagnie révèle qu'elle évalue aussi un deuxième gisement plus profond qui pourra rendre la découverte comme « l'une des plus grosses au monde[84] ». Le gisement se trouve à 100 Km des côtes égyptiennes et le forage a atteint 4100 mètres de profondeur dont 1450 mètres sous le niveau de la mer[85]. Les estimations du gisement sont de 850 milliards de mètres cubes de gaz, et doivent fournir une production de 70 à

82- http://www.mtv.com.lb/news/445727, [consulté le 13 mai 2017].

83- FEITZ, Anne, « Egypte : la découverte géante d'ENI rabat les cartes », *Les Echos*, le 14 septembre 2015.

84- https://www.eni.com/en_IT/media/2015/08/eni-discovers-a-supergiant-gas-field-in-the-egyptian-offshore-the-largest-ever-found-in-the-mediterranean-sea#, [consulté le 11 avril 2017].

85- *Ibid.*

80 millions de mètres cubes par jour selon le PDG d'ENI, Claudio Descalzi[86]. Il estime que les forages débuteront fin 2016 et que la livraison de gaz ne sera pas assurée avant 2018[87]. Les échéances ont été respectées et la production a commencé au champ gazier en décembre 2017[88].

Francis Perrin, président de Stratégies et Politiques Energétiques, indique que l'Egypte assurera ses besoins pendant des décennies et la découverte encouragera davantage les pays de la Méditerranée orientale à accélérer les forages. Il rappelle que « l'Egypte, qui autrefois exportait du gaz, est devenue importatrice depuis quelques années. Avec cette découverte, elle pourrait à nouveau satisfaire ses besoins nationaux[89] ».

Anne Pumir, analyste chez Natixis, relève que « Pour ENI, elle est d'autant plus intéressante que Zohr se situe à proximité d'infrastructures existantes et sous-utilisées. Il sera donc possible de développer le gisement rapidement et à moindres coûts[90] ». Elle affirme que les équilibres en Méditerranée orientale seront bouleversés avec cette découverte. L'analyste prévoit que les explorations en Méditerranée orientale seront relancées et rappelle que les ZEE libanaises et syriennes restent inexplorées.

Année	Champs	Estimation
2013	Bien Salamat	10 tcf
2015	Nooros	2 tcf
2015	Zohr	30 tcf
2016	Sud-ouest Baltim	20 tcf
2018	Noor	90 tcf

Tableau 2 : liste des champs marins égyptiens
(Source : https://arabic.rt.com/business/953846 /, consulté le 10 septembre 2018)

86- FEITZ, Anne, « Egypte : la découverte géante d'ENI rabat les cartes », *Les Echos*, le 14 septembre 2015.

87- BEZAT, Jean Michel, « ENI annonce la découverte du plus grand gisement en Méditerranée », *Le Monde*, le 30 août 2015.

88- http://www.bbc.com/arabic/in-depth-42911698, [consulté le 13 mai 2017].

89- FEITZ, Anne, « Egypte : la découverte géante d'ENI rabat les cartes », *Les Echos*, le 14 septembre 2015.

90- *Ibid.*

Lorsque l'approvisionnement en gaz à partir du nouveau gisement sera assuré à l'Egypte en 2018, l'Etat hébreux risquera de perdre un marché porteur. Pour rappel, Tel Aviv a déjà signé des contrats d'exportations avec le Caire[91]. Cette découverte sonnera l'alarme pour Israël qui est censé chercher de nouveaux marchés. Le débouché pourra être naturellement l'Europe que le gaz de la Méditerranée pourrait intéresser au moment où elle cherche à diversifier ses approvisionnements et à réduire sa dépendance à l'égard de la Russie. Chypre, qui est membre de l'UE, essaye de faire valoir cet argument auprès des Vingt-Huit.

Le PDG d'Eni, Claudio Descalzi, avec le PDG de BP, Bob Dudley, et le ministre égyptien du Pétrole, Tarek El Molla ont signé un accord le 13 février 2017 complétant la vente à BP d'une participation de 10% dans la concession Shorouk, lieu de la découverte de Zohr[92]. Eni, par l'intermédiaire de sa filiale IEOC, détient maintenant une participation de 90% dans la licence, alors que Rosneft a accepté d'acquérir une participation de 30%, sous réserve de l'approbation du gouvernement égyptien[93]. Claudio Descalzi est reçu également pour la deuxième fois par le président égyptien Abdel Fattah el-Sisi. La réunion suit celle qui a eu lieu en janvier, au cours de laquelle le PDG d'Eni a confirmé que le développement de Zohr progresse très rapidement, et que le début de la production est confirmé pour 2017, juste deux ans après la découverte.

En Egypte, Eni et BP sont également partenaires dans le champ de Nooros découvert en juillet 2015 dans le delta du Nil, et qui produit déjà environ 65,000 barils/jour seulement 15 mois après le début du pompage, ainsi que dans le champ Baltim SW découvert en juin 2016 et dont l'exploitation est prévue pour 2019[94].

De son côté la Syrie lance les premières explorations en 2013 deux ans après le début du conflit armé en cours. La compagnie russe Soyuzneftegaz

---

91- https://www.aljazeera.net/news/reportsandinterviews/2018/8/10/لماذا-تستورد-مصر-غاز-إسرائيل, [consulté le 10 septembre 2018].
92- https://www.eni.com/en_IT/operations/stories-people/zohr.page, [consulté le 10 avril 2017].
93- *Ibid.*
94- *Ibid.*

signe avec le gouvernement de Damas le 25 décembre 2013 un accord pour l'exploration offshore. Le ministre du Pétrole, Sulaiman Abbas, déclare lors de la cérémonie de signature que l'accord vient après « des mois de longues négociations entre Damas et Moscou[95] ». Il ajoute que la durée de l'accord est de 25 ans et comprend plusieurs phases. Il couvre une superficie de 2190 km2 dans le bloc 2 qui s'étend entre les villes de Tartous et Banyas au large des côtes syriennes[96].

Ali Abbas, directeur général de Syria Petroleum Company, déclare à l'AFP que c'est le premier contrat signé pour l'exploration pétrolière et gazière dans les eaux de la Syrie. Il explique qu'au cours de la première étape, qui prévoit la recherche et la prospection initiale, la compagnie russe devrait investir 15 millions de dollar[97]. Ensuite, lors des travaux de forage, un investissement de75 millions sera nécessaire. Dans le cas où le forage montre que le site dispose de réserves commerciales de pétrole et de gaz, la société russe construirait l'infrastructure nécessaire pour développer le terrain et extraire les ressources. Dans le cadre de l'entente, Soyuzneftegaz sera également responsable de la formation du personnel syrien de l'Établissement général syrien de pétrole.

A la suite de sanctions internationales, la production de pétrole de la Syrie a diminué de 90% depuis le début du soulèvement contre le président Bashar Assad en mars 2011. La production de gaz est passée de 30 millions de mètres cubes par jour à 16,7 millions de mètres cubes par jour[98]. Le président Bachar el-Assad annonce qu'il « serait normal d'accorder une préférence à des compagnies pétrolières issues de pays amis qui ont soutenu la Syrie depuis le début de la crise en 2011[99] ». L'accord permet à la Russie de capitaliser sur son soutien à Damas en obtenant le premier contrat d'exploration offshore en Méditerranée orientale. Ce contrat est une opportunité pour la Russie d'étendre et de confirmer son influence dans la région. Pour rappel, la frontière libano-

---

95- https://www.rt.com/business/syria-oil-gas-russia-795/, [consulté le 13/4/2017].
96- *Ibid.*
97- https://www.rt.com/business/syria-oil-gas-russia-795/, [consulté le 13/4/2017].
98- *Ibid.*
99- SUKKARIEH, Mona, « Syrie: premier contrat avec le russe Soyuzneftgaz », *le Commerce du Levant*, février 2014, page 39.

syrienne n'est pas délimitée, sachant qu'en juillet 2010, les deux pays se sont mis d'accord pour étudier le sujet, mais le conflit syrien qui a éclaté en 2011 a empêché la conclusion d'un accord. Le bloc 2 de la mer syrienne est loin de la frontière libanaise et les explorations menées par Soyuzneftegaz ne devraient pas créer de litiges entre les deux pays.

Lors du « Russia investment summet » tenu à Moscou le 24 septembre 2015, le président de l'entreprise Soyuzneftegaz Yuri Shafranik annonce que la compagnie a décidé d'arrêter les plans d'exploration du pétrole et du gaz au large de la côte de la Syrie en raison du conflit armé. « Le conseil d'administration a décidé de ne pas procéder et s'est abstenu de participer activement au projet offshore en Syrie[100] ». Il déclare aussi que la société privée a gelé ses deux projets onshore de pétrole et de gaz dans le pays dans les deux blocs 12 et 26 près des frontières de la Syrie avec la Turquie et l'Irak. « Les risques sont très élevés là-bas, c'est pourquoi les projets ont été arrêtés[101] ». Shafranik était ministre de l'Energie sous le président Boris Eltsine de 1993 à 1996. Il a supervisé la privatisation de l'industrie pétrolière russe post-soviétique et a conclu des accords énergétiques au Moyen-Orient. Il a aussi fondé Soyuzneftegaz en 2000, et sa compagnie est présente au Moyen-Orient, en Amérique latine, en Afrique et dans l'ex-Union soviétique.

Par ailleurs, le ministre de l'Energie russe Alexander Novak déclare en mars 2017 que le gouvernement russe discute avec Damas la possibilité de relancer les projets communs dans le domaine de l'exploration pétrolière tout en donnant la priorité à la sécurité du personnel russe. Pour sa part, le Président Bachar el-Assad réitère dans une interview avec le service d'information russe Sputnik la volonté de la Syrie de mener des projets communs avec les compagnies russes dans le domaine de l'énergie[102]. Il déclare que son gouvernement est dans la phase finale de négociations avant la signature de nouveaux contrats d'exploration dans le domaine du gaz et du pétrole[103].

100- http://www.reuters.com/article/us-russia-syria-oil-idUSKCN0RU02V20150930c, [consulté le 4/13/2017].
101- *Ibid.*
102- https://arabic.rt.com/business/874512, [consulté le 21 avril 2017].
103- *Ibid.*

2. Les études et les appels d'offres au Liban

Plusieurs tentatives d'exploration sur le sol libanais s'étaient soldées par un échec. Entre 1949 et 1955, plusieurs puits ont été creusés dans diverses régions libanaises[104] mais sans grand succès. Durant le mandat présidentiel de Camille Chamoun, la compagnie américaine Aramco réalise la raffinerie de Zehrani qui a été suivie par une autre plus tard à Tripoli[105]. Un oléoduc partant de l'Irak et passant par la Syrie fournit à l'époque au Liban le pétrole irakien. Après la nationalisation par l'Irak en 1973 de la compagnie du pétrole, le Liban s'est trouvé devant le fait accompli de la possession de ces infrastructures pétrolières. Le ministre de l'Energie de l'époque Ghassan Tueini[106] forme une équipe technique et juridique et lance des appels d'offre aux compagnies internationales afin d'explorer à nouveau la terre ferme et les eaux maritimes du Liban. Mais suite au déclenchement de la guerre civile libanaise en 1975, le projet est arrêté.

Selon plusieurs rapports notamment celui de l'USGS, le Liban et Israël partagent le même bassin sédimentaire, et par conséquent le fond de la mer libanaise doit théoriquement aussi contenir de grandes quantités de gaz[107]. Le gouvernement libanais réalise depuis l'an 2000 l'importance de ces richesses naturelles, et adopte une série de mesures pour le début de l'exploration, entre autres la définition du cadre juridique et économique d'une future exploitation.

2.1 les prospections

En 2000, la société britannique Spectrum Energy réalise, suite à la demande du gouvernement libanais, des études sismiques en deux dimensions qui montrent une forte probabilité de présence potentielle de gaz et de pétrole dans la partie nord des eaux libanaises[108]. En 2006, et toujours à la demande

---

104-« Le pétrole au Liban », http://www.lebarmy.gov.lb/article.asp?ln=ar&id=2475, [consulté le 10 septembre 2012].

105-*Ibid.*

106- ISKANDAR, Marwan, « les opportunités libanaises avec la découverte du gaz », *An-Nahar*, 20 mai 2012.

107-« Assessment of Undiscovered Oil and Gas Resources of the Levant Basin Province, Eastern Mediterranean», http://pubs.usgs.gov/fs/2010/3014/pdf/FS10-3014.pdf, [consulté le 5 septembre 2012].

108- http://www.lpa.gov.lb/pdf/Pre-qualification%20Companies%20Booklet.pdf, [consulté le10 septembre 2012].

des autorités libanaises, la société norvégienne PGS (Petroleum Geo-Services) réalise la première étude sismique en 3D dans la partie centrale du bassin levantin sur 1550 Km2 dans les eaux libanaises[109]. En 2007, la même société effectue une deuxième étude sismique en 3D mais cette fois simultanément dans les eaux chypriote et libanaise ; 660 km2 ont été couverts du côté libanais[110]. En 2008, la société PGS finalise une étude sismique en 2D sur 5000 km2 dans la ZEE (Zone Economique Exclusive) libanaise[111]. En 2011, PGS réalise la deuxième étude sismique en 2D sur 3814 km2 dans les eaux libanaises, qui sera suivie de la troisième étude sismique en 3D sur une zone de 1395 km2. Le tableau suivant synthétise les études entreprises dans les eaux marines libanaises :

Année	Société	Type de l'étude	Superficie couverte en Km²	Liban
2000- 2002	Spectrum	Etude sismique en 2 D	-	Eau
2006	PGS	Etude sismique en 3 D	1550	Eau
2007	PGS	Etude sismique en 3 D	660	Eau
2008	PGS	Etude sismique en 2 D	5000	Eau
2011	PGS	Etude sismique en 2 D	3814	Eau
2011	PGS	Etude sismique en 3 D	1395	Eau
2013	ION	Etude sismique en 3 D	1650	Eau
2013	Spectrum	Etude sismique	Ensemble du territoire libanais	Sol
2015	NEOS	Balayage aérien	6000	Sol

Tableau 3: Liste des études menées dans les eaux marines et le sol libanais (Source : tableau établi d'après les données relevées dans le Commerce du Levant, 2011- 2017)

Le ministre de l'Energie en 2011, Gebran Bassil déclare à maintes reprises que les études réalisées sont prometteuses et que le Liban dispose de gaz en quantités commerciales[112]. Sarkiss Hlaiss, directeur général des installations

---

109-http://www.pgs.com/en/About-us/Company-profile/, [consulté le 10 septembre 2012].
110- RIZK, Sibyle, « Gaz en eaux troubles », *le Commerce du Levant*, août 2011, page 40.
111-*Ibid,* page 41.
112-*Ibid,* page 42.

pétrolières, affirme aussi : « les gisements libanais sont plus importants que ceux d'Israël[113] ».

Un bureau d'informations est mis à la disposition des investisseurs (Data room). Il a été inauguré en décembre 2011. Il rassemble toutes les données dont dispose le Liban concernant ses fonds sous-marins, notamment les données de la société PGS qui, selon la revue libanaise dédié à l'économie le Commerce du Levant, dispose de données en deux dimensions GeoStreamer sur plus de 17,000 km2, ainsi que de données en 2D conventionnelles sur 18,000 Km2 et des données en 3D sur près de 5,000 Km2 [114].

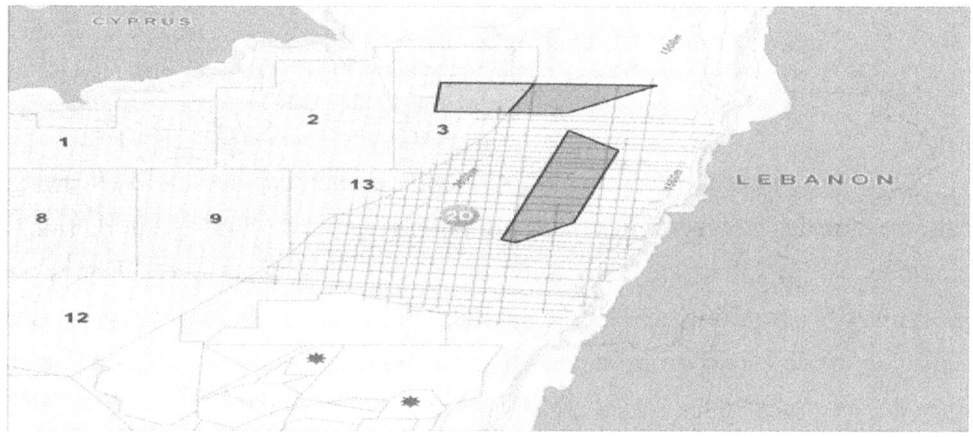

Figure 4' : Localisation des différents blocs explorés en 2D et 3D
Légende : le quadrillage représente la campagne d'exploration 2D et les zones bleues les sondages 3D.
(Source : http :// blog.mediapart.fr, consulté le 11 septembre 2012)

La figure 4' illustre la zone explorée en 3D en 2011 par la compagnie PGS et dont les résultats s'affirment « très promoteurs » selon le ministre de l'Energie[115]. Il ajoute « qu'une vingtaine de compagnies internationales, dont certaines des plus grandes entreprises mondiales, ont déjà acheté les données ».

113-RIZK, Sibyle, « Gaz en eaux troubles », *le Commerce du Levant*, août 2011 page 45.
114-*Ibid,* page 60.
115-AKIL, Najwa, «Le dossier du pétrole au Liban », *As-Safir*, 15 septembre 2012.

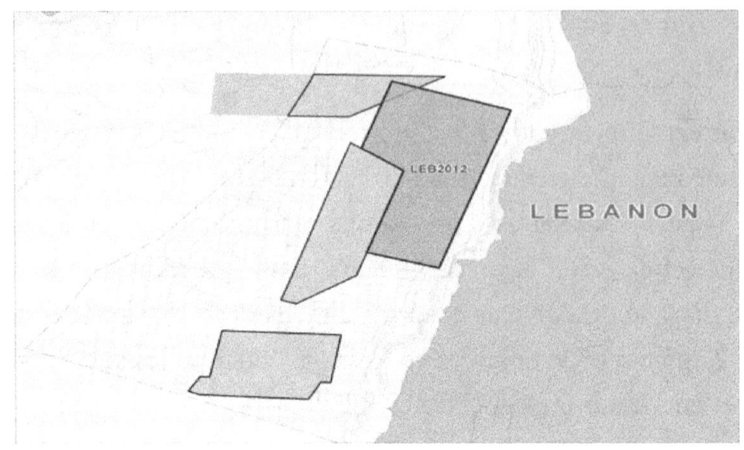

Figure 5 : image de l'étude effectuée en 2012 en 3D par PGS
(Source : http://www.pgs.com/en/Data_Library/North_Africa_Middle_East,
consulté le 11 septembre 2012)

L'importance du gaz libanais se donne également à voir à travers la participation de 85 compagnies internationales au premier congrès international organisé par le Liban sur l'exploitation de ses ressources énergétiques, le 29 juin 2011. Le ministre Gebran Bassil s'est félicité de ce succès[116]. Il a souligné que le Liban désire devenir un pays producteur après avoir pris une série de mesures législatives et administratives qui permettent le lancement de la procédure d'octroi de licences d'exploitation aux compagnies intéressées. Il ajoute que le gouvernement étudie des plans pour le renouvèlement des anciennes infrastructures pétrolières (raffineries, réservoirs de stockage, etc.) existantes et pour l'implémentation de nouveaux réseaux de distribution afin de préparer l'exploitation, qui bénéficiera aussi de la position géographique du Liban, proche de l'Europe et des pays du Golfe, ce qui permettra de commercialiser facilement la future production libanaise. Il souligne aussi l'importance du dialogue et de la bonne communication entre le ministère et les compagnies[117]. Bref, l'heure semble être à l'optimisme et le gouvernement paraît très actif dans la gestion de ce dossier.

116-« Premier congrès international sur les ressources pétrolières au Liban », *le Commerce du Levant*, 30 juin 2012.
117-http://www.tayyar.org/Tayyar/Wap/NewsDetails.aspx?_GUID=%7B57FAB5A2-F003-48A4-8711-4F85B540BD70%7D&Lang=ar-LB, [consulté le 14-09-2012].

Dans le même cadre, un deuxième congrès libanais international sur l'exploitation du pétrole s'est tenu à Beyrouth le 12 septembre 2012 en présence du ministre chypriote de l'Energie, Neoclis Sylikiotis, et de cent quarante experts représentant des entreprises locales, régionales et internationales, candidates à l'obtention d'un permis d'exploitation dans la Zone économique exclusive du Liban[118]. Dans son allocation, le ministre Bassil a déploré un retard pour l'appel d'offre dû au retard dans la mise en place de l'autorité de la direction du secteur pétrolier. Selon le quotidien libanais l'Orient-le Jour, une source très proche du groupe Total contactée par le journal au cours du congrès, « a insisté sur la spécificité de l'exploration en mers profondes et a ainsi vanté son avantage compétitif en la matière du fait de ses expériences au Nigéria et en Angola[119] ». Elle propose une démarche innovante pour le drainage du gaz loin des côtes libanaises qui consiste à réaliser toute l'opération à bord d'un bateau de plus de 300 mètres de long où sera directement construite l'usine.

En parallèle, le Liban a pris une série de mesures législatives que l'on détaillera ultérieurement, pour qu'il puisse commencer à lancer des appels d'offres à destination des compagnies étrangères intéressées par l'exploration et l'exploitation.

« Le fait que la profondeur des eaux soit supérieure à 1500 mètres limite le nombre de compagnies potentiellement intéressées, car chaque opération de forage pour l'exploration, coûte de 60 à 200 millions de dollars sachant qu'on peut creuser jusqu'à cinq à six puits dans un bloc. Si au bout de cinq forages, la compagnie ne trouve rien, elle perd les centaines de millions de dollars investis », selon Sarkis Hlaiss[120]. Il ajoute qu'une dizaine de compagnies ont acheté les données sismiques et sont en contact avec le ministère. Shell, StatOil et ENI ont créé une division libanaise pour suivre le dossier, Total fait de même. Techniquement, après l'attribution des blocs aux compagnies pétrolières, la phase de forage dure entre 12 et 16 mois. En cas de découvertes, des analyses sont menées et pourront déclencher l'exploitation. On estime que

---

118-« L'exploration du pétrole et des hydrocarbures au Liban devra encore attendre », *L'Orient le Jour*, 16 septembre 2012.

119-*Ibid.*

120-RIZK, Sibyle, « Gaz en eaux troubles », *le Commerce du Levant*, août 2011, page 43.

cette préparation prend deux ans après la signature du contrat d'exploration et de production. Les estimations les plus optimistes de l'époque prévoient donc que la phase de production ne débutera pas avant 2018[121].

En présence de plus d'une cinquantaine de compagnies internationales, la compagnie britannique Spectrum organise à l'institut historique de physique à Londres une conférence pour le dévoilement des nouvelles découvertes pétrolières dans le monde le 17 octobre 2012. Le Liban y a assisté, représenté par des parlementaires et de hauts fonctionnaires[122]. Les résultats et conclusions de la conférence sont présentés au quotidien *As-Safir* par le Président du parlement Nabih Berri[123]. Selon lui, il s'avère que les grandes nouvelles découvertes du gaz au monde sont localisées en Namibie, en Méditerranée orientale, au Brésil, et dans le sud-est asiatique. Les ressources libanaises ont été un sujet de discussions pour plus de deux heures. Les études effectuées par Spectrum montrent que les eaux territoriales du sud Liban sont le meilleur endroit pour l'exploration. Elles sont à la fois riches en gaz et en pétrole et leurs réserves sont beaucoup plus importantes que les champs israéliens découverts jusqu'à présent. Du coup, les gisements libanais seront d'une ampleur très grande suivant toutes les estimations. Une fois de plus, on constate donc l'optimisme du pouvoir libanais, optimisme quant aux quantités de gaz libanais, jugées d'office plus importantes que le gaz israélien, et optimisme quant aux capacités du Liban d'exploiter au mieux ces ressources.

Le Liban organise aussi un sommet international du pétrole et du gaz à Beyrouth les 3 et 4 décembre 2012. Ce sommet rassemble un grand nombre d'experts et de représentants des secteurs publics et privés autour du sujet des ressources pétrolières libanaises. Des dizaines de compagnies locales et internationales en provenance d'une quarantaine de pays sont représentées, dont un certain nombre de grandes multinationales pétrolières comme Total, Shell, BB Energy ou Hypco[124]. La conclusion de ce sommet réaffirme que

---

121-RIZK, Sibyle, « Gaz en eaux troubles », *le Commerce du Levant*, août 2011, page 43

122-Editorial, « le Liban rejoint les pays producteurs de pétrole », *As-Safir*, 3 novembre 2012.

123-*Ibid.*

124- RIFAI, Marisol, « Pétrole et Gaz : le Liban cherche sa place parmi les granas », *l'Orient le Jour*, 5 décembre 2012.

la mer libanaise est supposée comporter du gaz en quantités commerciales, car elle est en plein milieu d'une ceinture maritime riche en hydrocarbures englobant à la fois la mer israélienne et chypriote où des gisements ont déjà été découverts. Il s'avère donc important d'accentuer les mesures menant au début des explorations du côté libanais.

Le ministre de l'Energie Gebran Bassil annonce le 8 décembre 2012 de nouvelles découvertes dans la zone maritime nord située en face de Tripoli et Akkar et connue techniquement par « North 3D ». « Les analyses fournies pour les 660 km2 au nord sont très prometteuses. En comparaison avec les analyses de la région sud qui est de 1400 km2, les réserves d'un seul objectif au nord sont 9 trillions m3 (tcf), ce qui veut dire que les réserves du nord dépassent celles du sud avec un pourcentage de réussite de 36% contre 24% au sud[125] ». Cette découverte comporte 5 objectifs de forages qui contiennent de grandes quantités de gaz. Elle est à 1235 mètres de profondeur. Le coût d'extraction diminue à cette profondeur, ce qui valorise le gaz libanais. Le pouvoir libanais semble ainsi vouloir se concentrer sur les découvertes du nord, de sorte à éviter les complications internes et externes liées à une potentielle exploitation des gisements situés à proximité d'Israël.

La société d'étude Beicip-Franlab, filiale de l'Institut français du pétrole-Energies nouvelles annonce début février 2013 la découverte de nouvelles réserves pétrolières. Les réserves sont entre 440 et 675 millions de barils de pétrole et 15 trillions de mètres cubes de gaz naturel[126]. Cette découverte est faite au large du littoral libanais, près de la frontière maritime avec Chypre et la Syrie.

Le ministre Bassil signe en avril 2013 un contrat de prospection maritime avec la compagnie américaine ION. La compagnie est réputée pour l'utilisation des techniques nouvelles dans le domaine de l'exploration maritimes, surtout au niveau de l'étude des failles sismiques. « C'est un contrat qui couvre 1650 km2 et qui ne coutera rien à l'Etat, au contraire ses résultats seront vendus aux

---

125- KOUSSAIFI, HYAM, « nouvelles découvertes de gaz », *AL-Akhbar*, 8 décembre 2012.
126- OLJ, «de nouvelles réserves de pétrole découvertes au large du Liban», *L'Orient le Jour*, 13 février 2013.

compagnies intéressées et rapporteront de l'argent[127] ». La nature géologique des strates sera examinée avec précision en indiquant la température et la nature du gaz et des hydrocarbures liquides grâce aux nouvelles technologies utilisées. Le représentant de la compagnie américaine Foter Cool déclare que ce contrat représente une étape stratégique pour ION dans le bassin de la Méditerrané orientale. Il rappelle que sa compagnie exécute plus de 60 projets à travers le monde, et que ce programme au Liban vient compléter les études précédentes, et contribuera à diminuer les risques liés aux travaux d'exploration et à augmenter la probabilité des découvertes[128].

En mai 2013, le navire Polarcus de la compagnie Spectrum poursuit l'étude en 3D de la zone maritime entre Beyrouth, Batroun et Chekka au nord Liban. Depuis le navire, le ministre de l'Energie déclare que « le gouvernement continue l'analyse et l'étude de la zone maritime libanaise, et avec cette nouvelle phase d'étude en 3D plus de 70% de la ZEE libanaise sera étudiée incluant le nord et sud, les eaux profondes et moins profondes[129] ». Il confirme que les premiers résultats sont promoteurs après l'étude de 2300 km2. Il ajoute que les études menées au large des côtes libanaises permettent de fournir des données ponctuelles qui serviront à accroitre la confiance des investisseurs et à attirer les grandes compagnies pétrolières.

La compagnie ENI achète en mars 2015 une nouvelle étude préparée par le ministère de l'Energie sur les réserves du gaz offshore au Liban comprenant un relevé sismique développé selon la technique (G3) considérée comme la plus fiable et avancée dans le secteur. Cet achat montre l'intérêt qu'accorde les grandes firmes pétrolières au secteur du gaz offshore libanais même avec tout le retard qui accompagne le dossier[130].

L'expert pétrolier Rabih Yaghi révèle en mai 2015 au journal *An-Nahar* l'analyse des données de Beicip-Franlab, le consultant français qui travaille avec le ministère de l'Energie libanais. Il explique que les 22,000 km2 de la

---

127- OLJ, «de nouvelles réserves de pétrole découvertes au large du Liban», *L'Orient le Jour*, 13 février 2013
128- http://tayyar.org/ION-bassil-signing-zek094.htm, [consulté le 10/5/2015].
129- http://mtv.com.lb/news/207000, [consulté le 20 mars 2017].
130- Entrevue avec Gaby Daaboul, Beyrouth le 7 avril 2017.

ZEE libanaise contiennent de grandes quantités de gaz estimées à 30 trillions de m3 sachant que cette quantité suffira au Liban pour 30 ans et le rend exportateur[131]. Il ajoute encore qu'au Nord et à 1600 m de profondeur sous le niveau de la mer, et spécifiquement dans la zone limitrophe avec la Syrie et Chypre, les analyses ont révélé la présence de 15 trillions de m3 de gaz avec une forte probabilité de présence du pétrole liquide qui a une qualité supérieure au pétrole brute[132]. Cette quantité est estimée à 4,5 milliards de barils[133]. La zone centrale présente aussi de forte probabilité de présence de gaz.

Jean Burrus, PDG de Beicip-Franlab, révèle que de nouveaux puits seront forés dans le futur proche dans le bassin levantin notamment en Chypre, Israël et Egypte où la découverte du Zohr, a changé la donne[134]. Plusieurs facteurs expliquent cette tendance. Premièrement, la position géographique du bassin qui est proche de l'Union européenne, dont Chypre est un membre, qui cherche à réduire sa dépendance vis-à-vis du gaz fourni par la Russie en cherchant à diversifier ses approvisionnements. La demande croissante sur le gaz, et le regain d'intérêt des grandes compagnies après la chute des cours du pétrole. Stéphane Michel, le directeur Moyen-Orient et Afrique du Nord de Total explique lors de sa participation au forum « Oil and Gaz » organisé à Beyrouth le 7 mars 2017 que « l'impression que donne aujourd'hui le marché est celle d'une abondance de l'offre de gaz. Mais nous pensons que le gaz est l'énergie des années à venir et qu'il va falloir lancer de nouveau davantage de projets gaziers pour répondre à la demande[135] ». Stéphane Michel révèle que « son groupe a concentré ses efforts à la réduction des coûts nécessaires à la poursuite des investissements en période de cours faibles. « En 2017 nous avons prévu de réaliser 27 forages pour 1,25 milliard de dollars, contre 19 forages à 1,4 milliard de dollars en 2016[136] ». Deuxièmement, concernant la structure géologique attractive du

---

131- BALAA, Violette, « forte probabilité du gaz et pétrole au Liban », *An-Nahar*, 30 mai 2015.
132- *Ibid.*
133- *Ibid.*
134- RIZK, Syrile, « le Liban définit sa part des revenus du gaz », *le Commerce du Levant*, Avril 2017, page 43.
135- *Ibid.*
136- *Ibid.*

bassin, Jean Burrus explique : « Les premières découvertes effectuées étaient déjà de bonnes surprises, il y a eu relativement peu de forages infructueux et la découverte de Zohr accroît encore ce potentiel : jusque-là on croyait que l'essentiel des gisements se trouvaient dans les structures sableuses constituées au fil des millions d'années par le Nil ; le gisement de Zohr ouvre de nouvelles perspectives dans les plates-formes de carbonate ». Des groupes comme Eni et Total ont redéfini de nouvelles stratégies de prospection en adaptant leurs modèles géologiques et en y intégrant les données liées à Zohr. Le Liban se distingue par les études fournies de sa ZEE à travers différents modèles et techniques notamment en 2D et 3D. Selon l'analyse de Jean Burrus, « Le Liban présente une structure géologique complexe, avec des chances de trouver du gaz de trois sources différentes ». Cette analyse prévoie des opportunités pour trouver du gaz dans les structures de sables pétrolifères, semblables à celle du Léviathan en Israël, dans les plates-formes de carbonate, similaires à Zohr, et dans des sources de gaz naturel thermogénique et biosynthétique, ce qui est unique pour le Liban[137]. « Nous avons des observations directes établissant la présence de gaz, ainsi que des modèles prévisionnels qui tablent sur la présence de condensats, de pétrole et de dérivés liquides du gaz naturel [138]», fait remarquer Jean Burrus.

Parallèlement aux préparations pour les explorations maritimes, le gouvernement lance les études du sol libanais onshore. Ces études consolident et complètent les travaux des explorations maritimes[139]. La compagnie britannique Spectrum lance en septembre 2013 des études sismiques en 2D dans 4 régions libanaises. Le ministre Bassil, lors d'une visite commune avec l'ambassadeur du Royaume-Uni Tom Fletcher à la ville de Batroun en octobre 2013 déclare que le début de l'étude du sol libanais est un message que le dossier du pétrole ne s'arrêtera pas et que la présence de l'ambassadeur est un message de soutien de la part du Royaume-Uni et de la communauté

137- RIZK, Syrile, « le Liban définit sa part des revenus du gaz », *le Commerce du Levant*, Avril 2017, page 43
138- *Ibid.*
139- Entretien avec Gaby Daaboul, Beyrouth le 7 avril 2017.

internationale au Liban[140]. Il ajoute que l'Etat libanais respecte les traités internationaux, la loi internationale et les lois libanaises et qu'il s'engage à les appliquer. Le problème avec Israël concernant le dossier de gaz ne se limite pas seulement « à la volonté de domination Israël, mais à certains Libanais qui à travers leur comportement aident d'une façon indirecte l'Etat hébreux à retarder le début des explorations maritimes », conclut-t-il. Ces accusations font partie des tractations internes qui opposent les forces politiques libanaises comme nous le verrons dans le deuxième chapitre.

En présence de l'ambassadeur des États-Unis David Hale, le ministre sortant de l'Énergie Gebran Bassil signe le 11 janvier 2014 un contrat avec la compagnie américaine Neos pour l'étude souterraine du territoire libanais. Neos est parmi les compagnies les plus réputées dans ce domaine. A l'instar des études maritimes menées depuis plusieurs années, on a commencé à préparer le terrain à de futurs explorations pétrolières et gazières explique Gaby Daaboul[141], membre de l'Autorité de l'énergie. La moitié nord du pays sera tout d'abord étudiée, et la première phase du projet s'intitule « CedarsOil ». Le directeur général de Neos, Frank Jreij, affirme : « nous avons mis en place de nouvelles méthodes de travail, plus rapides et efficaces, et respectueuses du territoire géophysique. Parmi les nouveautés adoptées par Neos, des études de reconnaissance aérienne, qui ne nécessitent pas d'intervention terrestre qui pourraient potentiellement perturber la faune et la flore ou même des villes et villages[142]».

Le directeur de Neos explique que les avions de reconnaissance aérienne survoleront une surface de 6 000 km² en utilisant des censeurs de détection magnétique, électromagnétique ou radiométrique[143]. « Cette méthode, dont la durée est estimée à cinq mois, nous permettra alors de présenter un modèle final en 3D sur les perspectives et le potentiel gazier et pétrolier onshore libanais[144] ». Après la collecte des données, viendra la phase de l'analyse et

---

140- http://www.annahar.com/article/72211, [consulté le 20 avril 2015].
141- Entretien avec Gaby Daaboul, Beyrouth, le 18 avril 2015.
142- MARISSOL, Rifai, « nouvelles perspectives pour les explorations terrestres », *L'Orient le Jour*, 11 janvier 2014.
143- *Ibid.*
144- *Ibid.*

de l'interprétation en coordination avec les études existantes pour les eaux territoriales libanaises. La durée de cette phase est de sept mois.

Le ministre Bassil précise que « ce projet permettra à l'État libanais de mettre en place toute la législation nécessaire à l'exploration onshore, et sera surtout utile aux entreprises désireuses d'investir au Liban[145] ». Il ajoute que « La dynamique pour l'exploration pétrolière et gazière est déjà en marche depuis plusieurs années avec les études sismiques effectuées par la compagnie anglaise Spectrum, mais c'est un nouvel angle – la reconnaissance aérienne – qui est aujourd'hui utilisé ». Les firmes américaines qui désirent investir au Liban en ces temps instables et difficiles, c'est sûrement un signe positif pour le Liban au plan politique et économique affirme l'ambassadeur Abdallah Bou Habib[146]. Les compagnies américaines n'ont pas jusque-là mené des études au Liban, et leur entrée dans ce marché après les européens (les compagnies Spectrum et PGS) est sûrement révélatrice.

Le ministre Bassil révèle aussi que le contrat signé avec Neos ne représente aucun coût pour la trésorerie libanaise et que la société américaine investit dans les études terrestres à ses propres frais, puis revendra l'information, le temps venu, à l'État et aux entreprises qui désireront poursuivre l'aventure dans l'exploration[147]. Il annonce l'élaboration d'un avant-projet de loi pour l'exploration pétrolière onshore, « puisque celui qui existe a été modifié pour la dernière fois en 1975, même si techniquement on peut se baser sur l'ancienne loi, nous souhaitons avoir une loi moderne et en adéquation avec les avancées technologiques, capable de faire le lien et de donner une unité – sur le plan géologique, administratif, légal et humain – aux explorations onshore et offshore[148] ». Certains analystes voient aussi dans l'intégration des compagnies américaines une tentative de la part de Bassil de consolider les liens de son parti politique le CPL avec l'Administration américaine pour en tirer bénéfice au niveau politique. Ils critiquent le choix de la partie nord du pays pour commencer les explorations et interprètent cela par le fait que Bassil est originaire de Batroun, son fief électoral. Le ministre Bassil répond à ces accusations en précisant que les études de Neos incluront également dans un

---

145- MARISSOL, Rifai, « nouvelles perspectives pour les explorations terrestres », *L'Orient le Jour*, 11 janvier 2014.

146- Entretien avec Abdallah Bou Habib, Beyrouth, le 15 avril 2016.

147- MARISSOL, Rifai, « nouvelles perspectives pour les explorations terrestres », *L'Orient le Jour*, 11 janvier 2014.

148- *Ibid.*

second temps la moitié sud du pays : « Nous aurons ainsi recouvert toute la surface du territoire libanais, preuve une nouvelle fois de notre volonté que les découvertes pétrolières et gazières profitent à l'ensemble des Libanais[149] ». Le journal AL-Akhbar rapporte que suite à la détérioration de la situation sécuritaire dans les zones adjacentes à la frontière libano-syrienne, et pour la sécurité de ses avions, la compagnie a décidé de réduire la surface d'étude au Nord du pays en s'éloignant de 10 kilomètres de la frontière libano-syrienne au nord et à l'est (Bekaa) du pays. L'entreprise a été compensée pour cette perte et son contrat a intégré une nouvelle zone d'étude qui s'étend de Beyrouth à Tyr, d'une largeur de 5 Km en dessus du sol et de 10 kilomètres au-dessus de la mer[150].

La compagnie britannique Spectrum lance en mai 2014 la deuxième phase de l'étude sismique 2D du sous-sol libanais. Le ministre de l'Energie affirme que les résultats de la première phase sont prometteurs, c'est pourquoi « nous avons lancé les travaux de sondage de la deuxième étape qui seront effectués le long de la côte libanaise et dans certaines régions du Mont-Liban[151] ». Gaby Daaboul révèle que l'Autorité de l'énergie a rédigé le texte de la loi pour l'exploration pétrolière et gazière terrestre. Ce sujet sera développé au troisième chapitre.

Suite à l'étude de ses résultats, Neos confirme en juillet 2017 la découverte d'indices sur la présence d'importants gisements d'hydrocarbures dans le sous-sol libanais. Jim Hollis, président de Neos GeoSolutions, déclare : « Nous avons identifié plusieurs indices de la présence d'hydrocarbures dans les données recueillies. Compte tenu du fait que seuls sept puits ont été jusque-là creusés au Liban, je pense que de nouvelles explorations, notamment des forages, permettront de révéler un potentiel énorme[152] ». Il ajoute que les hydrocarbures sont piégés dans des réservoirs tout en notant l'existence de roches - mères et de suintements de pétrole.

Neos a utilisé des technologies nouvelles dans ses travaux d'exploration. Ainsi, plusieurs types de détecteurs aéroportés ont été utilisés. Les capteurs de gravité ont permis la mesure de la densité dans le sol balayé, les images

149- MARISSOL, Rifai, « nouvelles perspectives pour les explorations terrestres », L'Orient le Jour, 11 janvier 2014.

150- MOUSTALAH, Firas, « le début des études aériennes du sol », *Al-Akhbar*, 4 octobre 2014.

151- « Spectrum entame la deuxième phase de ses études sismiques terrestres », Le Commerce du Levant, Mai 2014.

152- OLJ, « le Liban aurait bien des gisements de gaz et de pétrole », L'Orient le Jour, 29 juillet 2017.

de bandes étroites ont été fournies par les détecteurs hyperspectraux. La détermination de l'existence des particules hydrauliques ou des hydrocarbures a été faite grâce aux détecteurs électromagnétiques. Un modèle d'analyse multidimensionnelle a permis l'intégration des données récupérées. Ce modèle englobe toutes les données géophysiques, géochimiques et géologiques du sol libanais. Six mois ont été nécessaires pour l'analyse et l'interprétation de ces données. Les résultats ont été remis au gouvernement libanais le 10 juin 2015[153].

L'importance accordée au dossier des ressources offshores au Liban se donne également à voir à travers une série de seize congrès et forums :

Intitulé congrés	Lieu	Date
Lebanon first International congress on Oil and Gas	Beyrouth	Juin 2011
Lebanon International Oil & Gas Summit 2012	Beyrouth	Septembre 2012
Lebanon International Oil & Gas Summit 2013	Beyrouth	Decembre 2013
Lebanon International Petroleum Exhibition&Conference (LIPEC)	Beyrouth	Juillet 2014
Petroleum Law	Beyrouth	Fevrier 2015
CSR Levant Annual Summit	Beyrouth	Fevrier 2015
1st MedGO conference	Beyrouth	Avril 2015
OIL AND GAS: Global challenges and opportunities	Beyrouth	Avril 2015
Oil & Gas Forum: Governance & Integration	ESA, Liban	Juin 2015
Global Oil & Gas Black Sea and Mediterranean	Athenes, Grece	Juin 2015
Lebanon-Cyprus Business Forum in Limassol	Limassol	Janvier 2016
Oil & Gas Lebanon's National Wealth Forum 2016	Beyrouth	Mai 2016
The International Beirut Energy Forum 2016	Beyrouth	Aout 2016
8th Mediterranean Oil and Gas Forum 2017 – Nicocia	Nicosie, Chypre	Janvier 2017
Oil and gas: Lebanon national wealth	Beyrouth	Mars 2017
Lebanon International Oil & Gas Summit 2017	Beyrouth	Mai 2017

Tableau 4 : Liste des congrès et forums organisés
(Source : tableau établi d'après les données fournies par le Commerce du Levant, août 2011-mai 2017)

153- Entretien avec Wissam Chbat, Beyrouth, le 18 mai 2017.

Wissam Chbat signale que l'Autorité de l'énergie (LPA) a opté pour des partenariats avec des organisateurs d'événements au Liban et à l'étranger afin d'assurer une meilleure communication à cet égard. Cette Autorité s'est servie de ces événements en tant que plate-forme afin de promouvoir le Liban et d'assurer une omniprésence aux forums locaux, régionaux et internationaux. De par cette présence, la LPA souhaite parvenir à établir un dialogue bidirectionnel avec les entreprises intéressées à l'investissement au Liban et à attirer des entreprises additionnelles pour les prochains cycles de licences. Chbat cite à titre d'exemple le « Lebanon International Oil & Gas Summit (LIOG) » dans ses diverses versions depuis son édition inaugurale en 2012[154].

2.2 La pré-qualification des compagnies et le lancement des appels d'offres

Le Liban lance la première phase de qualification des compagnies intéressées par l'appel d'offres sur l'attribution des licences d'exploration le 15 février 2013. Elle attire 52 compagnies qui ont présenté leurs dossiers avant la date limite du 28 mars 2013[155]. Le ministre de l'Energie annonce le 18 avril 2013 la liste des compagnies qualifiées en tant qu'opérateurs et non-opérateurs. A partir du 2 mai 2013, les compagnies ont 6 mois pour présenter leurs offres, qui seront suivies en principe par la signature des contrats en février 2014. La démission du gouvernement du Premier ministre Nagib Mikati le 22 mars 2013, avant l'adoption des deux décrets indispensables pour la continuation de l'appel d'offres, a bloqué la suite du processus jusqu'à l'élection du Président Michel Aoun et la formation du gouvernement Hariri fin 2016.

154- Entretien avec Wissam Chbat, Beyrouth, le 18 mai 2017.
155- RIFAI, Marisol, «la qté de gaz récupérable est différente de celle exploitable», *L'Orient le Jour*, 8 avril 2013.

Date	Action décidée	Effectuée / ou pas
15 février 2013	Ouverture de la phase de qualification des compagnies	Effectuée
22 mars 2013	Démission du gouvernement Mikati	Effectuée
28 mars 2013	Date limite de présentation des dossiers de qualification	Effectuée
18 avril 2013	Annonce des compagnies préqualifiées	Effectuée
2 mai 2013	Présentation des offres des compagnies	Non effectuée
2 novembre 2013	Date limite des présentations des offres	Non effectuée
Février 2014	Signature des contrats	Non effectuée

Tableau 5: La feuille de route de l'appel d'offres de 2013
(Source : tableau établi d'après les données fournies par le site de l'Autorité de l'énergie, mars 2017)

Le 26 décembre 2016, le nouveau ministre de l'Energie, César Abi Khalil, annonce la réouverture de la première phase de présélection des compagnies intéressées par l'appel d'offres sur l'attribution des licences d'exploration de la Zone économique exclusive (ZEE) au large des côtes libanaises. « J'annonce l'ouverture des blocs 1 (qui se trouve au nord est du Liban, soit aux frontières chypriote et syrienne) ,4 (au centre et qui est le plus proche du littoral), 8, 9 et 10 (les trois blocs du sud, à la frontière avec Israël) en se basant sur une étude effectuée par l'Autorité de l'énergie[156] ». Cette première phase permet aux compagnies intéressées de présenter leurs candidatures du 2 février au 31 mars 2017 en tant qu'opérateurs ou non-opérateurs selon le décret 9882/2013. Selon César Abi Khalil, les compagnies déjà présélectionnées ne sont pas obligées de présenter de nouveau un dossier : « les 46 compagnies présélectionnées en avril 2013 sont déjà éligibles pour présenter leurs offres et n'ont pas besoin de participer à cette nouvelle phase tant qu'elles répondent toujours aux critères de pré qualification[157]». Les offres des 46 sociétés présélectionnées n'ont pas été présentées à cause de l'ajournement à six reprises entre 2013 et 2017 de l'adoption des décrets 43 et 46 qui définissent respectivement les coordonnés des blocs maritimes, les conditions de participation aux appels d'offres et les

---

156- OUAZZANI, Kenza, « Abi Khalil dévoile sa feuille de route pour l'appel d'offres sur le gaz offshore», *L'Orient le Jour*, 27 janvier 2017.
157- *Ibid.*

modalités du contrat type d'exploration et de production qui organisent la relation entre l'Etat libanais et les concessionnaires.

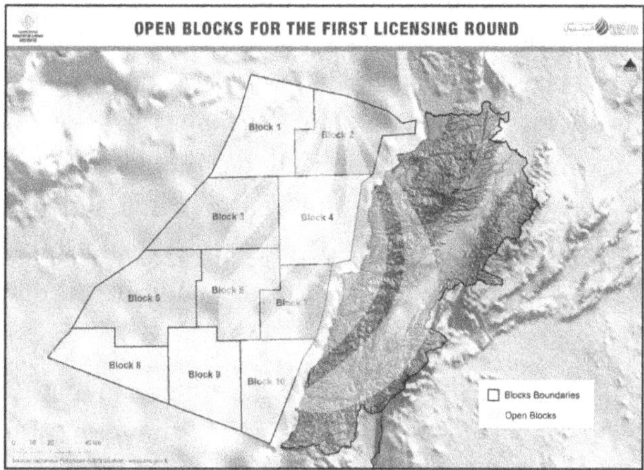

Figure 6: les blocs maritimes ouverts pour la première phase de présélection (Source : http://www.lpa.gov.lb/open%20blocks.php, consulté le 28 mars 2017

Le ministre de l'Energie précise que « les deux principaux objectifs de cette première phase sont que d'abord, nous réussissions à réaliser des découvertes commercialisables, ensuite nous protégions les droits du Liban à l'accès à ses ressources naturelles sur l'ensemble de sa ZEE [158]». Gaby Daaboul explique que l'objectif aussi est d'augmenter le nombre de compagnies candidates afin de renforcer la concurrence[159]. Ces propos sont confirmés par le ministre de l'Energie qui justifie la réouverture par le fait que « certaines des compagnies déjà pré- qualifiées ne sont peut-être plus intéressées par les blocs libanais et se sont déjà engagées dans d'autres pays de la région. D'autres qui n'étaient pas intéressées en 2013 le sont aujourd'hui, le marché a changé ». Wissam Chbat, membre de l'Autorité de l'énergie, déclare que la LPA reprendra contact avec les 46 compagnies présélectionnées pour savoir si elles sont toujours intéressées par l'exploitation du gaz offshore au Liban. Il évoque aussi la possibilité, en cas de nombreux désistements, d'organiser une nouvelle présélection en lançant un nouvel appel à manifestation d'intérêt, de sorte à attirer des sociétés qui n'avaient pas postulé la première fois[160].

158- OUAZZANI, Kenza, « Abi Khalil dévoile sa feuille de route pour l'appel d'offres sur le gaz offshore», *L'Orient le Jour*, 27 janvier 2017.

159- Entretien avec Gaby Daaboul, Beyrouth, le 15 février 2017.

160- OUAZZANI, Kenza, « Abi Khalil dévoile sa feuille de route pour l'appel d'offres sur le gaz offshore», *L'Orient le Jour*, 27 janvier 2017.

Les critères de sélection d'un opérateur imposent qu'il ait le statut de société anonyme, un actif supérieur à 10 milliards de dollars, et qu'il opère déjà au moins dans un bloc maritime d'une profondeur d'au moins 500 mètres[161]. Parmi les 12 opérateurs sélectionnés en 2012 figurent l'américain Exxon Mobil, le français Total et l'italien Eni[162]. Les 34 compagnies sélectionnées en tant que non opérateurs, ne peuvent participer à l'appel d'offres qu'en intégrant un consortium comprenant l'un des opérateurs. Trois de ces 34 sociétés sont libanaises, dont 2 en joint-venture. Leurs critères de sélection demandent qu'elles aient un statut de société anonyme, un actif supérieur à 500 millions de dollars et qu'elles disposent d'une unité de production pétrolière déjà établie[163].

Une fois la phase de présélection terminée, la date limite pour la présentation des offres pour chacun des cinq blocs ouverts est le 15 septembre 2017. L'Autorité de l'énergie s'engage à publier le 22 septembre la liste des candidats pour chaque bloc, et prépare avant le 16 octobre un rapport d'évaluation des candidatures pour chacun des cinq blocs. Les candidatures seront validées par le Conseil des ministres avant le 15 novembre, ainsi que les contrats d'exploration et de production, qui doivent être signés. Le ministre de l'Energie précise que « même si cinq blocs ont été ouverts, cela ne signifie qu'ils seront tous attribués à l'issue de cette première phase. Nous accorderons des licences pour quatre blocs au maximum [164]».

La décision d'ouvrir les blocs aux appels d'offres et le choix des blocs qui seront proposés en priorité revient au ministre de l'Energie sur avis consultatif de l'Autorité de l'énergie. En 2013, la LPA a proposé une ouverture graduelle des blocs 1 et 4 (nord), 5 et 6 (au centre) et 9 au Sud. Mais cette proposition n'a pas été prise en considération faute d'accord politique. Selon Marwan Hamadé, député PSP, l'accord politique entre le chef du parlement Nabih Berry (Amal) et le chef du CPL Gebran Bassil le 1er juillet 2016 porte sur l'ouverture des trois blocs du Sud (8, 9 et 10), du bloc 4 au centre et du bloc 1 au Nord[165]. Le député Hamadé, qui s'oppose à cet accord, affiche sa crainte que les sociétés

161- http://www.lpa.gov.lb/prequalification.php, [consulté le 20-3-2017]

162- *Ibid.*

163- Entretien avec Gaby Daaboul, Beyrouth, le 15 février 2017.

164- OUAZZANI, Kenza, « Abi Khalil dévoile sa feuille de route pour l'appel d'offres sur le gaz offshore», *L'Orient le Jour*, 27 janvier 2017.

165- OUAZZANI, Kenza, «Hydrocarbures offshore : l'attribution des licences d'exploration par le Liban sera graduelle», *L'Orient le Jour*, 6 janvier 2017.

ne s'intéressent pas aux blocs du Sud à cause du litige frontalier qui oppose le Liban à Israël.

Le président de la commission parlementaire des Travaux publics, des Transports, de l'Energie et de l'Eau, Mohamad Kabbani, affirme que l'ouverture des blocs 8, 9 et 10 réaffirme les droits souverains du Liban et le refus de l'Etat libanais de toute négociation sur les frontières de la ZEE libanaise[166]. Le député Joseph Maalouf valorise les critères de rentabilité économique dans le choix des blocs ouverts sans nier l'importance des choix géopolitiques. Il considère que le choix du bloc 1 consolide la frontière libanaise maritime avec la Syrie et Chypre, et les blocs 8,9 et 10 la frontière avec Israël[167].

Année 2017	Action prise
23 février	Invitation des compagnies intéressées à un séminaire de consultation par le ministère de l'Energie
2 février – 31 mars	Lancement d'une campagne pour la promotion des blocs ouverts Invitation des compagnies à participer au premier appel d'offre Adoption de la loi de la fiscalité du secteur pétrolier Les réponses à toutes les questions publiées sur le site de la LPA
13 avril	Report de l'annonce de la liste des compagnies préqualifiées
27 avril	Annonce de la liste des compagnies préqualifiées
15 septembre	Réception des offres des compagnies préqualifiées pour les blocs
22 septembre	Publication des participants par bloc
16 octobre	Préparation du rapport d'évaluation par bloc par l'Autorité de l'énergie
15 novembre	Attribution des blocs et signature des contrats par le Conseil des ministres

Tableau 6: La feuille de route de l'appel d'offres de 2017
(Source : tableau établi d'après les données fournies par le site de l'Autorité de l'énergie, mars 2017)

Le 27 avril 2017, le ministre de l'Energie annonce les noms des huit compagnies préqualifiées pouvant participer à la première phase de l'appel d'offres pour l'attribution des licences d'exploration des hydrocarbures offshore.

166- OLJ, les cinq premiers blocs offshores sont ouverts aux offres dévoilés », L'Orient le Jour, 11 janvier 2017.
167- Entretien avec Joseph Maalouf, Beyrouth, le 15 mai 2017.

Dix compagnies ont déposé leur candidature[168]. La société indienne ONGC Videsh Limited a été qualifiée en tant qu'opérateur, et 7 autres compagnies en tant que non-opérateurs. Ces compagnies sont : la russe PJSC Lukoil, la qatarie Qatar Petroleum International Limited, la britannique New Age African Global Energy, la russe JSC Novatek, l'iranienne Petropars, l'algérienne Sonatrach International Petroleum Exploration & Production Corporation et la société malaisienne Sapurakencana Energy Sdn Bhd. Deux candidatures n'ont pas été retenues qui sont celles de la société Advanced Energy Systems basée en Égypte et d'une co-entreprise libanaise Vega Petroleum Limited/ Edgo Energy Limited/Petroleb SAL, dont les dossiers étaient incomplets[169].

Après la seconde présélection, le nombre total des compagnies préqualifiées est porté à 53[170]. Pour rappel, 12 grands groupes internationaux sont habilités en tant qu'opérateurs et 36 autres compagnies en co-entreprises[171]. Le ministre de l'Energie précise que les compagnies préqualifiées en 2013 doivent actualiser leurs dossiers en présentant un ensemble de documents dont à titre d'exemple les bilans audités de 2014 et 2015, et leur bilan financier de 2016 non audité. La mise à jour des dossiers est une condition préalable à la présentation des offres. César Abi Khalil avait annoncé que 14 des 45 sociétés ont renouvelé leurs dossiers[172].

Wissam Chbat, président de la LPA entre 2016 et 2017, évalue positivement le progrès enregistré dans les préparations du premier cycle de licence au Liban : « jusqu'à présent le progrès est conforme à nos attentes, et nous espérons que l'élan continue et s'accroit pour les entreprises participantes[173] ». Il explique que le contact a été rétabli avec les entreprises

168- OLJ, « huit nouvelles sociétés présélectionnées pour l'appel d'offres libanais », *L'Orient le Jour*, 27 avril 2017.
169- Entretien avec Wissam Chbat, Beyrouth, le 18 mai 2017.
170- « huit nouvelles sociétés présélectionnées pour l'appel d'offres libanais », *L'Orient le Jour*, 27 avril 2017.
171- *Ibid.*
172- « huit nouvelles sociétés présélectionnées pour l'appel d'offres libanais », *L'Orient le Jour*, 27 avril 2017.
173- Entretien avec Wissam Chbat, Beyrouth, le 18 mai 2017.

préalablement qualifiées et qu'elles ont manifesté une volonté positive quant à leur participation aux nouvelles actions prévues par le Liban. Les membres de la LPA ont participé à une multitude de conférences à l'étranger où ils ont pu rencontrer les représentants desdites entreprises. Selon eux, il existe donc un grand intérêt pour l'investissement dans le secteur pétrolier au Liban. Cet intérêt est traduit par la dynamique qui a imprégné les réunions effectuées ainsi que par l'interaction active qui a eu lieu avec les représentants des investisseurs. Wissam Chbat ajoute qu'après la clôture de la pré-qualification le 31 mars 2017, la priorité est pour le maintien du lobbying auprès des compagnies afin de les inciter à établir des alliances entre elles et de présenter leurs offres avant le 15 septembre, date de clôture du cycle d'appel d'offres.

Chbat dévoile la stratégie de l'Autorité de l'énergie pour promouvoir le gaz libanais à l'échelle locale, régionale et internationale. Il explique que depuis 2013, la LPA a commencé à promouvoir le cycle de licences ainsi que le marché offshore du Liban comme une nouvelle province de gaz pour les sociétés qui désirent exploiter et produire en Méditerranée orientale. De plus, il ajoute que la Méditerranée orientale est parmi l'une des rares au monde qui n'ont pas encore été explorées. Dans ce contexte, la stratégie de promotion de la LPA se traduit par la mise à la disposition des entreprises intéressées d'un vaste ensemble de données et d'études sismiques en 2D et 3D. Celles intéressées peuvent, si elles le désirent, y accéder. Pour Chbat, cette initiative est censée contribuer à la diminution du risque d'investissement des entreprises intéressées et ce avant leur éventuel engagement dans un contrat avec l'Etat libanais. Il conclut que cette initiative a fourni de très bons résultats. A titre d'exemple, en 2013, sur 52 entreprises qui ont présenté leurs dossiers, 46 ont été préqualifiées. Cet effort de communication sur le dossier se donne à voir dans le site web actualisé de la LPA, dans les congrès organisés et ceux auxquels le Liban participe.

2.3 Les compagnies préqualifiées pour le premier cycle

Les compagnies pétrolières internationales jouent un rôle important dans l'économie mondiale. Elles ont une puissance financière considérable, et comptent parmi les premières capitalisations dans le monde. Sur les plans économique et politique, elles disposent d'un pouvoir d'influence considérable. A titre d'exemple, aux Etats-Unis, la politique énergétique est influencée par le lobby pétrolier proche du Parti républicain[174]. Les majors occidentales, Exxon, Mobil, Chevron, Texaco, Gulf, Royal Dutch Shell, BP, baptisés les «sept sœurs», se sont partagé les régions pétrolières, en 1928, dans le cadre des accords d'Achnacarry[175]. Exxon Mobil, est la première capitalisation mondiale (279 milliards de dollars)[176]. L'anglo-néerlandais Shell est la deuxième compagnie pétrolière privée (160 milliards de dollars de capitalisation), suivie de Chevron (145 milliards), de BP (116 milliards) et de Total (107 milliards)[177].

Cette montée en puissance des grandes entreprises a été interprétée par l'économiste britannique Susan Strange. Elle écrit : « alors que les Etats étaient avant les maîtres du marché, ce sont maintenant les marchés qui, sur ces questions cruciales, sont les maîtres des gouvernements et des Etats »[178]. Les rapports entre les acteurs transnationaux, entre autres, les compagnies pétrolières et les Etats ont été bien étudiés. Pour Bertrand Badie, « le monde multi centré marque le triomphe de l'autonomie[179] ». Josépha Laroche note que le principe de la territorialité ne constituant plus qu'un cadre d'allégeance, est dépassé[180] ». Joseph Nye, compare le nouveau partage du pouvoir dans

---

174- BEZAT, Michel, « les compagnies pétrolières ont une puissance relative », *Le Monde*, 3 avril 2010.
175- *Ibid.*
176- *Ibid.*
177- *Ibid.*
178- Susan Strange : Traîtres, agents doubles ou chevaliers secourables ? Les dirigeants des entreprises transnationales, in Michel Girard : L'individu dans la politique internationale, Paris Economica, 1994, p.218 6.
179- Bertrand Badie et Marie-Claude Smouts, Le Retournement du monde ; sociologie de la scène internationale, Presses de Sciences Po, 1999, p. 72
180- Josépha Laroche, *Politique internationale*, LGDJ, 1998, p. 87.

le monde à un jeu d'échecs à trois dimensions[181]. Sur l'échiquier supérieur – celui de la force armée – le pouvoir est très largement unidimensionnel et dominé par les États-Unis. Sur l'échiquier intermédiaire – celui des rapports de forces économiques – le monde est multipolaire et le pouvoir se partage entre les États-Unis, l'Europe et le Japon. Sur le troisième échiquier – celui des relations transnationales et des acteurs non-étatiques – le pouvoir est très largement dispersé et échappe au contrôle des gouvernements[182]. Pour Sami Cohen, la prééminence des Etats sur la scène internationale n'est pas remise en cause[183]. De nouveaux rapports de force se sont créés, marqués par le sceau du paradoxe et de la complicité, mais l'Etat n'est pas pour autant, voué à disparaitre[184].

Au Liban, les compagnies pétrolières préqualifiées en 2013 pour le lancement du premier cycle de l'octroi des permis d'exploration sont au nombre de 46. Douze en tant qu'operateurs et 36 en tant de non operateurs. Le rôle des opérateurs consiste à la fois à mener les opérations, les explorations, la production et d'assurer le financement tandis que le rôle des non opérateurs est limité au financement.

La valeur boursière de certaines compagnies qui ont participé aux pré-qualifications se chiffre en milliards de dollars. Leurs profils et poids sur la scène internationale est très important pour le Liban. Le fait que ces compagnies qui ont l'influence, l'expertise, le savoir-faire et les capacités financières se sont présentées est en lui-même un succès. La présence des géants mondiaux reflète une confiance, voire une confiance certaine dans le Liban. Les cercles de relations qu'ils ont avec leurs gouvernements, influents au niveau mondial, serviront à chapoter les explorations et à faire contrepoids contre les pressions potentielles d'Israël, de la Syrie et de la Turquie. Sur le

---

181- http://www.diplomatie.gouv.fr/IMG/pdf/0204-Cohen-FR.pdf, [consulté le 6 juin 2017].
182- Joseph S. Nye Jr., The Paradox of the American Power : Why the World's Only Superpower Can't Go it Alone, Oxford, Oxford University Press, 2002, p. 39.
183- http://www.diplomatie.gouv.fr/IMG/pdf/0204-Cohen-FR.pdf, [consulté le 6 juin 2017].
184- *Ibid.*

plan financier, les moyens qu'ils ont leur permettent d'investir des milliards de dollars sans besoin de recourir à l'emprunt. Ces investissements créeront des emplois sachant que ces sociétés d'habitude embauchent une main d'œuvre locale, contrairement aux compagnies chinoises qui emmènent les employés de Chine. Une autre dimension économique consiste à ce que les compagnies déclarent en toute transparence leur gain. Ces déclarations sont vérifiées par des systèmes d'audit interne et externe, ce qui peut affecter le prix de leurs actions car elles sont côtées en bourse. La concurrence sur les blocs de la ZEE est économiquement rentable pour l'Etat libanais qui peut bénéficier des recettes de la manne naturelle pour consolider ses finances. Sur le plan du respect de l'environnement, les systèmes et règlements internes de ces compagnies les obligent à appliquer des méthodes et des procédures strictes pour respecter l'environnement et éviter les accidents ou les fuites qui causent une pollution majeure.

La loi libanaise oblige la formation de consortiums de trois compagnies pour participer aux enchères. Les compagnies peuvent alors former des alliances pour se concurrencer. Comme déjà expliqué, le Liban réouvre la pré-qualification en 2017. Les compagnies préqualifiées pour le lancement du premier cycle d'octroi des permis d'exploration sont au nombre de 8. Une en tant qu'opérateur et 7 en tant que non opérateurs.

Le chef de l'Autorité de l'énergie Wissam Chbat explique que le premier cycle d'octroi des permis d'exploration n'a pas été clôturé en 2013[185]. Les candidatures des compagnies préqualifiées sont alors toutes considérées valides. Il ajoute que ces compagnies ont jusqu'au 14 septembre 2017 pour la mise à jour de leurs dossiers. Il dévoile que des négociations sont en cours entre plusieurs compagnies pour la formation de consortiums. Les tactiques des négociations obligent parfois à retarder la mise à jour de certains dossiers de compagnies. Chbat ajoute que l'Autorité de l'énergie continue à mener des

---

185- Entretien avec Wissam Chbat, Beyrouth, le 18 mai 2017.

contacts avec les compagnies et à fournir toutes les informations utiles pour faciliter leur participation.

En ce qui concerne la possibilité d'un nouveau report du lancement des appels d'offres à cause des tractations politiques internes, Chbat, qui a toujours fait preuve d'optimisme, adopte un tout autre ton : le report serait fatal pour le Liban. Il insiste sur l'importance cruciale de leur lancement dans les délais fixés et va plus loin en affirmant que ceci est une question vitale pour le Liban. Selon lui, « Toute la classe politique est consciente de l'importance de l'engagement du gouvernement et du respect des délais. Le Liban risque de perdre toute sa crédibilité si les dates fixées ne sont pas respectées ». Dans le même contexte, Chbat ajoute que les compagnies pré-qualifiées observent et suivent de près l'évolution des négociations politiques concernant la loi électorale. Selon lui, la fixation d'une date pour les élections parlementaires aura des conséquences directes sur le dossier du gaz. En effet, si la date de cette échéance tombait après novembre, ceci impliquerait que le gouvernement actuel signera l'EPA avec les compagnies gagnantes. Il ajoute que le consensus politique interne sera un signe d'apaisement qui peut être concrétisé par une stabilité qui aurait des conséquences positives sur le dossier de gaz. Dans ce contexte, Chbat affirme qu'une « horloge pétrolière » régit les événements et échéances politiques et que le débat concernant la date des prochaines législatives prend en considération l'échéance de la présentation des offres par les compagnies pétrolières participantes. Enfin, il conclut que la stabilité politique interne est une garantie et un signe qu'aucun obstacle n'arrêtera l'avancée du dossier.

Le tableau suivant montre quelles sont les compagnies qui ont présenté des dossiers pour participer aux appels d'offres en 2013 et 2017. Le tableau révèle que les compagnies européennes sont les plus nombreuses, suivies par celles de l'Asie, des pays du Golfe, de la Russie et des Etats-Unis.

Pays	2013		2017		Total
	Opérateurs	Non opéra-teur	Opéra-teurs	Non opéra-teur	
Etats-Unis	3	1	0	0	**4**
Russie	0	3	0	2	**5**
UE	6	10	0	1	**17**
Canada	0	1	0	0	**1**
Brésil	1	0	0	0	**1**
Australie	0	1	0	0	**1**
Japon	1	3	0	0	**4**
Asie	1	5	1	1	**8**
Pays du Golfe	0	6	0	1	**7**
Turquie	0	2	0	0	**2**
Iran	0	0	0	1	**1**
Algérie	0	0	0	1	**1**
Liban	0	2	0	0	**2**
Total	**12**	**34**	**1**	**7**	**54**

Tableau 7 : Les compagnies qualifiées en tant que non-opérateurs
(Source : tableau établi d'après les données fournies par le site de l'Autorité de l'énergie, mars 2017)

L'ambassadeur de France au Liban à l'époque, Patrice Paoli, déclare en janvier 2014 que les compagnies pétrolières françaises sont très intéressées par l'extraction du pétrole au Liban[186]. Cependant il avertit que la paralysie peut inciter les compagnies à investir ailleurs[187].

186- Le Commerce du Levant, « ils ont dit : Patrice Paoli, ambassadeur de France au Liban », *Le Commerce du Levant*, Janvier 2014.
187- *Ibid.*

Chapitre 2
La délimitation problématique
des frontières maritimes

De multiples définitions ont été données à la notion de frontière à travers l'histoire. L'idée de frontière est apparue dès l'Antiquité et a connu des changements de forme, de fondement et de fonction avec le temps. Une forme de délimitation est constatée dès 1300 avant Jésus- Christ entre le royaume des Assyriens et le royaume de Babylone. En Grèce, la cité était liée à l'élaboration d'une frontière. La frontière épaisse a été consacrée par l'empire romain avec l'utilisation du terme « limes » utilisé pour délimiter un domaine. Pour les anglo-saxons la Bondaroy est une frontière entre la civilisation et le reste du monde. Une conception idéologique a été développée par Byzance, qui fait correspondre sa frontière à la frontière du monde romain chrétien. Les premiers règlements frontaliers entre Etats sont négociés au 17eme siècle. Ainsi, la frontière moderne est née avec l'Etat. Sa présence affirme donc la création de l'Etat et marque la limite de son territoire. En droit international, le territoire apparaît comme l'un des éléments constitutifs de l'Etat : c'est l'espace de la souveraineté dont dispose sans partage tout Etat[188]. La délimitation des frontières est donc une nécessité pour éviter la confrontation causée par l'empiétement d'une souveraineté sur l'autre. Dans ce sens, la frontière participe à la fondation de l'Etat-nation et de l'autorité compétente reconnue sur ce territoire.

Plusieurs phases interviennent dans la détermination d'une frontière, qui reste une opération complexe et sensible associée généralement aux discordes. Cette notion reste un lieu d'affrontements car elle sépare des souverainetés

---

188- Jean-Marc Sorel, « La frontière comme enjeu de droit international », *CERISCOPE Frontières*, 2011, [consulté le 01/05/201].

étatiques[189]. La détermination d'une frontière terrestre est de nature politique qui est concrétisée le plus souvent par un traité qui ne reflète pas forcément le droit international, même si des guides et des principes généraux existent, car elle est la résultante d'une histoire propre à chaque pays[190]. Ainsi, le traçage de la ligne qui sépare les territoires est appelé la délimitation ; elle est complétée par la démarcation, opération précise, qui permet la correction des erreurs ou des incertitudes.

Les frontières maritimes sont déterminées juridiquement par des règles uniformisées par la coutume et les conventions sur le droit de la mer. Contrairement aux frontières terrestres, les faits historiques et politiques ne sont pas des facteurs essentiels dans la détermination des frontières maritimes. Pourtant, l'Etat exerce dans le domaine maritime et à ses frontières des comportements similaires à ceux concernant le territoire terrestre. Après la deuxième guerre mondiale, la souveraineté sur des parcelles maritimes est formalisée par les conventions de Genève de 1958 et par la convention de Montego Bay en 1982[191]. La souveraineté de l'Etat côtier dépasse son territoire et comprend une zone adjacente dénommée « mer territoriale » dans laquelle est conservé le droit de passage inoffensif pour les États tiers. Cette souveraineté est confirmée par la convention de 1982 qui détermine la limite de la mer territoriale à 12 miles nautiques depuis la ligne de base[192]. Des droits souverains sont aussi octroyés pour les zones contiguës et économiques exclusives jusqu'à 24 et 200 miles nautiques de la ligne de base et le plateau continental à 200 miles nautiques[193].

La délimitation des frontières maritimes reste une tâche très complexe. Les problèmes techniques, les conflits existant et les tensions politiques sont les principaux défis auxquels le gouvernement libanais en l'occurrence doit faire face.

189- Jean-Marc Sorel, « La frontière comme enjeu de droit international », *CERISCOPE Frontières*, 2011, [consulté le 01/05/201].

190- *Ibid.*

191- http://www.un.org/depts/los/doalos_publications/ publicationstexts/f_88v5_baselines_highres.pdf, [consulté le 5 mai 2017].

192- *Ibid.*

193-http://www.un.org/depts/los/doalos_publications/ publicationstexts/f_88v5_baselines_highres.pdf, [consulté le 5 mai 2017].

1. Les différentes zones maritimes et leur délimitation dans le droit international

Pendant des siècles, le rôle des mers et des océans était limité à la pêche, aux transports et aux communications. Avec le développement économique, l'utilisation traditionnelle de l'espace marin a évolué surtout après la seconde guerre mondiale. La recherche et les nouvelles technologies mobilisent les ressources nécessaires pour ce développement. Cette tendance a permis la création de nouvelles possibilités pour l'exploitation des ressources marines énergétiques. Le droit de mer applicable aux mouvements des navires, des marchandises et des personnes a pris une nouvelle dimension. Il s'est étendu à d'autres secteurs non traditionnels comme les droits de propriété dans le domaine maritime mondial qui sont devenus des revendications territoriales. Les Etats côtiers, au début des années 1940, ont marqué le droit de la mer par leurs revendications d'une expansion maritime. Le président Truman était le premier à proclamer le plateau continental en 1945[194]. D'autres Etats firent de même par la suite.

Les premières tentatives pour la codification du droit international maritime ont lieu à La Haye en 1930 sous les auspices de la Société des Nations. Ces travaux ont abouti à la présentation de 13 projets d'articles qui sont une forme d'entente sur le sujet[195]. Ils seront la base de futurs travaux. La Commission du droit international de l'ONU (CDI) désigne un rapporteur pour l'élaboration des rapports sur les différents aspects du droit de la mer. Suite à ces travaux, suivis de près par la CDI et l'Assemblée générale, la conclusion est présentée sous forme de rapport final soumis à l'Assemblée générale en 1956. Il sera le fil conducteur des travaux de la Conférence de Genève. En 1958, la mission de la Conférence tenue à Genève était « d'examiner le droit de la mer en tenant compte non seulement des aspects juridiques, mais aussi des aspects techniques, biologiques, économiques et politiques du problème, et de consacrer les résultats dans une ou plusieurs conventions internationales ou

---

194- http://www.un.org/depts/los/doalos_publications/ publicationstexts/f_88v5_baselines_highres.pdf, [consulté le 5 mai 2017]

195- TREVES, Tullio, « Les conventions de Genève de 1958 », http://legal.un.org/avl/pdf/ha/gclos/ gclos_f.pdf, [consulté le 5 mai 2017].

dans de tels autres instruments qu'elle jugera appropriés[196] ». Cependant, le but d'intégrer toutes les dispositions du droit de la mer dans un seul instrument n'est pas réalisé. La Convention inclut alors quatre sous conventions et un Protocole facultatif : la Convention sur la mer territoriale et la zone contiguë ; la Convention sur la haute mer ; la Convention sur la pêche et la conservation des ressources biologiques de la haute mer et la Convention sur le plateau continental ; le Protocole de signature facultative concerne le règlement obligatoire des différends[197].

L'unité du droit de la mer sera l'un des principaux objectifs poursuivis et réalisés dans la Convention des Nations Unies sur le droit de la mer (UNCLOS) qui présente un cadre universel des juridictions côtières. Elle vient remplacer la convention de Genève sur le droit de la mer de 1958. L'UNCLOS est signée à Montego Bay en Jamaïque en 1982 par 162 pays et entre en vigueur en 1994[198]. Elle est formée de 320 articles et annexes[199]. Elle définit les zones de souveraineté, partant du littoral vers la haute mer. Ces zones sont la mer territoriale, la zone contiguë, la zone économique exclusive, le plateau continental étendu et les eaux internationales. Chacune de ces zones a son propre régime juridique, codifié par la Convention. La mesure des zones est faite à partir des lignes de base. La convention de Montego Bay fournit donc le cadre général pertinent régissant l'établissement et la délimitation des zones maritimes, entre autres le plateau continental et la zone économique exclusive (ZEE).

Pour aboutir à cette convention, près de 150 pays se sont réunis à New York, puis à Genève en 1974, pour l'élaboration d'un accord sur l'utilisation des océans, des droits de pêche et l'extraction des richesses[200]. Les représentants des pays en développement ont manifesté un vif intérêt à parvenir à un accord, tout en espérant qu'ils auront accès au savoir-faire et aux outils nécessaires pour l'exploitation de leurs fonds marins. Les Etats-Unis et les pays développés ont répondu positivement à ces propos, sans pour autant prendre des mesures concrètes, ce qui a rendu l'aboutissement à un accord difficile. Les représentants

---

196- TREVES, Tullio, « Les conventions de Genève de 1958 », http://legal.un.org/avl/pdf/ha/gclos/gclos_f.pdf, [consulté le 5 mai 2017]

197- http://legal.un.org/avl/pdf/ha/gclos/gclos_f.pdf, [consulté le 2 mai 2017].

198- « UNCLOS », http://www.un.org/french/law/los/unclos/closindx.htm [consulté le 5 octobre 2016].

199- *Ibid.*

200-RIZK, Sibyle, « Gaz offshore », *le commerce du Levant*, août 2011, page 37.

des Etats se réunissent de nouveau en 1982, et cette fois, les négociateurs se méfient de l'échec de l'expérience précédente mais on parvient finalement à un accord à Montego Bay en Jamaïque le 10 décembre 1982. L'importance de cette convention réside dans le fait que pour la première fois, elle répond aux exigences et demandes des pays en voie de développement. Elle leur fournit le cadre légal pour l'exploitation des richesses naturelles contenues dans leurs mers et océans. Le Liban a adhéré à cette convention à travers l'adoption par le parlement libanais de la loi 295 le 22 février 1994[201]. Mais le Liban n'avait pas défini ses frontières maritimes. De plus, des 21 Etats méditerranéens, trois pays voisins du Liban, à savoir, Israël, la Syrie et la Turquie, n'ont ni signé ni ratifié l'UNCLOS.

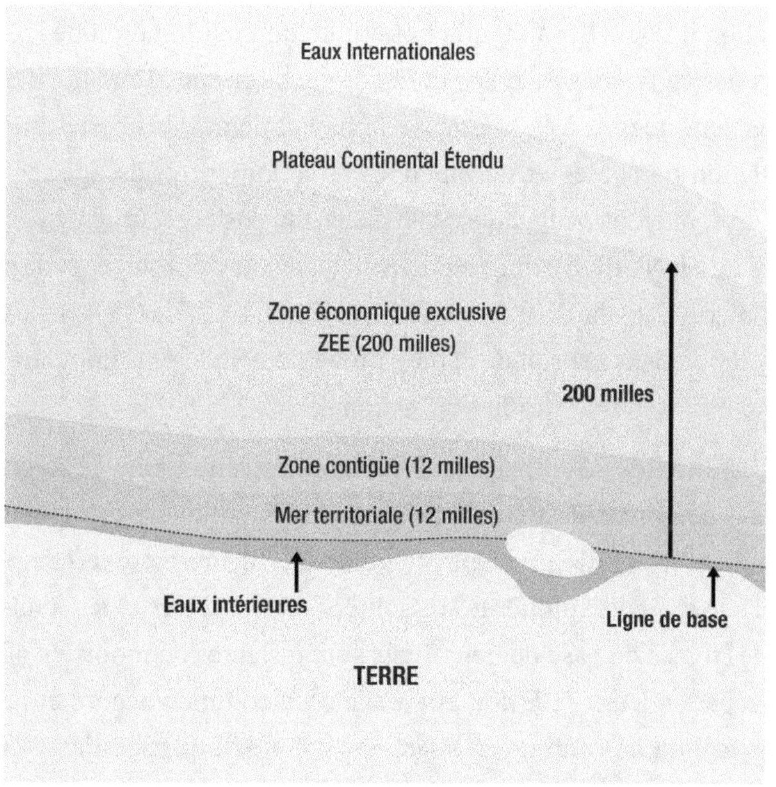

Figure 7 : la délimitation des eaux maritimes
(Source : http://www.aafv.org/les-archipels-de-la-mer-orientale-1037, consulté le 5 août 2016)

201-RIZK, Sibyle, « Gaz offshore », *le commerce du Levant*, août 2011, page 37

La principale innovation de la Convention est la zone économique exclusive ZEE. Elle est définie par la partie cinq (articles 55 à 74) de la CNDUM. La ZEE est une bande au-delà de la mer territoriale dont l'ampleur ne doit pas dépasser 200 miles nautiques de la ligne de base côtière (article UNCLOS 57). Dans la ZEE, l'Etat exerce des droits souverains « aux fins d'exploration et d'exploitation, de conservation et de gestion des ressources naturelles, biologiques ou non biologiques, des eaux surjacentes aux fonds marins et du sous-sol marin et son sous-sol » (UNCLOS article 56). L'État côtier a également le droit de construire des îles artificielles, des installations et des structures à ces fins (article UNCLOS 60). En effet, pour le fond des mers, le régime juridique est le même que pour le plateau continental, mais la déclaration d'une ZEE ajoute la possibilité de l'exploitation des ressources naturelles des eaux sous-jacentes et les droits de pêche. Tous les États ont le droit dans cette région à la liberté de la navigation, à la liberté du survol et à l'installation de câbles et de pipelines, à condition qu'ils agissent dans le cadre du droit international et qu'ils ne menacent pas la sécurité de l'Etat côtier (article 58 de l'UNCLOS), qui a également le devoir de protéger et de préserver le milieu marin dans la ZEE (articles 62 et 68 de l'UNCLOS). Il s'agit d'une vraie révolution dans le droit de la mer, probablement le plus grand transfert de tous les temps vers une juridiction nationale[202].

La création de cette zone, qui est une projection vers le large, revient à l'Etat. Sa définition doit être faite par une loi nationale et ne peut exister sans qu'elle soit proclamée. Une souveraineté pleine est exercée par l'Etat côtier qui a le droit d'exploiter les ressources dans les eaux et les fonds marins. Lorsque les lignes de base de deux Etats sont distantes de moins de 400 miles, la limite séparant leurs ZEE doit être fixée d'un commun accord et fait l'objet d'une convention ou d'un traité bilatéral[203]. La délimitation de la ZEE entre deux Etats dont les côtes sont adjacentes est précisé dans l'article 74.

202- Helmut Tuerk, *Reflections on the contemporary law of the sea*, Martinis Nijhoff Publishers, Leiden, 2012.
203- http://www.jolpress.com/blog/frontieres-maritimes-mediterranee-aspects-juridiques-enjeu-energetique-furfari-822855.html, [consulté le 5 mai 2017].

Un deuxième grand apport de la CNDUM est la définition du plateau continental. Il est le prolongement d'un continent sous la mer à des profondeurs ne dépassant pas les 200 mètres. Il inclut les fonds marins et leur sous-sol au-delà de la mer territoriale, sur toute l'étendue du prolongement naturel du territoire terrestre de l'Etat jusqu'au rebord externe de la marge continentale, ou jusqu'à 200 miles marins au large des lignes de base, la distance la plus grande l'emportant[204]. Les ressources du plateau pour la pêche et l'énergie peuvent être considérables, raison pour laquelle les Etats considèrent cet espace comme étant un prolongement de leur territoire terrestre. Conformément au droit international, la délimitation du plateau continental entre Etats ayant des côtes adjacentes doit être effectuée par voie d'accord « afin d'aboutir à une solution équitable[205] ». La CNDUM stipule qu'avant la signature d'un accord définitif, les partis doivent faire « tout leur possible pour conclure des arrangements provisoires de caractère pratique[206] ».

Partant du principe que le plateau continental est une personne morale et non seulement un concept géographique (article UNCLOS 76), le Liban a un étroit plateau continental et possède des droits sur ce plateau jusqu'à 200 miles nautiques (370 Km) sur lesquels il peut exercer en vertu de l'article 77 de l'UNCLOS, «des droits souverains dans le but de l'exploration et l'exploitation de ses ressources naturelles» (ressources minérales et autres ressources non vivantes, et des ressources vivantes sédentaires qui rampent sur le fond marin[207]). Cela inclut le droit de construire des structures artificielles et autres installations sur le fond marin à ces fins.

La notion de ligne de base est apparue au 19eme siècle, après que des reliefs proches du rivage ont été utilisés comme points de base. La Convention anglo-française de 1839 sur la pêche est le premier traité qui fait référence aux lignes de base, la laisse de basse mer constituant la ligne de base normale à partir

204- http://www.jolpress.com/blog/frontieres-maritimes-mediterranee-aspects-juridiques-enjeu-energe-tique-furfari-822855.html, [consulté le 5 mai 2017]

205- http://www.un.org/depts/los/convention_agreements/texts/unclos/unclos_f.pdf, [consulté le 9 avril 2016].

206- *Ibid.*

207-*Ibid.*

de laquelle est mesurée la mer territoriale[208]. Le traité de Montego Bay définit deux types de lignes de base. La ligne de base normale est définie par l'article 5 de la CNDUM : « sauf disposition contraire de la Convention, la ligne de base normale à partir de laquelle est mesurée la largeur de la mer territoriale est la laisse de basse mer le long de la côte, telle qu'elle est indiquée sur les cartes marines à grande échelle reconnues officiellement par l'Etat côtier ». La ligne de base droite est adoptée si le littoral est profondément indenté ou discontinu, ou s'il y a des îles le long de la côte, une ligne droite peut être tracée à travers les baies et / ou les embouchures des fleuves et des îles pour former la ligne de base (UNCLOS, article 7, 9, 10).

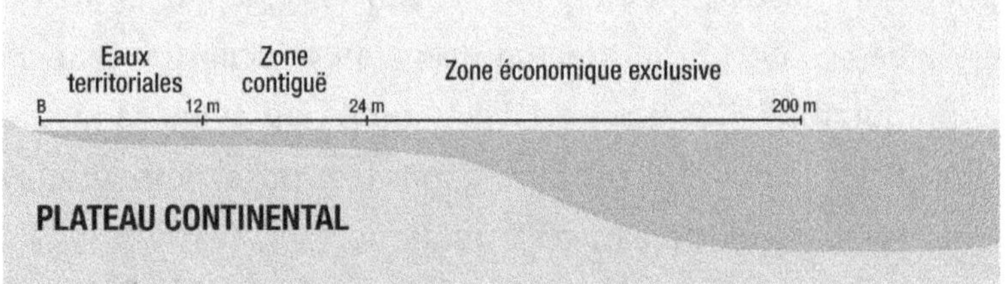

Figure 8: la ligne de base normale
(Source : http://www.undp.org/content/dam/lebanon/docs/,
consulté le 5 août 2012)

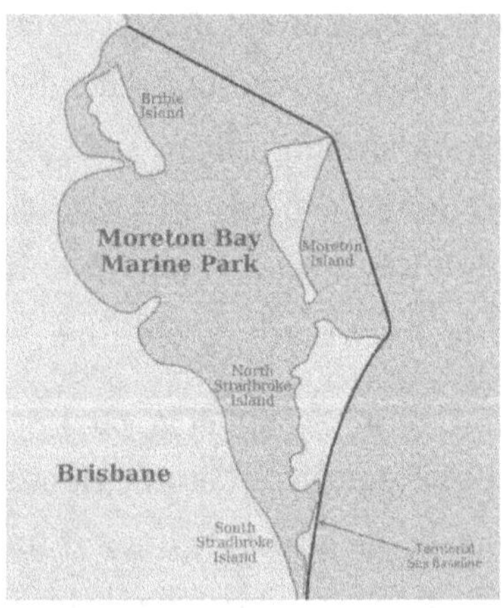

Figure 9: la ligne de base droite
(Source : http://www.undp.org/content/dam, consulté le 05 août 2012)

208- http://www.un.org/depts/los/doalos_publications/publicationstexts/f_88v5_baselines_highres.pdf, [consulté le 5 mai 2017].

Pour faciliter la détermination des frontières maritimes, la coopération régionale est essentielle en Méditerranée orientale : il est important de régler les revendications qui se chevauchent entre le Liban et ses voisins, pour que les travaux d'exploration et les activités d'octroi de licence ne soient pas entravés. Pour le succès des négociations et afin de mesurer les revendications des autres États, l'application des principes du Droit International qui sont universellement reconnus est nécessaire.

Les articles 74 et 83 de l'UNCLOS fixent respectivement les principes qui s'appliquent lors de la délimitation des ZEE et des zones continentales de deux Etats qui sont en face ou à côté l'un de l'autre. Ces règles sont identiques. En principe, la délimitation doit se faire par accord entre ces Etats sur la base du droit international, et dans l'esprit de parvenir à une solution équitable. Cette solution se fait au cas par cas dans la mesure où chaque cas de délimitation maritime diffère des autres, en raison de la diversité des facteurs géologiques et non-géologiques qui sont à prendre en considération. Comme la Cour Internationale de Justice l'a fait observer à l'égard des revendications qui se chevauchent relativement à la mer territoriale dans le cas du Qatar et du Bahreïn: « L'approche la plus logique et la plus largement pratiquée consiste à tracer une ligne d'équidistance provisoire, puis d'examiner si cette ligne doit être ajustée à la lumière de l'existence de circonstances particulières [209]», par exemple des différences marquées dans les longueurs des côtes, la direction générale de la côte, les îles, les facteurs économiques, la sécurité, etc.

La possibilité de faire des arrangements provisoires de caractère pratique, tels que stipulés par la Convention, devrait également être explorée en vue des difficultés rencontrées par le Liban à s'entendre avec certains de ses voisins. En l'absence d'un tel accord, les États devraient respecter la ligne médiane ou recourir aux procédures de règlement des différends et litiges. Dans l'affaire de l'exploitation des ressources, la possibilité d'accords de développement commun peut être également envisagée.

209-« Litige juridique », *l'Orient le Jour*, 5 septembre 2011.

2. Le tracé libanais

Il est primordial que le Liban délimite ses frontières maritimes pour qu'il soit capable d'exploiter ses ressources naturelles. La délimitation de la ZEE libanaise a passé par cinq étapes : la définition de la ligne côtière, la détermination de la ligne de base, l'adoption du principe de la ligne médiane et la signature d'un premier accord avec Chypre, un des trois pays adjacents concernés. Le choix de la ligne de base relève de règles précises. La ligne côtière est un facteur important : elle peut être adoptée à partir des points de base, de lignes droites ou autres paramètres. Cela soulève également la question de la relation entre les lignes de base et les frontières terrestres, puisque celles-ci posent quelques difficultés pour le Liban.

Le tracé de la frontière suppose deux conditions : la définition du point de la frontière sur le littoral et la définition de la ligne de base qui va servir au calcul des différentes coordonnées des points constituant la frontière[210]. Le Liban a adopté le point B1 à Ras Naqoura comme point de départ de sa frontière maritime, point qui a été choisi à partir de l'Accord d'armistice de 1949 avec Israël, document reconnu par l'ONU et les deux Etats comme étant le point le plus à l'ouest entre les deux pays. Selon le Commerce du Levant, « Ces coordonnées reprennent l'accord Paulet-Newcombe du 3 février 1922 entré en vigueur le 10 mars 1923 délimitant la frontière sud du Liban[211]».

Pour la détermination de la ligne de base, l'armée libanaise a adopté la notion de ligne de base normale[212]. La ligne de base droite a été aussi utilisée surtout dans certaines régions contenant des baies comme Jounieh ou dans les îles en face de la côte nord du Liban. Côté libanais, le dessin de la ligne de base et le calcul des séries de coordonnées aboutissant au point 23, la pointe sud-ouest de sa ZEE, sont fondés sur trois cartes: les cartes maritimes internationales n° 2634 et n° 183 de l'Amirauté britannique ; la carte de la direction des Affaires géographiques de l'armée libanaise pour la

---

210-RIZK, Sibyle, « Gaz offshore », *le Commerce du Levant*, août 2011, page 39.
211- *Ibid*, page 40.
212- https://www.lp.gov.lb/ContentRecordDetails.aspx?id=12749, [consulté le 5 mai 2017].

région de Naqoura[213]. Selon le général Abdel Rahman Shehaitly interrogé par le Commerce du Levant, l'exactitude du tracé est d'une grande pertinence car elle est basée sur des fondements scientifiques, et elle peut être vérifiée par un comité de topographes indépendants.

L'adoption du principe de la ligne médiane entre le Liban et Chypre a été la base de la délimitation de la frontière maritime entre les deux pays. Cependant, en traçant la ligne médiane entre le Liban et Chypre selon la méthode équidistante, il n'est pas clair si l'armée libanaise s'est appuyée sur la ligne de base droite de Chypre pour calculer la zone moyenne entre le Liban et Chypre, ou sur les points de base que Chypre a déclaré à l'ONU conformément à l'UNCLOS. Cette information n'a pas été mise à la disposition du public.

La délimitation des frontières n'est pas seulement un acte technique : elle doit être suivie par des mesures politiques pour la faire valoir. En 2007, le ministère des Travaux Publics, agissant dans l'urgence, avait établi la première carte de la frontière maritime en se basant sur des études menées par la compagnie britannique UKHO en 2002[214]. Ensuite, le ministre des Travaux Publics et des Transports de l'époque, Mohammad Safadi, mandaté par le Conseil des ministres en tant que responsable de la gestion des eaux du littoral, a signé en 2007 suite à des négociations avec Chypre un accord pour la délimitation des frontières maritimes communes. Cet accord sera détaillé dans la sous-partie suivante. Suite à des pressions turques, le Conseil des ministres libanais n'a pas adopté cet accord, et le Parlement ne l'a pas ratifié. La Turquie ayant, comme vu plus haut, un litige avec Chypre sur la définition des frontières maritimes entre les parties grecque et turque de l'île. Wissam Dahabi, Conseiller auprès de la Présidence du Gouvernement, explique que le travail fait à l'époque n'est pas du tout contestable comme certains essayent de le dire[215]. Certes, le Liban venait de sortir de la guerre de 2006, et était en pleine crise politique[216]. Ajoutons à cela le manque d'expertises dans le domaine et le manque de cadres spécialisés, sans oublier que Chypre faisait

---

213-RIZK, Sibyle, « Gaz offshore », *le Commerce du Levant*, août 2011, page 40.
214- *Ibid.*
215- Entrevue avec Wissam Dahabi, Beyrouth, septembre 2012.
216- *Ibid.*

pression sur Beyrouth pour terminer l'étude le plus vite possible. Pourtant la qualité du travail était plus que satisfaisante.

Ensuite, une commission interministérielle de 10 membres présidée par le Directeur Général du ministère des Travaux publics et des Transports, Abdel Hafiz Kaissi, établit le 29 avril 2009 toutes les coordonnées géodésiques des frontières de la ZEE du Liban, après deux années de travail[217]. Le tracé complète les points 1 à 6 définis dans l'accord avec Chypre. Au nord, il ajoute les points 7 à 17, représentant le point de frontière terrestre entre le Liban et la Syrie. Au sud, il ajoute une série de points de 18 à 25, le premier coïncidant avec le point B1 de Ras Naqoura. Le point 23 marque selon le Liban la pointe sud-ouest de sa ZEE et le point 7 sa pointe nord-ouest. L'adoption officielle de ces points tripartites dépend de l'accord des trois États frontaliers. Le 13 mai 2009, la carte de la ZEE libanaise est approuvée en Conseil des ministres, et le Liban notifie à l'ONU le tracé de sa frontière maritime avec Chypre et Israël, respectivement en juillet et octobre 2010, s'appuyant sur les points établis pour la détermination de sa ZEE. Le Parlement libanais vote la loi 163 qui définit légalement la ZEE libanaise le 17 août 2011[218].

2.1 Les désaccords frontaliers du Liban avec Israël et Chypre

L'accord entre le Liban et Chypre, signé en janvier 2007, est formé de 5 articles et d'une annexe[219]. L'article 1 explique que le principe de la ligne médiane est adopté dans la détermination de la ZEE en se basant sur la carte publiée par l'Amirauté britannique numéro 183 (Ras at Tin to Iskenderun) (article 1 partie c). L'article 2 note que dans le cas où il y a des ressources naturelles qui s'étendent depuis la ZEE d'une des deux parties à celle de l'autre, les deux parties coopèrent ensemble en vue de parvenir à un accord sur les modalités de l'exploitation de telles ressources. Dans ce cas-là, les deux pays peuvent partager les revenus des ressources et cela de plusieurs

---

217-RIZK, Sibyle, « Gaz offshore », *le Commerce du Levant*, août 2011, page 57.

218- Entrevue avec Wissam Dahabi, Beyrouth, septembre 2012.

219- Agreement between the government of Lebanon and the government of Cyprus on the delimitation of the ZEE, le 17 janvier 2007, [consulté le 5 novembre 2017].

façons[220]. L'article 3, qui a été très critiqué, stipule : si l'une des deux parties est engagée dans des négociations visant la délimitation de sa zone économique exclusive avec un autre Etat, cette partie, avant d'arriver à un accord définitif, doit en informer et consulter l'autre partie, si cette délimitation est en relation avec les coordonnées 1 ou 6. L'article 4 clarifie la façon de résoudre les différends émanant de l'interprétation de l'accord: « tout différend découlant de l'application du présent accord doit être réglé par la voie diplomatique dans un esprit de compréhension et de coopération. Dans le cas où le différend n'est pas réglé dans une limite raisonnable de temps, il sera soumis à l'arbitrage ». L'article 5 détermine la façon dont l'accord doit être ratifié : « cet accord est soumis à la ratification conformément aux procédures constitutionnelles de chacun des deux pays, et entrera en vigueur dès l'échange des instruments de ratification ».

Les critiques ont surtout porté sur la rédaction de l'article 3 de l'accord qui pour certains a laissé une marge de manœuvre à l'Etat hébreux, déjà connu pour ses ambitions expansionnistes. Mais les avis divergent sur ce point. Techniquement, suivant un responsable libanais que nous avons interrogé[221], il faut toujours laisser une marge pour les négociations ultérieures. C'est ce que le Liban a fait, pour avoir lui aussi une marge de manœuvre lors des négociations futures sur sa frontière sud. Un autre responsable libanais interrogé par le Commerce du Levant ajoute : « cette façon de faire est tout à fait conforme aux habitudes internationales en la matière, car deux pays ne peuvent pas s'engager sur un point de frontière tripartite qui, par définition, implique l'accord d'un troisième Etat[222] ». Il ajoute aussi que « la façon dont le texte a été rédigé n'a pas fermé totalement la porte à une telle interprétation, ce dont s'est empressé de profiter Israël ».

La lecture du texte de l'accord montre que l'article 3 déjà cité établit clairement le caractère non définitif des points 1 et 6 et entretient la confusion quant à savoir s'il s'agit oui ou non de points tripartites. La dénonciation de

---

220- Entrevue avec Mr.Wissam Dahabi, Beyrouth, septembre 2012.
221-Selon une source qui a préféré conserver l'anonymat.
222-RIZK, Sibyle, « Gaz offshore », *le Commerce du Levant*, août 2011, page 59.

l' « erreur » ne s'est pas fait attendre au Liban. Certains persistent à dire que vu les circonstances dans lesquelles le travail a été accompli, il est plus que satisfaisant. Sarkiss Hlais, Directeur Général des Installations Pétrolières interrogé en 2011 par le Commerce du Levant, ajoute : « il ne fait pas de doute que Nicosie était parfaitement au courant que le Liban n'a jamais considéré le point 1 comme sa frontière tripartite, d'autant que le tracé de la ZEE libanaise en 2009 est nettement antérieur à l'accord israélo-chypriote, intervenu en décembre 2010 [223]».

Israël n'est pas signataire de la Convention sur le droit de la mer, il n'est pas donc pas obligé de déposer à l'ONU les coordonnées géodésiques des frontières de sa ZEE. Cependant en vertu du droit international, il a l'obligation de la déclarer à travers une loi. Pour l'ONU, il est clair qu'Israël se fonde sur les législations de l'Etat hébreux en la matière, pour la revendication des frontières de sa ZEE. Le gouvernement israélien annonce le 10 juillet 2011 l'adoption du tracé de sa ZEE et il en notifie l'ONU le 15 juillet 2011[224].

L'accord conclu entre Nicosie et Tel-Aviv en décembre 2010 et entré en vigueur en février 2011 délimite la frontière maritime des deux pays. Concernant la frontière israélo-libanaise, le gouvernement israélien ne reconnaît pas que le point B1 à Ras Naqoura constitue sa limite côtière. Selon Alberto Asarta, commandant en exercice de la Finul en 2011, interviewé par le quotidien libanais *Al-Akhbar*, Israël conteste lors du tracé de la ligne bleu en 2001 entre les deux pays par la Finul à travers l'installation de bornes visuelles une série de points frontaliers, entre autres le point B1[225]. L'Etat hébreux annonce clairement que le point de terminaison de sa frontière se situe au point 1 de l'accord entre Liban et Chypre, situé donc à 17 Km au nord du point 23 considéré par le Liban comme étant sa frontière tripartite[226]. Le Premier ministre Benjamin Netanyahu profite de l'occasion de la proclamation de la

<hr>

223-RIZK, Sibyle, « Gaz offshore », *le Commerce du Levant*, août 2011, page 59.
224- « Le Liban ne veut pas renoncer à son espace maritime», http://www.lefigaro.fr/internatio-nal/2011/07/17/
01003-20110717ARTFIG00209-le-liban-ne-veut-pas-renoncer-a-son-espace-maritime.php, [consulté le 5 novembre 2012].
225-RIZK, Sibyle, « Gaz offshore », *le Commerce du Levant*, août 2011, page 40.
226-*Ibid.*

ZEE israélienne pour établir le lien entre le tracé israélien et l'accord libano-chypriote : « Le tracé soumis par le Liban à l'ONU est plus au sud que celui qu'Israël propose. Il diverge du tracé sur lequel nous nous sommes entendus avec Chypre, et, ce qui est plus important encore à mes yeux, il diverge du tracé sur lequel le Liban lui-même s'est entendu avec Chypre en 2007[227]. » Israël profite donc de l'accord entre le Liban et Chypre pour défendre et consolider sa position, en disant que c'est le gouvernement libanais lui-même qui a établi la frontière tripartite au point 1.

Le Liban répond techniquement et politiquement à la façon dont le tracé israélien a été établi. Selon Sarkis Hlais, Directeur des Installations Pétrolières au ministère de l'Energie libanais interviewé par le commerce du Levant en 2011, « Israël a toujours eu une notion élastique de la frontière et n'est en tout cas pas signataire de la convention sur le droit de la mer[228]». Il considère aussi que le tracé israélien est un acte purement politique. De son côté, le Ministre libanais des Affaires Etrangères, Ali Chami, envoie le mardi 4 janvier 2011 un courrier de protestation à Ban Ki-moon, secrétaire général de l'ONU : « Nous vous demandons de faire le nécessaire pour garantir qu'Israël n'exploite pas les ressources d'hydrocarbures du Liban, qui se trouvent dans la zone économique du Liban telle que déterminée dans les cartes du ministère des Affaires étrangères soumises aux Nations Unies en 2010[229]». La diplomatie libanaise a par la suite entamé une série de réunions avec la partie chypriote pour essayer de combler la faille dans l'accord non ratifié avec Chypre, qui a permis à Tel-Aviv d'exploiter l'erreur libanaise.

Pratiquement, la différence est soulignée à partir du 10 juillet 2011, date à laquelle Israël adopte officiellement le tracé de sa zone économique exclusive. Sa frontière avec le Liban est poussée vers le nord et diffère de celle notifiée à l'ONU en juillet et octobre 2010 par Beyrouth. Le Liban accuse Israël donc d'empiéter sur 860 Km2 dans sa zone économique exclusive maritime de 25,500 Km2 au total[230]. La différence entre les tracés libanais et israélien est

---

227-RIZK, Sibyle, « Gaz offshore », *le Commerce du Levant*, août 2011, page 58.
228-*Ibid*, page 59.
229- *Ibid.*
230- *Ibid.*

la limite de la zone économique exclusive respective des deux pays comme le montre la figure 7. Cette différence avive une tension déjà grande entre les deux pays, qui peut dégénérer à tout moment en une guerre globale, et a aussi des conséquences directes sur les programmes offshores d'exploitation des gisements d'hydrocarbures dans lesquels les deux pays peuvent être engagés.

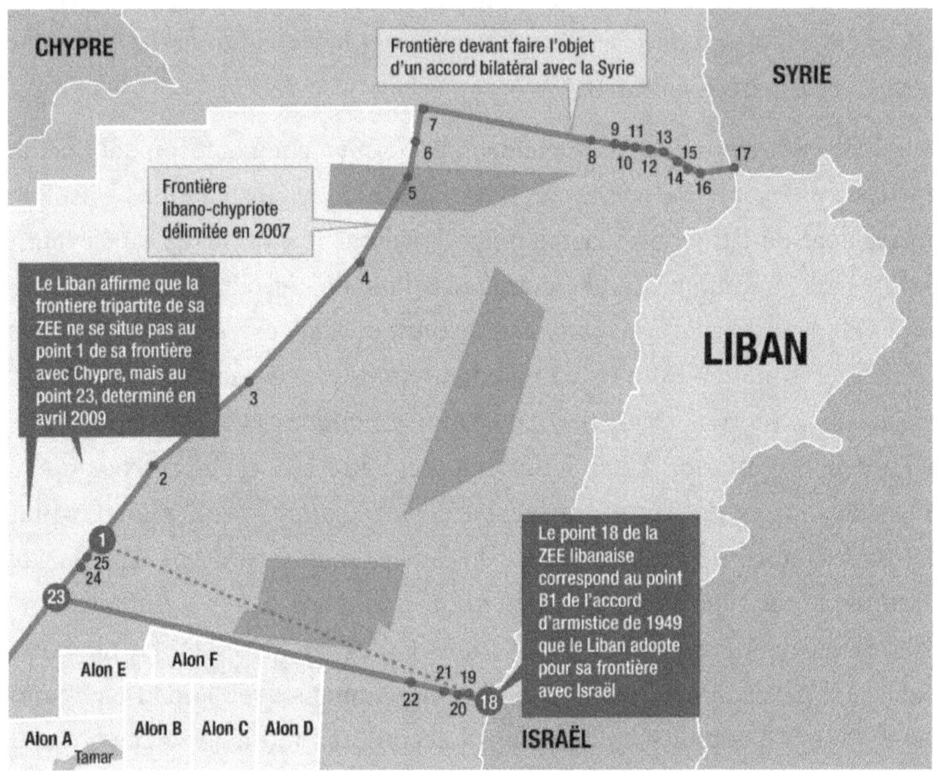

Figure 10 : la zone réclamée par le Liban
(Source : le Commerce du Levant, août 2011, page58)

Beyrouth prend des mesures pour assurer ses droits maritimes et être prêt pour une bataille juridique avec Tel-Aviv. La première est l'adoption par le Parlement de la loi numéro 163 et la deuxième est la publication par le gouvernement du décret numéro 6433 qui délimite la zone économique exclusive (ZEE).

Le 17 août 2011 le parlement adopte « la loi de la détermination et de la proclamation des zones maritimes de la république libanaise » qui porte le numéro 163, et a été publiée dans le journal officiel numéro 39[231]. Elle est formée de 18 articles. L'article 16 précise que le gouvernement doit déposer auprès du secrétariat général des Nations Unis au moment de la publication dans le journal officiel libanais de la loi, toutes les annonces nécessaires. L'article 17 précise que la détermination des différentes zones maritimes doit être faites à travers un décret du Conseil des Ministres.

Le décret 6433 définit et délimite la zone économique exclusive. Il est formé de 5 articles et de deux annexes, et fondé juridiquement sur la loi 295 qui fait intégrer le Liban au traité de Montego-Bay et sur la loi 163 qui donne le cadre juridique de la ZEE. L'article 2 précise que les données géodésiques avec la Syrie, Chypre et la Palestine sont définies en se basant sur la carte maritime internationale numéro 183 de l'amirauté britannique. Cependant l'article 3 ouvre la possibilité de la révision des limites de la ZEE et de ses données géodésiques en vue de l'améliorer en cas de données plus précises ou suivant le besoin dans le cadre de négociations avec les pays voisins concernés. L'article 4 charge le Premier Ministre d'informer les Nations Unis du contenu de ce décret[232].

2.2 Les procédures pour le règlement des litiges frontaliers

Depuis la deuxième guerre mondiale, le droit international a évolué dans la résolution des différends concernant les frontières maritimes. Ces différends sont nombreux et complexes. Les problèmes apparaissent en droit de mer surtout dans les domaines limitrophes. La convention de Montego-Bay a privilégié le règlement de ces questions par voie d'accord, ce qui a augmenté le nombre de différends. Ainsi pour la mer territoriale, la convention donne la solution de l'équidistance pour la mer territoriale, et privilégie la « solution équitable » pour la zone économique exclusive et le plateau continental.

La construction de la jurisprudence s'est faite en tenant compte des conventions successives en matière de droit de la mer (affaires du plateau continental de la mer du Nord en 1969 ; du plateau continental de la mer

---

231- « La loi 163 », http://www.lp.gov.lb, [consulté le 5 novembre 2012].
232- http://www.lpa.gov.lb/regulations.php, [consulté le 5 novembre 2016].

d'Iroise en 1977 ; du plateau continental entre la Tunisie et la Libye en 1982 ; ou du plateau continental entre la Libye et Malte en 1985). Avec la délimitation maritime dans la région située entre le Groenland et Jan Mayen portée devant la Cour internationale de justice (CIJ) en 1993, la tendance des instances juridiques internationales est à la cohérence et la stabilisation de la jurisprudence. Depuis, les contentieux continuent d'être nombreux, parmi lesquels les questions de la délimitation entre Qatar et Bahreïn, ou encore, plus récemment, entre l'Ukraine et la Roumanie en mer Noire.

La dernière frontière qui devrait être discutée et contestée est, sans doute, celle qui concerne la limite des plateaux continentaux au-delà des 200 miles nautiques, possibilité ouverte par la convention de 1982 et qui semble désormais connaître un certain succès auprès des États, notamment dans l'Arctique.

Le Liban a, en vertu de la Charte des Nations Unies, l'obligation de régler ses différends par les moyens pacifiques, et l'article 33 de la Charte définit les différentes procédures de règlement des différends à laquelle les États peuvent recourir. Les Etats sont libres dans leur choix de méthodes qui incluent la négociation, la conciliation, l'arbitrage ou le règlement judiciaire, sauf s'ils sont liés par des procédures contraignantes prévues dans un traité ou autre. L'accord actuel entre le Liban et Chypre par exemple, prévoit le règlement des différends par la voie diplomatique et aussi par le recours à l'arbitrage.

Lorsque les États parties à l'UNCLOS sont incapables de parvenir à un règlement pour les différends frontaliers par les moyens habituels qui résultent de la Convention, celle-ci prévoit un choix entre trois ensembles de procédures obligatoires portant sur une décision contraignante: l'arbitrage comme indiqué dans la Convention ou le recours à la Cour Internationale de Justice de la Haye (CIJ) ou le Tribunal International du Droit de la Mer (TIDM) de Hambourg institué par la convention de MontegoBay (UNCLOS article 287). Il est nécessaire de faire une déclaration écrite préalable sur le choix des méthodes. Mais étant donné que ni Chypre, ni le Liban n'ont fait une telle déclaration, la négociation reste la seule solution devant les deux partis. L'arbitrage est également envisagé dans le cadre de l'accord de Chypre-Liban sur la ZEE. Les avantages respectifs de l'arbitrage et le règlement judiciaire doivent cependant être mis en balance. Chaque fois que ces droits sont menacés, la CIJ et le TIDM peuvent envisager des mesures provisoires pour préserver les droits de l'un des deux Etats en attendant le règlement du différend. Les deux procédures prévoient l'intervention d'Etats tiers (les États parties du TIDM) dans les cas où un État juge qu'il est nécessaire de protéger ses propres intérêts juridiques dans une affaire avec d'autres pays.

Vis-à-vis des États voisins qui ne font pas partie de l'UNCLOS, le Liban peut également considérer l'arbitrage ou le recours à la Cour Internationale de justice. Celle-ci a réglé de nombreux différends de délimitation maritime, en Afrique et dans le monde arabe, par exemple dans les conflits entre la Tunisie et la Libye ou Qatar et Bahreïn[233]. Le recours à elle est basé sur un consentement qui peut être donné par un accord spécial entre les deux parties de soumettre le différend conjointement à la Cour, ou par le biais d'une clause dite compromissoire d'un traité (le Liban n'a pas choisi de faire une déclaration unilatérale en vu de reconnaître la compétence de la Cour). Mais la faisabilité de chacune de ces méthodes de règlement des différends dépend des relations que le Liban entretient avec ses voisins.

Dans le cas d'Israël, le problème réside dans l'absence de relations diplomatiques entre Beyrouth et Tel-Aviv, ce qui veut dire que les trois voies de résolution déjà citées ne sont pas applicables. Le problème est donc de trouver une base pour une procédure judiciaire. Le Liban est confronté au fait que porter plainte contre un Etat avec lequel il n'a pas de relations diplomatiques auprès d'un Tribunal peut l'obliger à le reconnaître. Selon une opinion d'expert remis au gouvernement libanais il y a quelques années, le fait qu'un État porte une affaire devant la Cour contre un Etat qu'il ne reconnaît pas, ne constitue pas en tant que tel une reconnaissance implicite[234].

233-La Cour internationale de justice en mars 2001 propose un règlement qui a été accepté par le Bahreïn et le Qatar, suite au dépôt par le deuxième en juillet 1991 d'une instance contre le Bahreïn au sujet de certains différends relatifs à la délimitation des zones maritimes et à la souveraineté sur les îles Hawar.
234-RIZK, Sibyle, « Gaz offshore», *le Commerce du Levant*, août 2011, page 59.

Mais les opinions divergent sur la question. La meilleure solution serait l'aboutissement à un arrangement qui n'implique aucune intention de reconnaissance. Le recours à des tiers tels que les Etats-Unis ou à l'Office du Secrétaire Général de l'ONU peut faciliter les choses. Le Liban et Israël ont été contraints d'être impliqués dans une certaine forme de relation et de conclure certains types d'arrangements à propos de la ligne bleue. Un certain nombre de mesures unilatérales prises par Israël qui visent à délimiter sa frontière maritime avec le Liban, parmi lesquelles l'installation d'une ligne de bouées, a conduit Beyrouth à déposer des plaintes auprès des Nations Unies. La Finul déjà présente sur le terrain peut offrir seulement une assistance technique, car la détermination des frontières maritimes n'est pas dans son mandat. Le Secrétaire Général de l'ONU dans son rapport publié en octobre 2010 rappelle que la soi-disant « ligne bleue » est le résultat d'un exercice technique afin d'identifier une frontière terrestre dans le but de confirmer le respect des Résolutions du conseil de sécurité notamment la 425 et la 1701[235].

2.3 La non-ratification de l'accord libano - chypriote

L'accord signé en 2007 entre le Liban et Chypre n'a pas été ratifié côté libanais pour maintes raisons et notamment : la formulation du texte, qui donne matière à interprétation, voire qui souffre de lacunes évidentes en termes techniques et juridiques, les pressions turques sur Beyrouth, la crise politique interne et l'arrêt du travail de légifération du parlement[236]. L'accord n'a jamais été transmis du gouvernement au parlement.

Pour le ministre de l'Energie Gebran Bassil, l'erreur est chypriote. Durant sa participation à un colloque à Chypre en 2012 il déclare au président chypriote : « Monsieur le Président, nous sommes attachés à chaque centimètre de notre territoire, et Chypre a commis une grande erreur à notre insu. Nous ne voulons pas que cette erreur menace nos relations historiques et nos intérêts

---

235-RIZK, Sibyle, « Gaz offshore », *le Commerce du Levant*, août 2011, page 59.
236- FLEIHAN, KHALIL, « le gouvernement discute de la question des frontières maritimes », *An-Nahar*, 6 juillet 2010.

communs et nous souhaitons que cette erreur soit corrigée pour une meilleure coopération dans le domaine pétrolier [237]». Avis non partagé par le chef de la commission parlementaire de l'Energie. Les manquements du Liban sont explicites dans la déclaration du ministre quand il reconnait ouvertement que le pays n'a pas compris tous les enjeux du traité contenues « à son issu » dans un texte qu'il a signé. C'est du moins ce que confirment à mots couverts, les experts consultés et qui ont accepté de s'exprimer sur la question.

Le député Mohammad Kabbani déclare lors de la réunion avec le Premier ministre Najib Mikati en juin 2011 que le Liban s'est trompé dans la nomination du point frontalier sud numéro 1 auquel on a donné un caractère non permanent au lieu du point 23[238]. Il considère que Chypre n'est pas responsable de l'erreur commise par les responsables libanais. Il souligne que le problème sera réglé à l'aimable avec Chypre avec qui le Liban est lié par des relations amicales et historiques. Kabbani ajoute qu'Israël n'est pas signataire de l'UNCLOS, ce qui représente une opportunité pour le Liban. De son côté, Najib Mikati précise en 2011 que « l'erreur » libanaise a été commise lors de la délimitation des frontières sud et nord en adoptant les points tripartites. Il ajoute qu'une équipe libanaise spécialisée en droit international et dans l'ingénierie maritime sera formée pour mener de nouveau les négociations avec Chypre. L'utilisation par Miktai du terme « erreur » est une reconnaissance officielle de l'erreur.

Les propos du chef de la commission de l'Energie parlementaire sont intervenus suite à des réunions menées avec des experts locaux et internationaux, sachant encore que le concerné appartenait à l'époque, à un bloc politique hostile au Ministre Bassil. La commission parlementaire a organisé une suite de séminaires pour mieux comprendre le sujet. L'un de ces séminaires était avec l'ONG suisse ASDEAM (Association Suisse pour le dialogue Euro – Arabo – Musulman) le 14 et 21 juin 2011. Cette dernière avait organisé en mai 2011 une table ronde à Genève regroupant cinq spécialistes des questions

---

237-KOUSAIFI, Hyam, « 360 km2 échappe au Liban », *Al-Akhbar*, 30 juin 2012.
238- https://www.lebanese-forces.com/2011/06/24/150923/, [consulté le 10 mai 2017].

maritimes en présence de représentants des ministères concernés du Liban[239]. L'accord libano-chypriote a été étudié par Tullio Scovazzi, professeur de droit international à l'université Bicocca de Milan. Il a constaté l'erreur commise du côté libanais et l'action israélienne prise pour mettre la main sur 850 km2 de la ZEE libanaise. Ali Hamdan, conseiller de Nabih Berry qui était présent à Genève, révèle que cette réunion a permis au Liban de constater l'atteinte à ses frontières maritimes après la présentation d'un dossier complet sur le sujet[240]. Par la suite les responsables libanais ont été alertés et une copie du dossier a été envoyée à la commission parlementaire de l'Energie. Ainsi pour les membres de cette commission qui demandaient la ratification rapide de l'accord avec Chypre, la donne a changé et le traité est maintenant une menace aux droits pétroliers du Liban[241]. Son chef exprime son mécontentement et dit qu'il a été choqué après qu'il a pris connaissance du texte du traité et des cartes en annexes. Il nie toute arrière-pensée politique dans ses critiques et dans la nouvelle étude qu'il a engagée et rappelle qu'il est membre du Bloc du futur, dont le chef, Fouad Siniora, est le signataire de l'accord en tant que Premier ministre en 2007.

L'erreur libanaise s'explique par les faits suivants. L'équipe a voulu reculer des points tripartites et a considéré que la limite sud et Nord sont respectivement les points 1 et 6, sachant que la pointe de la ZEE libanaise est le point 23 selon l'accord d'armistice avec Israël, comme déjà dit. Cette démarche n'est pas contradictoire avec les dispositions du droit maritime, mais ne peut être adoptée avec un pays comme Israël qui cherche à exploiter la moindre faille. Kabani critique surtout l'article 3 de l'accord qui laisse une grande marge de manœuvre pour Chypre même s'il exige de l'île de mener des

---

239- Rapport sur la délimitation des frontières maritimes du Liban, ASDEAM, Mai 2011. Rapport que nous avons pu consulter grâce aux relations tissés dans le cadre de cette recherche avec différents acteurs clés du dossier.
240- Entretien avec Ali Hamdan, Beyrouth, le 12 mai 2017.
241- CHEEYA, Manal « Révélation des fautes libanaises dans l'accord signé avec Chypre, *An-Nahar*, 28 juin 2011.

consultations avec le Liban avant la clôture de ses négociations avec Israël[242]. Les failles dans l'accord sont de la responsabilité du Liban qui a renoncé tout simplement à une partie de ses droits et de sa ZEE maritime[243]. Le journal *An-Nahar* révèle que la commission spéciale qui a établi un rapport d'évaluation en 2009 sur la délimitation des frontières maritimes sud n'a pas mentionné que la pointe de la frontière sud n'est pas le point 1 mais le point 23[244]. Kabani considère que le parlement libanais a le droit d'expliquer l'article 3 de l'accord signé avec Chypre dans une lecture qui préserve les droits du Liban[245]. Il ajoute qu'il se prépare à rencontrer l'ambassadeur de Chypre au Liban et qu'il est confiant que les relations historiques avec Chypre seront un facteur qui facilite les renégociations.

Wissam Chbat, président de l'Autorité de l'énergie, explique que le gouvernement Mikati a mandaté le UKHO pour évaluer l'accord libano-chypriote notamment en ce qui concerne la frontière sud. A signaler que l'évaluation a été préparée par un ensemble de juristes et de spécialistes en droit international en coopération avec le UKHO et fut une vraie surprise pour les responsables libanais. En effet, le rapport d'évaluation mentionne clairement que le Liban, du fait de sa mauvaise délimitation de sa frontière Sud, s'est privé d'une grande partie de sa ZEE. Ainsi, les recommandations de l'UKHO donnent à l'Etat libanais trois options pour la re-délimitation de sa frontière sud avec Israël. Ces options sont en conformités avec les lois internationales et le droit maritime et indiquent clairement que la ligne frontalière doit être au-delà du point 23 proclamé par le gouvernement libanais. Il convient de signaler que l'option A qui adopte la ligne médiane sans tenir compte de l'effet de l'île de Tekhelet (ligne Nakoura – point A), donne au Liban une superficie additionnelle de 1350 Km2 au sud de la ligne frontalière proclamée. Quant à

242- CHEEYA, Manal « Révélation des fautes libanaises dans l'accord signé avec Chypre, *An-Nahar*, 28 juin 2011.

243- Entretien avec Ali Hamdan, Beyrouth, le 12 mai 2017.

244- CHEEYA, Manal « Révélation des fautes libanaises dans l'accord signé avec Chypre, *An-Nahar*, 28 juin 2011.

245- *Ibid.*

l'option B, elle adopte la ligne médiane en considérant un demi effet de l'île de Tekhelet (ligne Nakoura – point B) ; de ce fait, elle donne au Liban une superficie additionnelle de 500 Km2. Enfin, la troisième option C, adopte la ligne perpendiculaire à la côte (ligne Nakoura – point B) et donne au Liban une superficie additionnelle de 200 Km2.

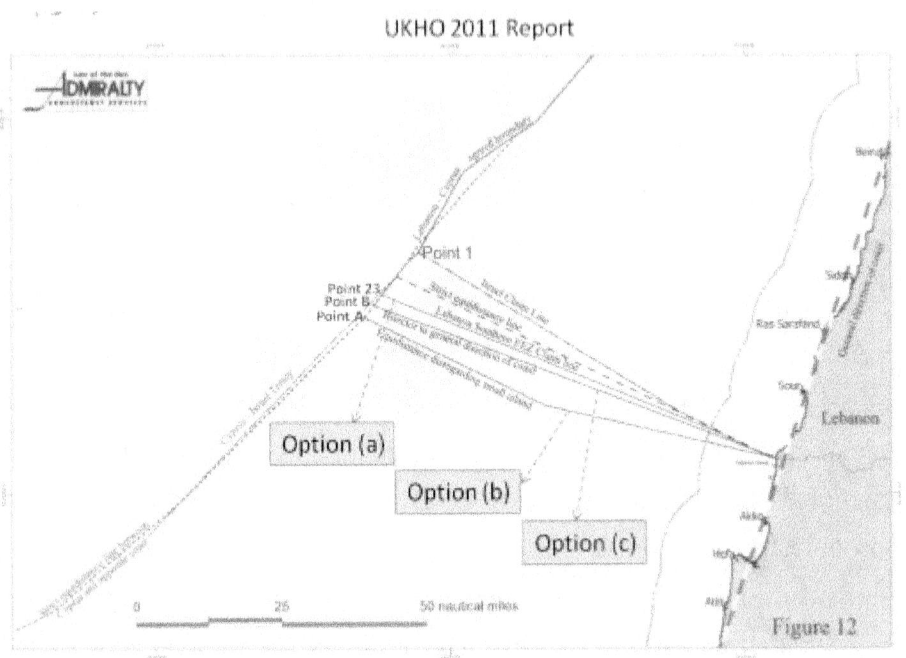

Figure 11: les trois options du rapport de l'UKHO
(Source : Rapport de l'UKHO, juin 2011 ; rapport confidentiel que nous avons pu consulter à Beyrouth le 21/9/2017 à titre informelle)

Le journal *An-Nahar* révèle d'après des sources diplomatiques libanaises que les négociations en cours avec Chypre sont complexes car Nicosie demande que le Liban ratifie l'accord de février 2007 avant toute correction éventuelle des coordonnées géographiques de la ZEE comme définies dans l'accord[246]. Le même journal rapporte que deux réunions préparatoires pour lancer des discussions formelles se sont tenues entre l'ambassadeur de

---

246- CHEEYA, Manal, « Des divergences libano chypriotes sur les frontières maritimes », An-Nahar, 2 octobre 2011.

Chypre au Liban Homer Mafromatis et le chef de la commission de l'Energie Mohamad Kabani en octobre 2011. Mohamad Kabani a expliqué la position du Liban en insistant sur son droit d'exploiter l'ensemble de l'espace de la ZEE incluant le point 23. L'ambassadeur et après des consultations avec son gouvernement, a informé le député Kabani que Chypre demande la ratification du traité avant toute modification ou renégociation. La divergence dans les positions n'a pas permis la suite des discussions. Le député Maalouf, membre de la commission parlementaire de l'Energie, explique que durant cette période la position libanaise était claire. Elle consistait à faire pression sur Chypre pour renégocier l'accord avant toute ratification[247]. Par la suite, la position des deux pays n'a pas changé mais les réunions entre les responsables des deux pays ont continué. Une délégation chypriote visite le Liban en décembre 2011. Elle entame des discussions officielles avec les responsables libanais pour trouver une solution pour la délimitation de la ZEE[248]. Cette visite sera suivie par celle du responsable du dossier du gaz offshore auprès du ministère des Affaires étrangères chypriote qui entame une visite en février 2012 pour mener des discussions et préparer la visite du ministre des Affaires étrangères chypriote à Beyrouth qui sera suivie de la visite de Nabih Berry à Chypre[249].

Le président du Parlement, Nabih Berri, souligne lors de sa visite à Nicosie en février 2012 que le problème n'était pas entre Chypre et le Liban, mais entre le Liban et Israël. Il rappelle que Tel Aviv essaye d'exploiter les contradictions dans la région et ses relations avec la Turquie, afin de mettre la main sur une superficie de 850 km^2 revenant au Liban. Berry dévoile que les Nations Unis ont récemment acquis la conviction d'intervenir pour trouver une solution au problème. Il assure que le Parlement libanais ratifiera l'accord de 2007 avec Chypre dans un délai maximal de 15 jours après la résolution du conflit des frontières maritimes avec Israël[250]. Berry propose de fournir à Chypre de l'eau douce à partir du Liban et demande aux deux gouvernements de signer les accords nécessaires pour la mise en œuvre d'une telle action. Cette proposition

---

247- Entretien avec Joseph Maalouf, Beyrouth, le 20 avril 2017.
248- *As-Safir*, « Une délégation chypriote en visite pour le Liban », *As-Safir*, 21 décembre 2011.
249- *As-Safir*, « Un haut responsable chypriote en visite à Beyrouth », *As-Safir*, 17 février 2012.
250- http://www.naharnet.com/stories/ar/31744, [consulté le 5 mai 2017].

est interprétée comme une tentative de séduction de la part du côté libanais. Il déclare aussi que le Liban encourage et soutient le processus de paix qui vise à réunifier Chypre divisée entre sud et nord. Cette proposition vise à rassurer la Turquie qui soutient la partie nord de l'île. Son homologue chypriote annonce que Nicosie est prête à signer d'autres accords complémentaires à celui de 2007 une fois que le sort de ce dernier est déterminé. Ce qui est donc une façon pour lui de réaffirmer la position chypriote : la ratification d'abord, la renégociation ensuite.

La ministre des Affaires étrangères chypriote Erato Kozako Martolis assure lors de sa visite à Beyrouth le 15 mars 2012 l'intention de son pays à aider le Liban pour empêcher toute tentative d'agression israélienne contre ses droits pétroliers[251]. La ministre ajoute qu'il est de l'intérêt des trois pays de résoudre le problème le plus tôt possible pour pouvoir exploiter les ressources naturelles dans un contexte de coopération économique régionale. Elle affirme au Président Michel Sleiman que Chypre continue à soutenir la cause palestinienne tout en rappelant qu'elle a voté pour la candidature de la Palestine à l'organisation de l'Unesco. Dans ce contexte, elle indique que les relations israélo – chypriotes ne se feront pas au détriment du Liban. Elle ajoute que Chypre, qui est membre de l'Union européenne, entend jouer le rôle de pont entre le Liban et l'Europe. Le journal *An-Nahar* rapporte que Chypre essaye de mener une médiation entre Tel-Aviv et Beyrouth pour trouver une solution au conflit maritime et faciliter ainsi le lancement des explorations[252]. La médiation n'a pas été menée à bien à cause des grandes divergences de vues et les conflits d'intérêts qui existent entre les pays concernés.

Le chef du groupe parlementaire du futur, Fouad Siniora, déclare en décembre 2012 lors de la réception du chef du Parlement chypriote Yanakis Omero que la résolution de la question de la ZEE avec Chypre est une nécessité, en notant que la coopération mutuelle entre les deux pays permettra l'élaboration d'une solution. Il rappelle que Chypre est le pays européen le plus proche au Liban, et considère qu'elle a un rôle essentiel dans la consolidation

---

251- http://www.naharnet.com/stories/ar/33425, [consulté le 8 mai 2017].

252- *An-Nahar*, « Chypre entame une médiation entre le Liban et Chypre », *An-Nahar*, 4 décembre 2012.

des relations euro-méditerranéennes[253]. De son côté, le député Kabani déclare que le Liban peut recourir au chapitre 7 de la Charte des Nations Unies pour confirmer et sauvegarder ses droits maritimes. Il assure que le Liban sera intransigeant quant à la définition de ses frontières maritimes, tout en rappelant que les cartes libanaises sont précises[254].

Le ministre de l'Energie, Gebran Bassil, reçoit en avril 2013 son homologue chypriote Giorgos Lakkotrypis. Bassil déclare qu'un accord cadre pour le partage des ressources communes a été élaboré dans l'attente de la résolution finale de la question des frontières de la ZEE[255]. Il ajoute que ces ressources serviront à la prospérité des deux pays ainsi qu'à l'élaboration de projets communs surtout au niveau de l'approvisionnement de l'île par l'eau douce provenant du Liban. Il envisage aussi l'étude d'un projet rêve pour les deux parties qui est un pont marin reliant les deux pays. De son côté, le ministre chypriote souligne l'importance des relations qui existent entre les deux pays voisins, et appelle le Liban à jouer un rôle dans la résolution de la question de pénurie d'eau potable à Chypre. Il ajoute que des solutions sont envisagées pour les champs et gisements de gaz frontaliers[256]. A noter que le ministre chypriote appartient à la communauté maronite de Chypre, originaire du Liban. M. Lakkotrypis a été nommé ministre de l'Energie en mars 2013. Il a œuvré depuis sa nomination pour renforcer les relations libano-chypriotes en matière d'énergie. Sa première visite officielle en tant que ministre de l'Energie a été effectuée à Beyrouth le 3 avril 2013[257].

Le ministre de l'Energie, Gebran Bassil, entame avec une délégation libanaise une visite officielle à Chypre en novembre 2013. Il déclare que le but de sa visite est la correction de « l'erreur » dans la délimitation des frontières maritimes entre le Liban et Israël. Il assure au côté chypriote que le Liban peut fournir ses infrastructures pour l'exportation du gaz chypriote. L'Autorité

253- http://www.lbcgroup.tv/news/63315, [consulté le 10 mai 2017].

254- https://www.lebanese-forces.com/2012/12/04/255817/, [consulté le 5 mai 2017].

255- http://nna-leb.gov.lb/ar/show-news/27540/, [consulté le 5 mai 2017].

256- *Ibid.*

257- Le commerce du Levant, « Giorgos Lakkotrypis à Beyrouth », *Le commerce du Levant*, Juillet 2014, p 44.

de l'énergie faisant partie de la délégation négocie avec les responsables chypriotes la partition des gisements frontaliers communs entre les deux pays. Une délégation a été formée pour faire le suivi. Le ministre de l'Energie chypriote affirme que la visite a établi un cadre de coopération commun sur la question du gaz qui intéresse les deux pays. Il dévoile que des mémorandums de coopération techniques sont en cours de préparation.

Le président chypriote Dimitris Christophias entame une visite officielle au Liban en décembre 2013. Il affirme l'importance des relations entre les deux pays et l'attachement de Nicosie à la stabilité du Liban et à sa sécurité[258]. Concernant le dossier du gaz, il assure que son pays soutient les droits du Liban tout en donnant une grande importance à la coopération continue et fructueuse entre les deux pays.

Lors d'une cérémonie organisée à Chypre à l'occasion de l'indépendance du Liban, le ministre des Affaires étrangères chypriote déclare en novembre 2014 que « Chypre ami traditionnel et partenaire stratégique du Liban, le soutient face aux défis économiques, politiques et sécuritaires qui l'assaillent[259] ». Kasoulides ajoute que la coopération entre le Liban et Chypre dans le domaine de l'énergie peut constituer une force motrice pour la paix et la prospérité régionale tout en insistant sur la responsabilité commune des deux pays envers la suppression des obstacles devant les explorations.

En mars 2015, une délégation militaire chypriote visite le ministère de la Défense pour présenter à l'armée libanaise une quantité d'armes et de munitions offertes sous forme de don par les autorités chypriotes[260]. Cette aide s'inscrit dans le cadre du programme des aides offertes par les pays européens à l'armée libanaise[261]. L'ambassadeur de Chypre au Liban réitère l'importance de la coordination entre les deux armées et salue l'armée libanaise qui combat

---

258- http://www.lp.gov.lb/id=10953, [consulté le 11 mai 2017].

259- An-Nahar, « Le ministre des Affaires étrangères chypriote fête l'indépendance du Liban », *An-Nahar*, 23 novembre 2014.

260- http://www.almustaqbal.com/v4/Article.aspx?Type=NP&ArticleID=653212, [consulté le 4 mai 2017].

261- https://www.lebarmy.gov.lb/fr/content/larm%C3%A9e-re%C3%A7oit-une-quantit%C3%A9-darmes-et-de-munitions-offerts-en-mati%C3%A8re-de-don-par-les, [consulté le 6 mai 2017].

Daech sur les frontières avec la Syrie à l'est du pays.

Une délégation des Forces Libanaises entame une visite à Chypre en décembre 2016 pour discuter de la question du gaz[262]. Le député Joseph Maalouf, membre de la délégation, dévoile que la visite a permis une meilleure compréhension du dossier[263]. Il ajoute que les rencontres avec les responsables chypriotes étaient fructueuses. A noter que le parti chrétien faisant parti du bloc politique du 14 mars a commencé à partir de 2015 à suivre de près le dossier de gaz offshore au Liban.

Le président Michel Aoun déclare lors de la visite officielle du président chypriote Nicos Anastasaides à Beyrouth en juin 2017, que les gouvernements des deux pays doivent accélérer leur coopération dans les domaines du gaz et du pétrole. Il souligne la nécessité de renforcer le dialogue libano-chypriote sur le plan de l'énergie. Dans le même contexte, le président chypriote rappelle que les relations de son pays avec le Liban sont profondes, qu'elles remontent à l'époque des Phéniciens et vont au-delà de la proximité géographique. Il souligne l'importance de la coopération entre les deux pays et promet de trouver les moyens pour les consolider. De son côté, le ministre chypriote pour les Affaires étrangères, Loannis Kasoulides, déclare que Chypre acceptera les résultats des négociations entreprises par les Etats-Unis et relatives au différend maritime entre le Liban et Israël. Il qualifie les efforts américains de sérieux et ajoute que « Chypre serait même prête à modifier l'accord conclu avec Israël à ce sujet à condition que le Liban et Israël acceptent les demandes du gouvernement chypriote[264] ». Quant aux efforts chypriotes pour la résolution du litige frontalier maritime, le ministre rappelle que Nicosie a déjà déployé des efforts dans le passé et qu'elle est toujours prête à les poursuivre dans l'avenir et rappelle qu'actuellement, ce sont les Etats-Unis qui mènent les négociations. Quant à l'ex-ambassadeur du Liban à Washington, Antoine Chédid, il estime que la visite des responsables chypriotes à Beyrouth, exprime la volonté de Nicosie de consolider ses relations avec Beyrouth[265]. Dans le même contexte,

---

262- https://www.lebanese-forces.com/2016/12/03/lf-37/, [consulté le 5 mai 2017].
263- Entretien avec Joseph Maalouf, Beyrouth, le 20 avril 2017.
264- FLEYHAN, KHALIL, « Chypre disposée à aider le Liban dans le litige qui l'oppose à Israël », *OLJ*, 13 juin 2017.
265- Entretien avec Antoine Chedid, Zahlé, le 15 juin 2015.

il ajoute que Chypre maintient toujours de bonnes relations avec le Liban, et le considère comme un Etat ami. Une nouvelle dimension s'ajoute ainsi aux intérêts pétroliers, celle des intérêts économiques et politiques. En effet, Chypre désire bénéficier des investissements libanais surtout dans le secteur touristique considéré comme secteur d'appui principal pour l'économie chypriote.

Coté chypriote, le parlement a ratifié l'accord en 2009. Le journal *An-Nahar* rapporte que le ministre des Affaires étrangères chypriote Markos Kebriyanos a visité Beyrouth en juillet 2010 pour poser des questions sur le sort de l'accord et la date prévue de sa ratification[266]. Chypre considère que le Liban a tardé à ratifier le traité signé entre les deux pays, mais continue les négociations avec Beyrouth dans le but de trouver une solution à la question.

La position chypriote est reflétée à travers les déclarations des divers responsables. Le 11 juillet 2011, l'ambassadeur de Chypre remet une lettre officielle au ministre libanais des Affaires étrangères dans laquelle il assure que la coopération de Chypre avec le Liban continue pour régler les questions non résolues et garantir ainsi les droits du Liban. Le ministre chypriote des Affaires étrangères déclare en mars 2012 que Chypre est liée par des accords bilatéraux au Liban et à Israël et qu'elle n'est pas responsable de potentiels erreurs commises par les Libanais. Chypre a réitéré qu'elle ne modifiera pas l'accord de la ZEE signé avec le Liban sauf suite à un accord tripartite qui inclut Israël. Le président du parlement chypriote Yanakis Omero entame une visite à Beyrouth en décembre 2012. Il déclare lors de sa rencontre avec le président du parlement libanais Nabih Berri que les deux pays continuent à développer leurs relations bilatérales surtout dans le domaine du gaz[267]. Il ajoute que Nicosie et Beyrouth se sont mis d'accord pour trouver une solution à la question du traité non ratifié par le parlement libanais[268]. Néanmoins cette solution suggérée est restée discrète.

De son côté, le Président chypriote Christofias déclare au président du Parlement libanais que Chypre n'entend pas revoir son accord bilatéral

---

266- FLEIHAN, KHALIL, « le gouvernement discute de la question des frontières maritimes », *An-Nahar*, 6 juillet 2010.
267- « Le président du parlement chypriote en visite au Liban », *An-Nahar*, 4 décembre 2012.
268-*Ibid.*

concernant la ZEE avec Israël et lui assure que les bonnes relations de Chypre avec Israël ne seront pas au détriment du Liban.

Ce qui ressort de toutes ces visites est que Chypre a attendu deux ans, entre 2007 et 2009, avant de faire ratifier l'accord par ses instances internes. Elle a donc laissé un temps au Liban pour revoir l'accord. Ensuite, Chypre, qui a urgemment besoin de faire redécoller son économie, ratifie l'accord. Les responsables libanais, alertés enfin, tentent d'obtenir une modification de l'accord. En Vain, et pour différentes raisons, Chypre refuse catégoriquement de rediscuter l'accord et cela en dépit des tentatives libanaises de compensation, telle la fourniture d'eau potable. Nicosie exige depuis 2009 la ratification de l'accord par le Liban, tout en promettant la révision éventuelle, après - les nombreuses visites de responsables visant à faire preuve de sa bonne volonté, et à assurer le pouvoir libanais sur ses bonnes intentions – Mais les pourparlers n'aboutissent guère à une solution acceptée.

La grande question reste pourquoi le traité libano-chypriote n'a pas été ratifié. Et s'il ne l'avait pas été, Chypre aurait-elle pu signer son traité avec Israël sans informer le Liban qui peut-être aurait pu éviter l'empiètement par Israël sur une partie de sa ZEE. Deux grandes hypothèses se présentent. Les erreurs techniques et juridiques dans le texte, et les cartes signées avec Chypre, les pressions turques sur le Premier ministre Fouad Siniora pour que l'accord ne soit pas transmis au parlement. Ainsi, chacun des deux courants opposés – 14 et 8 mars – s'efforce de rejeter la responsabilité de cette « erreur » sur l'autre, quand il ressort que les insuffisances des institutions libanaises d'une part, et de l'autre, les tensions internes et leurs prolongements externes, ont lourdement pesé sur l'impasse dans laquelle se trouve le Liban pour l'exploitation de ses ressources naturelles présumées.

Le journal *As-Safir* rapporte que l'accord signé entre le Liban et Chypre est introuvable et il n'a pas été transmis du gouvernement au parlement[269]. Le même journal rapporte que suite à la signature des accords d'explorations entre Israël et Noble Energy, le gouvernement libanais forme en décembre 2008 un comité ministériel pour évaluer la situation. Ce comité présente son rapport au Conseil des ministres en septembre 2009 dans lequel il valide le travail effectué

____

269- https://www.lebanese-forces.com/2012/03/01/197623/, [consulté le 5 avril 2017].

en 2007. Parallèlement, le gouvernement libanais met en garde la compagnie américaine contre toute tentative d'exploration à côté des frontières libanaises avant la détermination des frontières. Un responsable de Noble visite Beyrouth en 2012 ; il s'entretient avec des responsables libanais et il s'engage à ne pas entamer des explorations proches des frontières libanaises. Le ministre de l'Energie, Gebran Bassil, envoie des lettres au chef du gouvernement et visite le Président du parlement Nabih Berry pour lui demander la tenue d'une séance spéciale consacrée à l'adoption de l'accord signé avec Chypre. La réponse de Berry était que l'accord n'a pas été transmis par le gouvernement et que le parlement a assumé jusqu'à présent ses responsabilités en adoptant la loi 132.

Un diplomate révèle au même journal que le traité n'a pas été transféré au parlement suite à des pressions turques exercées sur Harriri qui a promis aux responsables turcs de laisser l'accord de côté dans l'attente d'un compromis entre les chypriotes turcs et grecs[270]. La source diplomatique remarque que la tension entre la Turquie et Israël a monté d'un cran à cause des revendications turques concernant les zones maritimes. Elle ajoute que le Premier ministre Hariri a réalisé l'ampleur de cette attitude côté turc qui a déjà exprimé sa contestation de l'accord libano-chypriote signé en 2007 et de l'accord entre Chypre et l'Egypte signé en 2003.

La question qui se pose est de savoir si cet élément n'est pas mis en avant par les tenants du 8 Mars, pour dégager la responsabilité de leur bloc, celle du ministre Bassil en particulier, dans l'erreur en question. De même que les critiques de Mohammad Kabbani, du Bloc opposé du 14 Mars, tentent de mettre en avant ce manquement de leurs adversaires politiques, particulièrement sensible puisqu'il concerne les relations avec Israël, source de beaucoup d'accusations de traitrise même, de la part de 8 mars à l'égard du 14 mars. Ce qui en ressort est la négligence de l'ensemble de la classe politique libanaise, qui s'est précipitée pour signer un accord avec Chypre, pour en retirer des dividendes, politiques notamment, sans trop se soucier de la dimension technique de l'accord.

Ali Hamdan, conseiller de Nabih Berry, assure que le texte de l'accord n'a jamais été transmis au parlement[271]. « On n'a ni reçu, ni vu, ni touché cet

---

270- http://studies.aljazeera.net/ar/reports/2018/04/180419092055183.html, [consulté le 5 juin 2018].
271- Entretien avec Ali Hamdan, Beyrouth, le 12 mai 2017.

accord »[272]. Il refuse le terme « d'accord » et préfère l'utilisation du terme « projet d'accord » car « ce texte a permis à l'ennemi israélien de mettre la main sur 850 km2 appartenant au Liban[273] ». Il révèle aussi que les procès-verbaux des réunions entre les délégations chypriote et libanaise indiquent que le tracé des frontières n'est pas définitif et se demande comment le gouvernement libanais a signé un tracé considéré comme un brouillon. Il dénonce le manque de professionnalisme dans un sujet stratégique pour le Liban et considère que les responsables de cette grave faute doivent rendre compte. Hamdan ajoute que mis à part le texte de l'accord, la raison principale de la non-transmission de l'accord au parlement est les pressions turques exercées sur le Premier ministre Fouad Siniora vu l'excellente relation qui lie le courant du futur à la Turquie. Il rappelle que les déclarations officielles des responsables turcs s'opposent à tout accord unilatéral entre le Liban et Chypre. Hamdan se demande pourquoi le texte n'a pas été réétudié d'une façon scientifique et modifié avant 2010, date de la signature de l'accord israélo-chypriote, sachant que le Liban avait 3 ans pour le faire.

Wissam Chbat confirme que le traité n'a pas été transmis au parlement. Il explique que la délégation libanaise qui a négocié avec Chypre manquait d'expérience et d'expertise[274]. Elle comptait seulement deux ingénieurs, et pas d'experts juridiques en droit international et maritime et de diplomates expérimentés du ministère des Affaires étrangères. Chbat explique que la délégation libanaise devait faire attention aux dimensions politiques et géopolitiques de l'accord avec Chypre. Il soutient que le caractère non définitif qui a été donné aux points 1 et 6 est une erreur grave. Il fallait faire le contraire, c'est-à-dire mentionner clairement que le point 23 et 6 sont les limites de la frontière maritime libanaise et qu'ils seront négociés ultérieurement. Dans ce contexte, il considère que la rédaction de l'accord entre Israël et Chypre a été bien plus sérieuse : « Israël a défini les points extrêmes, et a mentionné qu'ils seront définis ultérieurement[275] ». Chbat dénonce l'attitude des responsables libanais à l'époque. Le travail reflète un amateurisme effrayant. Il ajoute qu'ils ont même refusé de donner les procès-verbaux des réunions entre les délégations

272- Entretien avec Ali Hamdan, Beyrouth, le 12 mai 2017.
273- *Ibid.*
274- Entretien avec Wisaam Chbat, Beyrouth, le 18 mai 2017.
275- *Ibid.*

libanaises et chypriotes aux membres de l'Autorité de l'énergie. Cette attitude reflète l'intention de cacher des faits liés à la période de négociation. Dans le même contexte, Chbat valide l'hypothèse des pressions turques sur le gouvernement du Liban à l'époque qui l'ont empêché de transmettre l'accord au parlement. Même avec toutes ses failles, si le Liban avait ratifié l'accord, Chypre ne pouvait pas signer en 2010 avec Israël sans coordonner avec Beyrouth.

Date	Rencontre entre responsables libanais et chypriotes
07-07-2010	Le ministre des Affaires étrangères chypriote en visite à Beyrouth
05-10-2011	Négociation entre le député Mohamad Kabani et l'ambassadeur de Chypre
05-12-2011	Délégation chypriote en visite au Liban
05-02-2012	Visite du responsable du dossier du gaz chypriote à Beyrouth
29-02-2012	Nabih Berry en visite à Chypre
15-03-2012	Le ministre des Affaires étrangères chypriote à Beyrouth
04-12-2012	Le président du parlement chypriote en visite à Beyrouth
04-12-2012	Sinyora appelle à un **règlement** avec Chypre
03-04-2013	Le ministre de l'Energie chypriote en visite à Beyrouth
01-11-2013	Le ministre Bassil en visite à Chypre
05-12-2013	Le Président chypriote en visite à Beyrouth
06-12-2014	Le ministre turc Daout Oglo depuis Athènes pour la partition des ressources
05-03-2015	Délégation militaire chypriote en visite au Liban
04-12-2016	Délégation des Forces Libanaises en visite officielle à Chypre
09-11-2016	Réunion tripartite entre les ministres des AE de la Grèce, de Chypre et du Liban

Tableau 8 : la chronologie des négociations /rencontres entre responsables libanais et chypriotes
(Source : An-Nahar, *As-Safir*, L'Orient-le Jour, Le commerce du Levant, veille entre 2010 et 2017)

Le ministre de l'Energie, Gebran Bassil, révèle au journal *As-Safir* que prendre la Turquie comme un prétexte pour bloquer la ratification de l'accord avec Chypre est obsolète. Il rappelle que le Liban a des relations diplomatiques avec Chypre, et que les deux pays ont déjà signé plusieurs accords bilatéraux.

Il demande alors que le parlement se réunisse pour adopter l'accord avec Chypre dès qu'il sera transmis par le gouvernement. Il considère que si le blocage continue, il sera considéré comme étant un acte de trahison nationale car le gouvernement sera accusé de négligence envers les richesses nationales. Il révèle aussi que la Syrie est prête à délimiter la frontière maritime avec le Liban et qu'il a envoyé plusieurs lettres dans ce sens à son homologue syrien[276]. Cette question sera détaillée un peu plus loin.

Les points faibles de l'accord libanais-chypriote de 2007 sont au nombre de deux. Les experts juridiques soutiennent que, en suivant la méthode de l'équidistance ou la méthode de la ligne médiane, le Liban a perdu certaines parties de sa ZEE dans le Nord et le Sud, et qu'une combinaison de la méthode de l'équidistance et de la partition équitable aurait été plus conforme à la jurisprudence internationale. De plus, lors de la désignation des frontières de la ZEE avec Chypre, le Liban a mentionné le point 1 comme son premier point frontalier sud-ouest avec Chypre. En fait, le point 1 est à environ 10 miles marins du point 23. Ce recul est dû au fait que le point 23 est considéré comme étant le point équidistant entre le Liban, Chypre et Israël, et devrait donc faire l'objet d'accords entre les parties concernées conformément à l'article 74 de l'UNCLOS. Néanmoins, le texte de l'accord ne mentionne pas que ces 10 miles - c'est à dire le point 23 au sud et 7 dans le Nord – appartiennent au Liban.

Le sous-comité spécialisé dans la démarcation des frontières émanant du comité des Travaux publics et des transports a révélé que l'accord signé avec Chypre inclut des erreurs techniques vis-à-vis de la délimitation des frontières[277]. L'erreur ne vient pas de Chypre, mais du Liban. Le comité accuse en particulier le directeur général des transports terrestres et maritimes au ministère des Travaux publics, Abdul Hafiz al-Qaisi d'être responsable de l'erreur. Le sous-comité assure que la détermination des points maritimes qui définissent la frontière avec Chypre ne sont pas ponctuels et que l'accord signé entre le Liban et Chypre est basé sur une ligne de frontière erronée.

Suite à la révélation de l'erreur technique dans les cartes présentées à

276- http://www.alahednews.com.lb/39205/7, [consulté le 5 mai 2017].
277- Entretien avec Wisaam Chbat, Beyrouth, le 18 mai 2017.

Chypre en 2007, des membres de la commission parlementaire de l'Energie, Ziad Aswad, Hikmat Dib, Fadi Aawar, Nawaf Mousawi et Ali Ammar forment un comité de suivi pour clarifier les données[278]. Ils entament une réunion avec le ministre de l'Energie pour une meilleure compréhension du sujet. Le député Aswad considère qu'il faut comprendre les causes qui ont mené à cette erreur et espère qu'elles soient seulement involontaires et d'ordre technique. Il ajoute que le Bloc du changement et le Bloc de Hezbollah prendront des positions fermes vis-à-vis de cette question. Il nie toute arrière- pensée politique derrière le travail du comité surtout que le chef du gouvernement à l'époque était Fouad Siniora opposant farouche aux politiques du général Michel Aoun et du Hezbollah[279].

Le chef de la commission de l'Energie, Mohamad Kabani, fait entendre que l'erreur est tout d'abord celle des responsables du ministère des Travaux, car ce sont eux qui ont défini les points maritimes. Il ajoute que les points frontaliers avec Israël devaient être déterminés dans l'accord d'une manière définitive et non pas temporaire. La commission de l'Energie déclare aussi son mécontentement vis-à-vis du travail réalisé et le considère comme étant la cause du problème.

Le ministre des Travaux publics Ghazi Aridi répond aux accusations envers les fonctionnaires de son ministère en considérant que les accusations du comité parlementaire de l'Energie sont plutôt d'ordre politique. Il défend Abdul Hafiz al-Qaisi et le considère comme étant un fonctionnaire très professionnel ayant le savoir-faire et les capacités. Il accuse le courant du futur d'être derrière cette campagne d'accusation suite à des changements administratifs qu'il a entamés au sein de son ministère.

Le Chef du bloc parlementaire du futur Fouad Siniora déclare à l'Université de Nicosie, que le Liban et Chypre partagent la propriété de certains puits de gaz et de pétrole, et rappelle que l'accord de 2007 sera suivi d'un accord futur sur les deux points communs au sud et au nord respectivement avec Israël et la Syrie. Cependant Siniora ne clarifie pas les causes de la non transmission de l'accord au parlement libanais.

278- Ces députés appartiennent au CPL et au bloc du 8 Mars.
279- Entretien avec Ziad Aswad, Beyrouth, le 3 mai 2017.

Sinyoura explique que la détermination de la ligne médiane entre Chypre et le Liban est une obligation qui doit précéder tout accord. Quant aux points 7 et 23 il clarifie que la détermination définitive de ces points ne peut être faite sans un accord tripartite incluant en plus du Liban et de Chypre, Israël et la Syrie. C'est la raison pour laquelle le Liban a opté pour une certaine neutralité vis-à-vis du caractère définitif de ces points. Il ajoute que les instructions données aux membres de l'équipe libanaise étaient d'adopter une ligne dure vis-à-vis de la définition de la limite de la frontière sud du Liban « instructions to adopt the most aggressive approach[280] ». Il se défend en rappelant que le travail n'a pas été fait par le Premier ministre libanais, mais par un comité composé de dix personnes représentants tous les ministères et les institutions libanais concernés : le ministère des Affaires étrangères, le ministère de la Défense, le ministère des Travaux et des Transports, le Conseil national de la recherche scientifique, le directeur des installations pétrolières, et un représentant du premier ministre. Ce comité a fait son travail en se basant sur des études et recherches approfondies dans le domaine. A la fin de son travail, un rapport a été présenté au Conseil des ministres et tous les membres ont signé la définition de la ligne médiane qui a été adopté dans l'accord entre Chypre et le Liban. Il note aussi que le texte de l'accord signé entre le Liban et Chypre est littéralement conforme au texte signé par l'Egypte et Chypre, Israël et Chypre. Il rappelle que l'article III de l'accord prévoit que chacune des parties est tenue à communiquer et à mener des consultations avec l'autre partie avant de signer un accord avec un tiers. Cela signifie que Chypre devait informer le côté libanais sur le point 23 avant la signature avec Israël. Il défend aussi l'attitude de son gouvernement vis-à-vis de la ligne médiane et des points 7 et 23. Il rappelle que les gouvernements successifs ont formé des comités chargés d'étudier la question, et que le travail de ces commissions est venu confirmer les résultats de la première commission.

Le député Joseph Maalouf révèle que le traité n'a pas été et ne sera pas ratifié car vraisemblablement il contient des erreurs vis-à-vis de la délimitation

---

280- http://www.fuadsiniora.com/page/5158, [consulté le 5 mai 2017].

de la frontière avec Chypre[281]. Il explique que la méthode de l'équidistance est utilisée quand les deux pays sont des Etats côtiers. Si l'un des deux parties concernées est un pays île comme c'est le cas de Chypre, l'Etat en face peut alors délimiter sa frontière au-delà de la ligne médiane[282]. Une source qui a préféré conservé l'anonymat considère que les explications du Premier ministre Fouad Siniora ne clarifient pas la non-transmission de l'accord au parlement : « si le traité est rédigé d'une façon juste, pourquoi alors le retenir ?[283] ». La même source ajoute que durant trois ans, de 2007 à 2010 date de la signature du traité israélo-chypriote, le gouvernement libanais n'a pris aucune action concrète pour clarifier sa position vis-à-vis du traité. Si a posteriori, le traité contient des erreurs, pourquoi il n'a pas été renégocié avec le gouvernement chypriote pendant ces trois années ?

Le député Ziad Aswad considère que le comportement des responsables libanais relève d'une grande incompétence à l'égard d'un dossier stratégique[284]. Cette nonchalance officielle a impliqué le Liban dans un conflit maritime avec Israël et a agrandi le risque de perte d'une zone maritime estimée à 850 Km2. Il ajoute que si l'accord avait été ratifié par le parlement libanais, Chypre n'aurait pas pu signer son accord avec Israël et à fortiori y inclure des articles qui nuisent aux intérêts du Liban. Il estime que les pressions turques ont retardé la transmission de l'accord ou à son amendement durant la période 2007-2010 avant la signature de l'accord israélo-chypriote. Il ajoute que même si la définition d'un point triparti nécessite l'accord des trois partis concernés. Si le Liban avait adopté l'accord ou s'il avait déterminé d'une façon définitive le point 23, il aurait contraint le coté chypriote et aurait détenu une carte importante contre Israël. Il révèle aussi que jusqu'à présent le sort de ce traité reste incertain.

En réalité, chaque camp accuse l'autre, alors qu'ils sont tous impliqués et responsables de l'erreur ; Cela montre l'incompétence de la classe politique vis-à-vis d'un dossier stratégique de premier ordre.

281- Entretien avec Joseph Maalouf, Beyrouth, le 20 avril 2017.
282- *Ibid.*
283- Source qui a préféré l'anonymat.
284- Entretien avec Ziad Aswad, Beyrouth, le 3 mai 2017.

La position turque vis-à-vis des accords signés avec Chypre

Le porte-parole du ministre des Affaires étrangères turc Selcuk Unal déclare le 23 septembre 2011 que la Turquie s'opposera à tout traité unilatéral entre le Liban et Chypre[285]. Cette déclaration vient confirmer les rumeurs qui circulent à Beyrouth disant que le blocage de l'accord libano-chypriote est dû aux pressions turques. Dès janvier 2007, la Turquie appelle le Liban et l'Égypte à suspendre leurs accords avec Chypre, affirmant qu'ils portent atteinte aux droits de l'Etat chypriote turc[286]. Le ministre turc des Affaires étrangères critique l'accord signé entre Israël et Chypre en 2010 et affirme que la Turquie le considère comme étant nul et non avenu car il ne prend pas en considération les intérêts des chypriotes turcs[287]. Il ajoute que les chypriotes turcs ont également des droits et une juridiction sur les zones maritimes de l'île de Chypre. Il avertit le gouvernement chypriote grec qu'il ne devrait pas signer unilatéralement des accords internationaux avant de trouver une solution à la division de l'île. L'accélération des explorations israéliennes en Méditerranée orientale suite à l'accord avec Chypre incite le Premier ministre turc Recep Tayyip Erdogan à poursuivre son affrontement diplomatique sur deux fronts : l'un avec Israël et l'autre avec Chypre. Il prend une position ferme. Suite au déploiement de chasseurs bombardiers turcs en Chypre du nord, il déclare : « l'Etat d'Israël ne peut pas faire ce qu'il veut en Méditerranée orientale. Nos forces et nos navires d'attaque peuvent être présents à tout moment[288] ». Selon le quotidien Haaretz, le ministère de la Défense israélienne estime que ces déclarations visent à renforcer les relations de la Turquie avec le monde arabe et que la Turquie n'a pas l'intention d'entrer dans une confrontation militaire avec Israël[289]. La Turquie essaye de conserver ses intérêts en Méditerranée orientale en adoptant une position ferme. Par la suite aucun incident n'a été signalé, mais la division de l'île de Chypre reste une source de tensions.

285- http://www.assafir.com/article.aspx?Editionod=1956&ChannelId=46202&&ArticleId=2512, [consulté le 6 mai 2014].

286- *Ibid.*

287- http://www.haaretz.com/israel-news/turkey-criticizes-israel-cyprus-maritime-border-accord-1.331877, [consulté le 6 mai 2017].

288- http://www.haaretz.com/israel-news/turkey-to-deploy-warships-over-gas-dispute-with-cyprus-1.386659, [consulté le 6 mai 2017].

289- PLEFFER, Anchel, « la Turquie déploie des forces marines en Méditerranée », *Haaretz*, 25 septembre 2011.

Chapitre 3
La définition d'une politique nationale pour le gaz

Avec les premières découvertes pétrolières en Méditerranée orientale surtout dans la mer israélienne et chypriote, le Liban a accéléré ses mesures législatives et a entamé des démarches institutionnelles pour qu'il soit capable, à son tour, d'exploiter ses ressources naturelles.

1. Une collaboration inédite avec la Norvège

La collaboration entre le Liban et la Norvège s'est concrétisée à travers le programme gouvernemental « Oil For Development (OfD) » qui vise à fournir l'expertise et l'appui au gouvernement libanais et à aider à la validation de l'Initiative pour la transparence dans les industries extractives (ITIE) par le Conseil des ministres libanais.

1.1 Le programme gouvernemental OfD

Le démarrage officiel de la collaboration se fait prévoir à partir de 2006, date de la signature de l'accord « Oil for Development » avec la Norvège. Le tableau 11 reprend l'ensemble des décisions légales concernant le gaz offshore adoptées essentiellement depuis 2007.

Date	Décisions légales concernant le gaz offshore
16 septembre 1983	Décret 138 qui délimite la largeur de la côte libanaise par 12 miles nautiques.
22 février 1994	Loi 295 qui fait du Liban un membre signataire du traité de MontegoBay.
19 décembre 2006	Signature de l' accord « Oil for Development » avec la Norvège.

29 octobre 2007	Le gouvernement adopte la politique pétrolière pour l'exploration offshore.
13 mai 2009	Adoption de la carte de la ZEE par le Conseil des ministres.
17 août 2010	Loi 132 pour l'exploration et l'exploitation du pétrole offshore
28 mai 2011	Adoption de la loi 163 qui détermine les différentes zones maritimes du Liban.
19 septembre 2011	Décret 6433 qui délimite les frontières de la ZEE.
6 janvier 2012	Le gouvernement approuve les décrets d'applications de la loi 132.
7 novembre 2012	Désignation des membres de l'Autorité de l'énergie par le décret gouvernemental 9483.
7 avril 2012	Adoption du décret 7968 qui définit le rôle de l'Autorité de l'énergie.
16 février 2013	Adoption du décret 9882 qui précise les conditions de qualifications des compagnies qui désirent participer aux appels d'offre.
15 février 2013	Ouverture de la phase de de présélection des compagnies souhaitant participer à l'appel d'offres qui se termine le 28 mars 2013.
18 avril 2013	Annonce des 46 compagnies pré-qualifiées pour l'exploration.
30 avril 2013	Adoption du décret 10289 qui définit le cadre de l'activité pétrolière au Liban.
30 avril 2013	Lancement de la phase des appels d'offres (mesure qui ne sera pas suivie d'effet à cause de la démission du gouvernement Mikati).
27 Janvier 2015	Signature d'un accord entre l'Autorité de l'énergie et la Norvège.
4 janvier 2017	Adoption des décrets 43 et 46 permettant le lancement des appels d'offre.
janvier 2017 26	La réouverture de la phase de présélection des compagnies.
8 mars 2017	Le gouvernement adopte un projet de loi sur la fiscalité du secteur pétrolier.
13 avril 2017	Report de l'annonce des nouvelles compagnies pré-qualifiées.
27 avril 2017	Annonce des nouvelles compagnies pré-qualifiées.
19 septembre 2017	Le parlement adopte la loi 57 portant sur la fiscalité du secteur pétrolier.

Tableau 9 : L'ensemble des décisions légales concernant le gaz offshore
(Source : tableau établi d'après les données fournies par le site de l'Autorité de l'énergie, mars 2017)

Au cours des quatre dernières décennies, la Norvège a acquis une expertise reconnue dans la gestion de ses ressources naturelles offshore, notamment le pétrole et le gaz. Suite aux nombreuses demandes émanant de pays qui souhaitent profiter de l'expérience norvégienne en matière de gestion pétrolière, les institutions norvégiennes possédant le savoir-faire et la compétence lancent en 2005 un programme gouvernemental « Oil For Development (OfD) » qui vise à fournir l'expertise et l'appui nécessaires aux pays en voie de développement[290]. L'objectif opérationnel du programme est la gestion responsable aux niveaux économique, social et environnemental des ressources pétrolières qui, garantit et assure les besoins des générations futures[291].

En collaboration avec les pays partenaires, le programme OfD vise à réduire la pauvreté grâce à une bonne gestion des ressources pétrolières. L'OfD coopère au total avec 12 pays[292] : huit en Afrique (Angola, Ghana, Kenya, Mozambique, Soudan et Sud-Soudan, Tanzanie et l'Uganda), un en Asie (Myanmar), deux au Moyen-Orient (Liban et Irak) et un en Amérique latine (Cuba)[293]. L'approche principale du programme est le développement des capacités à travers le soutien et le renforcement des institutions locales. Cela implique une coordination et la conclusion d'accords de coopération à long terme entre les institutions publiques norvégiennes et les institutions publiques des pays partenaires. Les institutions publiques norvégiennes impliquées dans le programme sont : la Direction norvégienne du Pétrole, l'Agence norvégienne de l'environnement, la Petroleum Safety Authority of Norway, l'Office norvégien de la taxe, l'Administration côtière norvégienne et l'Institut de Statistiques de la Norvège. Les autres partenaires impliqués dans le programme sont des consultants et des instituts de recherche, des acteurs multilatéraux tels que le FMI et la Banque mondiale, la fondation Petrad, ainsi que les organisations de la société civile, les médias et le milieu universitaire.

290- Entretien via Skype avec Per Larsen, basé à Oslo, 16 mai 2017.

291- http://www.norad.no/en/front/thematic-areas/oil-for-development/how-we-work/, [consulté le 15 mai 2017].

292- *Ibid.*

293- https://www.norad.no/en/front/thematic-areas/oil-for-development/where-we-are/, [consulté le 15 mai 2017].

Per Larsen, l'un des responsables du programme, cite les 3 facteurs clés du succès de l'expérience norvégienne. Le premier est la propriété stratégique de l'Etat et le rôle des institutions, fortes et compétentes. Le deuxième est l'accumulation continue des connaissances techniques, un système de réglementation avancé avec un grand respect pour l'environnement, pour la santé et pour la sécurité. Le troisième est la volonté de la société d'exercer un contrôle sur les ressources pétrolières nationales.

Concernant le Liban, les objectifs du programme sont au nombre de trois[294]. Il s'agit d'abord de fournir l'aide nécessaire pour établir le cadre stratégique, légal et fiscal du secteur pétrolier. Il s'agit ensuite de veiller à l'amélioration de l'organisation, des capacités et du fonctionnement de l'Autorité de l'énergie et des ministères concernés pour qu'ils puissent jouer leur rôle et prendre en charge les responsabilités définies par les lois, conformément au cadre stratégique, tout en se dotant des ressources adéquates. Le troisième objectif est enfin le renforcement du sens de la responsabilité et de la transparence dans la gestion du secteur pétrolier à travers l'implémentation de méthodes de contrôles efficaces ainsi que l'implication d'une multitude d'acteurs, entre autres les commissions parlementaires, les organisations de la société civile et les médias. Il convient de signaler que pour être performants et jouer un rôle efficace, ces acteurs doivent être indépendants, posséder l'esprit critique et avoir un accès facile à l'information et au savoir-faire. C'est dans ce contexte que l'OfD assiste les institutions partenaires. En effet, elle leur suggèrent des méthodes permettant l'amélioration de la transparence et la responsabilisation des personnes qui travaillent dans le secteur.

Suite à la visite du Premier ministre norvégien Jens Stolenberg à Beyrouth en décembre 2006, le Liban signe un accord avec la Norvège pour bénéficier du programme « Oil for Development (OfD)[295] ». Dans la phase 1, qui a débuté en 2006 et s'est achevée en 2012, l'objectif était de soutenir le gouvernement libanais dans l'élaboration d'un cadre juridique et de renforcer les capacités des institutions publiques compétentes pour une bonne gestion des ressources

294- Entretien avec Wissam Chbat, Beyrouth, le 18 mai 2017.
295- Entretien via Skype avec Per Larsen, Oslo, 16 mai 2017.

pétrolières nationales. Le programme se concentrait en particulier sur la planification du processus d'octroi de licences, la préparation des données pétrolières existantes et nouvelles à des fins de promotion, le renforcement du respect de l'environnement dans les activités pétrolières, y compris dans les évaluations d'impact. La dernière activité a été menée en avril 2012.

Les principaux résultats de la phase 1 comprenaient, entre autres, l'élaboration des cadres juridiques suivants : la politique pétrolière ratifiée par le Conseil des ministres en 2007 ; la loi des ressources pétrolières offshores approuvée en 2010 ; le règlement sur les activités pétrolières (PAR) approuvé en 2013 ainsi que le texte de l'accord d'exploration et de production (APE), la procédure comptable et financière (AFP). Le programme a amélioré les capacités et les compétences (administrative, légale et technique) des principaux acteurs tels que le Conseil des ministres, le ministère de l'Énergie, le ministère de l'Environnement, le ministère des Finances et d'autres institutions qui seront directement et indirectement impliquées dans la gestion future des ressources pétrolières. Avec l'OfD, PETRAD, une fondation norvégienne spécialisée dans la formation des cadres du pétrole, a formé plusieurs conseillers et fonctionnaires libanais en collaboration avec les ministères des Affaires Etrangères et de l'Energie norvégiens. Sept personnes ont bénéficié de cette formation : trois conseillers auprès du ministère de l'Energie libanais ont été formés (en 2007), un de la Présidence du gouvernement (en 2008), deux du ministère des Finances et un du ministère de l'Environnement (en 2010)[296]. Le programme a aidé au développement du cadre institutionnel de l'Autorité de l'énergie, y compris le décret du Conseil des ministres en 2012 détaillant les statuts internes et ouvrant la voie à la création de son conseil d'administration. Enfin, le programme a contribué à l'évaluation environnementale stratégique (SEA) liée au secteur pétrolier.

Le gouvernement libanais, représenté par le ministère de l'Energie, a présenté une demande formelle d'assistance supplémentaire par le biais du programme OfD à l'ambassade de Norvège à Beyrouth en novembre 2011. Suite à la nomination des membres de l'Autorité de l'énergie en décembre 2012, une deuxième demande a été soumise en février 2013.

296- Entretien avec Gaby Daaboul, Beyrouth, le 15 septembre 2012.

Le Premier ministre Fouad Siniora explique que le Liban a choisi la Norvège comme partenaire stratégique, car elle est un des pays les plus compétents dans le domaine de l'offshore, et dans la gestion des revenus[297]. Il révèle que le Liban en 2006 était en train d'élaborer une forme de coopération avec la Norvège. Lors de la visite du Premier ministre Stolengerg, les deux partis se sont mis d'accord pour la signature de l'OfD. Il remarque aussi qu'Oslo n'a pas d'histoire coloniale ce qui fait que son rôle dans le partenariat est accepté par tous les partis libanais. Sinyoura ajoute que la Norvège a contribué efficacement à préparer et à former les cadres de l'administration libanaise et a salué son rôle de maintien de la paix au sud Liban dans le cadre de la Finul navale.

La deuxième phase du programme a été marquée par la demande du Liban de renouveler l'accord. Le 2 février 2015, le Liban et la Norvège signent au Palais Boustros, siège du ministère des Affaires Étrangères et en présence du ministre des Affaires Etrangères, Gébran Bassil, et son homologue norvégien Bard Pederson un accord de coopération pour 3 ans dans le secteur pétrolier offshore. L'accord porte notamment sur le soutien technique que fournira Oslo aux autorités libanaises afin de développer ce secteur d'activité. Il se base sur les réalisations de la première phase, et vise à développer davantage le cadre stratégique et juridique du secteur pétrolier, à renforcer la transparence dans le cadre fiscal, et à développer les domaines de la gestion de la sécurité.

La durée du programme est de trois ans (août 2014 - août 2017). Il concerne : l'Autorité de l'énergie, les ministères de l'Énergie et des Ressources hydrauliques, de l'Environnement et des Finances. Selon le ministre de l'Energie Arthur Nazarian, le Liban bénéficiera de cette expertise afin de développer un cadre technique et légal capable d'assurer la gestion du dossier du gaz offshore[298]. Per Larsen révèle que le budget alloué à la période 2014-2017 est de 30 millions de NOD[299]. Cette subvention est fournie sous la forme d'une assistance technique de la part de partenaires norvégiens. Il explique

297- http://www.fuadsiniora.com/page/5158, [consulté le 10 mai 2016].
298- RIZK, Sibyle, « le gaz libanais », *le Commerce du Levant*, août 2014, page 40.
299- Entretien via Skype avec Per Larsen, Oslo, 16 mai 2017.

que le programme est basé sur deux accords : le premier entre le ministère des Affaires étrangères du Liban et l'Agence norvégienne pour la coopération au développement (Norad). Le deuxième est un accord de coopération institutionnelle entre l'Autorité de l'énergie, avec des lettres d'approbation signées par le ministère de l'Energie, de l'Environnement, et des Finances au Liban, avec la Direction du pétrole norvégien (NPD), de l'Agence norvégienne pour l'environnement (NEA) et de l'Autorité de sécurité pétrolière (PSA) en Norvège. La fondation Petrad demeure impliquée dans la formation personnalisée des cadres libanais.

L'ambassadeur de Norvège au Liban et dans un article publié dans l'Exécutive magasine en janvier 2015 réaffirme l'engagement continu de la Norvège envers le Liban à travers le programme OfD[300]. Il rappelle que depuis 2006 les principales réalisations accomplies sont la définition du cadre juridique du secteur pétrolier, le renforcement des capacités des institutions gouvernementales, et le travail réussi de l'Autorité de l'énergie. L'approche principale sera de soutenir le développement des capacités par le biais de la collaboration institutionnelle. Les activités du programme cibleront l'Autorité de l'énergie, le ministère de l'Energie, le ministère des Finances et le ministère de l'Environnement. D'autres ministères et institutions peuvent également être impliqués. Les activités seront assistées par des experts en gestion de pétrole des établissements publics norvégiens, y compris la Direction norvégienne du pétrole, l'Autorité norvégienne de l'environnement, l'Autorité de sécurité pétrolière en Norvège, l'Office norvégien de la fiscalité pétrolière et l'Administration côtière norvégienne. Le Fonds monétaire International fournira également de l'aide notamment au niveau de la gestion des recettes. D'un point de vue stratégique, l'ambassadeur explique qu'en 2015, la recherche de l'indépendance énergétique ainsi que la diversité des fournisseurs sont considérés comme une priorité pour plusieurs pays et ce à cause de l'usage imprudent par certains exportateurs de « l'arme » pétrolière. Les nouvelles découvertes, les nouvelles technologies ainsi que les nouvelles formes d'énergie contribueront certainement à l'augmentation de cette

____

300- AASS, Svein, "towards energy independence", *Executive magazine*, Janvier 2015.

autonomie énergétique. A titre d'exemple, le rôle constructif qu'a joué la Norvège, en 2015, à cet égard. En effet, depuis un certain temps, le rôle de certaines sociétés norvégiennes a été crucial pour la Lituanie ; il lui a permis de briser sa dépendance à l'égard de l'étranger quant à son approvisionnement énergétique et ce à travers la fourniture des moyens de transport nécessaires du gaz liquéfié. En ce qui concerne le Liban, l'éventuelle indépendance financière et énergétique qui pourrait résulter de l'exportation du pétrole pourrait réduire l'influence des acteurs étrangers.

Le 9 mars 2016 et lors de la deuxième réunion annuelle des responsables libanais et norvégiens impliqués dans le programme OfD, le Président de l'Autorité de l'énergie Wissam Zahabi a souligné l'importance de la collaboration avec les institutions norvégiennes[301]. Cette coopération a permis l'amélioration des capacités des institutions libanaises, la définition du cadre juridique et la fondation de l'Autorité de l'énergie qui doit être un exemple à suivre pour toutes les autres administrations libanaises. L'Ambassadeur de Norvège Lene Lind a exprimé sa confiance en le partenariat avec le Liban et a déclaré que la confiance établie au fil du temps fournit une base solide de coopération institutionnelle. Lind a reconnu qu'une coordination solide entre les institutions gouvernementales, un processus décisionnel transparent, et une implication active de la part de la société civile sont des facteurs déterminants dans l'optimisation des bénéfices des ressources pétrolières. Il a fortement encouragé le Liban à se joindre à l'Initiative de transparence des Industries extractives (ITIE) et a réitéré le soutien de la Norvège aux institutions libanaises[302].

Dans le cadre de la coopération entre la Norvège et le Liban, une commission parlementaire libanaise a visité Oslo le 7 mars 2017. Au cours de la visite, les membres de la commission ont rencontré divers responsables norvégiens et visité les différentes agences de l'énergie avant de visiter la ville Stavanger qui est le centre de l'industrie pétrolière norvégienne. Le député Joseph Maalouf, membre de la commission, explique que cette visite a permis

---

301- http://www.lpa.gov.lb/pdf/Ofd%20second%20annual%20meeting.pdf, [consulté le 28/3/2017].
302- *Ibid.*

aux députés de mieux comprendre l'industrie pétrolière puisque la Norvège est l'un des pays leader dans le domaine de l'exploitation offshore[303]. Il ajoute que cette visite, à part son côté technique et informationnel, est un message d'amitié et de volonté commune de la part des deux pays pour continuer le travail qui a commencé en 2006 à travers le programme OfD. Il souligne aussi que les parlementaires libanais ont remercié Oslo pour son rôle capital dans le dossier du pétrole offshore libanais et ont demandé la poursuite de l'aide et de l'expertise aux différentes institutions libanaises[304]. « Sans cette expertise considérée primordiale, le dossier aurait avancé beaucoup plus lentement », ajoute Maalouf.

Après le retour de la commission au Liban, une réunion s'est tenue au parlement libanais entre le Chef de la commission de l'Energie Mohamad Kabani et l'ambassadrice de Norvège au Liban Lene Lind. La réunion a permis d'évaluer la visite de la commission au Norvège, et de réaffirmer l'importance de la coopération entre les deux parlements surtout au niveau des législations du secteur pétrolier. L'ambassadrice a informé les députés qu'elle prépare avec le ministère de l'Enseignement supérieur, un nouveau diplôme technique pour que les jeunes libanais puissent avoir des formations utiles pour travailler dans le secteur pétrolier[305]. Pour rappel l'USJ a déjà lancé un mastère intitulé « pétrole et gaz : exploration, production et management » à l'École supérieure d'ingénieurs de Beyrouth (ESIB).

Des responsables du programme OfD entament une visite à Beyrouth en avril 2017. Cette visite vise à s'entretenir avec les responsables libanais et à suivre de près l'évolution du programme au Liban déclare Per Larsen, l'un des responsables de l'OfD[306]. Suite à la réunion de la délégation avec les membres du comité parlementaire de l'Energie, le député Mohamad Kabani déclare que les discussions ont porté sur l'expérience réussie de la Norvège dans le domaine de l'offshore et sur les réalisations du programme OfD au Liban. Il insiste sur l'importance du programme dans la formation des cadres

---

303- Entretien avec Joseph Maalouf, Beyrouth, 30 mars 2017.

304- *Ibid.*

305- http://nna-leb.gov.lb/fr/show-news/76268/, [consulté le 31/7/2017].

306- Entretien via Skype avec Per Larsen, Oslo, 16 mai 2017.

libanais qui seront capables de concevoir les meilleures méthodes et stratégies pour le bien du secteur[307].

Per Larsen dévoile que le Liban a demandé pour la troisième fois, à travers le Premier ministre et le ministre de l'Energie, le renouvellement de l'accord[308]. Il explique que la décision finale sera prise fin juin 2017 suite à la réunion du comité exécutif du programme. Laury Haytayan quant à elle, révèle que les responsables norvégiens du programme en question sont en train de réaliser un diagnostic stratégique ainsi qu'une évaluation des accords précédents avant de prendre la décision finale. Cependant, selon la même source, la tendance est de renouveler l'accord parce que le Liban est à la veille du lancement des explorations[309]. L'accord a été renouvelé et signé le 6 juin 2018[310].

Larsen insiste sur le rôle essentiel de la société civile libanaise qui a une responsabilité de veille, de suivi et de contrôle sur les activités pétrolières qui débuteront prochainement. Il ajoute que l'expérience norvégienne peut être un bon exemple à suivre. Dans ce contexte, l'OfD supporte le LCPS (Lebanese Center for Policy Studies) qui publie des études et des articles sur le secteur pétrolier et la fondation Samir Kassir. La fondation organise des sessions de formation pour améliorer la capacité des journalistes et de la presse libanaise à tenir le gouvernement responsable. Elle lance et développe une application mobile, Log & Learn, qui permet de vérifier les faits et de partager l'information avec la société civile, les médias et le grand public. Quinze organisations de la société civile libanaise ont amélioré leur compréhension des méthodes de renforcement de la transparence et de l'influence sur la prise de décision grâce à une formation organisée par le Centre libanais pour les études politiques et l'Institut de gouvernance.

Les déclarations des responsables norvégiens avant le 3ème renouvellement révèlent leur méfiance – exprimée en termes très diplomatiques – par rapport aux responsables et institutions libanaises, et les accusations de corruption dont

---

307- https://www.lp.gov.lb/ContentRecordDetails.aspx?id=25874, [consulté le 16 mai 2017].
308- Entretien via Skype avec Per Larsen, Oslo, 16 mai 2017.
309- Entretien avec Laury Haytayan, Beyrouth, le 20 avril 2017.
310- https://www.lorientlejour.com/article/1119579/hydrocarbures-offshore-renouvellement-de-laccord-entre-le-liban-et-la-norvege.html, [consulté le 12/7/2018].

ils sont régulièrement la cible. L'insistance sur le rôle de la société civile et la volonté de renforcer ses capacités à « contrôler » et à « juger » l'activité du pouvoir s'inscrit clairement dans cette perspective, même si elle n'est pas clairement affichée.

Selon Wissam Chbat, les réalisations du programme OFD en 2015 sont au nombre de quatre[311]. La première est l'amélioration du cadre stratégique du secteur. Grâce à l'élaboration d'un exercice de planification ; l'Autorité de l'énergie a été en mesure de lister les options liées à la gestion du secteur ; et par conséquent concevoir des stratégies pertinentes en prenant en compte les risques potentiels. L'exercice permet aussi une compréhension des effets probables de la découverte du pétrole sur le plan économique, social et environnemental. La deuxième est une meilleure compréhension de la composition géologique de la mer. En effet, les données acquises en 1993 ont été récupérées, les cartouches et bandes magnétiques qui englobent 508 kilomètres linéaires ont été sauvegardés sur de nouveaux supports. Ces données seront traitées par des techniques modernes qui fourniront un nouvel aperçu de la géologie de la région étudiée. L'application de la compétence QHSE (Quality; Health; Safety; Environment) qui consiste à s'entraîner à faire face à un déversement du pétrole dans la mer. Les partis concernés comme la défense civile, le ministère de la Défense et le ministère de l'Environnement ont entamé des manœuvres dans lesquelles ils ont fait face à une simulation réelle de fuite de pétrole. L'importance de cette activité consiste à expliquer aux participants les risques liés à l'industrie pétrolière. L'expertise acquise servira à optimiser les plans d'urgence de réponse, gestion et nettoyage en cas de fuite de pétrole. Le quatrième acquis est une meilleure compréhension de la participation de l'Etat dans la gestion du secteur pétrolier, la préparation du cadre fiscal et les méthodes de l'audit. En effet, les stakeholders ont eu la possibilité d'accroître leur compréhension des différentes formes de participation en amont de l'Etat dans le secteur pétrolier. Plusieurs formations et stages ont été menés pour les membres de l'Autorité de l'énergie et des spécialistes du ministère des Finances sur les modes de fiscalité du secteur pétrolier et les méthodes d'audit correspondantes.

____

311- Entretien avec Wissam Chbat, Beyrouth, le 18 mai 2017.

Per Larsen cite les réalisations du programme en 2016. Sur le plan juridique et règlementaire, l'Autorité de l'énergie a élaboré une stratégie complète pour le premier tour d'attribution de licences d'exploration offshore. Elle a aussi développée une stratégie pour le management des déchets pétroliers (Waste Management Strategy) et une directive de veille environnementale. Cette directive inclut un système d'intervention et de réponse aux situations d'urgence, l'adoption et le lancement d'un plan national d'urgence contre les déversements pétroliers. Sur le plan des cadres des institutions libanaises, des représentants de l'Autorité de l'énergie, le ministère de l'Environnement et autres intervenants clés du gouvernement ont augmenté leurs connaissances de l'exploration, du forage, et de l'audit des systèmes de gestion environnementale grâce à la participation à des cours certifiés en Norvège et au Liban. Dans le même contexte, l'Autorité de l'énergie a acquis une meilleure compréhension de la façon de développer les services liés à l'approvisionnement des opérations offshores en mer, à travers des expériences partagées avec des experts du Norvège, du Ghana et de l'Ouganda, y compris les visites de terrain dans ces pays. Quant au renforcement de la transparence, l'Autorité a élaboré une stratégie de communication et a achevé un projet de décret pour le registre pétrolier. Des représentants de la société civile libanaise et des médias locaux ont amélioré leur compréhension de la gouvernance du secteur pétrolier en participant à plusieurs ateliers conjoints avec les experts norvégiens. Enfin la « Norwegian people's Aid », une organisation de la société civile norvégienne, a établi une cartographie de la main d'œuvre libanaise afin de renforcer ses capacités notamment sur le plan de la gouvernance du secteur pétrolier[(312)].

1.2 La transparence dans la gouvernance du secteur

L'ITIE est créée en 2003 et basée en Norvège, elle est une norme de transparence pour les industries de gaz, pétrole et mines. Elle a évolué à partir d'un concept et s'est développée en une norme avec des règles et procédures détaillées qui constituent une plateforme pour des discussions et des réformes étendues. La gouvernance et la gestion même de l'ITIE ont également évolué.

312- Entretien avec Gaby Daaboul, Beyrouth, le 15 septembre 2012.

L'ITIE est régie par une association à but non lucratif appelée « Association ITIE », mise sur pied conformément aux lois norvégiennes. Les statuts de l'Association fournissent le cadre de gouvernance dans lequel elle évolue[313]. L'actuel Conseil de l'ITIE est formé de 20 membres qui représentent les pays adhérents, les organisations de la société civile, les sociétés de l'industrie pétrolière et les investisseurs et un secrétariat qui est chargé d'aider les pays dotés de ressources naturelles et de soutenir leur mise en œuvre de l'ITIE[314]. Les pays décident volontairement d'adhérer à l'initiative et doivent remplir un nombre de critères pour adhérer et conserver leur statut. Actuellement 46 pays utilisent l'ITIE pour améliorer la gouvernance des ressources naturelles[315]. Récemment, le Royaume Uni, la France, l'Allemagne, l'Italie et l'Australie se sont engagés pour l'implémenter.

Pour les pays appliquant l'ITIE, les entreprises publient ce qu'elles paient aux gouvernements et les gouvernements publient ce qu'ils reçoivent. Les chiffres fournis mutuellement sont alors étudiées par un auditeur indépendant ; les écarts sont l'objet d'une enquête qui est publiée dans un rapport. Les pays participant à l'ITIE sont tenus de divulguer des informations sur les licences et leur attribution, et sur tout genre de dépenses. L'ITIE encourage aussi l'identification des véritables propriétaires des sociétés qui exploitent les ressources naturelles. Chaque Etat qui adhère à l'initiative doit former un « multi-stakeholder group » MSG qui regroupe des représentants du gouvernement, des compagnies exploitantes et des ONG. Certains groupes incluent des parlementaires. Ce groupe supervise l'implémentation de l'ITIE et publie des rapports périodiques. Il assure également la publication des rapports auprès du public et lance des discussions sur des réformes potentielles. Les conclusions des rapports sont communiquées au public afin de le sensibiliser et d'initier le débat sur la meilleure gestion du secteur. Tout cela créera éventuellement une pression pour rendre le gouvernement plus responsable et la gestion du fonds plus transparente.

313- https://eiti.org/fr/qui-sommes-nous, [consulté le 21/3/2017].
314-*Ibid.*
315- *Ibid.*

Lors de la journée libanaise du pétrole à Beyrouth tenue en octobre 2014, le ministre de l'Energie Arthur Nazarian déclare que les mesures appropriées pour l'application de l'ITIE doivent être prises dès le départ et que l'Autorité de l'énergie souhaite faire du pays un exemple en matière de gouvernance dans l'industrie pétrolière et gazière[316]. Dans cette optique, l'ITIE est perçue comme une étape indispensable. Il ajoute que le Liban « travaillerait main dans la main avec le Secrétariat International de l'ITIE afin d'examiner ce qu'apporterait la mise en œuvre de ce projet au Liban, constituant ainsi une étape préalable à la garantie d'un système de gestion transparent [317]». Des sessions ont été organisées par les responsables de la journée libanaise du pétrole à Beyrouth. Jonas Moberg, directeur du Secrétariat International de l'ITIE, a présenté la Norme ITIE et a mis en avant les étapes importantes que le Liban était en train de franchir. Mohammed Al-Najjar, le coordinateur de l'ITIE au Yémen, a expliqué comment la collaboration de son pays avec l'ITIE avait permis d'établir la confiance entre les différents acteurs, et Tonje Gormley, l'un des avocats principaux de la firme Arntzen de Besche, a montré quels étaient les intérêts juridiques de l'ouverture des contrats. Enfin, Laury Haytayan, responsable régionale principale de la zone MENA pour la NRGI (National Ressource Governance Institute), a évoqué ce que l'adoption de la norme ITIE par le Liban impliquait concrètement pour le pays. Elle ajoute que cette journée organisée à Beyrouth était une occasion pour établir les premiers contacts entre les responsables libanais et ceux de l'ITIE[318]. Suite à cette rencontre, plusieurs réunions ont eu lieu, et une délégation de l'Autorité de l'énergie a visité Oslo où elle a participé avec une délégation chypriote à un séminaire commun portant sur l'initiative ITIE. La commission parlementaire de l'Energie recommande le 22 mars 2013 l'adhésion du Liban à l'ITIE ; l'Autorité de l'énergie adopte une recommandation similaire[319].

Dans un pays comme le Liban, où peu de confiance existe entre les citoyens et le gouvernement, les initiatives telles que l'ITIE pourraient être un bon début pour entamer le dialogue et débat pour les réformes et renforcer

---

316- BERGER, Christina, « Liban : en route vers l'ITIE», https://eiti.org/fr/news/liban-en-route-vers-litie, [consulté le 21/3/2017].

317- *Ibid.*

318- Entretien avec Laury Haytayan, Beyrouth, le 20 avril 2017.

319- *Ibid.*

la confiance dans la gestion des recettes du secteur pétrolier. Le secteur des ressources naturelles peut devenir un moyen pour le gouvernement de montrer sa bonne volonté en termes d'intégrité et de modèle de gestion sans corruptions pour gagner la confiance des citoyens. Le rôle de la société civile sera essentiel.

Les étapes nécessaires pour que le Liban adhère à l'ITIE se résument comme suit[320] : le gouvernement doit annoncer publiquement sa volonté d'adhérer à l'ITIE. Il doit nommer par la suite un coordinateur national qui coordonne les actions avec le Secrétariat de l'ITIE à Oslo. Il s'engage aussi à former un groupe composé de représentants du gouvernement, des entreprises extractives et de la société civile pour appliquer l'ITIE. Le groupe élabore un plan de travail en conformité avec les dates limites établies par le conseil de L'ITIE. Ensuite, le gouvernement présente une demande de candidature à la Commission de l'ITIE qui décidera soit d'accepter soit de refuser la demande.

Le Conseil des ministres a validé le 25 janvier 2017 l'Initiative pour la transparence dans les industries extractives (ITIE). Le ministre de l'Energie César Abi Khalil déclare que « Le Liban est le premier pays à rejoindre ITIE avant même d'atteindre la phase de production[321]». Elle supervise l'application par le Liban de sa norme éponyme de gestion transparente des revenus fossiles du pays. Il estime que le Liban dispose du meilleur régime de gouvernance au monde « toutes les exigences de l'ITIE figurent déjà dans la loi 136/2010 sur les ressources hydrocarbures offshores, dans le cahier des charges de l'appel d'offres (décret 43), et dans toutes les autres mesures entreprises comme la loi sur l'accès à l'information, ou encore la proposition de loi sur la transparence dans le domaine du gaz et pétrole actuellement examinée en commission parlementaire[322] ».

Laury Haytayan explique les étapes qui ont précédé l'adoption de l'initiative[323]. Au début, les membres de l'Autorité de l'énergie, conscients

---

320- HAYTAYAN, Laury, «The Extractive Industries Transparency Initiative will help Lebanon govern its resources », *Executive magasine*, octobre 2014.

321- OUAZZANI, Kenza, « Abi Khalil dévoile sa feuille de route pour l'appel d'offres sur le gaz offshore», *L'Orient le Jour*, 27 janvier 2017.

322- *Ibid.*

323- Entretien avec Laury Haytayan, Beyrouth, le 20 avril 2017.

de l'importance de l'ITIE, ont consulté la Banque mondiale à propos de ladite initiative sachant que les responsables norvégiens du programme OfD l'ont recommandée. Ensuite, la NRGI a joué un rôle essentiel en menant une étude détaillée sur le cadre juridique libanais pour examiner la conformité des lois aux exigences de l'initiative et faciliter ainsi la prise de décision au gouvernement libanais. Cette dernière étude a conclu l'absence de tout élément qui contredit l'adoption de l'initiative. Cependant, une lacune principale existe : aucun texte législatif, même la loi 132/2010, ne donne droit à l'accès à l'information, y compris la publication du contenu des contrats signés entre l'Etat et les compagnies exploitantes. L'initiative de la demande d'adhésion est restée bloquée. Selon Haytayan, le premier ministre à l'époque, Tammam Salam et dans le cadre de sa politique de statu quo vis-à-vis du dossier du gaz, a préféré ajourner l'adoption de l'initiative en l'absence d'avis positif d'une commission parlementaire. Elle ajoute que la formation de groupes de pressions auprès des différents partis à titre d'exemple les Forces Libanaises, les Kataëb et la conviction personnelle du Premier ministre actuel Saad Harriri ainsi que du ministre de l'Energie Cesar Abi Khalil, ont été cruciales pour l'adoption de l'ITIE, sachant que la décision était prise à l'unanimité au Conseil des ministres.

L'annonce de l'adoption de l'initiative coïncide avec la publication du rapport de la « Transparency International Perception Index (IPC) », où le Liban a été classé 136 parmi 176 pays[324]. Le classement du Liban est toujours bas sur l'IPC depuis 2012, mettant en évidence la forte corruption dans le pays. La présence de potentielles ressources naturelles a mis en évidence la nécessité de prendre des mesures pour lutter contre la corruption et les conflits d'intérêts. Jonas Moberg, chef du Secrétariat International de l'ITIE, annonce : « Il est excellent que le Liban décide d'appliquer la norme ITIE afin de s'assurer que la gestion du secteur de l'énergie est transparente depuis le début. L'engagement d'une bonne gouvernance devrait aider à attirer les investisseurs internationaux et à rassurer les Libanais que les découvertes seront bénéfiques à leur pays[325] ».

324- http://www.transparency.org/news/feature/corruption_perceptions_index_2016, [consulté le 21/3/2017].
325- « Lebanon commits to implement EITI», https://eiti.org/fr/node/8510, [consulté le 21/3/2017].

En annonçant l'intention du Liban de mettre en œuvre le Standard de l'ITIE, le gouvernement libanais a également nommé le ministre de l'Energie César Abi Khalil pour diriger la mise en œuvre de l'ITIE. Le gouvernement invitera les parties prenantes à former un groupe composé de représentants du gouvernement, des entreprises extractives et de la société civile pour appliquer l'ITIE. Selon Walid Nasr, membre de l'Autorité de l'énergie : « la participation est en effet un consensus qui reflète l'intention de la société libanaise à encadrer le développement du secteur pétrolier à travers le dialogue et la discussion[326]». Une des premières tâches du groupe consistera à élaborer un plan de travail pour appliquer et implémenter les normes de l'ITIE. S'appuyant sur les efforts déployés par l'Autorité de l'énergie et le programme OfD, l'incorporation des normes EITI dans les institutions libanaises est un facteur clé à ce stade du développement du secteur pétrolier. Le Secrétariat International de l'ITIE fournira tous les conseils et soutiens possibles.

Selon Gaby Daaboul, cette initiative a des avantages pour le gouvernement, les compagnies exploitantes et la société civile. Le gouvernement améliora sa notoriété internationale, sa gestion des recettes et son processus de collecte en montrant son engagement d'avoir un processus transparent[327]. A titre d'exemple, le Nigeria a pu trouver 553 millions USD en taxes dues en 2009 après avoir utilisé l'ITIE et a bénéficié d'une meilleure notation[328]. Les entreprises et les investisseurs en bénéficient en atténuant les risques politiques et les risques de réputation et bénéficient d'un climat d'investissement stable et durable avec une gouvernance transparente qui permettra des investissements à long terme. La société civile bénéficiera à travers l'utilisation de l'information accessible au public par le biais des rapports publiés. Cette information sera un outil important qui, avec les médias, constituera une pression sur le gouvernement et les institutions pour une gestion responsable et transparente du secteur. L'implication des ONG dans les différentes étapes de l'initiative conformément à l'ITIE, leur donne un poids important et un rôle consultatif soit pour le gouvernement soit pour les entreprises.

326- « Lebanon commits to implement EITI», https://eiti.org/fr/node/8510, [consulté le 21/3/2017].
327- Entretien avec Gaby Daaboul, Beyrouth, le 15 mai 2017.
328- HAYTAYAN, Laury,«The Extractive Industries Transparency Initiative will help Lebanon govern its resources », Executive magasine, octobre 2014.

Le président actuel de l'Autorité de l'énergie, Wissam Chbat, considère que la décision du Conseil des ministres libanais de se joindre à l'Initiative pour la transparence des industries extractives (ITIE) est importante car elle consolide la confiance des investisseurs envers le Liban et son secteur pétrolier. Il ajoute que la LPA est consciente de l'importance de la transparence à tout niveau dans ce secteur. De ce fait, elle a adopté dès le début des mesures de transparence dans son mode de travail et déclare : « Depuis 2010 et 2011, nous avons établi un dialogue direct avec les entreprises à travers une communication bidirectionnelle qui nous a fait gagner de la crédibilité[329] ».

Chbat ajoute que la transparence est un facteur clé pour attirer les investisseurs. Cependant il souligne que l'adoption de l'ITIE n'interdit pas à elle seule la corruption ; le système juridique et la société civile jouent un rôle déterminant.

L'importance de l'ITIE se traduit également par le fait qu'elle permettra aux trois parties prenantes : le gouvernement, les entreprises et la société civile de s'asseoir sur une même table et d'échanger des idées en tant que partenaires actifs dans la gestion ou dans la planification du secteur. Dans ce contexte, la société civile libanaise qui est dynamique et active aura une plateforme réglementée et bien reconnue pour prendre sa part de responsabilité. Donc, l'avantage de rejoindre l'ITIE est d'exploiter les idées, l'énergie et le dynamisme de la société civile au Liban. Chbat termine en mentionnant que la LPA cible dans sa communication la société civile.

La confidentialité attribuée à certaines données par l'EPA ne contredit pas la loi d'accès à l'information récemment adoptée par le Parlement libanais, dit-il. Wissam Chbat explique qu'il y aura toujours des informations confidentielles et la transparence ou le droit d'accès à l'information ne riment pas avec une publication sans limite. Il affirme également que les termes commerciaux des contrats ainsi que les informations sur les gagnants des offres et sur le classement de chaque candidat seront certainement rendus publics. La confidentialité dans ce secteur concerne principalement les données géologiques. Ces informations

---

329- Entretien avec Wissam Chbat, Beyrouth, le 18 mai 2017.

sont un secret d'Etat, car elles aident ce dernier à mieux gérer ses ressources et à attirer de meilleures offres. Elles doivent être gardées secrètes pendant au moins 10 ans. Le type de confidentialité est une tendance internationale vu que toute donnée géologique est susceptible d'affecter la compétitivité : De plus, les données exclusives et les informations brevetées, ainsi que les informations sur les technologies qui seront utilisées dans les forages, ne peuvent être rendues publiques, car elles peuvent également affecter la compétitivité entre les entreprises. Les éléments seront secrets, mais leur confidentialité fait partie des pratiques et des normes de l'industrie. Cette limite selon le concerné n'altère en rien l'évaluation de la performance globale des entreprises.

Dans le cadre de la lutte contre la corruption et le renforcement de la transparence, le parlement libanais adopte en février 2017 un projet de loi sur le droit d'accès à l'information présenté par Ghassan Moukheiber, député du bloc du Changement et de la Réforme[330]. La loi donne aux citoyens un droit d'accès aux informations et documents relatifs aux dépenses publiques. Les administrations de l'État sont obligées de rendre publiques toute information et documentation relatives à leurs secteurs et à leurs dépenses. Les Libanais peuvent interpeller tout responsable politique ou administratif pour lui demander des informations et par conséquent de rendre compte en matière de dépenses publiques. Cette loi est déjà en vigueur dans 90 pays du monde[331]. Selon Moukheiber, « Cette loi est un outil important pour la lutte contre la corruption qui constitue un des problèmes majeurs du Liban et sa bonne application peut aider à l'éradiquer[332] ». Il explique que la loi est devenue « exécutoire et contraignante et n'a même pas besoin de décrets d'application, qui devront simplement apporter certains détails concernant certains points notamment[333] ». Quant aux mécanismes d'application, ils seront mis en place par le ministère de la Réforme administrative. Pour le président de la LTA « Lebanese Transparency Association » l'incapacité interne au sein des

---

330- JALKH, Jeanine, « L'adoption de la loi sur le droit d'accès à l'information, un début prometteur », *L'Orient le Jour*, 18 février 2017.
331- *Ibid*
332- *Ibid.*
333- *Ibid.*

ministères à fournir à temps les informations et la documentation requises serait un des obstacles majeurs. « La volonté politique est certes une grande inconnue, mais la loi va certainement l'inciter. Toutefois, la volonté seule ne suffit pas. Il faut une capacité logistique qui fait défaut au sein des ministères[334] ». Il ajoute que l'adoption de trois autres lois adjacentes est primordiale pour compléter l'arsenal. La loi sur la protection des lanceurs d'alertes, la loi prévoyant la création d'une commission nationale pour la lutte contre la corruption, une instance qui sera chargée de recueillir les recours des citoyens. Une troisième loi fait également défaut à ce jour, celle portant sur l'enrichissement illégal, le texte en vigueur « étant inutile dans sa mouture actuelle et devant être modifié [335]». Le député Joseph Maalouf ajoute que le gouvernement électronique est un projet complémentaire aux trois lois déjà citées et que l'ensemble incluant son projet de loi pour renforcer la transparence dans le secteur pétrolier sera un bouclier solide contre la corruption rependue[336]. Haytayan révèle que le parti Kataëb a ajouté un amendement à la loi. Il porte sur le droit d'accès à l'information (article 8) qui oblige l'Autorité de l'énergie à publier les informations, les contrats et les documents, exception faite, des décisions confidentielles ou celles portant atteinte à l'intérêt général [337]. Manifestement, face aux dénonciations généralisées de la corruption par des acteurs libanais[338] et des instances étrangères, le nouveau pouvoir en place depuis octobre 2016 veut donner des gages et montrer qu'il entend reformer le système et lutter contre la corruption. Mais jusqu'ici les décisions adoptées sont davantage symboliques qu'effectives en l'absence des mesures d'application.

Le parti des Forces Libanaises organise le 3 mars 2017 à Meerab une rencontre sur « Le pétrole et le gaz au Liban : pour une gestion saine ». Le chef des FL Samir Geagea regrette dans son discours, l'infiltration de la corruption dans la quasi-totalité des administrations au Liban. Il ajoute que les initiatives

---

334-JALKH, Jeanine, « L'adoption de la loi sur le droit d'accès à l'information, un début prometteur », *L'Orient le Jour*, 18 février 2017.

335- *Ibid.*

336- Entretien avec Joseph Maalouf, Beyrouth, le 30 mars 2017.

337- Entretien avec Laury Haytayan, Beyrouth, le 20 avril 2017.

338- Les mouvements de dénonciation avec la crise des déchets et la formation de liste de la société civile lors des élections municipales de 2016.

de réforme donnent espoir aux Libanais. Il assure que son parti ne laissera pas la corruption s'infiltrer dans le dossier du pétrole offshore tout en rappelant la sensibilité du sujet et la valeur de la manne naturelle, estimée à 600 milliards de dollars[339]. Le député des Forces Libanaises Joseph Maalouf présente son projet de loi qui vise à renforcer la transparence dans le secteur pétrolier offshore. Cette loi complète les 3 lois ou projets de loi déjà cités et elle est appliquée dans nombre de pays développés. Maalouf précise que la commission parlementaire de l'énergie a déjà examiné le texte. Une sous-commission spécialisée, présidée par lui, a été formée et a élaboré en collaboration avec l'Autorité de l'énergie et le ministère de la Justice un nouveau brouillon de la loi[340]. Ce brouillon comprend principalement : la détermination des partis non autorisés à participer aux activités liées au secteur pétrolier (Le ministère de la Justice élaborera une liste qui précisera en détail ces partis), la clarification de la définition des conseillers et proches des partis non autorisés à travailler dans le secteur, l'intégration des crimes cités dans les conventions internationales dans le projet de loi et la détermination des sanctions liées aux infractions liées au secteur. Cette intégration vise à donner à la loi sa souveraineté pour qu'elle soit un ensemble complet et une référence en soi explique Maalouf[341]. Gaby Daaboul qui représente le ministre de l'Energie confirme l'attachement de l'Autorité à adopter le projet de loi présenté par le député Maalouf. Il ajoute que l'Autorité tient à ce que toutes ses actions et décisions soient prises en toute transparence. Il rappelle que le Conseil des ministres a adopté l'initiative pour la transparence dans les industries extractives (ITIE), et que les actions futures seront toutes publiées dans le journal officiel et sur les site web de l'Autorité. Il appelle aussi les partis politiques à être positifs et coopératifs vis-à-vis de ce secteur et rappelle que l'Autorité est prête à donner les explications nécessaires à toute personne qui le demande. Il indique aussi l'importance des actions communes prises avec le ministère des Finances pour la finalisation du projet de loi du fonds souverain, dont l'adoption sera un message fort et positif envers tous les partis concernés.

339- http://nna-leb.gov.lb/ar/show-news/275737/, [consulté le 6/3/2017].
340- Entretien avec Joseph Maalouf, Beyrouth, le 30 mars 2017.
341- *Ibid.*

Après l'adhésion du Liban à l'ITIE, l'adoption de la loi sur le droit d'accès à l'information ainsi que les éventuelles adoptions des autres projets de lois en cours de préparation, une question majeure se pose sur la manière d'identifier la corruption dans le secteur du pétrole au Liban. Laury Haytayan insiste sur le rôle essentiel de la société civile : son rôle est « majeur, car elle est la force motrice qui contrôle, surveille et culpabilise les responsables[342]. Elle attire l'attention sur une liste dite « liste des 12 drapeaux rouges (Red Flags) » dressée par la NRJO qui permet l'évaluation des risques de corruption dans l'attribution des licences et des contrats dans le secteur des ressources extractives[343]. L'idée derrière cette liste est d'outiller les autorités de contrôle et de surveillance dans les pays de moyens de détection et même de prévention de la corruption dans les secteurs des ressources extractives.

Si les formes de corruption sont difficilement détectables, elles finissent tôt ou tard par être découvertes vu la ressemblance des symptômes de la corruption dans les divers pays. Toujours selon elle, il existe des modèles clairs et des signes semblables de comportements problématiques dans les pays riches en ressources naturelles. Pour ce faire, plus de 100 licences d'exploration et de production dans 49 pays producteurs et relatifs aux secteurs du pétrole, du gaz et de l'exploitation minière ont été analysés. Leurs attributions ont été accompagnées par des accusations de corruption[344]. Lors de l'analyse de ces cas, les experts se sont posées une question quant à l'outil à conseiller aux organismes de lutte contre la corruption dans ce secteur.

C'est sur la base de ce travail que la « liste des 12 drapeaux rouges » a été établie. Elle est considérée comme un outil concret d'enquête qui aide à réduire les risques de corruption liés aux attributions de permis et contrats. Avec ces douze drapeaux et leur illustration, et après son adaptation à chaque pays concerné, cette liste se présente comme un outil d'information des responsables sur les processus d'attribution de contrats et de conduite des vérifications nécessaires par le gouvernement, les parlementaires, les journalistes, et la société civile.

342- Entretien avec Laury Haytayan, Beyrouth, le 20 avril 2017.

343- *Ibid.*

344- http://www.resourcegovernance.org/sites/default/files/documents/ corruption-risks-in-the-award-of-extractive-sector-licenses-and-contracts.pdf, [consulté le 24 avril 2014].

Les douze drapeaux rouges sont attribués respectivement à chacun des faits suivants: le gouvernement permet à une société apparemment non qualifiée de concurrencer ou de gagner un contrat ; une entreprise ou un individu ayant des antécédents de comportement criminel entre en lice ou gagne un contrat ; les actionnaires de l'entreprise gagnante sont ou ont des rapports avec un homme politique, Une entreprise concurrente ou gagnante semble avoir un homme politique en tant que propriétaire ; un fonctionnaire intervient dans le processus d'attribution, ce qui entraîne un avantage pour une entreprise donnée ; une entreprise fournit des paiements, des cadeaux ou des faveurs à un homme politique qui influence le processus de sélection ; un fonctionnaire ayant une influence sur le processus de sélection a un conflit d'intérêts ; la concurrence est délibérément limitée dans le processus d'attribution des contrats ; une entreprise utilise un intermédiaire tiers pour obtenir un avantage dans le prix ; un paiement effectué par la société gagnante est détourné du compte public approprié ; les conditions des contrats diffèrent considérablement des normes de l'industrie ou du marché ; la société gagnante ou ses propriétaires réalisent de grands profits sans avoir fait un travail substantiel.

Pour le député Maalouf, la mesure de l'efficacité des mesures prises contre la corruption ne peut être faite qu'après l'implémentation des lois adéquates. Ces dernières doivent être mises à jour au fur et à mesure de l'avancement du dossier[345]. Laury Haytayan donne l'exemple de la compagnie norvégienne Statoil en Iran où le conflit d'intérêt entre les corrupteurs eux-mêmes a permis le dévoilement du scandale. Statoil a été soupçonné d'avoir versé des pots-de-vin à Mehdi Hashémi Rafsandjani, fils de l'ancien président iranien et patron d'une division de la compagnie pétrolière publique National Iranian Oil, à travers un contrat de conseil d'une durée de onze ans conclu avec Horton Investment, une société londonienne dirigée par un Iranien, Abbas Yazdi[346]. Le contrat de 15 millions de dollars semble faciliter à Statoil en 2003 la conclusion d'un accord avec l'Iran pour investir 300 millions de dollars dans l'exploration gazière après être devenu opérateur de certaines parties du South Pars, gisement gazier qui pourrait représenter 20 % des réserves mondiales[347].

345- Entretien avec Joseph Maalouf, Beyrouth, le 30 mars 2017.
346- https://www.lesechos.fr/23/09/2003/LesEchos/18994-105-ECH_crise-ouverte-a-la-tete-du-petro-lier-norvegien-statoil.htm, [consulté le 20 avril 2017].
347- *Ibid.*

2. La loi 132 pour l'exploration et l'exploitation du pétrole offshore

En 2008, et après avoir suivi des formations en Norvège dans le cadre du programme OfD, les deux conseillers juristes Gaby Daaboul et Ali Berro commencent à rédiger le brouillon de la loi 132 en collaboration avec le juriste spécialiste norvégien Farouk Kassem d'origine irakienne. L'ingénieur Wissam Dahabi, conseiller auprès de la présidence du gouvernement, rejoint l'équipe et, tous ensemble, ils travaillent avec des fonctionnaires du ministère des Finances jusqu'à l'adoption de la loi le 24 août 2010[348].

Cette loi est formée de 77 articles répartis en dix chapitres. Elle s'adapte au cadre libanais, s'inspire de la loi norvégienne sans en être une copie conforme, affirme le juriste spécialiste Gaby Daaboul[349]. Selon lui, la loi libanaise se caractérise par 8 points essentiels.

Premièrement, dans le secteur pétrolier, il existe plusieurs systèmes utilisés pour l'exploitation, parmi lesquels la concession, le contrat de la partition de la production (PSA), et le contrat de service (Service Contract). La loi libanaise adopte le contrat de la partition de la production, mais en revanche, l'article 43 consacre aussi le principe de la royauté qui donne à l'Etat le droit de prendre au début de la production, et pour une seule fois, une partie du pétrole avant la partition avec les titulaires de droit, ce qui rend le système libanais un système hybride. L'Etat peut collecter la royauté en espèces (cash) ou en échantillons (in Kind). Le législateur n'a pas choisi la nomination classique du contrat de la partition de la production mais il l'a remplacé par le contrat de l'exploration et de la production (Exploration and Production Agreement). Cet accord ne peut être attribué qu'à des sociétés anonymes (Joint Stock Company) qui sont qualifiées à l'avance (article 15). L'article 27 clarifie le principe de la « production prudente » (Prudent Production) qui garantit à l'Etat l'exploitation optimale des ressources des gisements en utilisant les meilleures techniques.

348-Entretien avec Gaby Daaboul, Beyrouth, le 15 septembre 2012.
349- *Ibid.*

Une des caractéristiques les plus importantes de cette loi est que l'Etat libanais ne peut signer de contrats pour lancer des activités pétrolières avec un seul titulaire de droit (Right Holder). Il est obligé de signer au moins avec 3 titulaires de droits pour exercer des activités pétrolières dans une zone bien délimitée. C'est ce qui différencie la loi libanaise, puisque les 3 titulaires qui ont signé l'accord sont responsables à titre individuel et collectif, et ils ont l'obligation de désigner l'un d'entre eux pour être l'opérateur dans la zone choisie (articles 14 et 15). L'impossibilité de la détermination des responsabilités lors de l'accident de Macondo dans la baie du Mexique en 2010 montre que le texte de la loi libanaise est écrit de façon à éviter d'interminables litiges futurs dans le cas de l'occurrence de tels accidents. Troisièmement, l'article 3 de la loi donne à l'Etat le droit de participer aux activités pétrolières (State Participation). Dans ce cas, sa part dans le pétrole ou dans le contrat de l'exploration et de la production est déterminée par un décret du Conseil des ministres. L'article 6 du chapitre 2 ouvre la possibilité à la formation d'une compagnie nationale pour le pétrole après avoir identifié la présence d'opportunités commerciales prometteuses. Quatrièmement, la loi stipule la formation d'un fonds souverain pour recueillir et gérer les revenus collectés par l'Etat et leur investissement dans des projets de développement (Article 2). La présence d'un tel fonds tend à éviter le gaspillage de l'argent ou son utilisation d'une manière imprudente, ce qui risquerait d'avoir de mauvaises répercussions sur l'économie nationale à moyen et long termes. La loi prévoit également la formation de l'Autorité de l'énergie, un point qui sera développé. La loi insiste aussi sur la transparence dans la sélection des compagnies pré-qualifiées. En effet, après la formation de l'Autorité de l'énergie, le gouvernement prend la décision de lancer le processus de l'octroi des licences à travers un décret. Les compagnies ont alors six mois pour présenter leurs dossiers, dossiers qui seront ensuite étudiés par l'Autorité qui en propose une liste au ministre. A son tour, le ministre la soumet au gouvernement, ce dernier choisira le meilleur dossier et signera le contrat de l'exploration et de la production (Exploration and Production Agreement). L'Etat a l'autorité et le pouvoir de contrôler les activités pétrolières dans toutes les étapes d'exploration et d'exploitation. Les compagnies doivent notifier régulièrement le ministère de l'Energie de leurs activités ou des problèmes rencontrés. Les autorités libanaises peuvent, à tout moment, inspecter les plateformes et s'assurer de la conformité des mesures prises par l'exploitant avec la loi libanaise. De telles mesures garantissent à l'Etat ses droits et contribuent au bon déroulement du travail. La loi se distingue par la fermeté des mesures que doivent prendre les titulaires de droit avec l'exploitant pour conserver la sécurité publique (Articles 54 et 55) et l'environnement (articles 59 et 60). De plus, la loi oblige l'Etat libanais à établir une étude pour l'évaluation environnementale stratégique (Article 32) (Strategic Environment Assesement) avant toute activité pétrolière, étude qui a été faite à travers le consultant international RPS spécialisé dans le domaine, et qui a présenté les résultats de son travail confidentiel à l'Etat libanais[350]. Par ailleurs, après l'adoption de la loi, l'Etat libanais signe un accord avec la compagnie française BeicipFranlab pour l'étude, l'analyse et l'évaluation des données en vue du lancement du premier cycle de l'octroi des permis d'exploration[351]. La loi a été en général bien accueillie ; ses dimensions politiques ont suscité davantage de commentaires que ses aspects techniques comme nous le verrons dans le chapitre 2.

2.1 L'Autorité de l'énergie

La loi 132/2010 définit l'Autorité de l'énergie (LPA: Lebanese Petroleum Administration) comme étant l'organisme public chargé de l'administration du secteur pétrolier au Liban. Sa composition, ses fonctions et le règlement interne de l'autorité est déterminé par le décret 7968/2012. Le ministre de l'Energie a la tutelle sur l'Autorité, qui, bénéficie d'une autonomie financière et administrative. Son rôle est essentiel dans le processus de la prise de décision qui est à trois niveaux. Elle est consultée dans les décisions opérationnelles et formule des recommandations au ministre de l'Energie qui s'appuie sur l'avis consultatif de l'Autorité. Les décisions qui engagent l'Etat sont prises, au Conseil des ministres, sur proposition du ministre de l'Energie, qui se base sur l'avis de l'Autorité.

350- Entretien avec Gaby Daaboul, Beyrouth, le 15 septembre 2012.
351- *Ibid.*

L'article 10 de la loi 132 définit les principales fonctions de l'Autorité de l'énergie. Elles consistent en la mise en place d'études pour la promotion des ressources pétrolières potentielles du Liban ; l'évaluation des compagnies qui présentent des dossiers pour l'octroi de licences ; la préparation des cahiers de charge, des licences et des accords en conformité avec la loi ; elle aide le ministre dans les négociations des accords de l'exploration, de la production et elle rédige des rapports de synthèse sur l'avancement de ces négociations ; elle présente des rapports détaillés au Conseil des ministres pour lui permettre de prendre ses décisions ; elle suit les activités pétrolières et rédige des rapports semestriels pour le Ministre en charge ; elle gère et supervise les activités pétrolières et la bonne application des licences et accords et la gestion des données des activités pétrolières. La tenue et la gestion du registre pétrolier qui englobe les compagnies exploitantes dans la ZEE libanaise relèvent aussi de des fonctions.

L'Autorité est composée de six membres, nommés pour six ans. Leur mandat est renouvelable une seule fois. Selon la loi 132, le lancement des enchères pour le début des explorations ne peut être fait avant que les membres de l'Autorité de l'énergie ne soient désignés. Cette Autorité est donc le passage obligatoire pour le commencement des explorations. Elle est formée de six unités spécialisées[352]. Les domaines de ces six unités sont les suivants : la planification stratégique, l'ingénierie et les affaires techniques, la géologie et la physique, le juridique, les affaires économiques et financières, la sécurité civile et l'environnement.

L'unité de la planification stratégique est chargée de la planification des explorations dans la ZEE libanaise, de la réalisation des études économiques liées à l'exploration, l'exploitation et la production du pétrole ainsi que l'optimisation des méthodes qui permettront à l'Etat libanais de bénéficier économiquement de ses ressources. Concernant l'unité d'ingénierie et des affaires techniques, elle a pour rôle de traiter les questions techniques telles que : l'étude des plans de développement et de production ainsi que des plans pour le développement et l'exploitation des installations soumises par des titulaires

---

352- Entretien avec Gaby Daaboul, Beyrouth, le 15 septembre 2012 de droits, faire le suivi et le contrôle des opérations pétrolières et d'ingénierie liées à la gestion des réservoirs afin d'améliorer la production, la récupération et la durée de vie du champ, s'assurer du respect des contrats d'exploration et production du point de vue technique, faire le suivi sur les développements internationaux et de la réussite des expériences dans le domaine des technologies modernes, la conception et la mise en œuvre d'une base de données numérique pour le stockage des données, proposer des mesures pour la modernisation et le développement du travail dans l'unité. L'unité de la géologie et de la physique est responsable de l'exploration et de l'évaluation des ressources pétrolières y compris les aspects géologiques et géophysiques notamment : gérer le « Data room », sauvegarder les données du secteur pétrolier, étudier les zones maritimes et promouvoir les résultats, étudier et évaluer les dossiers présentés de point de vue géologique et géophysique, prendre connaissance des nouvelles techniques d'explorations et essayer de les intégrer, participer aux plans élaborés par les titulaires de droits. L'unité juridique veille à l'application de la loi 132/2010 par les opérateurs, assure la gestion du registre pétrolier, prépare les études juridiques, les projets de lois et les décrets afin de répondre aux besoins du secteur et de moderniser le cadre juridique : elle s'assure aussi que les demandes des opérateurs et des titulaires de droits sont conformes aux lois appliquées, donne des avis juridiques aux autres unités et prépare tout genre de document juridique. L'unité des affaires économiques et financières est chargée des affaires économiques liées à l'activité pétrolière, à titre d'exemple : l'étude économique et financière des demandes présentées, le suivi des demandes des opérateurs ou des titulaires de droits, les études économiques pour développer le secteur, le calcul des profits pétroliers et des flux de trésorerie attribuables aux titulaires, proposer des politiques pour la vente ou l'exploitation des produits pétroliers, gérer les systèmes comptables et administratifs et simuler différents scénarios d'exploration et de production, évaluer l'impact des développements sur les marchés mondiaux sur les activités pétrolières, coordonner ses travaux avec le ministère des Finances. L'unité de la sécurité civile et l'environnement est responsable de la qualité des systèmes utilisés par les opérateurs et de leur conformité avec les normes de la sécurité durant le travail et le respect de l'environnement, à titre d'exemple : le respect par les opérateurs des règlements de la sécurité, des systèmes de protection des travailleurs, de la santé et de l'environnement ; elle coordonne avec le ministre de l'Environnement pour les questions environnementales ; s'assure que les opérateurs ont des plans d'urgences pour répondre aux accidents ; étudie l'impact des activités pétrolières offshores sur l'environnement, et fait le suivi de l'état physique des installations pour prévenir tout accident.

Le gouvernement libanais désigne les 6 membres de l'Autorité, le 7 novembre 2012 après des mois de consultation et de tractations entre les différents partis politiques qui participaient au gouvernement. Selon Abdallah Bou Habib, l'appartenance politique et confessionnelle a été déterminante dans la désignation des membres.

Il affirme que la classe politique cherche à être rassurée, ce qui facilite indirectement l'entente et la prise des décisions au niveau politique. Ce mode de nomination alimente aussi les soupçons à l'égard de la classe politique, accusée de vouloir « se partager » ce secteur stratégique[353]. Chaque membre représente une des six principales communautés du pays. Les membres sont : Walid Nasr (Grec catholique) pour l'unité de planification stratégique, Nasser Hteit (Chiite) pour l'unité de l'ingénierie et des affaires techniques, Wissam Chabat (Maronite) pour l'unité de la géologie et de la physique, Gaby Daaboul (Orthodoxe) pour l'unité des affaires juridiques, Wissam Dahabi (Sunite) pour l'unité des affaires économiques et financières et Assem Abou Brahim (Druze) pour l'unité de la qualité, la sécurité civile et l'environnement[354].

La présidence de l'Autorité est tournante suivant l'ordre alphabétique des noms de familles. Ainsi son premier président est Assem Abou Brahim[355].

353- Entretien avec Abdallah Bou Habib, Beyrouth, le 15 septembre 2016.
354- NEME, Cyrille, « Gaz offshore : Liban, Israël, Chypre », *le Commerce du Levant*, décembre 2012, page 92.
355- *Ibid.*

Selon leurs cv, ils ont tous les compétences requises[356]. Outre leurs formations universitaires, leurs expériences professionnelles dans le domaine du gaz et du pétrole s'avèrent importantes. Trois d'entre eux ont travaillé à l'international. Wissam Chbat a travaillé à Shlumberger, première entreprise mondiale de services parapétroliers. Nasser Hteit a exercé en tant qu'expert en management du cycle du combustible nucléaire pour la Commission Européenne et aussi en tant qu'ingénieur principal en pétrole et gaz dans diverses explorations au Nigeria, en Iran et au Yémen. Assem Abou Brahim a travaillé dans le secteur du pétrole et du gaz pendant plus de 13 ans aux Émirats Arabes Unis et dans d'autres pays du Golfe.

	Nom	Confession	Unité	Présidence
1	Assem Abou Brahim	Druze	Qualité, sécurité, environnement	2012-2013
2	Nasser Houtait	Chiite	Ingénierie et affaires techniques	2013-2014
3	Gaby Daaboul	Orthodoxe	Juridique	2014-2015
4	Wissam Dahabi	Sunnite	Affaires économiques	2015-2016
5	Wissam Chbat	Maronite	Géologie et physique	2016-2017
6	Walid Nasr	Grec catholique	Planification stratégique	2017-2018

Tableau 10 : Les membres de l'Autorité de l'énergie
(Source : tableau établi d'après les données fournies par le site de l'Autorité de l'énergie, mars 2017)

L'Autorité de l'énergie a signé plusieurs mémorandums d'entente avec des associations, des universités privées libanaises ainsi que des centres de recherches. Ces mémorandums visent à impliquer la société civile libanaise dans le processus de la gestion des ressources naturelles du pays et à renforcer le sens de la responsabilité et la transparence dans la gestion du secteur pétrolier conformément au troisième objectif du programme OFD.

356- NEME, Cyrille, « Gaz offshore : Liban, Israël, Chypre », *le Commerce du Levant*, décembre 2012, page 92

#	Mémorandums d'entente signé par la LPA avec	Date
1	Association des industriels libanais	30 avril 2016
2	Chambre du commerce de Beyrouth	8 janvier 2016
3	USEK	1 septembre 2015
4	Centre des études et de la documentation	4 août 2015
5	Syndicat des avocats de Beyrouth	22 octobre 2014
6	AUB	2 juin 2014
7	Center for policy studies (LCPS)	22 juillet 2013

Tableau 11 : La liste des mémorandums signés par L'Autorité de l'énergie (Source : tableau établi d'après les données fournies par le site de l'Autorité de l'énergie, mars 2017)

Le mémorandum signé avec l'Association des Industriels Libanais le 30 avril 2016 vise à renforcer les capacités de l'industrie nationale pour accompagner le développement du secteur pétrolier. Selon Fadi Gemayel, président de l'Association, « la révolution pétrolière au Liban permettra de redynamiser l'industrie, particulièrement la fabrication de produits à forte intensité énergétique, comme le carton, le verre et le plastique. Ces matériaux sont cruciaux pour la fabrication d'emballages et permettront de mieux exporter les produits agricoles et industriels libanais[357] ». En ce qui concerne le mémorandum signé avec les Chambres de Commerce, de l'industrie et de l'Agriculture de Beyrouth et de Tripoli, il vise à consolider les capacités locales de manière à développer en permanence les compétences du secteur industriel et le préparer à participer aux activités pétrolières. Dans ce même cadre, des formations conjointes ainsi que des conférences seront organisées pour attirer les investisseurs et mettre en évidence les aspects économiques et financiers liés aux activités d'exploration. En parallèle, le 22 octobre 2014, l'Ordre des Avocats de Beyrouth et l'Autorité de l'Energie ont signé un protocole d'entente sur deux années renouvelables, afin de promouvoir la coopération, d'échanger le savoir-faire ainsi que d'entreprendre des activités scientifiques et des consultations communes qui couvrent les aspects juridiques des activités

---

357- http://www.lecommercedulevant.com/node/26123, [consulté le 3/2/2017].

d'exploration pétrolière et gazière au Liban[358]. Ce mémorandum vise entre autres à développer les capacités des avocats spécialisés dans le secteur pétrolier, à organiser des conférences, des tables rondes, à publier des brochures et des publications ainsi qu'à organiser des formations sur les aspects juridiques et législatifs des activités d'exploration pétrolière et gazière. L'Ordre des avocats fournit les consultations à l'Autorité et aide à la préparation des programmes académiques qui abordent les aspects juridiques, législatifs et contractuels des activités pétrolières et gazières du pays.

En ce qui concerne les universités du Liban, l'Autorité de l'énergie et l'USEK ont conclu le 1er septembre 2015 un mémorandum de durée initiale de cinq ans. Il vise à développer l'enseignement supérieur et technique lié au secteur pétrolier, et à lancer des projets de recherche communs pour étudier les impacts sociaux, économiques et environnementaux de l'industrie pétrolière au Liban. De même, la Faculté d'Ingénierie et d'Architecture à l'Université Américaine de Beyrouth a conclu également avec l'Autorité de l'Energie, le 2 juin 2014, un mémorandum de durée initiale de trois ans qui vise à développer des programmes académiques de recherche, ainsi que de formations permettant de renforcer les capacités des cadres humains libanais dans le secteur pétrolier. Au niveau des centres de recherche, l'Autorité de l'énergie a conclu avec le Centre d'Etudes et de Documentation, le 4 août 2015, un mémorandum qui vise à partager la connaissance, l'expertise et les informations sur des sujets liés au secteur pétrolier. Toujours dans le même contexte, le 22 juillet 2013, un mémorandum d'entente a été signé entre le « Lebanese Center for Policy Studies » et l'Autorité de l'Energie. Il vise à promouvoir la coopération et l'échange d'informations et l'expertise en matière de gestion et du développement des activités pétrolières au pays. Plusieurs tables rondes ont été organisées et ont porté sur la fiscalité du secteur au Liban ainsi que sur la transparence et la gouvernance[359].

Il convient de signaler que d'autres universités privées au Liban accompagnent aussi l'émergence du secteur pétrolier. L'Université Saint-

---

358- http://www.lpa.gov.lb/MOU.php, [consulté le 21/3/2017].
359- *Ibid.*

Joseph (USJ) lance en décembre 2013 un nouveau master intitulé « pétrole et gaz : exploration, production et management » à l'École supérieure d'ingénieurs de Beyrouth (ESIB). Le master, lancé avec la participation de l'Institut Français du Pétrole (IFP School) ainsi que les sociétés Total et Attock, s'adresse essentiellement aux ingénieurs souhaitant se spécialiser dans le domaine du pétrole et du gaz. Le ministre par intérim de l'Énergie à l'époque, Gebran Bassil, a jugé « ce master nécessaire pour le Liban qui s'apprête à devenir un pays pétrolier et qui a besoin de ressources humaines qualifiées ainsi que d'une infrastructure légale, environnementale et technique adaptée[360]». Pour Gebran Bassil, il est important que le monde universitaire se développe en accompagnant ainsi l'évolution du secteur pétrolier. Selon lui, la création d'emplois ainsi que les opportunités de travail générées par le secteur pétrolier auront des retombées bénéfiques sur la totalité de l'économie nationale[361].

Ces accords servent clairement à rassurer les locaux et les partenaires internationaux sur la volonté de la LPA d'associer la « société civile » à la gouvernance du secteur pétrolier. Il s'agit donc, en partie du moins, d'une prise de position, d'une posture affichée d'une gestion participative, modèle, du dossier. Pour les instances associées, c'est une forme de reconnaissance, et peut-être une opportunité, pour être bien positionnés au moment où l'exploration et l'exploitation commenceront.

Outre le programme OfD, le soutien de la communauté internationale s'est concrétisé à travers deux programmes qui ont fourni l'aide et l'assistance aux institutions libanaises pour une meilleure gestion de ses ressources pétrolières : SODEL avec la UNDP et le « European Union Partnership ». Le programme « European Union (E.U.) Partnership » pour la protection et le développement durable des ressources naturelles maritimes vise à soutenir l'Autorité de l'énergie et les institutions gouvernementales à travers l'élaboration des politiques et des stratégies opérationnelles pour assurer une gouvernance saine et transparente des ressources pétrolières. L'assistance technique assurée par

---

360- http://www.lecommercedulevant.com/node/22838, [consulté le 3/2/2017]
361- *Ibid.*

le programme fournie une expertise aux Ministères concernés au niveau des capacités organisationnelles et fonctionnelles, de l'élaboration des politiques économiques et stratégiques, et de l'amélioration de la gouvernance et de la transparence. Le gouvernement libanais a entamé avec la UNDP une évaluation stratégique (Strategic Environmental Assessment (SEA)) pour déterminer en priorité les politiques environnementales nécessaires en conformité avec la loi 132/2010[362]. Cette évaluation a formulé un certain nombre de recommandations pour dresser un plan d'action pour les prochaines phases du travail. Les principales recommandations du plan d'action sont la base du projet « SODEL - Liban : Sustainable Oil and Gas Development in Lebanon ». SODEL soutiendra l'Autorité de l'énergie dans l'élaboration et la mise en œuvre du plan d'action afin d'améliorer la gouvernance dans le domaine de la santé, la sécurité et l'environnement (HSE : Health, Security, Environment) du secteur pétrolier. SODEL vise aussi à promouvoir l'importance des aspects environnementaux et sociaux dans le secteur pétrolier.

2.2 La fiscalité du secteur pétrolier

Au Liban, deux textes définissent le cadre fiscal : le projet de loi sur la fiscalité des activités pétrolières transmis par le Conseil des ministres au Parlement et le décret adopté le 19 janvier 2017 qui définit le contrat d'exploration et de production (EPA : Exploration and Production Agreement). Le contrat est un des principaux piliers du régime fiscal libanais que le Liban entend instaurer pour gérer les droits pesant sur les revenus de l'exploitation de ses ressources énergétiques. Il constitue un accord entre l'Etat libanais et les compagnies pétrolières pré-qualifiées. Il fournit aux titulaires de droits pétroliers le droit exclusif d'explorer, de développer et de produire du pétrole et du gaz dans la Zone économique Exclusive du Liban. Ainsi l'État conserve la propriété des ressources naturelles et les compagnies assument seules le coût des explorations et les risques associés. Après la découverte de quantités commerciales, les profits sont partagés entre l'Etat et les titulaires de droits. L'Etat encaissera trois types de recettes : les royalties, la TVA et la part de l'Etat[363].

362- http://www.lpa.gov.lb/MOU.php, [consulté le 21/3/2017].
363- http://www.lpa.gov.lb/pdf/Lebanon's%20oil%20and%20gas%20sector.pdf, [consulté le 27/3/2017].

La relation entre l'Etat et les investisseurs dépend de la nature du bassin suivant qu'il est développé ou non exploré. La rentabilité reste le facteur le plus attractif aux grandes compagnies qui comparent les différents bassins à travers le monde. La partage de la rente s'ajoute à la rentabilité. Elle désigne l'excédent de revenus, déduction faite de la totalité des coûts de production incluant ceux de la découverte, de la mise en exploitation, ainsi que le rendement normal du capital.

Le projet de loi fiscale préparé par l'Autorité de l'énergie et le ministère des Finances présenté en janvier 2014 au Conseil des ministres n'a été adopté qu'après 3 ans. Un comité interministériel présidé par le chef du gouvernement Hariri, et les ministres de l'Energie et des Finances a examiné à plusieurs reprises le texte. Lors de sa participation le 7 mars 2017 à un Forum dédié au secteur pétrolier et organisé par l'ESA à Beyrouth, le Premier ministre déclare que « la découverte potentielle des ressources naturelles offshores entretient l'espoir du développement économique et de la réduction de la pauvreté[364] ». Hariri assure aussi que « le Conseil des ministres approuvera le projet de loi de fiscalité du secteur pétrolier demain pour le transmettre au parlement afin qu'il soit adopté[365] ».

Effectivement, le 8 mars 2017, le gouvernement libanais adopte le projet de loi qui organise la fiscalité du secteur pétrolier. Les modifications apportées au décret sont techniques et visent à rendre plus compatibles les normes fiscales libanaises avec les activités pétrolières explique Abi Khalil[366]. Il ajoute qu'il n'en coutera rien à l'Etat : les investissements seront tous à la charge des sociétés concessionnaires[367].

Le Chef du parlement libanais Nabih Berry envoie le projet aux comités parlementaires pour qu'il soit étudié et adopté. « C'est crucial pour les entreprises de connaitre le régime fiscal auquel elles seront soumises, avant

---

364- OLJ, « le projet de loi fiscal adopte aujourd'hui », *L'Orient le Jour*, 8 Mars 2017.
365- *Ibid.*
366- OUAZZANI, Kenza, «Hydrocarbures offshore : l'attribution des licences d'exploration par le Liban sera graduelle », *L'Orient le Jour*, 6 janvier 2017.
367- *Ibid.*

de présenter leurs offres[368] », affirme Laury Haytayan, directrice au Natural Resource Governance Institute. Elle souligne pourtant que la présentation des dossiers ainsi que la signature du contrat d'exploration et de production (EPA) pourront être signées en conformité avec la loi en vigueur et seront amendées avec toute réforme ou loi ultérieure[369]. A signaler que le texte du Tender Protocol (TP) prévoit un tel cas. Il a été rédigé en prenant compte que des événements ou obstacles futurs peuvent bloquer de nouveau le processus de l'octroi des contrats d'exploration. L'article 4 de l'EPA fixe les royalties à 4%, tandis que l'article 6 indique clairement que toute modification des lois en vigueur, portant atteinte aux droits de la société exploratrice, peut constituer la cause d'un recours en s'opposant aux nouvelles règlementations à condition qu'elle prouve le préjudice subi. Il convient de signaler que le projet de loi de budget 2017 prévoit une hausse de l'impôt sur les bénéfices allant de 15 à 17%, une hausse qui affecte les compagnies exploratrices[370].

La commission parlementaire de l'Energie a discuté le 11 avril 2017 le projet de loi sur la fiscalité des activités pétrolières. Le chef de la commission Mohamad Kabani déclare que le ministère des Finances et les membres de l'Autorité de l'énergie ont bien expliqué le texte du projet de loi aux membres de la commission[371]. Kabani rappelle que cette loi doit être adoptée avant le 15 septembre, date limite pour la présentation des offres par les compagnies. Il assure que des actions rapides seront prises en coordination avec le Président du parlement pour l'adoption de la loi sans quoi les compagnies ne pourront pas présenter leurs offres. Gaby Daaboul, qui a participé aux réunions des commissions parlementaires explique que le Chef du parlement a autorisé la tenue de réunions communes entre les commissions des Finances et de l'Energie, toutes deux concernées par le projet de loi, vu son caractère urgent[372]. Ensuite, le projet a été approuvé et transmis au parlement. Concernant l'adoption finale du projet, Daaboul ajoute qu'elle est prévue juste après l'adoption du projet

---

368- OUAZZANI, Kenza, « le gouvernement débloque le dossier de gaz », *L'Orient le Jour*, 5 janvier 2017.

369- Entretien avec Laury Haytayan, Beyrouth, le 20 avril 2017.

370- http://www.lecommercedulevant.com/node/26637, [consulté le 20 avril 2017].

371- http://mtv.com.lb/news/696375, [consulté le 11 avril 2017].

372- Entretien avec Gaby Daaboul, Beyrouth, le 4 juin 2017.

de la loi électorale en juin 2017. A cet égard, le gouvernement demandera l'ouverture d'une session parlementaire exceptionnelle. Il s'avère donc que la loi de fiscalité pourra être adoptée en juillet 2017 une fois que les partis politiques arrivent à un consensus concernant le mode électoral. Le parlement libanais adopte le 19 septembre 2017 la loi numéro 57 portant sur la fiscalité du secteur pétrolier.

Le régime fiscal définit la part globale de l'Etat comme étant l'ensemble des mesures du partage des revenus et de l'imposition à la fois. Selon le FMI, cette part varie généralement en moyenne entre 65 et 85%. Dans une note destinée à évaluer le cadre fiscal libanais, le FMI estime que la part du Liban sera entre 57 et 78%[373]. Le conseiller économique du ministre des Finances Talal Salman l'évalue entre 55 et 70 %[374]. Il affirme que « C'est un bon niveau selon les critères internationaux sachant que l'État ne prend aucun risque d'investissement[375] ».

Les royalties ou redevances sont fixées par le projet de loi à 4% pour la production du gaz, et entre 5 et 12% pour le pétrole extrait[376]. C'est un prélèvement à la source, qui donne à l'Etat des recettes dès le lancement de la production. Il est relativement faible pour le gaz, car le coût d'extraction est élevé en eaux profondes. Nasser Hoteit, de l'Autorité de l'énergie, explique que « le niveau effectif de la redevance s'établit à 14,08 % » car un seuil minimum de 30 % des profits reviennent obligatoirement à l'Etat, et le consortium peut déduire au maximum 65% de ses coûts[377].

Le projet prévoit également que la société ayant réalisé l'exploration peut encaisser les premiers revenus générés par la production, afin de couvrir ses frais de forage. Hteit précise que « Les coûts déductibles sont plafonnés, mais au moment de l'adjudication les compagnies peuvent choisir de conserver une part moindre de "cost oil" pour amortir leurs investissements, c'est l'une des variables de l'enchère[378] ».

373- RIZK, Syrile, « le Liban définit sa part des revenus du gaz », *le Commerce du Levant*, Avril 2017, page 46.
374- *Ibid.*
375- *Ibid.*
376- *Ibid.*
377- *Ibid.*
378- *Ibid.*

Dans un second temps, les bénéfices restants, après la déduction des royalties et du « cost oil » seront partagés entre l'Etat et la société en fonction d'une équation qui dépend de plusieurs variables, selon des parts déterminées lors de la négociation bilatérale du contrat. Ainsi dans les projets rentables, l'Etat aura une part plus élevée avec un minimum de 30% fixe, et les investisseurs en bénéficient en période de prix bas ou de coûts élevés.

Ce modèle complexe suscite maintes questions. Nicolas Sarkis s'interroge si l'Etat libanais est capable de contrôler les coûts des opérateurs car « ils dépendent des données avancées par la société opératrice, vu que le gouvernement s'abstient de prendre une participation directe et active, par le biais d'une société nationale qui lui aurait donné la possibilité, entre autres, de voir et de contrôler les choses de l'intérieur[379] ». Carole Nakhlé, dans une note publiée par le LCPS, estime que ces variables négociées lors des enchères seront probablement au détriment de la transparence[380]. Des réserves ont été émises aussi initialement par le ministère des Finances sur la question des variables négociables lors des enchères. Wissam Dahabi assure que le modèle financier sera communiqué aux candidats en toute clarté et transparence.

Talal Salman explique que l'impôt sur le bénéfice des sociétés pétrolières représente 14% en moyenne de l'ensemble des bénéfices qui reviendront à l'Etat tout en soulignant que « Le ministère des Finances a décidé de fixer le taux de l'impôt sur les sociétés à 20 % contre 15% pour les autres secteurs d'activité en partant du fait que les règles de partage de revenus avaient déjà été fixées par le décret et que c'est l'impact fiscal global qu'il faut déterminer en prenant en considération un taux de rendement interne de 15 à 18 % attendu dans ce secteur[381] ». Le projet de la loi sur la fiscalité des activités pétrolières transmis au Parlement par le Conseil des ministres comporte le relèvement

---

379- RIZK, Syrile, « le Liban définit sa part des revenus du gaz », *le Commerce du Levant*, Avril 2017, page 46.
380- https://www.imf.org/external/np/seminars/eng/2011/revenue/pdf/nakhle.pdf, [consulté le 20 septembre 2017].
381- *Ibid.*

de l'impôt sur les sociétés pétrolières et une série de dispositions destinées à adapter le bénéfice imposable et le cadre fiscal général aux activités pétrolières notamment la loi sur la TVA, la loi sur l'impôt, sur le revenu et le code douanier.

L'article 8 du projet de la loi sur la fiscalité des activités pétrolières stipule que les recettes des impôts soient affectées au fonds souverain et non pas au Trésor public comme c'est le cas des recettes fiscales. Talal Salman explicite les intentions du gouvernement en déclarant : « nous sommes en train de finaliser la conception des règles d'allocation des revenus issus de l'exploitation du gaz et du pétrole, en fixant des règles très contraignantes destinées à imposer des pratiques budgétaires saines[382] ». De plus, il révèle que le projet de loi du fonds souverain distingue entre les recettes des impôts sur les sociétés, destinées à un fonds de trésorerie et le reste des recettes destinées à alimenter un fonds d'épargne. Salman poursuit : « La division du fonds souverain vise à permettre l'allocation d'une partie du fonds de trésorerie à des dépenses publiques, notamment pour réduire la dette publique[383] ». Toujours selon lui, ce choix est jugé indispensable car « le remboursement de la dette fait sens dès lors que son coût est supérieur au rendement du fond d'épargne, à condition toutefois de s'assurer que cette dette n'est plus en train d'augmenter ». Dans le même contexte, il déclare : « Nous voulons mettre en place un mécanisme élaboré, conditionnant la possibilité de puiser dans le fond de trésorerie à l'existence d'un budget et à l'existence d'un solde primaire suffisamment élevé pour stopper l'augmentation de la dette en pourcentage du PIB. Il est évident qu'une telle discipline budgétaire ne se décrète pas du jour au lendemain ; c'est un moyen de pousser les pouvoirs publics à s'y astreindre quatre à cinq ans avant l'émergence de revenus pétroliers ou gaziers[384] ». Salman rappelle qu'en 2010, l'idée sur les rendements du fonds d'épargne était d'autoriser uniquement la dépense des intérêts produits par le fonds souverain. Une nouvelle contrainte sera ajoutée, celle de l'inflation.

382- RIZK, Syrile, « le Liban définit sa part des revenus du gaz », *le Commerce du Levant*, Avril 2017, page 46.
383- *Ibid.*
384- *Ibid.*

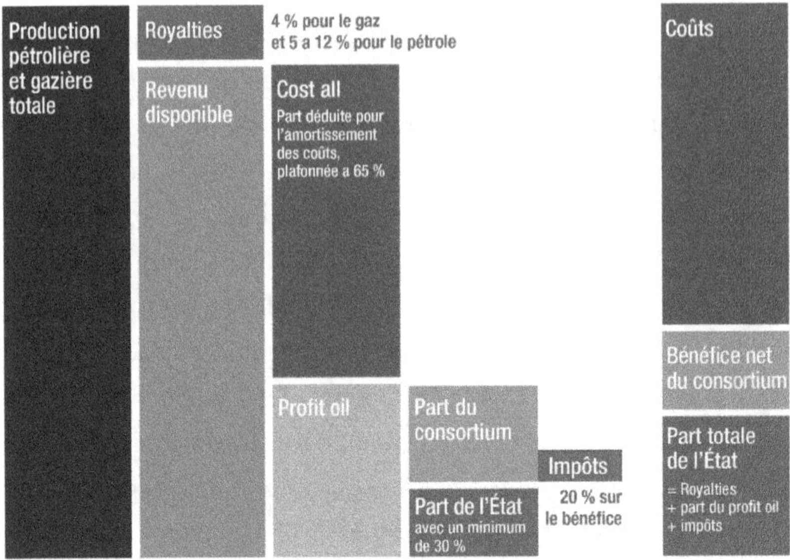

Figure 12: La partition des ressources entre l'Etat et les compagnies (Source : https://www.lecommercedulevant.com/article/27242-le-liban-définit-sa-part-des-revenus-du-gaz, consulté le 30 mars 2017)

Wissam Chbat défend le model fiscal libanais. Pour lui, le contrat d'exploration et de production (EPA), en est un de ses principaux piliers. Dans le même contexte, il insiste sur l'idée que l'EPA est un contrat de partage de production dans lequel les entreprises s'engagent dans un programme bien défini d'exploration. Ce contrat stipule qu'une partie du pétrole produit sera remboursée aux entreprises pour couvrir leurs coûts ; quant au reste, il sera partagé suivant les articles du contrat entre l'État et les entreprises. A signaler que le pétrole produit peut être monétisé et que le gouvernement peut prendre sa part soit en espèces, soit en nature. Cependant, la part de la production ne constitue qu'une composante de l'ensemble des recettes du gouvernement. En effet, il en existe deux autres composantes : les royalties ou redevances ainsi que l'impôt sur le revenu que les entreprises payeront sur leurs bénéfices nets, à l'Etat.

Concernant l'avis de l'expert pétrolier Nicolas Sarkis qui considère que la part de 4% des royalties est injuste pour le Liban, Chbat rappelle que les recettes du gouvernement ne sont pas seulement limitées aux royalties comme c'est le cas d'Israël, mais à un ensemble de trois composantes comme déjà expliqué. Il ajoute que l'augmentation du pourcentage des royalties peut être un facteur nuisible pour l'attraction des compagnies qui dans le cas de la non découverte de quantités commerciales peuvent subir des pertes considérables. De plus, il souligne aussi que par le contrat de partage de production, l'État conserve la propriété de ses ressources en hydrocarbures, tandis que dans le système de concession, la possession ou la propriété des hydrocarbures est destinée aux titulaires de droits. Dans le cas du Liban, cela constitue une différence majeure car l'État aura toujours des droits souverains sur ses propres ressources.

2.3 Le fonds souverain

L'article 3 de la loi libanaise 132/2010 pour l'exploration et l'exploitation des ressources naturelles maritimes offshore indique dans sa troisième partie l'obligation de l'Etat de créer un fonds souverain pour la gestion des revenus des ressources offshores tout en citant que les modalités de ce fonds seront précisées par une loi. Par définition, le fonds souverain est « un fonds d'investissement contrôlé par un Etat et alimenté par des recettes provenant de revenus de matières premières investis dans une logique normalement financière afin de procurer des ressources à cet Etat une fois que la matière première en question aura été épuisée[385] ».

Selon Gaby Daaboul, cet article a été le sujet de nombreuses discussions avant qu'il ne soit adopté. Les uns voulaient que le ministère des Finances soit en charge, les autres non. Cette question a soulevé de nombreux débats et a fait surgir les divisions partisanes et confessionnelles. A l'instar de beaucoup de pays qui veulent que les revenus de leurs ressources soient bien exploités, les experts ont opté pour l'adoption du fonds souverain à l'image de l'expérience norvégienne dans le domaine. Cela signifie que les revenus du gaz et du pétrole

---

385- https://www.lesechos.fr/finance-marches/vernimmen/definition_fonds-souverain.html, [consulté le 3 janvier 2014].

n'entreront pas dans les caisses de l'Etat, mais seront directement versés dans les comptes du fonds souverain.

Le chef de la commission des Travaux et de l'Energie au parlement Mohamad Kabani[386] déclare lors de la conférence nationale pour le gaz offshore au Liban organisée au parlement en février 2011, que le fonds souverain est un élément important dans le développement du pays. Il ajoute, que face à la corruption au sein de l'administration libanaise, le fonds souverain est l'outil convenable qui rassure le peuple libanais sur le sort de son argent, car la mauvaise gestion peut avoir des conséquences négatives sur l'ensemble de l'économie. Il ajoute que c'est une opportunité pour améliorer l'image du Liban à l'extérieur, qui est classé 146 sur la liste de la corruption des pays selon le rapport annuel de l'ONG Transparency International[387]. De son côté, le député Ghassan Moukhaiber insiste sur l'importance de la lutte contre la corruption dans le dossier du gaz. Il ajoute que les pays qui ne disposent pas de structures politiques, juridiques et économiques qualifiées pour gérer la richesse provenant du pétrole se retrouvent rapidement dans «la malédiction des richesses »[388]. Cette expression est utilisée par les politologues pour les pays qui disposent de vastes richesses naturelles, mais à cause de la corruption de leurs systèmes, connaissent un taux de pauvreté et de chômage croissants. Ils sont aussi caractérisés par la concentration de la richesse dans les mains d'un petit groupe lié au pouvoir[389]. Il ajoute qu'il est important pour le Liban de bénéficier des expériences des autres pays dans le domaine de la lutte contre la corruption pour ne pas être semblable à certains pays pétroliers comme le Nigeria ou la Libye. Il ajoute que l'expérience norvégienne est considérée comme l'une des meilleures au monde, et que le Liban grâce à l'expertise des experts norvégiens qui ont aidé à la rédaction de la loi, a intégré beaucoup de concepts utiles pour empêcher les dérives.

386-« Conférence sur le pétrole libanais », http://www.ghassanmoukheiber.com/showarticles.aspx?aid=432&ml, [consulté le 10 septembre 2016].
387-*Ibid.*
388-*Ibid.*
389-« Conférence sur le pétrole libanais »,http://www.ghassanmoukheiber.com/showarticles.aspx?aid=432&ml, [consulté le 10 septembre 2016].

Au niveau mondial, plusieurs Etats ont créé un groupe de fonds souverains sur fond de couverture de besoins futurs des générations comme le paiement des indemnités de retraite ou de déséquilibre dans la balance commerciale. Ces fonds sont devenus parmi les plus importants agents d'investissements dans le monde et gèrent ensemble trois trillions de dollars américains dans le monde[390]. Certains sont devenus de grands noms du monde de la finance internationale comme le « Abu Dhabi Investment Authority » (ADIA), le « Koweït Investment Authority » (KIA), le Fonds de pension du gouvernement norvégien, et le « China Investment Corporation » (CIC), le Gulf Investment Corporation (GIC) et le Fonds Temasek de Singapour.

La propagation des fonds souverains permet à des pays qui cherchent à établir un nouveau fonds, comme le Liban, de tirer parti des meilleures pratiques et d'éviter certains pièges. Il est particulièrement utile d'examiner de près les vingt-six fonds souverains qui ont établi en 2008, les principes et pratiques généralement acceptés pour les fonds souverains (GAPP), aussi connu comme les Principes de Santiago[391]. Ces vingt-six fonds souverains s'engagent à mettre en œuvre les Principes de Santiago, tout en respectant le cadre juridique, la coordination avec les politiques macroéconomiques, le cadre institutionnel et la structure de gestion des investissements des fonds souverains. Les principes de Santiago essayent d'établir une distance entre le propriétaire et la gestion opérationnelle. Le rôle du propriétaire est limité à la détermination des objectifs du fonds, la nomination des membres du conseil d'administration, et le contrôle des opérations du fonds. Le conseil d'administration détermine les stratégies et les politiques visant à atteindre les objectifs ; il est donc responsable de la performance du fonds. Il doit aussi mettre en œuvre les stratégies du fonds d'une manière indépendante des Etats et en conformité avec les responsabilités clairement définies.

La plupart des fonds d'investissements souverains visés par les Principes de Santiago sont rattachés aux ministères des Finances en tant qu'autorité politique qui supervise le fonds. Le ministre des Finances est à son tour

---

390- BRENDT, Svin, « la gestion des fonds souverains », *An-Nahar*, 29 juillet 2010.
391-*Ibid.*

responsable devant le parlement qui représente le peuple. Sauf en de très rares cas, comme en Azerbaïdjan ou Singapour, le Président du fonds ne joue qu'un rôle symbolique dans la supervision du fonds. Les processus opérationnels sont mis en œuvre principalement par la banque centrale ou par une société d'investissement dédiée, détenue en propriété exclusive par le gouvernement. À son tour, la direction opérationnelle peut décider de confier la gestion du fonds à des partenaires privés. C'est le cas d'Abu Dhabi, qui a confié la gestion de 80% de ses actifs à l'extérieur[392].

L'objectif des fonds souverains est la question la plus importante. La plupart des fonds qui suivent le principe des produits de base ont adopté le principe de l'élargissement des avantages de la richesse des ressources naturelles du pays afin d'inclure plusieurs générations, par le transfert d'actifs provenant des ressources naturelles à des actifs financiers. Les politiques de tirage sont dédiées plus précisément aux bénéficiaires de ces fonds. Par exemple, l' « Alberta Heritage Fund » au Canada, dépense le revenu net annuel sur les priorités de l'Alberta, comme l'éducation, les soins de santé et les infrastructures[393]. Les fonds de réserve au Chili et de pension du gouvernement en Norvège utilisent leurs ressources pour soutenir les obligations futures des pensions de retraite, tandis que le Fonds de la richesse nationale en Russie cherche à protéger l'économie du pays contre les aléas des marchés mondiaux des matières premières[394]. Cependant, d'autres fonds, tels que la « Qatar Investment Authority », cherchent à diversifier leurs investissements surtout dans des actifs industriels étrangers qui peuvent jouer un rôle important dans l'atteinte de leurs objectifs.

Gaby Daaboul explique que le gouvernement est en train de préparer une loi qui détermine le mode de fonctionnement du fonds souverain libanais. Cette loi s'appuiera sur les expériences menées dans d'autres pays notamment en Norvège, pour une bonne gestion de la fortune nationale. En Norvège, le

---

392-BRENDT, Svin, « la gestion des fonds souverains », *An-Nahar*, 29 juillet 2010.
393-*Ibid.*
394-*Ibid.*

fonds souverain dispose d'une grande autonomie dans la prise de ses décisions par rapport au gouvernement[395]. Au Liban, l'autonomie des décisions du fonds souverain par rapport au gouvernement et précisément du ministère des Finances reste la question la plus importante. La possibilité de faire prévaloir l'investissement dans un domaine ou dans un autre peut être une source de malentendus, et même de conflits.

Le Premier ministre Najib Mikati insiste en 2012 lors d'une table ronde organisée par l'Association des banques au Liban et en présence du gouverneur de la banque centrale Riad Salamé, sur l'importance du rôle du fonds souverain. Il ajoute que les revenus du gaz ct du pétrole seront utilisés dans un premier temps pour atténuer la dette publique, ensuite dans des projets de développement[396]. De son côté le Président de la république Michel Sleiman déclare que sauver le Liban de sa dette grandissante sera assuré par les revenus du gaz qui seront gérés par le fonds souverain[397]. Ces déclarations montrent la volonté de la classe politique libanaise de s'impliquer d'emblée dans les décisions du fonds souverain qui sont supposées être indépendantes. Elles semblent indiquer aussi que les revenus futurs seront utilisés pour combler le passif de l'Etat libanais, pas pour des projets de développement.

Le chef du parti socialiste progressiste (PSP) Walid Joumblatt plaide pour la création du fonds souverain et d'une société pétrolière nationale, avant le début du processus d'attribution des licences d'exploration. Le ministre de l'Énergie César Abi Kahlil explique que la loi 132/2010 sur l'exploitation des ressources offshore souligne que la création d'un tel fonds «ne sera considérée que lorsque toutes les conditions techniques seront réunies », soit au moment où le pétrole ou le gaz seraient découverts en quantités commerciales[398].

395- Entretien avec Gaby Daaboul, Beyrouth, le 15 septembre 2012.

396- « Mikati pour le fonds souverain », http://www.lebanese-forces.com/web/MoreNews.aspx?news-id=190103, [consulté le 5 novembre 2012].

397- « Souleimane annonce le début de l'exploration », http://www.lebanese-forces.com/web/More-News.aspx?

newsid=158642, [consulté le 5 novembre 2012].

398- *Ibid.*

Le Conseil des ministres a décidé le 3 janvier 2017 la création d'un comité interministériel, présidé par Hariri et incluant les ministres de l'Énergie, des Finances, et de la Planification, qui devra élaborer – en collaboration avec la LPA – une loi sur la création d'un fonds souverain[399]. Le député Marwan Hemade critique la formation de ce comité et souligne que « la mission de ce comité est floue, car les ministres ignorent s'il est chargé de discuter la création de ce fonds ou bien la rédaction du projet de loi encadrant sa création[400] ». Cette critique reflète le mécontentement du parti PSP qui ne faisait pas partie intégrante de l'accord conclu entre Amal et le CPL.

Le député Nehmetallah Abi Nasr, indépendant proche du CPL, déclare que le fonds souverain est un fonds national, dont les bénéfices doivent profiter tous les Libanais[401]. Il attaque la classe politique qui, selon lui, a retardé le processus de l'exploration du gaz pour plus de 4 ans, sachant que le pays est surendetté.

Le professeur Bassem Ajaka propose que la gestion du fonds souverain doit inclure des membres du Conseil des ministres (ministre de l'Economie, ministre des Finances), le gouverneur de la Banque du Liban, et des représentants du secteur privé. Quant à sa gestion, elle doit être confiée aux banques d'investissements internationales[402]. Il met l'accent sur les intérêts que le Liban peut tirer de la création d'un tel fonds. Sur le niveau financier, ce fonds diminuera le coût des taux d'emprunt de l'Etat car les investisseurs dans les bons de trésor libanais seront plus en confiance. Sur le plan économique, l'inflation sera atténuée car l'économie bénéficiera du flux des monnaies étrangères provenant de la vente des ressources naturelles et de l'augmentation de la liquidité qui permettra le lancement de nouveaux projets. Sur le plan

---

399- OUAZZANI, Kenza, « Hydrocarbures offshore : l'attribution des licences d'exploration par le Liban sera graduelle », *L'Orient le Jour*, 6 janvier 2017.
400- *Ibid.*
401- http://www.elnashra.com/news/show/1065961/, [consulté le 21/3/2017].
402- MATTA, Maurice, « le fonds souverain libanais », *An-Nahar*, 17 janvier 2017.

social, les investissements du fonds contribueront au développement de toutes les régions et à la justice sociale.

Le journal *An-Nahar* rapporte que le brouillon de la loi du fonds souverain en confie la gestion à la BDL après la formation d'une direction générale incluant les ministres concernés (Energie, Finances, etc), l'Autorité de l'énergie et tout en laissant la politique financière sous la supervision du Conseil des ministres[403]. La loi précisera aussi le plan général de dépenses, les secteurs dans lesquels le fonds investira, et les proportions autorisées pour couvrir une partie de la dette nationale. Cette partie sera la plus difficile à adopter car elle nécessitera un compromis entre les différents partis politiques du pays.

Pour l'expert en matière financière et économique Louis Hobeika, le fonds souverain constituera un compte d'investissement pour l'Etat libanais dont les ressources seront investies dans divers secteurs à l'intérieur ou à l'extérieur du pays[404]. Il identifie quatre critères principaux pour la réussite de ce fonds : l'élaboration de stratégies d'investissements qui précisent les domaines d'investissements (bons de trésors, etc) ; la mise en place de règles de dépenses qui limiteront les choix du gouvernement ; la répartition des responsabilités de gestions entre le gouvernement et la direction du fonds ; et la transparence dans la prise des décisions d'investissements, la communication du volume de l'argent incluant les taux de rentabilités et la mise en place d'un système d'audit.

Manifestement, les opinions divergent sur le mode de fonctionnement et les priorités du fonds souverain. L'adoption de la loi nécessitera un compromis entre les forces politiques qui prédominera les intérêts des partis politiques au profit du bon fonctionnement du fonds, sachant qu'elle n'est pas toujours adoptée.

403- MATTA, Maurice, « le fonds souverain libanais », *An-Nahar*, 17 janvier 2017.
404- https://www.lorientlejour.com/article/891287/, [consulté le 21/4/2017].

3. Les décrets et les contrats d'exploration et de production

3.1 les décrets 42 et 43

L'Autorité de l'énergie (LPA) a rédigé le texte des deux décrets 42 et 43 qui ont été présentés au Conseil des ministres en mars 2013. L'adoption de ces décrets a été ajournée 6 fois faute d'entente entre les différents partis politiques, ce qui a retardé le déclenchement de l'appel d'offre. Le 4 janvier 2017, et après plus de 3 ans de report successif, à cause du blocage politique, le gouvernement libanais adopte les décrets 42 et 43 nécessaires pour le lancement de l'appel d'offres pour la première attribution de licences d'explorations pétrolières offshore dans la ZEE libanaise. Les deux décrets ont été publiés au journal officiel numéro 4, le 21 janvier 2017.

Le décret 42 décompose la ZEE en 10 blocs et détermine les coordonnées de chacun. Cette décomposition a été faite en se basant sur des études géologiques et géophysiques. Certes la décomposition a été faite en fonction de ces deux configurations, mais aussi en tenant compte des considérations géopolitiques et stratégiques de la région affirme Daaboul[405]. Le ministre de l'Énergie César Abi Kahlil affirme que « les blocs sont déterminés en fonction des études réalisées par l'Autorité de l'énergie, et explique que la délimitation a été réalisée de manière à ce que chacun des blocs ait un rapport commercial équitable[406] ». Wissam Chbat, actuel président de l'Autorité de l'énergie et spécialiste en géologie, explique que la ZEE n'a pas été découpée en blocs rectangulaire uniformes car la ZEE a été bien étudiée. « Nous avons taillé chacun des dix blocs sur mesure, pour viser dans la mesure du possible des gisements homogènes et éviter de devoir recourir par la suite à des procédures juridiquement complexes de regroupement, en cas de découverte avérée à cheval sur deux blocs[407] ».

405- Entretien avec Gaby Daaboul, Beyrouth, le 15 février 2017.

406- OLJ, les cinq premiers blocs offshores sont ouverts aux offres dévoilés », *L'Orient le Jour*, 11 janvier 2017.

407- RIZK, Syrile, « le Liban définit sa part des revenus du gaz », *le Commerce du Levant*, Avril 2017, page 43.

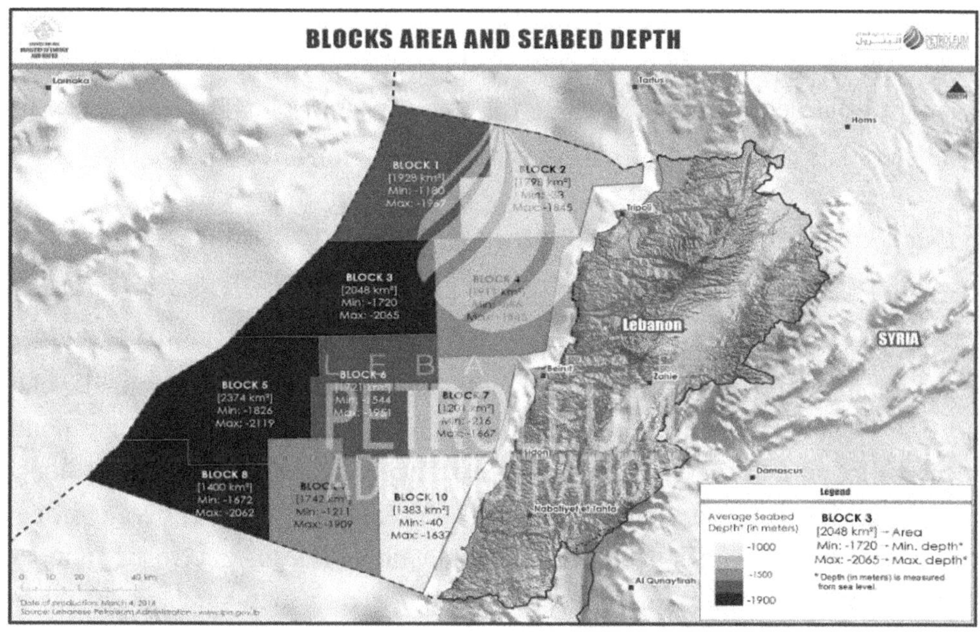

Figure 13 : les blocs de la ZEE libanaise
(Source : http://www.lpa.gov.lb/open%20blocks.php, consulté le 28 mars 2017)

Le décret 43 précise les conditions de participation aux appels d'offres et les modalités du contrat type d'exploration et de production qui organise la relation entre l'Etat libanais et les concessionnaires. Selon Mona Sukarieh, cofondatrice de Middle East Strategic Perspectives, ce contrat organise les étapes allant de l'exploration à la production : « si les travaux d'explorations confirment la présence d'un gisement contenant des quantités commerciales d'hydrocarbures, le consortium détenteur de droit pourra proposer un plan de développement. Si le plan est approuvé par le Conseil des ministres, le consortium pourra procéder à l'extraction des ressources[408] ».

Le décret numéro 43 définit respectivement les textes du protocole d'appel d'offres (Tender Protocol : TP) et le contrat de l'Exploration et la Production (EPA). Le protocole est l'annexe 1 du décret 43. Il précise le processus d'appel d'offres que les entreprises présélectionnées doivent respecter pour la première

---

408- Cité dans : OUAZZANI, Kenza, « le gouvernement débloque le dossier de gaz », *L'Orient le Jour*, 5 janvier 2017.

attribution des licences. Le TP décrit aussi en détail les critères d'évaluation des offres présentées, qui donnera lieu à l'attribution des blocs au consortium gagnant et le début des activités pétrolières. En outre, le TP définit les frais financiers liés à l'appel d'offres et aux garanties demandées.

3.2 Le contrat de l'exploration et de la production (Exploration and Production Agreement)

La définition des modalités de partage de la rente pétrolière entre l'Etat et la compagnie pétrolière internationale reste la question centrale de tout accord. Depuis la Seconde Guerre mondiale, les accords pétroliers en amont, c'est-à-dire portant sur la recherche et l'extraction, ont connu des changements importants[409]. Trois périodes peuvent être identifiées[410]. La première période, dominée par les régimes de concessions, s'étale de l'après-guerre aux années 1960. Sept compagnies pétrolières « Seven sisters » détiennent 85% de la production mondiale[411]. Les pays ne participent pas au développement de leur secteur pétrolier, mais se limitent à négocier les termes de la concession. La nationalisation partielle ou totale marque la deuxième période qui s'étale des années 1960 aux années 1990. Le manque de technologies, d'expertise, de capital ou de cadres institutionnels ou politiques rend les résultats mitigés. L'ouverture du secteur aux investisseurs privés marque la troisième période des années 1990 jusqu'à aujourd'hui. Différents types d'accords sont alors élaborés. Ils permettent de partager les risques avec les exploitants, de bénéficier d'investissements financiers et d'acquérir une expertise indispensable pour l'augmentation de la production. Le rôle grandissant des compagnies pétrolières confère une importance majeure aux contrats pétroliers pour les pays concernés.

Selon Johnson, la négociation des contrats pétroliers porte sur plusieurs éléments clés[412]. Les risques de l'exploration obligent les investisseurs à utiliser

---

409- Olivier Lamotte, Thomas Porcher, « Stratégie des compagnies pétrolières internationales et partage de la rente : le cas du Congo », Management & Avenir 2011/2 (n° 42), p. 310-327.

410- Al-Attar A. et Alomair O. (2005), « Evaluation of upstream petroleum agreements and exploration and production costs », OPEC Review, Vol. 29, No. 4, p. 243-266.

411- *Ibid.*

412- https://www.cairn.info/revue-management-et-avenir-2011-2-page-310.htm#, [consulté le 10 septembre 2017].

leurs fonds propres pour financer les budgets d'exploration qui dépendent donc de leur marge d'autofinancement. Ceci explique la prise en compte des budgets d'exploration en fonction des fluctuations du prix du pétrole. Pour la compagnie pétrolière, l'allocation optimale des budgets d'exploration est une nécessité. Elle compare les profits et les dépenses à engager pour chaque contrat. Les risques géologiques et les termes du contrat sont aussi pris en compte. Les termes contractuels sont un outil important pour promouvoir les explorations et pour l'attraction des compagnies pétrolières qui investiront des montants significatifs en sauvegardant les intérêts de l'Etat en cas de découverte. Le contrat doit prendre en compte un partage équitable entre l'Etat et la compagnie indépendamment du coût de la découverte éventuelle. La difficulté réside bien sûr dans le fait que la négociation du contrat n'est basée que sur des hypothèses de niveaux de coûts, réalisées par les experts de la compagnie[413]. Ainsi, le partage de la rente pétrolière peut se faire en fonction de paramètres techniques (profondeur, production journalière ou cumulée), en fonction de paramètres comptables (prix, profitabilité, surtaxe) ou financiers (rentabilité)[414].

Le type de contrat utilisé dépend des réserves, des coûts d'exploitation et de recouvrement[415] mais également de raisons historiques[416]. Les principaux types de fiscalité pétrolière utilisés dans le monde aujourd'hui sont le régime d'impôt/redevance, le régime de contrat de service et le régime de partage de production[417]. Les accords diffèrent sur la question de la propriété du pétrole in situ et par le contrôle des opérations et de la production. Chaque type d'accord définit une méthode différente pour le calcul des revenus du pays hôte mais dans les trois cas de figure les compagnies pétrolières internationales sont soumises à des taxes et des prélèvements[418]. Le tableau 1 résume les principales distinctions entre les différents accords pétroliers.

413- https://www.cairn.info/revue-management-et-avenir-2011-2-page-310.htm#, [consulté le 10 septembre 2017

414- *Ibid.*

415- Al-Attar A. et Alomair O. (2005), « Evaluation of upstream petroleum agreements and exploration and production costs », OPEC Review, Vol. 29, No. 4, p. 243-266.

416- Leenhardt B. (2005), « Fiscalité pétrolière au sud du Sahara : la répartition des rentes », Afrique contemporaine, No. 216, p. 65-85

417- *Ibid.*

418- Al-Attar A. et Alomair O. (2005), « Evaluation of upstream petroleum agreements and exploration and production costs », OPEC Review, Vol. 29, No. 4, p. 243-266.

Type d'accord	Propriété du pétrole	Contrôle de la compagnie
Redevance/impôt	Au point de production	Etendu
Partage de la production	Au point d'exportation	Proportionnel
Contrat de service	Pas de transfert de propriété	Infime

Tableau 12 : Distinction entre les principaux accords pétroliers en amont
(Source: Al-Attar A. et Alomair O. (2005), « Evaluation of upstream petroleum
agreements and exploration and production costs »,
OPEC Review, Vol. 29, No. 4, p. 243-266., 2005)

Lorsque les coûts d'exploration et de production sont faibles, comme au Koweït ou en Iran, les accords de services sont adoptés. Cet accord consiste à rembourser totalement la compagnie en cas de découverte ; elle n'aura aucun droit sur la production sachant qu'elle supporte seule les risques et les coûts. Pour les coûts moyens d'exploration et de production, les accords de partage de la production sont utilisés. Ce modelé a été utilisé pour la première fois en Indonésie en 1967 pour remplacer un contrat de concession. La compagnie est remboursée par un pourcentage du pétrole produit, le cost oil ou coût pétrolier, en cas de découverte. En plus, elle obtient une partie de la production restante, le profit oil ou profit pétrolier. Par contre, lorsque les coûts d'exploration sont très élevés, le système de redevance / impôts est utilisé comme dans la Mer du Nord et le Golfe du Mexique. Ce système consiste à ce que la compagnie assume toute seule les coûts et les risques de l'exploration. En contrepartie d'une redevance, elle détient la production.

Selon Al-Attar et Alomoir, les coûts d'exploration et les conditions de production déterminent le choix du type de l'accord. Avec l'arrivée à maturité de nombreux gisements, les explorations se concentrent sur les champs offshores. L'exploration de ces champs demande des ressources financières et technologiques avancées et comporte des risques importants. Les risques liés à la géologie, aux réservoirs et à l'exploration sont assumés dans tous les types de contrat par les compagnies exploratrices.

Le type de contrat qui définit entre autres le régime fiscal et les revenus qu'un pays retirera de ses ressources naturelles, est donc l'élément central de la relation entre firme multinationale et pays hôte dans le secteur pétrolier[419]. Un régime fiscal optimal devrait donc être basé sur une connaissance précise, par le pays hôte, des aspects physiques et économiques du pétrole et du comportement des firmes multinationales pétrolières[420].

Le rôle grandissant des firmes multinationales s'affirme de plus en plus dans l'économie mondiale. Leur influence est en croissance continue surtout au niveau économique et politique. Dans les pays en développement, leurs investissements ont des conséquences importantes sur la croissance, l'emploi et l'environnement. Selon Meyer, les relations entre firmes multinationales et pays hôtes des investissements sont très mal connues[421]. Fagre et Wells ont étudié le modèle de négociation entre les compagnies et les pays à travers le modèle de négociation (bargaining model)[422]. Ce modèle révèle que l'accord dépend du pouvoir de négociation de chacune des parties, qui à son tour dépend d'un ensemble d'éléments. A titre d'exemple, la multinationale détient le capital, le savoir-faire, les nouvelles technologies alors que le pays fournit l'accès au marché. Les éléments détenus par la société lui donnent un pouvoir de négociation grandissant. Lecraw, dans des travaux ultérieurs, ajoute que la taille de l'entreprise est aussi déterminante de son pouvoir de négociation. Ramamurti complète ce modèle en introduisant en amont les négociations entre le pays hôte de l'investissement et le pays d'origine de la firme multinationale[423].

Konrad et Lommerhud démontrent que l'asymétrie de l'information joue un rôle central dans cette relation. Elle porte notamment sur les coûts de production et le montant de l'investissement. Le pays ne dispose pas de ces

419- Olivier Lamotte, Thomas Porcher, « Stratégie des compagnies pétrolières internationales et partage de la rente : le cas du Congo », Management & Avenir 2011/2 (n° 42), p. 310-327.
420- Johnson C. (1981), « Establishing an effective production sharing type regime for petroleum», Resources Policy, Vol.7, No. 2, p. 129-141.
421- Meyer K. E. (2004), « Perspectives on multinational enterprises in emerging economies », Journal of International Business Studies, Vol. 35, No. 4, p. 259-76.
422- Fagre N. et Wells L. T. (1982), « Bargaining power of multinationals and host goverments », Journal of International Business Studies, Vol. 13, No. 2, p. 9-23.
423- Ramamurti R. (2001), « The obsolescing 'Bargaining model'? MNC-Host Developing Country Relations Revisited », Journal of International Business Studies, Vol. 32, No. 1, p. 23-39

données. Ce manque d'informations crée un avantage dans les négociations en faveur des firmes. Cette question devient cruciale lorsque les multinationales acquièrent un rôle dominant dans les économies nationales. Sach et Warner ont mis en évidence l'effet de la malédiction des ressources naturelles. Ainsi, les pays riches en matières premières ont des économies moins performantes que les pays non dotés. Pour justifier cette observation, diverses explications ont été données, parmi lesquelles la volatilité des matières premières, la corruption des institutions et leur qualité. De plus, Collier et Hoffler ont montré que la présence de ressources naturelles accroît les risques de conflit civil[424]. Cependant, le partage de la rente reste l'élément fondamental pour le développement des économies pétrolières. Elle détermine le gain que le pays hôte peut retirer de ses ressources naturelles. Rubinstein définit la négociation comme étant une situation dans laquelle deux joueurs ou plus ont un intérêt à coopérer, mais s'opposent sur la façon de coopérer[425]. Les pouvoirs de négociations sont déterminés par la patience de chacune des parties, les options extérieures disponibles, les coûts et l'asymétrie de l'information[426]. Cette asymétrie est primordiale dans le secteur des ressources naturelles qui dépend de l'expertise technologique et du capital.

La collecte de données géologiques et géophysiques représente le début de toute exploration pétrolière. Les chances du succès ainsi que la taille du gisement sont estimées par les experts de la compagnie suite à une analyse des données disponibles. La méthode d'analyse utilisée ainsi que les données sont en relation directe avec les estimations. Porcher indique que la méthode d'analyse d'une compagnie pétrolière concentrerait l'ensemble du patrimoine informationnel qu'elle aura collecté au cours de son activité[427]. Dans ce contexte, les compagnies qui disposent des moyens financiers et techniques

---

424- Collier P. et Hoeffler (2002), « Greed and Grievance in civil war », Oxford Economics Papers, Vol. 56, No. 4, p. 563-95.

425- Olivier Lamotte, Thomas Porcher, « Stratégie des compagnies pétrolières internationales et partage de la rente : le cas du Congo », Management & Avenir 2011/2 (n° 42), p. 310-327.

426- Muthoo A. (1999), Bargaining theory with applications, Cambridge: Cambridge University Presse.

427- Porcher T. (2003), Mission d'étude relative à l'analyse des ressources pétrolières et des possibilités de leur utilisation pour le financement de la lutte contre la pauvreté en République du Congo, Rapport dans le cadre du programme d'appui de l'Union européenne au Ministère du Plan de la République du Congo, Brazzaville.

pour établir des estimations peuvent induire en erreur les Etats producteurs. Les vraies quantités sont connues par les compagnies. Les négociations seront sûrement affectées par l'asymétrie de l'information qui peut être en défaveur du pays hôte. Le patrimoine informationnel semble être donc un atout déterminant pour la firme multinationale lors de la négociation du partage de la rente avec le pays hôte[428].

Comme déjà expliqué, le Liban a adopté la partition de la production avec les royautés, ce qui rend son système hybride. Il a aussi remplacé la nomination classique du contrat de la partition de la production par le contrat de l'exploration et de la production (Exploration and Production Agreement). Le contrat de l'exploration et de la production (EPA) est l'annexe 2 du décret n° 43. L'EPA est un contrat entre l'Etat et les compagnies pétrolières internationales ou libanaises leur donnant le droit de prospecter, de développer et de produire du pétrole dans la Zone économique Exclusive du Liban. Il prévoit les éléments contractuels des activités d'exploration et de production et présente le modèle d'accord qui sera conclu entre l'Etat et le consortium gagnant, qui est formé d'au moins trois titulaires de droit, y compris un opérateur dans une zone déterminée. Il couvre la période de la prospection, de l'évaluation, du développement et de la production. Le contrat sera attribué aux compagnies après les appels d'offres, conformément aux lois libanaises notamment la loi 132/2010 et aux décrets relatifs.

Les entreprises qui signent l'EPA sont appelées les détenteurs de droit (Right holders) et elles doivent être au moins trois. L'une d'elles est l'opérateur chargé d'effectuer les activités quotidiennes, bien que tous les titulaires de droits soient conjointement et solidairement responsables de leurs obligations. Avec l'EPA, les détenteurs de droit peuvent explorer pendant cinq ans divisés en deux périodes de trois et deux ans, durée qui peut être étendue jusqu'à 10 ans par le Conseil des ministres. Si les détenteurs de droit découvrent du pétrole ou du gaz, ils évaluent le potentiel commercial de la découverte. S'ils concluent que les quantités sont commerciales, ils proposent alors un plan de

---

428- Olivier Lamotte, Thomas Porcher, « Stratégie des compagnies pétrolières internationales et partage de la rente : le cas du Congo », Management & Avenir 2011/2 (n° 42), p. 310-327.

développement de la découverte pour produire du pétrole et du gaz. Ce plan doit être approuvé par le Conseil des ministres. Si l'autorisation est accordée, les détenteurs de droit peuvent alors produire pendant vingt-cinq ans. Cette phase de production peut être prolongé de cinq ans si les détenteurs de droit acceptent de faire des investissements supplémentaires.

Les quantités produites de pétrole et de gaz sont partagées entre les détenteurs de droit et l'État, comme suit. Les détenteurs de droit payent des Royalties, égales à 4 % du gaz produit et un pourcentage variable (entre 5 % et 12 %) du pétrole produit. Une part (déterminée par appel d'offres), du pétrole et du gaz est donnée aux détenteurs de droit pour rembourser leurs coûts. La quantité restante est répartie entre l'État et les détenteurs de droit dans des proportions déterminées par appel d'offres selon une formule en vertu de laquelle, la part de l'Etat augmente une fois que les détenteurs de droit récupèrent leurs investissements. Les titulaires de droit payent aussi des impôts conformément à la loi libanaise.

L'EPA exige que les titulaires de droit mènent leurs opérations en concordance avec les standards et normes internationales, pour sauvegarder la santé publique, protéger l'environnement et remédier aux accidents. Ces titulaires créditent en espèces un fonds spécial chargé du démantèlement des installations après que le réservoir du puits exploité sera vide. Les détenteurs de droit sont obligés de donner la préférence aux produits libanais dans les contrats signés, et au moins 80 % des employés doivent être des ressortissants libanais. Des programmes de formation permettront aux Libanais d'avoir le savoir-faire nécessaire pour occuper les postes.

Chbat décrit la façon avec laquelle l'EPA organise l'implication de l'Autorité de l'énergie, ainsi que du gouvernement dans le processus décisionnel au sein du consortium. C'est dans ce contexte qu'il explicite que la prise de décision concernant les activités liées aux opérations relève du comité de gestion (Management Committee) et des entreprises membres du consortium. Le gouvernement (ou la LPA) possède un siège au sein du comité de gestion, sans cependant posséder le droit de vote[429].

429- Entretien avec Wissam Chbat, Beyrouth, le 18 mai 2017.

En parallèle, tenant compte de la philosophie du contrat de partage de la production, l'État ne prend aucun engagement ou risque dans l'exploitation de ses ressources. Tous les engagements, notamment financiers, en plus des risques opérationnels sont assumés par les entreprises. En effet, il n'est pas approprié que l'État libanais qui ne possède aucune expérience dans la gestion des opérations en fasse partie et soit impliqué dans la prise de décisions qui pourraient entraîner des accidents ou des incidents. C'est pour cette raison que toutes les responsabilités émanant des opérations relèvent uniquement des entreprises du consortium. Dans ce contexte, le rôle de l'État se limite uniquement au contrôle des opérations.

Concernant la validation des décisions des entreprises exploratrices, Chbat signale qu'elle passe par trois niveaux de gouvernance : le Conseil des Ministres, le Ministère de l'Énergie ainsi que l'Autorité de l'Énergie. En premier lieu, la LPA sera tenue d'étudier et d'approuver les nombreuses phases, périodes et décisions d'exploitation. Ensuite, le Conseil des ministres et le ministère de l'Energie prendront les décisions importantes telles l'approbation du plan de développement et de production ainsi que la nomination des opérateurs. Il n'est pas tout à fait correct, ainsi, de dire que l'Etat ne fait pas partie du processus, même s'il n'est pas impliqué dans la prise directe de décisions. L'Etat est donc le maestro qui orchestre toute la séquence des opérations ainsi que les phases allant de l'exploration au développement et à la production. Il se présente donc comme un partenaire actif dans les décisions, du fait qu'il est responsable d'examiner les décisions majeures préalables à l'attribution des autorisations de démarrage des travaux aux entreprises. Dans ce sens, l'Etat se présente comme un partenaire à part entière des opérations, sans toutefois en prendre les risques et assumer les responsabilités de tout éventuel incident.

4. L'avant-projet de loi pour l'exploration pétrolière onshore

La loi d'exploitation pétrolière terrestre au Liban remonte à l'an 1933. La gestion des activités pétrolières modernes nécessite un cadre légal adéquat. Le 15 janvier 2014, Nasser Hoteit ; annonce que la rédaction par l'Autorité de l'énergie du projet de la nouvelle loi d'exploitation pétrolière terrestre est terminée. Le texte du projet de la loi a été rédigé suite à des études approfondies explique Gaby Daaboul[430].

Le chef de la commission de l'Energie au parlement, Mohamad Kabani, après avoir été mandaté par le chef du Parlement Nabih Berry, présente le 2 août 2016 un projet pour l'exploration pétrolière onshore. Pour lui, la présentation de ce projet est un message fort du parlement exprimant la volonté de ce dernier à poursuivre les dossiers onshore et offshore afin de permettre au Liban de bénéficier de ses ressources naturelles[431]. Kabani assure que les explorations onshore et offshore peuvent être menées en parallèle. Il rappelle que les premières explorations terrestres ont été menées au Liban au début des années 1970 sans pour autant qu'elles aboutissent à cause de la guerre civile. Pour lui, à l'heure actuelle, le progrès technologique, le développement des techniques de forage, l'augmentation de la demande et des prix du pétrole, rendent les explorations terrestres rentables pour un pays comme le Liban. Kabani révèle que son projet de loi est formé de 87 articles et qu'il est en concordance avec la loi 132 qui organise les explorations offshores. Il convient cependant de signaler que les deux projets de loi ont été gelés du fait du blocage politique que vivait le pays ; l'élection du Président Michel Aoun et la constitution d'un nouveau gouvernement ont permis de relancer le travail politique et législatif.

Gaby Daaboul explique que les résultats des études menées en 2D et 3D sur le sol libanais ont accéléré les préparatifs du projet de loi du pétrole onshore[432]. Un comité spécial a été formé pour rédiger le texte de la loi. En effet, les résultats des études révèlent une corrélation géologique entre le continent et la mer, d'où la nécessité d'une loi moderne qui prend en considération les nouvelles techniques utilisées dans l'industrie pétrolière. C'est dans ce contexte que le comité a effectué une comparaison entre les textes de lois de 12 pays pétroliers et a conclu que ces lois sont similaires à la loi 132.

430- Entretien avec Gaby Daaboul, Beyrouth, le 20 avril 2017.
431- http://almustaqbal.com/v4/article.aspx?Type=NP&ArticleID=712284, [consulté le 20 mai 2017].
432- Entretien avec Gaby Daaboul, Beyrouth, le 20 avril 2017.

Selon Daaboul, la recherche et l'exploration pétrolière se basent sur l'article 89 de la Constitution. Ce dernier stipule que l'exploitation des ressources naturelles du pays doit être gérée par une loi. Désormais, ceci est le cas avec la loi 132/2010 qui organise les activités pétrolières offshore. Le projet de loi du pétrole onshore a des points communs avec la loi 132/2010.

La gestion des ressources pétrolières onshore sera attribuée à l'Autorité de l'énergie qui doit coordonner avec tous les ministères concernés. Les revenus collectés par l'Etat doivent être déposés dans le fonds souverain. En cas de découvertes de quantités commerciales, le projet de loi libanais adopte le modèle du contrat de partition et de production qui doit être signé après le lancement des licences. Il consacre aussi le principe de la royauté qui donne à l'Etat le droit de prendre, au début de la production et pour une seule fois, une partie du pétrole avant la partition avec les titulaires de droit. Un décret spécial précisera les critères selon lesquels des compagnies pourront participer aux appels d'offres. La « production prudente » (Prudent Production) qui garantit à l'Etat l'exploitation optimale des ressources des gisements en utilisant les meilleurs techniques est également mentionnée. De plus, le projet ouvre la possibilité à la création d'une compagnie nationale pour le pétrole après identification de la présence d'opportunités commerciales prometteuses.

Le projet prend également en compte la transparence dans la sélection des compagnies pré-qualifiées. Le processus de l'octroi des licences doit se faire à travers un décret mentionnant toutes les étapes. Les titulaires de droit doivent prendre des mesures fermes pour conserver la sécurité publique et l'environnement. Quant à l'Etat libanais, il est obligé de mener une étude pour l'évaluation environnementale stratégique (Strategic Environment Assessment) avant toute activité pétrolière onshore.

Des différences existent entre le projet de loi onshore et la loi offshore. Le projet onshore autorise la divulgation de droit d'exploration à un seul opérateur, et n'oblige pas la formation d'un consortium de trois compagnies comme c'est le cas pour l'offshore. Ceci se justifie par le fait que sur terre les opérations sont moins chères et les techniques de forage moins compliquées.

La loi onshore préserve, conformément à la constitution, le droit de la propriété. Toute activité pétrolière sur un terrain privé doit être lancée après déclaration de l'intérêt général des travaux demandés. L'Etat dans ce cas doit exproprier le terrain ou payer des frais de location durant toute la période d'exploration. En effet, bien que la propriété privée est protégée par la constitution Libanaise, cependant, et pour l'intérêt public, l'Etat peut posséder et investir dans les ressources pétrolières ; autrement dit, le pétrole découvert dans un terrain privé ne revient pas à l'individu mais à l'Etat. Ce dernier doit payer alors au propriétaire des locations pour toute la période des travaux d'explorations et à posteriori de production dans le cas d'une découverte commerciale.

Dans le cas où les quantités découvertes sont d'ordre commercial, la loi onshore prévoit la création d'une unique compagnie pétrolière nationale. De plus, la loi autorise également l'octroi de permis d'exploration à la compagnie nationale sans l'organisation d'appels d'offres. Cette dernière est en fait censée être capable d'acquérir des permis conformément à des conditions particulières fixées par le Conseil des ministres. Quant au transport et au stockage, la loi onshore prévoit aussi la formation d'une compagnie nationale spécialisée. Une fois la période de production terminée, l'Etat a le droit de récupérer la plateforme qui était propriété de la compagnie de transport.

En parallèle, le projet attribue le rôle de consultant pour les municipalités qui ont droit d'exprimer leur opinion et de bénéficier des cycles d'octroi des licences à travers des frais financiers. Finalement, le projet de loi onshore précise les zones où il est interdit de mener des travaux d'explorations. A titre d'exemple les zones peuplées, militaires, ou ayant une importance naturelle, culturelle et environnementale. Le projet précise également la façon de préserver les sites archéologiques ainsi que les sites faisant partie du patrimoine historique et culturel du pays. De plus, la loi interdit l'utilisation des méthodes d'explorations non classiques afin de préserver les eaux souterraines et l'environnement.

Après la formation du gouvernement de Saad Hariri en décembre 2016, le Conseil des ministres a formé un comité spécial pour l'étude du projet de loi d'exploitation pétrolière terrestre. Wissam Chbat révèle que le comité ministériel a tenu trois réunions jusqu'à présent pour en discuter. Il ajoute que des lettres ont été adressées aux ministères concernés par la loi pour exprimer leurs remarques. Suite à leur collecte, le ministre de l'Energie transmettra la loi au Conseil des Ministres pour examen ; ce dernier le transmettra par la suite au parlement. Quant au projet de loi présenté par Mouhamad Kabani en 2016, Chbat explique qu'il reprend celui préparé par l'Autorité à une exception près, l'ajout d'un article mentionnant qu'en cas de divergence entre l'Autorité et le Ministre de l'Energie, il revient au Conseil des Ministres de trancher. Chbat explique qu'il y a une entente politique entres les différents partis, y compris le Président du parlement pour que l'Autorité de l'Energie soit responsable de l'onshore ainsi que de l'offshore.

Le député Maalouf explique que la priorité du gouvernement Hariri est de lancer tout d'abord les explorations maritimes qui permettront au Liban d'acquérir une expérience dans le domaine[433]. Ali Hamdan considère que les explorations terrestres sont aussi importantes pour le Liban, mais ajoute que face aux ambitions israéliennes de mettre la main sur une partie de la ZEE libanaise, les ressources offshores restent une priorité[434]. Lara Saadé révèle que certains députés préfèrent que la gestion des ressources onshore soit attribuée à une nouvelle Autorité dédiée aux ressources terrestres[435]. Elle demande que cette loi soit bien étudiée et rappelle que la loi offshore a été soumise à la délibération sans que la majorité des députés ne soit au courant de son contenu. Pour elle, malgré la contestation du député Sami Gemayel, le Président du parlement finira par la faire passer. La LCPS a réalisé une étude statistique auprès des députés qui ont voté la loi 132/2010. Le résultat était accablant car la majorité ne savait pas répondre même à des questions basiques se rapportant à la loi[436].

433- Entretien avec Joseph Maalouf, Beyrouth, le 20 avril 2017.
434- Entretien avec Ali Hmadan, Beyrouth, le 12 mai 2017.
435- Entretien avec Joseph Maalouf, Beyrouth, le 20 avril 2017.
436- Entretien avec Lara Saadé, Beyrouth, le 20 avril 2017.

Le projet de loi a été sujet à des discussions profondes aux comités parlementaires le 7 mars 2019. Suite à un accord politique, il sera réétudié par le gouvernement avant qu'il ne soit présenté de nouveau au vote parlementaire. Le gouvernement semble déterminé à ce que le Liban puisse bénéficier de ses ressources terrestres, le plus vite possible, au moment où la crise financière et économique prend de plus en plus d'ampleur.

Partie II

Le gaz à l'épreuve de la polarisation politique

Le préambule de la constitution libanaise indique que « le Liban est une république démocratique, fondée sur le respect des libertés publiques, sur la justice sociale et l'égalité dans les droits et obligations entre tous les citoyens sans distinction ni préférence »[437]. Depuis l'adoption de la première constitution de 1926 écrite sous le mandat français, jusqu'au pacte de 1943 en arrivant aux accords de Taëf, les Libanais optent pour une démocratie consensuelle[438]. Les sociétés plurales optent pour ce régime plutôt que pour la démocratie majoritaire. Ce système garantie la participation de tous, y compris des « minorités » et l'équilibre entre les segments de la société plurale. Le Liban, du fait de son pluralisme confessionnel, a privilégié le consensus au système majoritaire. L'Etat ne peut pas faire abstraction de son histoire, des convictions populaires et des lois et coutumes existantes[439]. Chebel Damous, homme politique libanais qui a contribué à l'élaboration de la constitution de 1926, a décrit la diversité de la société libanaise de la façon suivante : « le peuple libanais se compose d'une foule de communautés ayant chacune des convictions religieuses, une mentalité, des coutumes et des traditions propres[440] ». Il ajoute dans le rapport qu'il a préparé après la collecte des diverses opinions en vue de la rédaction de la constitution « la représentation parlementaire doit refléter la physionomie du pays, et, comme celui-ci est divisé en plusieurs communautés, il est nécessaire que ces communautés soient représentées[441] ». Les consultations menées ont montré l'attachement des Libanais à consacrer la répartition confessionnelle. En effet, 121 des 132 personnalités interrogées ont soutenu une répartition des sièges du parlement

---

437- « La constitution libanaise », http://www.lp.gov.lb/SecondaryAr.Aspx?id=12, [consulté le 5 octobre 2016].
438-MESSARA, Antoine, *Théorie générale du système politique libanais*, Paris, Cariscript-Paris, 1994, 406 p.
439- *Ibid.*
440- https://www.monde-diplomatique.fr/1961/01/RONDOT/24022, [consulté le 22 juin 2017].
441- *Ibid.*

entre les communautés[442]. De plus, 100 d'entre eux ont souhaité l'attribution des fonctions publiques sur la même base.

Mais cette démocratie est instable, menacée à la fois par les crises internes et externes. Le Liban est une structure fragile sensible aux crises de la région. Le Nassérisme, la cause palestinienne, les tensions saoudo-iraniennes et les intérêts des pays occidentaux, notamment les Etats-Unis et la France, ont contribué aux conflits régionaux et locaux. Les influences extérieures ont ainsi pesé sur le système interne en privilégiant telle ou telle communauté, et tel ou tel groupe à l'intérieur de ces communautés. Le pacte de coexistence est souvent remis en cause mais il réussit à survivre. Le défi serait alors de le moderniser de façon à le renforcer dans les moyens et longs termes.

La réforme du système politique a été édictée dans l'accord de Taëf signé en 1989 afin de mettre un terme à la guerre qui a détruit le pays depuis 1975. Cet accord, prélude de la fin de la guerre en 1990, enlève aux chrétiens leur prédominance politique, mais conserve le système selon lequel le Président de la république est choisi parmi les chrétiens maronites, alors que le Premier ministre et le Président du parlement sont respectivement un sunnite et un chiite. Le système communautaire, même fragile, assure toujours l'équilibre politique interne. La démocratie consensuelle est une tentative continue de gouvernement du pays. Elle est une garantie pour la répartition d'une façon équitable du pouvoir entre les 18 communautés du pays reconnues par l'Etat. Ce système politique et la corrélation des intérêts des communautés avec les puissances régionales et mondiales exposent le pays à une instabilité chronique et au risque d'éclatement de conflits.

442- https://www.monde-diplomatique.fr/1961/01/RONDOT/24022, [consulté le 22 juin 2017].

Chapitre 4
Le gaz, nouvel enjeu de rivalité
entre le 8 et le 14 Mars

La possibilité de l'existence de gaz au large du Liban semble unir les Libanais, à commencer par leurs chefs. Mais le consensus est plus apparent que réel : la gestion de ce dossier se retrouve également otage des divisions partisanes entre le 8 et le 14 Mars. Le 8 Mars semble prendre l'avantage en la matière jusqu'à l'année 2016, non sans révéler les tensions internes qui le traversent. Le compromis trouvé montre la persistance des tensions interconfessionnelles.

1. Le 8 mars et le CPL

1.1 La polarisation politique entre 8 et 14 mars

Depuis la fin de la guerre, le sud du pays était occupé par Israël, l'armée syrienne contrôlant presque tout le reste du territoire national. En 2000, l'armée israélienne se retira du pays. Depuis 2005, année marquée par l'assassinat de Rafik Hariri et le retrait de l'armée syrienne du Liban, le pays est divisé entre le 14 et le 8 Mars. La coalition du 14 Mars regroupe plusieurs partis chrétiens dont les Kataëb et les Forces Libanaises dirigées respectivement par l'ancien président Amin Gemayel et Samir Geagea et le Courant du Futur dirigé par Saad Hariri, héritier politique de Rafic Hariri, qui prend la tête du parti fondé par son père, le Courant du Futur regroupe essentiellement des sunnites, tout en étant à la tête d'un bloc parlementaire multiconfessionnel. La coalition du 8 Mars est formée par les deux partis chiites Amal et Hezbollah avec le Courant Patriotique Libre du général Michel Aoun. Cette division a été modifiée par les positionnements politiques avant les élections présidentielles, fin 2016.

En effet, le parlement libanais, faute de quorum et de consensus entre les partis, ne parvient pas à élire un chef d'Etat, depuis le 25 mai 2014, date de la fin du mandat du président Michel Sleiman, jusqu'au 31 octobre 2016. Le même scenario s'est répété plus de 45 fois consécutives où le nombre de députés présents n'a pas été suffisant pour la tenue de l'élection[443]. La constitution stipule qu'un quorum des deux tiers des députés avec une majorité absolue sont nécessaires pour l'élection du président de la république. En l'absence d'accord politique, de nombreux députés boycottent l'élection. Le diplomate Abdallah bou Habib explique qu'au Liban toute élection a besoin d'un compromis qui définit au préalable son cadre et même ses résultats[444]. Le désaccord entre les deux coalitions du 14 et 8 mars bloque la situation pour 17 mois. Maintes causes peuvent être citées : la volonté du Hezbollah de faire parvenir un président allié et son intervention militaire en Syrie, le conflit entre l'Arabie Saoudite et l'Iran aggravé par la guerre au Yémen et par bon nombre de conflits dans plusieurs pays de la région.

Une crise institutionnelle plus profonde se cache derrière la vacance à la fonction présidentielle. Le parlement, après la fin de son mandat en 2013, prolonge son mandat jusqu'au 20 juin 2017[445]. Cette auto-prorogation, contestée par la société civile, a été validée par le Conseil constitutionnel[446]. Ce n'est pas la première vacance à la tête de l'Etat : le Liban est resté quatre cent huit jours sans président au terme du mandat d'Amine Gemayel en 1988, et cent quatre-vingt-quatre jours avant de voir désigner un nouveau chef d'Etat après la fin du mandat d'Emile Lahoud[447]. Ces crises institutionnelles qui se répètent, reflètent l'instabilité chronique du système politique libanais. Elles ont engendré une profonde désaffection et perte de confiance des citoyens envers les institutions. La Constitution stipule qu'en cas de vacance

443- OLJ, « Michel Aoun élu président de la République libanaise », *l'Orient le Jour*, 31 octobre 2016.
444- Entretien avec Abdallah Bou Habib, Beyrouth, le 15 avril 2016.
445- http://www.lemonde.fr/proche-orient/article/2014/11/05/le-parlement-libanais-prolonge-son-mandat-jusqu-en-2017_4518612_3218.html, [consulté le 23 juin 2017].
446- ABI RAMIA, Julien, « Législatives libanaises : les trois scenarios possibles », *L'Orient-le Jour*, 31 mars 2017.
447- PATTEE, Estelle, « Au Liban, l'impossible accord pour élire un président », *Libération*, 19 avril 2016.

présidentielle, le Conseil des ministres exerce à titre intérimaire les pouvoirs du président de la République. Mais le gouvernement est tout aussi inefficace car toute décision stratégique doit avoir l'approbation de tous ses membres.

Au Liban, le président de la république doit être issu de la communauté chrétienne maronite. Plusieurs candidats se sont déclarés à l'élection présidentielle, parmi lesquels Michel Aoun, ex-chef du Courant patriotique libre, et Sleiman Frangieh, chef du courant Marada, tous deux issus de la coalition du 8 Mars, ainsi que Samir Geagea, chef des Forces Libanaises, issu du 14 Mars et Henri Helou issu du centre et soutenu par Walid Joumblatt. Le Hezbollah qui soutient officiellement Michel Aoun refuse de trancher entre ses deux alliés et boycotte conjointement avec les députés du Courant patriotique libre les séances parlementaires pour l'élection. Une avancée s'est produite lorsque Saad Hariri apporte son soutien à Sleiman Frangieh. Cette action a engendré le soutien de Samir Geagea à Michel Aoun.

Le soutien du Chef des Forces libanaises Samir Geagea à la candidature de son ancien rival politique, le général Michel Aoun, pour la présidence, a redistribué les cartes tout en lançant des discussions politiques au sein de chaque clan politique. C'est une alliance qui modifie l'échiquier politique selon le député Joseph Maalouf[448]. Les deux hommes se sont affrontés pour le poste de Chef de l'Etat après la fin du mandat du président Michel Sleiman en mars 2014, sachant qu'ils se sont combattus pour le leadership de la région chrétienne en 1988-1990, combats ayant causé des centaines de victimes et entretenu la haine entre leurs troupes sans oublier le traumatisme de la rue chrétienne face à ces combats « fratricides ». Ce rapprochement entre les deux partis chrétiens a atténué l'ampleur de la friction et a ouvert un pont entre le 8 et 14 mars après que Saad Hariri ait soutenu de son côté le chef du parti Marada, Sleiman Frangieh, pour la présidentielle. Cependant, les divisions restent profondes, d'autant plus que la conjoncture régionale demeure difficile dans le contexte de la confrontation irano-saoudienne et les multiples tensions et guerres régionales.

448- Entretien avec Joseph Maalouf, Beyrouth, le 20 avril 2017.

C'est donc dans un climat de fortes tensions internes que le pouvoir libanais a dû gérer le dossier du gaz. Quelles sont les répercussions de cette division sur la question ? La perspective de cette richesse nationale a-t-elle permis un dépassement des clivages ou est-elle venue, au contraire, renforcer ces divisions ? Sachant encore que l'Etat libanais est un Etat faible, la question se pose aussi de savoir dans quelle mesure les institutions libanaises dans leur état actuel sont capables de répondre aux défis imposés par les nouvelles richesses nationales et si des mesures ont été adoptées pour leur permettre de le faire. Cette partie revient sur la dimension politique des décisions adoptées. La démarche consiste à croiser la chronologie de la gestion du dossier et la politique afin de voir comment l'une influence l'autre.

Deux périodes peuvent être identifiées. La première allant de 2010 jusqu'à 2013 date du lancement des appels d'offres. La deuxième allant de 2013 jusqu'à la fin de 2016, date de l'élection du président Michel Aoun. Cette période est caractérisée par le blocage du dossier pour plus de 3 ans par suite des tensions politiques suscitées par la gestion du dossier dans les deux camps et spécialement le 8 mars.

1.2 La nette volonté du 8 Mars et du CPL de gérer le dossier du gaz

Les politiciens des 8 et 14 Mars sont unanimes quand il s'agit d'affirmer l'importance du début de l'exploration du gaz. Quelques exemples permettent de l'illustrer. Le chef druze Walid Joumblat appelle le gouvernement en 2010 à tout faire pour lancer les explorations maritimes[449]. Saad Hariri, chef du Courant du Futur, insiste sur l'importance nationale de ce dossier[450], tandis que le chef du Hezbollah, sayyed Hasan Nassrallah, incite le gouvernement à accélérer le travail et les préparations pour le lancement des enchères[451].

449- « Joumbaltt veut accentuer les travaux d'explorations », http://www.naharnet.com/stories/ar/1778, [consulté le 5 novembre 2012].
450- « Hariri insiste sur l'importance nationale du gaz », http://www.lebaneseforces.com/web/more-news.apsx?newsid=91180, [consulté le 5 novembre 2012].
451- « Nassrallah encourage le début des explorations », http://www.elnashra.com/live/show/48/news/, [consulté le 5 novembre 2012].

Pour sa part, le président de l'Assemblée nationale Nabih Berri organise au parlement une conférence nationale sur le gaz offshore avec la participation de représentants de tous les partis politiques, action interprétée comme l'expression du consensus national sur le sujet[452].

Mais le sujet constitue une priorité davantage pour le camp du 8 Mars. Cette hypothèse est du moins attestée par le suivi, sur la période allant du début de 2011 jusqu'à la mi-décembre 2012, des déclarations portant sur le sujet des politiciens des deux camps[453]. Le tableau 14 résume ce décompte. Il est important de noter qu'il ne prend pas en considération les déclarations du Président de la république Michel Sleiman et du Premier ministre Najib Mikati, considérés en dehors du 8 et du 14 Mars.

	Nabih Berri	Hassan Nasralah	Gebran Bassil	Autres Mars 8	Total 8 Mars	Samir Geagea	Mohamad Kabani	Sami Gemayel	Boutros Harb	Autres 14 Mars	Total 14 Mars
2011	1	1	3	2	**7**	1	1	0	2	2	**6**
2012	9	0	13	1	**23**	0	3	1	0	1	**4**
Total	10	1	16	3	**30**	1	4	1	2	3	**10**

Tableau 13 : le suivi des déclarations du 14 et 8 Mars sur le gaz en 2011 et 2012
Sources : An-Nahar et Al-Akhbar

Si les déclarations sont quasiment au même nombre pour le 8 et le 14 mars en 2011, tel n'est plus le cas en 2012, où l'écart se creuse au profit du 8 mars. C'est le ministre de l'Energie, Gebran Bassil, concerné directement par le dossier, qui s'en saisit le plus. On notera aussi la grande implication de Nabih Berri, Chef du parlement, et en même temps Chef du parti chiite Amal. Le Chef de la commission parlementaire des Travaux et de l'Energie Mohamad Kabani, membre du courant du Futur est celui qui dans le 14 Mars, s'implique le plus. Les autres forces politiques du 14 mars n'évoquent que rarement la question. Samir Geagea, chef des Forces Libanaises, n'en parle

---

452- « Conférence sur le pétrole libanais », http://www.ghassanmoukheiber.com/showarticles.aspx?aid=432&ml, [Consulté le 10 septembre 2012].
453- La veille a porté sur les sources du 8 et 14 Mars notamment les journaux *An-Nahar* et *Al-Akhbar*.

par exemple qu'une seule fois quand il répond aux propos tenus par le chef du Hezbollah vis-à-vis des menaces israéliennes contre les gisements libanais[454]. Le Chef des Forces Libanaises met en garde Hassan Nasrallah contre toute action militaire qui peut avoir des répercussions négatives sur le dossier du gaz. Il ajoute que la responsabilité de la défense de la ZEE retombe sur l'Etat libanais seulement et non pas sur le parti de Dieu[455].

Ces données s'expliquent par un ensemble de facteurs. Depuis 2005 jusqu'à aujourd'hui, le ministère de l'Energie a systématiquement été dirigé par des ministres du camp du 8 Mars. Mohamad Fnaich membre du Hezbollah (19 juillet 2005 – 11 juillet 2008), Alain Tabourian membre du parti Dashnak (11 juillet 2008 - 9 novembre 2009), Gebran Bassil membre du Courant Patriotique Libre (9 novembre 2009 -2014), Arthur Nazarian (2014-2017), César Abi Khalil (2017-2019) et Nada Boustani depuis février 2019 sont les six ministres qui se sont succédé à la tête du ministère. Ce fait représente pour le 8 Mars un avantage majeur dans la question du gaz puisque ce ministère est l'autorité compétente en la matière et le moteur qui doit faire avancer le dossier. Quand le ministère acquiert une nouvelle importance, le Hezbollah accepte de s'en dessaisir pour plus d'une raison probablement : éviter d'avoir à traiter directement avec les puissances et les accusations d'échec en cas d'insuccès à gérer le dossier. Le deuxième élément qui permet de comprendre pourquoi le dossier du gaz semble davantage mis en avant par le 8 Mars est la contrainte sécuritaire pesant sur les dirigeants du 14 Mars. En effet, ses chefs ont été pris pour cible par une longue série d'attentats qui a commencé en 2005. La plupart d'entre eux limitent au maximum leurs déplacements et certains comme Saad Hariri passent parfois de longues périodes hors du pays du février 2011 à avril 2012, par exemple. De ce fait, ce camp donne la priorité aux questions politiques et non économiques. Le troisième élément est sans doute la volonté du 8 Mars de faire de ce dossier un exemple de réussite qui pourra être bénéfique dans les urnes. L'avancement dans le dossier du gaz est en quelque sorte un levier qui peut affecter l'opinion des électeurs. Le 8 Mars

---

454- « Geagea répond aux propos de Nassrallah », http://www.elnashra.com/live/show/48/news/, [consulté le 5 novembre 2012].
455- *Ibid.*

prouve ainsi qu'il est capable de traiter des questions économiques à l'instar du Chef du courant du futur Saad Hariri connu pour ses excellentes relations avec les pays du Golfe notamment l'Arabie saoudite ; ce qui peut attirer les investisseurs arabes et dynamiser l'économie. Ajoutons à cela, les motivations personnelles du président Berri et du ministre Bassil. Le premier donne l'image d'un homme d'Etat qui se préoccupe des grands dossiers nationaux. Le deuxième cherche à avoir une légitimité pour jouer un rôle grandissant sur la scène politique nationale, ce qui pourrait lui être utile pour consolider sa position au sein de son parti politique et se pose ainsi en successeur légitime de Michel Aoun.

	Ministre énergie	Parti politique	Confession	Durée
1	Mohamad Baidoun	Amal	Chiite	2000-2003
2	Ayoub Hmayid	Amal	Chiite	2003-2004
3	Maurice Sehnawe	Pro 8 mars	Grec catholique	2004-2005
4	Bassam Yamine	Marada	Maronite	2005-2005
5	Mohamad Fnaich	Hezbollah	Chiite	2005-2008
6	Alain Tabourian	Dachnak	Arménien	2008-2009
7	Gébran Bassil	CPL	Maronite	2009-2014
8	Arthur Nazarian	Dachnak	Arménien	2014-2017
9	César Abi Khalil	CPL	Maronite	2017-2019
10	Nada Boustani	CPL	Maronite	2019-...

Tableau 14 : le profil politique et confessionnel des ministres de l'Energie entre 2000 et 2017
Sources : le site web du ministère de l'Energie libanais, consulté le 15 avril 2017.

Abdallah bou Habib explique que les deux partis du 8 mars impliqués le plus dans la vie politique interne, Amal et le CPL, ont compris dès le début la relation entre cette manne et les questions stratégiques du Liban ainsi que ses répercussions sur l'équilibre du pouvoir interne. Une affirmation qui montre la centralité de cette question pour le 8 Mars et le CPL en particulier qui semblent décidés à contrôler ce dossier. La formation du gouvernement Mikati en 2011 bloquée durant plus de 8 mois car le général Aoun insistait sur l'obtention par son parti de ce portefeuille stratégique[456]. Ce blocage politique, qui a été soutenu par le Hezbollah, n'est pas seulement d'ordre tactique. En effet, le dossier du gaz est en relation directe avec les alliances et axes régionaux. Le 8 mars qui se voit comme un acteur ayant un rôle majeur, de par la détention de ce portefeuille, espère obtenir les clefs de négociations, de façon à conserver ses propres intérêts et ceux de ses alliés.

1.3 Des compromis sur fond de persistance des fractures interconfessionnelles

Le gaz semble être ainsi davantage l'affaire du 8 que du 14 Mars. Il aura surtout été un nouveau sujet de querelles politiques entre les deux groupes, chacun accusant l'autre de retarder une question centrale. Ainsi, le retard pris dans la présentation de la loi 132 au parlement – le projet de loi datant de 2007 et n'ayant été soumis à la Chambre qu'en 2010 – a été au centre d'une polémique entre Nabih Berri et le 14 Mars. Le député Nabil De Freije membre du Courant du Futur dénonce Nabih Berri qui refuse de recevoir tous les projets de lois envoyés par le gouvernement Signora entre 2007 et 2008 entre autres celui du gaz offshore, du fait que Berri considère que le gouvernement est devenu non constitutionnel après le départ des ministres chiites en décembre 2006[457]. Après les accords de Doha en mai 2008, le gouvernement Hariri tarde à envoyer un nouveau projet de loi au parlement[458]. Ali Hasan Khalil, membre du bloc parlementaire Amal, réagit par la présentation d'un nouveau projet de loi en contournant ainsi celui proposé par le gouvernement[459]. Le député de Freije critique cette « manœuvre » organisée par le chef du parlement[460]. Ghazi Youssef député de Beyrouth et membre du Courant du futur dénonce

---

456- https://www.france24.com/ar/20110613-lebanon-new-government-najib-mikati-prime-minister, [consulté le 20 novembre 2017].

457- « De Freije critique la loi proposée par le bloc Amal », http://www.lebaneseforces.com/web/More-news.aspx?newsid=90778, [consulté le 15 novembre 2012].

458-« La Loi du pétrole sujet de nouvelles discussions», *Al-Moustaqbal*, 28 juin 2010.

459- « De Freije critique la loi proposé par le bloc Amal », http://www.lebaneseforces.com/web/More-news.aspx?newsid=90778, [consulté le 15 novembre 2012].

460-*Ibid.*

les tentatives de Nabih Berri sous prétexte qu'il veut avoir la main mise sur le dossier et lui rappelle que le Premier ministre Rafic Hariri était le premier à prendre l'initiative dans ce dossier[461]. Pour sa part, Berri réagit en expliquant qu'il est du devoir du parlement de proposer des lois quand le gouvernement laisse un dossier important comme le gaz en suspens[462]. L'aspect « politicien » de ces projets concurrents ressort clairement puisque techniquement les articles des deux projets de lois sont identiques[463].

Mais la question du gaz fait aussi ressortir les divergences entre alliés, ceux du 8 mars notamment. Le ministre de l'Energie Gebran Bassil envenime le débat en 2010 en proposant d'inclure dans la loi un article qui donne au président de la république le droit de diriger le fonds souverain dédié aux revenus des ressources, propos qui a été rejeté par Berri et Signora[464]. Les propos de Bassil sont vus par les autres partis comme une tentative de renforcement du pouvoir du président maronite, ce qui fait surgir les divisions confessionnelles et communautaires[465].

Finalement, un consensus politique entre les différents partis a permis le vote par le parlement en août 2010 du texte de la loi 132. Cette loi adopte le principe du fonds souverain mais laisse la détermination de son mode de fonctionnement pour une autre loi[466].

Mais la polémique resurgit aussitôt. La désignation par le gouvernement du Premier ministre Najib Mikati en novembre 2012 de l'Autorité de l'énergie suscite des critiques du 14 Mars, qui est désormais dans les rangs de l'opposition. Le journal *An-Nahar* dans son éditorial du 10 novembre 2012 cite « une source proche du 14 Mars » qui dénonce la façon dont les membres ont été choisis, sur la base de quotas politiques[467]. Cette action est considérée comme une

---

461- « Youssef critique Berri », http://www.lebanese-forces.com/web/MoreNews.aspx?news-id=158258, [consulté le 15 décembre 2012].

462- « Berri critique le retard du gouvernement dans le dossier du gaz », *An-Nahar*, 25 juin 2010.

463- Entretien avec Gaby Daaboul, Beyrouth, le 15 septembre 2012.

464- « Bassil veut attiser les discordes entre les libanais », http://www.lebanese-forces.com/web/More-News.aspX ?newsid=91505, [consulté le 15 novembre 2012].

465- *Ibid.*

466- Renvoi au chapitre 3, sous partie 2.3

467- Editorial, « Le gouvernement désigne les membres de l'autorité de gestion du secteur pétro-lier », *An-Nahar*, 4 novembre 2012.

provocation par l'opposition qui estime que la priorité est maintenant pour la régulation de la crise politique que traverse le pays non pour des désignations qui ont pour seul but le contrôle d'un secteur national important. De plus, le mandat de 6 ans de cette Autorité signifie que l'opposition sera écartée de la gestion de ce secteur au moins pendant cette durée. Le même journal rapporte qu'à la veille de la désignation, Nabih Berri a mis tout son poids dans la balance pour accélérer la désignation des membres de l'Autorité. Il a eu une série de discussions avec le Président de la république et le Premier ministre qui à son tour a demandé au ministre de l'Energie de présenter la question au gouvernement, chose qui a été faite. Cela montre que le 14 Mars cède mais n'utilise pas moins le dossier pour faire pression sur le 8 Mars. Cette question ne peut être dissociée de l'ensemble des nominations pour tous les postes, qui suscitent beaucoup de tensions, et qui finissent souvent par un savant dosage. Cette même question divise aussi les 8 et 14 mars : dans leur sein, toutes les forces politiques se battent pour avoir leurs parts. Ces pratiques clientélistes tendent à se généraliser et affaiblissent encore davantage le pouvoir de l'Etat et la confiance des citoyens.

De son côté, le député Sami Gemayel, le coordinateur du comité central du parti Kataëb entre juin 2008 et juin 2015, considère que le gouvernement a menti au peuple libanais dans la façon de désigner les membres de cette Autorité. Il explique que le Conseil de la fonction publique a reçu 617 cv[468]. Il en exclut directement 500 sans faire connaître les raisons, ensuite il a retenu seulement 30 candidats avec lesquels il a eu des interviews pour proposer 6 noms au conseil des ministres qui fera la désignation. Mais ce qui s'est passé réellement, toujours selon le député Gemayel, c'est que les partis politiques membres du gouvernement ont eux-mêmes choisi les noms sans tenir compte des règles de la procédure de sélection[469]. Le ministre Basssil répond à ces accusations en disant que le gouvernement vise à ce que le sujet du gaz soit

---

468- Le Conseil de la fonction publique organise des examens pour les candidats qui désirent accéder à des fonctions publiques.

469- « Sami Gemayel critique le gouvernement », http://www.kataeb.org/ar/news/details/394778, [consulté le 15 novembre 2012].

une source de stabilité et non de conflits[470]. Il souligne que le Conseil de la fonction publique a proposé les noms des membres de l'Autorité, sans nier que les considérations confessionnelles ont également joué un rôle dans la procédure de sélection. Mais il insiste sur la capacité et sur le savoir-faire de chaque membre désigné à traiter des questions qui se posent dans les différents domaines techniques, économiques et juridiques. Il ajoute : « nous considérons que le gaz et le pétrole sont pour tous les Libanais, de même que cette Autorité. Les contraintes politiques ne doivent pas influencer son fonctionnement »[471].

Il est important aussi de noter que la désignation de l'Autorité a demandé deux ans après l'adoption par le parlement de la loi 163 en août 2010. Ce retard s'explique par les crises politiques puisqu'il a fallu cinq mois notamment pour la formation du gouvernement Mikati après que le Hezbollah et ses alliés ont quitté le gouvernement d'union nationale présidé par Saad Hariri en janvier 2011. Il est dû aussi à la volonté de chacun des partis politiques du gouvernement de se tailler une part plus grande dans les nominations aux fonctions administratives clés. Selon le journal An-Nahar, la naissance de l'Autorité n'a été possible qu'après des négociations qui ont pris en considération les intérêts de tous les partis formant le gouvernement Mikati[472]. Amal et Hezbollah ont ainsi désigné le membre chiite, le Président de la république et le chef du CPL Michel Aoun les 3 membres chrétiens, Walid Joumblat le membre druze, et Najib Mikati le membre sunnite en dépit d'objections de son allié Mohamad Safadi, ministre des Finances[473].

Par ailleurs, les décrets d'application de la loi 132 pour l'exploration et l'exploitation du pétrole offshore préciseraient que les membres de ce comité, qui sont au nombre de six, doivent représenter les six communautés principales du pays, soit côté chrétien les maronites, les grecs-orthodoxes et les grecs-catholiques, et côté musulmans les sunnites, les chiites et les druzes[474]. Le législateur libanais essaye ainsi de calmer le jeu entre les Libanais, en

---

470-Editorial, « Le gouvernement désigne les membres de l'autorité de gestion du secteur pétrolier », *An-Nahar*, 4 novembre 2012.

471- « Première réunion pour l'autorité du secteur pétrolier », *An-Nahar*, le 10 novembre 2012.

472- *Ibid.*

473- *Ibid.*

474- Entretien avec Gaby Daaboul, Beyrouth, le 15 septembre 2012.

garantissant la représentation à égalité des groupes religieux les plus importants, au niveau symbolique du moins, et en établissant un autre mécanisme préventif à travers la présidence tournante contre l'éclatement de conflits futurs. La règle – non-écrite – en vigueur dans le confessionnalisme politique au Liban est la division des fonctions du premier rang à égalité entre les chrétiens et les musulmans (depuis 1990) avec toutefois l'attribution systématique des plus centrales parmi elles, à commencer par la présidence de la République, du Conseil des ministres et du Parlement, à une communauté et une seule. Lors de la rédaction des décrets d'application de la loi 132, la confession du chef de l'Autorité de l'énergie a été également un sujet polémique. Cette question aurait été le sujet de vives tensions entre Nabih Berri et Gebran Bassil notamment[475]. Le premier voulait que les chiites se voient attribuer cette position tandis que le dernier s'y opposait fermement. Bien que les deux sont dans le même camp politique, les relations entre le parti Amal et le CPL connaissent de grandes tensions pour plusieurs raisons entre autres la domination politique sur la région de Jezine[476]. Il semble que Bassil a mis la pression sur Berri en menant des consultations avec les autres partis chrétiens et avec l'Eglise maronite[477]. Cela a obligé le chef du parlement à accepter le principe de la rotation à la tête de l'Autorité de l'énergie entre les six membres. En effet, il déclare à la presse « qu'il est du devoir du gouvernement d'accélérer la formation du comité de la direction du secteur pétrolier pour lancer l'exploration[478] ». Il explique encore que le Mouvement Amal et le Hezbollah ont donné le nom du membre chiite du comité au chef du gouvernement et font de leur mieux afin de faciliter la naissance du comité, tout en notant qu'ils ont accepté la présidence en alternance entre les six membres, même s'ils croient que son président devrait être un chiite[479]. Cet argument est expliqué par une source proche de Berry qui a préféré conserver l'anonymat et qui considère que la

---

475- « Berri insiste sur la nécessité de former le comité de l'Autorité de l'énergie », http://admin. alnour.com.lb/newsdetails.php?Id=37186, [consulté le 20 octobre 2012].

476- En 2005 et 2009 Michel Aoun gagne les 3 sièges parlementaires de Jezine qui étaient auparavant détenus par Nabih Berri.

477- « Première réunion pour l'autorité du secteur pétrolier », *An-Nahar*, le 10 novembre 2012.

478- « Berri insiste sur la nécessité de former le comité de la gestion du pétrole », http://admin.alnour. com.lb/ newsdetails.php?id=37186, [consulté le 20 octobre 2012].

479- *Ibid.*

communauté chiite, vu son poids démographique, les cadres qu'elle englobe et les grands sacrifices qu'elle a présentés pour la libération du Sud Liban d'Israël a droit à un tel poste. Walid Joumblatt se félicite de ce choix. Selon le site web du Parti socialiste progressiste, le chef druze considère que la rotation entre les six membres de la communauté a permis aux druzes de jouer un rôle important dans le dossier du gaz[480]. Il considère que grâce à la présidence tournante, les druzes sont à égalité avec les grandes communautés indépendamment de leur poids démographique[481].

Mais ce choix ne fait pas l'unanimité, surtout parmi les autres grandes communautés. Les représentants des communautés exclues de l'Autorité ont également dénoncé les choix effectués. Pour le député arménien de Beyrouth membre du Courant du Futur Serge Toursarkissian, l'exclusion des autres communautés de la possibilité d'être représentées dans l'Autorité de gestion du secteur pétrolier est totalement illégale. Pour lui la communauté arménienne est très active sur le plan économique et à travers ses cadres bien formés, elle peut contribuer efficacement à la progression du dossier du gaz[482]. Il ajoute que l'égalité entre les citoyens libanais appartenant aux 18 communautés du pays n'a pas été respectée. Ces déclarations montrent la sensibilité de l'équilibre intercommunautaire dans un pays comme le Liban.

La question de l'Autorité de l'énergie et la présidence du fonds souverain ont donc fait resurgir de nouveau la question du partage des fonctions et de l'équilibre dans le pouvoir entre les chrétiens et les musulmans et entre les « grandes » et les « petites » communautés. Cela montre que la fracture chrétienne-musulmane est toujours vive dans les esprits, en dépit de la mixité confessionnelle dans les deux camps du 14 et 8 Mars. Les chrétiens détenaient avant les accords de Taëf le pouvoir exécutif à travers la Présidence de la république, apanage des maronites. Les communautés musulmanes qui se sentaient à l'écart du pouvoir voulaient dans les années 1970 établir un système rotatif entre les 3 présidences du système politique libanais (la Présidence

---

480- « Joumblatt est favorable pour la présidence tournante de l'autorité de gestion du pétrole », http://psp.org.lb/?p=50372, [consulté le 15 novembre 2012].
481-*Ibid.*
482- « Le gouvernement désigne les membres de l'autorité de gestion du secteur pétrolier », *Al-Moustaqbal*, 10 novembre 2010.

de la république, la Présidence du parlement et celle du gouvernement)[483]. La règle de ''proporz'' ou de participation peut évoluer vers l'adoption d'un système par alternance ou rotatif. Dans sa dimension temporelle, elle évite l'accaparement d'un poste par un seul segment et l'identification idéologique entre le poste et la communauté qui le détient[484]. Aujourd'hui avec la grande fracture chiite-sunnite, la question de l'équilibre entre les communautés régi par la constitution est remise de nouveau en question. Pour certains, les armes du Hezbollah bloquent l'application des accords de Taëf, et contrebalancent le pouvoir exécutif détenu majoritairement par le gouvernement. Le chef druze Walid Joumblatt déclare au quotidien *As-Safir* que le règlement du dossier des armes du Hezbollah nécessite au moins un nouveau Taëf[485]. Ces déclarations ont suscité beaucoup de réactions, mais montrent encore une fois que le système politique libanais demeure très instable, comme le montre, entre autres dossiers, les préparatifs de la gestion du gaz.

L'application du système rotatif à la tête de l'Autorité de l'énergie pourra servir de modèle pour le système politique libanais. Le succès ou l'échec de ce modèle inspire déjà beaucoup d'observateurs. L'implication des différentes communautés dans la direction du pays peut les inciter à diminuer leurs attachements aux forces externes[486]. Certains observateurs rappellent la posture de la communauté sunnite avant la modification de la constitution en 1990. Se sentant à l'écart du pouvoir, elle s'est alliée avec le Nassérisme et avec l'OLP contre l'Etat libanais qui, pour elle, était un Etat maronite. Après le renforcement du pouvoir du Premier ministre sunnite, cette communauté se sent impliquée à tous les niveaux dans la structure de l'Etat et met en avant le slogan « le Liban d'abord » après la mort de l'ancien Premier ministre Rafic Hariri. Les chiites considèrent que les accords de Taëf ont pris le pouvoir des chrétiens pour le donner aux sunnites sans prendre en considération l'intérêt de leur communauté[487]. Ils en veulent pour exemple la formation du

---

483- MESSARA, Antoine, *Théorie générale du système politique libanais*, page 240, Paris, Cariscript-Paris, 1994, 406 p.

484- *Ibid,* page 260.

485- Editorial, « Joumblatt : les armes du Hezbollah contre un nouveau Taëf », *As-Safir*, 9 novembre 2012.

486-Entretien avec Abdallah Bou Habib, Sin El Fil – Beyrouth, le 10 octobre 2012.

487-*Ibid.*

gouvernement : le décret relatif à la nomination du chef du gouvernement et à la formation du cabinet est signé seulement par le président chrétien et le premier ministre sunnite. Ils veulent une part plus importante dans le pouvoir exécutif qui reflètera leur poids démographique et politique.

Wissam Chbat évalue positivement l'expérience de rotation des membres à la tête de l'Autorité de l'énergie[488]. Il explique qu'une synergie totale existe entre eux, et que le confessionnalisme n'a aucun effet sur la prise de décision ou sur la productivité. « Nous sommes une équipe unie et cohérente. Nous faisons notre travail en toute sérénité et professionnalisme[489] ». Il ajoute qu'au Liban les fractures confessionnelles sont souvent exploitées par la classe politique pour ses propres intérêts, tout en soulignant que la majorité des Libanais, sans l'ingérence du politique, peuvent développer leur pays et mener à bien leur vie. Jihad Zein explique que l'idéal sera donc de conserver les équilibres confessionnels entre les communautés du pays, tout en élaborant des systèmes et des institutions qui fonctionnent bien[490]. Il ajoute que défi est de disposer aux fonctions publiques de personnes qualifiées ayant le savoir-faire et l'expérience nécessaire pour un fonctionnement optimal ; la règle à appliquer étant celle de «la personne convenable à la place convenable». Chaque communauté et toujours dans le cadre de l'équilibre, peut présenter les meilleurs de ses cadres pour servir le pays. L'expérience de l'Autorité de l'énergie peut être un bon exemple à suivre.

1.4 Les ressources naturelles et le risque d'éclatement d'une guerre civile

Pour plusieurs chercheurs, la conflictualité et le risque de l'éclatement d'une guerre civile deviennent plus grands en cas de découverte de ressources naturelles. Au Liban, pays qui connaît déjà plusieurs fractures, avivées par les crises régionales récentes, notamment celle de la Syrie, exacerbent la polarisation de la scène politique. Une question primordiale se pose alors : la présence de ressources naturelles peut-elle contribuer à accroître les fractures existantes et les transformer en guerre civile ?

488- Entretien avec Wissam Chbat, Beyrouth, le 18 mai 2017.
489- *Ibid.*
490- Entretien avec Jihad Zein, Beyrouth, le 9 mai 2017.

En droit international, les guerres se divisent en deux catégories, le conflit armé international ou non international. Le premier se traduit par des opérations de guerre entre deux ou plusieurs Etats souverains tandis que le deuxième survient quand des groupes opposés s'affrontent à l'intérieur du territoire d'un même pays[491]. Au Liban, la guerre civile ne peut être considérée uniquement comme un acte lié à la volonté des partis internes, bien que ces derniers soient acteurs sur le terrain en cas de conflit. En effet, les interactions avec des acteurs externes sont déterminantes à ce niveau[492].

En guise de rappel, une des causes principales de la guerre libanaise de 1975-1990 fut la présence armée palestinienne au Liban ainsi que les actions militaires que les Fidayîn menaient contre l'Etat hébreu et les violations massives de la souveraineté du Liban par Israël ; actions ayant exacerbé la crise interne. La présence palestinienne a aussi déréglé l'équilibre confessionnel et communautaire établi depuis le pacte de 1943. C'est ainsi que la fracture interne existante s'est accrue, envenimée par la peur ressentie par la majorité des chrétiens envers le poids démographique des musulmans. Ces facteurs essentiels, associés à bien d'autres, ont fini par aboutir à la guerre civile.

Il convient de signaler dans ce même contexte que la première année de la guerre au Liban présentait bien les caractéristiques d'une guerre civile, cependant, l'entrée en scène de nouveaux acteurs est venue compliquer une situation très difficile. C'est ainsi que l'armée syrienne a fait son entrée au Liban en 1976, officiellement, afin d'aider les Libanais à parvenir à un cessez de feu et de trouver une solution à la crise avec l'OLP. Cependant, sous ce prétexte se cachait l'ambition historique du Baas de dominer le Liban. En effet, pour la Syrie, le Liban est une construction territoriale et étatique totalement artificielle dont le territoire doit appartenir à la Grande Syrie, « Bilad al Sham [493]». Damas voulait aussi s'assurer que Israël n'utiliserait pas l'espace géostratégique de la plaine de la Bekaa pour contourner l'armée syrienne et encercler Damas dans tout conflit potentiel. Israël essayait d'éradiquer la

491- El Boujemi, Marwa. « La guerre civile libanaise : conflit civil ou guerre par procuration ? 1970-1982 », Bulletin de l'Institut Pierre Renouvin, vol. 43, no. 1, 2016, pp. 147-158.
492- PICARD, Elizabeth. *Liban-Syrie : intimes étrangers*. Beyrouth : Sindbad : actes sud. 2016. P. 12
493- *Ibid*, P. 14

résistance palestinienne tout en essayant de trouver des alliés sur la scène politique interne. Elle a occupé pendant plus de vingt ans une partie du territoire libanais. Le Liban s'est transformé ainsi en un espace pivot, où la majorité des acteurs régionaux et internationaux apportaient leurs soutiens matériel et militaire à des groupes ou des communautés alliées. Les fractures sociales, économiques, confessionnelles et historiques se sont mélangées avec, d'une part, les crises de la région notamment le conflit arabo-israélien, et d'autre part, les intérêts et ambitions historiques et expansionnistes des puissances régionales et internationales.

Ces faits historiques permettent de penser à la guerre par proxy. Ce terme utilisé d'abord par Zbigniew Brzczinski, conseiller du président Jimmy Carter, désigne tout conflit ou guerre où deux Etats s'affrontent indirectement en soutenant financièrement ou matériellement des Etats ou groupes militaires en conflit direct sur le terrain[494]. S'il est évident que les belligérants libanais bénéficiaient de supports externes à tous les niveaux pour faire la guerre, néanmoins, ils se battaient pour leurs propres intérêts, ou ceux de leurs communautés, même soutenus par une puissance tierce [495].

Alain Ménargues considère la guerre du Liban comme un mélange de plusieurs guerres simultanées[496]. Certes, elle fut une guerre civile, car les confrontations se déroulaient entre les différents partis libanais, mais ces confrontations n'auraient pas eu lieu sans le facteur déclencheur venant de l'extérieur. De plus la guerre libanaise est une guerre d'expansion pour ses voisins qui en ont profité pour étendre leur domination sur le pays et le satelliser. Elle est aussi une guerre par procuration où les puissances régionales et internationales ont utilisé le Liban pour s'affronter et marquer des points en utilisant les belligérants locaux.

C'est pourquoi en faisant une extrapolation sur la situation actuelle, les ressources naturelles récemment découvertes ne seront pas une cause d'accroissement des risques de conflit civil. Les puissances mondiales notamment, les Etats-Unis, la Russie et l'Europe considèrent que la stabilité

494- PICARD, Elizabeth. *Liban-Syrie : intimes étrangers*. Beyrouth : Sindbad : actes sud. 2016. P. 14
495- PICARD, Elizabeth. *Liban-Syrie : intimes étrangers*. Beyrouth: Sindbad : actes sud. 2016. P.15
496- MENARGUES, Alain. *Les secrets de la guerre du Liban : du coup D'Etat de Bachir Gemayel aux massacres des camps palestiniens*. Beyrouth : Albin Michel.2012.

au Liban est une ligne rouge. Pour cela, ils fournissent tout leur appui à l'armée libanaise en lui fournissant des armes et des programmes de formations continues. Antoine Chedid, ex-ambassadeur du Liban à Washington, explique que les Etats-Unis considèrent l'armée libanaise comme étant la garantie de la stabilité interne[497]. Il dévoile que durant ses années de service à Washington, il a pu remarquer le grand intérêt de l'administration américaine pour les nouvelles ressources gazières du pays.

Wissam Chbat dévoile que durant sa dernière visite à Washington en avril 2017 en compagnie du ministre libanais de l'Energie, les responsables américains rencontrés ont exprimé la volonté des Etats-Unis de conserver la stabilité interne du pays qui déploie des efforts afin d'exploiter ses ressources pétrolières[498].

Abdallah Bou Habib écarte toute possibilité de guerre civile liée à la présence de ressources pétrolières naturelles. Pour lui, un conflit interne n'est pas seulement lié ou déclenché par la volonté des partis locaux et les grandes puissances n'ont actuellement aucun intérêt à voir un conflit interne se déclencher au Liban. Preuve en est, les Etats-Unis bâtissent actuellement à Aoukar, banlieue chrétienne au nord de Beyrouth, une des plus grandes ambassades des Etats-Unis au Moyen Orient. Parallèlement, ils continuent aussi leur médiation entre le Liban et Israël pour résoudre la question de la frontière maritime au sud du pays. Autrement, et en ce qui concerne la position de l'Europe, Bou Habib explique que l'UE qui fait face à la crise des vagues d'immigrés fuyant la Syrie, une guerre additionnelle au Liban, pourrait bien compliquer la situation existante. Cette situation, rappelons-le, a engendré divers problèmes internes dans les sociétés européennes et amplifié les tendances extrémistes dans divers pays de l'Union. C'est pour cette raison que l'UE, à travers ses institutions, fournit l'aide nécessaire à la stabilisation des institutions libanaises qui essayent de gérer la présence de centaines de milliers de réfugiés vivant sur le territoire libanais. M. Bou Habib ajoute que les compagnies européennes ont participé en grand nombre aux pré-qualifications

---

497- Entretien avec Antoine Chedid, Beyrouth, le 15 juin 2017.
498- Entretien avec Wissam Chbat, Beyrouth, le 18 mai 2017.

pour l'attribution des licences d'exploration et qu'elles envisagent de jouer dans le futur, un rôle important dans les explorations prévues. En effet, la diversification des sources d'approvisionnement de l'UE en gaz représente un intérêt majeur pour ses pays membres.

Une grande partie des Libanais et de la classe politique semble avoir appris la leçon de la guerre civile qui a ravagé le pays et peut se résumer par une seule phrase lapidaire : « Plus jamais ça !»[499]. Les années de confrontations et les années d'instabilité qui ont suivi ont permis de forger une certaine maturité citoyenne. L'expérience vécue a permis aux Libanais de voir de leurs propres yeux les affres de la guerre et encore aujourd'hui, beaucoup de familles en subissent toujours les conséquences à l'échelle familiale, sociale ou économique. Le Liban, pays florissant d'avant la guerre de 1975, la « Suisse du Moyen-Orient », a subi de grandes pertes économiques dans tous les secteurs.

De nos jours, les responsables des partis qui ont participé à la guerre de 1975-1990, écartent toute possibilité de conflit interne causé par les ressources naturelles. Ali Hamdan, conseiller auprès de Berri, considère que gaz et pétrole seront au contraire une occasion dont les Libanais pourront bénéficier et qui permettra de relancer le développement de leur pays à tous les niveaux[500]. Il insiste sur l'importance de l'entente nationale et du respect de l'autre dans sa différence et ajoute que le dialogue reste le seul chemin qui peut aboutir dans une société plurale comme celle du Liban. Il rappelle également les tractations qui ont accompagné le dossier du gaz et qui se sont terminées par un compromis politique aboutissant à la prise d'une série de décisions qui ont permis de faire avancer le dossier pétrolier. Il ajoute que cette logique doit être appliquée aussi à tous les dossiers épineux d'actualité comme : la loi électorale, le budget, la grille des salaires, la restructuration des secteurs de l'électricité, de l'eau, du téléphone, la protection de l'environnement, etc. Lara Saade, conseillère du député Sami Gemayel, considère que les expériences vécues tout au long de l'histoire libanaise ont prouvé que la logique du compromis gagnera toujours à la fin. La prédominance de certains débouchera toujours, selon elle, par la

---

499- NASR, GABY, « la consolidation de la paix au Liban », www.lb.undp.org/pbsupplement, [consulté le 20 juin 2017].
500- Entretien avec Ali Hamdan, Beyrouth, le 12 mai 2017.

formation de contre alliances. Elle rappelle que le parti Kataëb considère que les ressources naturelles doivent inciter les Libanais à développer leur système politique et social afin que les générations futures puissent bénéficier d'une stabilité qui pourra être traduite par un développement durable à toute échelle et à tout niveau. Quant aux Forces Libanaises, leur député Joseph Maalouf réitère la volonté de son parti de bâtir un Etat fort, régi par des lois qui garantissent le droit des citoyens. Il explique que l'opportunité qui se présente avec la présence de richesses naturelles, ouvre la voie à une prospérité et au développement du pays. Cependant, sa préservation nécessite le renforcement de la logique de l'Etat fort ainsi que de l'Etat capable. Mais l'inertie du système est visible et ses dysfonctionnements généralisés sont de plus en plus un facteur d'instabilité croissante. Bref, pas de guerre au Liban, et pas de paix non plus, pour les raisons évoquées.

Il est évident aussi que pour faire la guerre, il faut au moins deux groupes armés ce qui était le cas en 1975. Aujourd'hui, et depuis l'année 2000, aucun groupe ne peut contrebalancer militairement avec le Hezbollah. Les événements du 7 mai 2008 en fournissent la preuve. Les efforts du Courant du Futur pour équiper et entraîner des groupes de jeunes pour protéger Beyrouth ouest se sont soldés par un échec suite à l'invasion des groupes du Hezbollah et de ses alliés comme le parti PPP qui ont dominé militairement la majorité de Beyrouth ouest et se sont confronté avec le PSP à Choueifat et au Chouf[501].

2. Les rivalités au sein du 8 mars et le blocage du dossier

2.1 Le report des décisions de 2013 jusqu'à 2017

La première phase de qualification lancée le 15 février 2013 a attiré 52 compagnies qui ont présenté leurs dossiers avant la date limite fixée pour le 28 mars 2013[502]. La liste des compagnies qualifiées a été publiée le 18 avril 2013[503] -environ un mois après la démission du gouvernement du premier

---

501- http://news.bbc.co.uk/hi/arabic/middle_east_news/newsid_7393000/7393088.stm, [consulté le 5 juin 2017].

502-RIFAI, Marisol, «La quantité de gaz récupérable est différente de celle exploitable », *L'Orient le Jour*, 8 avril 2013.

503- http://www.lpa.gov.lb/pdf/Pre-Qualification%20Results%20Presentation.pdf, [consulté le 7 mai 2017].

ministre Najib Mikati, le 22 mars 2013, et avant l'adoption des deux décrets indispensables pour la continuation de l'appel d'offres- ce qui a bloqué la suite du processus et a empêché la présentation des offres des compagnies ainsi que la signature des contrats d'exploration et de production prévue initialement pour février 2014.

Le ministre de l'Énergie, Gebran Bassil, a assuré après la démission du gouvernement Mikati, que l'exploration pétrolière au Liban ne s'arrêtera pas. Selon lui : « si l'intention de certains partis internes ou externes qui ont incité à la démission était d'arrêter le processus, j'affirme que le processus ne s'arrêtera pas, et que toutes les échéances seront respectées[504] ». Il convient de signaler à cet égard que les deux décrets primordiaux évoqués ci-dessus faisaient partie de l'ordre du jour du gouvernement et que Najib Mikati, premier ministre à l'époque, n'avait pas l'intention de les soumettre à la discussion et au vote avant le décret traitant de la formation de la commission de supervision des élections législatives. La non adoption de la proposition relative à ladite commission a conduit à la démission du gouvernement. Le président Sleiman qui présidait le dernier Conseil des ministres du gouvernement Mikati explique qu'il s'est mis d'accord avec ce dernier pour que la formation de cette commission soit une priorité absolue[505]. « On s'est mis d'accord pour aborder ce point inscrit à l'ordre du jour sachant que nous ne détenions pas la majorité au sein du gouvernement. Le ministre Bassil s'y est opposé en disant que nous sommes opposés politiquement à cette question. J'ai insisté alors que le ministre concerné citait les noms proposés les uns après les autres. La tension montait et les ministres du 8 mars exprimèrent leur mécontentement en menaçant de quitter la salle ». Le président ajoute que ce scenario était prévu et qu'il s'était mis d'accord avec Mikati pour qu'il présente en réponse sa démission, chose qui a été faite. Quant aux décrets du gaz, le président explique que sa priorité était la formation du comité chargé de superviser les élections. Pour lui, la priorité va aux questions politiques notamment la tenue des élections générales. Il ajoute que le gaz pourra attendre, que ce n'est pas une priorité et que le Liban ne doit pas compter sur le gaz pour redresser son économie. M. Sleiman dément toute pression de la part de l'Arabie Saoudite pour ajourner

504-KOUSAIFI, HYAM, « La ZEE est divisée en 10 blocs et la démission de Mikati ne freine pas le dossier », *Al-Akhbar*, 25 mars 2013.
505- Entretien avec le président Michel Sleiman, Beyrouth, le 19 septembre 2017.

le dossier du gaz comme certaines sources du 8 mars le laissent entendre. La position de Sleiman qui considère que le gaz n'est pas une priorité contredit la tendance existant chez le CPL qui voit que le gaz est un dossier d'intérêt national suprême.

Le ministre démissionnaire de l'Energie Gebran Bassil présente les conditions relatives à l'appel d'offres, le 31 avril 2013. Il affirme -en présence de nombreux représentants de compagnies présélectionnées- que le Liban a effectué des études sismiques en 3D sur plus de 70 % de sa zone exclusive économique (ZEE) et il ajoute que si, au début, le ministère pensait n'avoir du gaz que dans le sud du pays, il peut désormais affirmer avec certitude que le Liban possède du gaz et du pétrole dans le nord, le centre et le sud de ses eaux territoriales[506]. Ces affirmations sont venues confirmer l'intention du Liban de faire avancer le dossier du gaz, même avec un gouvernement démissionnaire. De plus, le ministre Bassil précise que le cahier des charges et les décrets définissant les blocs offshores, leurs coordonnées relatives ainsi que le partage des revenus ont été établis par le ministre et par l'Autorité de l'énergie. Il ajoute que pour éviter toute perte de temps, le ministère de l'Énergie a décidé de lancer les appels d'offres à partir du 2 mai 2013, conformément à une décision du gouvernement prise le 27 décembre 2012 et que si les décrets ne sont pas adoptés par le nouveau gouvernement de Tammam Salam avant le 2 septembre, il aura le droit de reporter la date de clôture de l'appel d'offres[507]. Le ministre regrette que le gouvernement Mikati ait démissionné avant d'adopter les décrets et exclut tout rejet des dits décrets par le futur gouvernement : « Il n'y a aucune raison qui empêche le nouveau gouvernement d'approuver ces décrets qui ont été très bien étudiés et rédigés conformément à l'avis de spécialistes[508] ». Tammam Salam a été nommé premier ministre le 6 avril 2013 et est parvenu à constituer son gouvernement le 15 février 2014 et ce après 8 mois de difficiles négociations et tractations politiques. Il convient de signaler que les deux décrets n'ont pas été adoptés dans les quatre mois qui ont suivi la formation du gouvernement, ce qui a suspendu la procédure d'attribution des licences et a entraîné son premier report le 4 novembre 2013. Elle sera suspendue 5 fois consécutives. La chronologie de ces événements est détaillée dans le tableau suivant :

506-SAWAYA, Pierre, « Explorations pétrolière et gazière : Bassil lance la phase des appels d'offres », *L'Orient le Jour*, 1 Mai 2013.
507- *Ibid.*
508- *Ibid.*

Date	Événements
15 février 2013	Ouverture de la phase de qualification des compagnies
22 mars 2013	Démission du gouvernement Mikati
28 mars 2013	Date limite de présentation des dossiers pour préqualifier les compagnies
6 avril 2013	Tammam Salam est chargé de former le nouveau gouvernement
18 avril 2013	Annonce des compagnies préqualifiées
2 mai 2013	Prolongation du délai de soumission des offres jusqu'au 2 novembre 2013
4 novembre 2013	Premier report de la date de remise des offres des compagnies
15 février 2014	Formation du gouvernement Salam après 8 mois de négociations
Janvier 2014	Deuxième report de la date de remise des offres des compagnies
10 avril 2014	Troisième report de la date de remise des offres des compagnies
25 mai 2014	Fin du mandat de Michel Sleiman et début de la vacance présidentielle
Août 2014	Quatrième report de la date de remise des offres des compagnies
Février 2015	Cinquième report de la date de remise des offres des compagnies
31 octobre 2016	Élection de Michel Aoun à la présidence de la république
3 novembre 2016	Saad Hariri est chargé de former le gouvernement
28 décembre 2016	Vote de la confiance du parlement
5 janvier 2017	Adoption des deux décrets 42 et 43

Tableau 15 : La chronologie des événements liés au dossier du gaz
(Source : tableau établi d'après les données fournies par le site de l'Autorité de l'énergie, mars 2017)

Le blocage du dossier du gaz offshore n'a pas empêché le début des explorations onshore lancées en avril 2013 par la compagnie britannique Spectrum et la compagnie américaine Neos qui entament durant cette période des études souterraines du territoire libanais[509]. Le dossier onshore est aussi exploité politiquement. Les opposants au ministre Bassil critiquent à la fois le choix des compagnies ainsi que les lieux géographiques des explorations[510]. Le débat s'inscrit dans un contexte de tension politique avec le Premier ministre démissionnaire Najib Mikati. En effet, le général Michel Aoun chef du CPL, demande le départ de Najib Mikati, lui reprochant de ne pas assumer les responsabilités qui lui incombent[511]. En parallèle, Aoun demande à ses ministres d'exercer pleinement leurs fonctions, bien que le gouvernement soit en période de gestion des affaires courantes et ce afin de répondre aux besoins des citoyens. Ces déclarations du général Aoun sont considérées comme un feu vert au ministre Bassil pour lancer les appels d'offres.

En juillet 2013, le département de législation et de consultation autorise le gouvernement démissionnaire de Mikati à tenir une réunion exceptionnelle pour adopter les deux décrets permettant le lancement des appels d'offres[512], répondant ainsi au ministère de l'Energie qui voulait savoir si la tenue de cette réunion était constitutionnelle ou non. L'avis favorable donné par le département prouve encore une fois que les obstacles pour la tenue de la réunion n'étaient pas techniques, le manque de volonté politique étant la vraie cause du blocage du dossier.

Le journal *As-Safir* évoque aussi le mécontentement des compagnies préqualifiées face au retard du gouvernement libanais à adopter les deux décrets relatifs au dossier du gaz. Rappelons que des dizaines de millions de dollars ont été payés par les compagnies internationales pour obtenir les cahiers des charges, les relevés sismiques et les études en 2D et 3D de la ZEE libanaise.

509- https://www.lorientlejour.com/article/801901/Le_Liban_lance_une_etude_sur_les_reserves_dhydrocarbures_sur_son_sol.html, [consulté le 16 avril 2017].
510- *Ibid.*
511- https://www.al-akhbar.com/PDF_Files/1373/alakhbar20110328.pdf, [consulté le 10 juin 2017].
512- HAITHAM, Nabil, « L'autorité autorise la tenue d'une réunion exceptionnelle », *As-Safir*, 26 juillet 2013.

Le même journal rapporte que Gebran Bassil considère que le Président Berry n'est pas à l'origine du blocage de la tenue de la réunion du Conseil des ministres : il a déclaré à maintes reprises qu'il était pour. En revanche, Bassil considère que c'est bien le courant du Futur qui est à l'origine du blocage, et il est de plus en plus convaincu que certains pays ne veulent pas que le Liban devienne un pays producteur de pétrole. Dans ce contexte, Bassil n'exclut pas la possibilité que la raison principale de la démission du Premier ministre Mikati soit le blocage des appels d'offres. De plus, il tient à rappeler que le Premier ministre sortant a promis publiquement à maintes reprises l'adoption des deux décrets avant le 15 septembre 2013, promesse non tenue. Cependant, le ministre de l'Énergie considère que la conjoncture internationale est favorable pour le début des explorations avec le rapprochement entre l'Iran et les États-Unis. Il évoque l'intérêt américain qui s'est manifesté à travers les visites d'Amos Hochtein, notamment sa dernière visite durant laquelle il a porté un message fort dans ce sens. Bassil accuse toujours à l'époque le Courant du Futur de tous les problèmes du pays. Le dossier du gaz fait partie des sujets polémiques qui accentuent les divergences et accusations entre les partis politiques.

Gebran Bassil révèle aussi son intention de lancer les enchères même sans l'approbation du gouvernement Mikati. Cependant il laisse entendre qu'une telle action comporte deux dangers potentiels. Le premier est l'éventuel recours que pourrait entreprendre le Premier ministre devant le Conseil d'État, le deuxième serait une possible abstention des compagnies à se présenter. Le ministre de l'Énergie rappelle que les compagnies ont jusqu'à présent payé 130 millions de dollars pour les études menées dans la ZEE, et qu'elles ont alloué des budgets et des employés à temps plein pour le suivi du processus des explorations[513]. Cela reflète l'importance qu'accordent ces sociétés au dossier du gaz au Liban. Pour le ministre Bassil c'est une preuve que le Liban devance Chypre et Israël. Dans ce contexte, il considère qu'il est de sa responsabilité de ne pas perdre la confiance des compagnies susceptibles de se retirer et de faire perdre au Liban une opportunité majeure. Il se considère comme responsable de la sauvegarde du dossier du gaz et se sent obligé d'entreprendre toutes

____

513- FERZLI, Elie, « Bassil : On ne mettra pas le pétrole en danger », *As-Safir*, 27 octobre 2013.

les démarches nécessaires afin de permettre aux Libanais de profiter de cette manne naturelle.

La formation du gouvernement Salam a pris tellement de temps que cela incita divers partis politiques à demander que le gouvernement démissionnaire de Najib Mikati se réunisse pour adopter les deux décrets et relancer le processus. Pourtant certains partis considèrent que la tenue d'une telle réunion n'est pas constitutionnelle car si des décisions sont prises, elles ne doivent pas émaner d'un gouvernement d'affaires courantes. Le journal *As-Safir* rapporte de sources proches du Président de la république -à l'époque Michel Sleimane-, qu'il discuta de la question avec le Premier ministre ; celui-ci, selon la constitution libanaise, doit informer le Président de la république du contenu de l'ordre du jour de la réunion du gouvernement[514]. Le premier ministre Najib Mikati, selon certains de ses proches, se dit prêt à convoquer le gouvernement démissionnaire dans le cas d'un accord politique préalable et après avoir étudié la légitimité d'une telle réunion. De son côté, le chef du PSP Walid Joumblat nie toute intention de blocage d'une telle réunion, en réitérant que la solution pour la tenue d'une telle réunion est aux mains des 3 trois présidents tout en affirmant son soutien aux propos de l'Autorité de l'énergie concernant le choix des blocs qui doivent être ouverts en premier lieu[515]. Il rappelle qu'il a toujours travaillé pour que le Liban puisse lancer le plus tôt possible les explorations, et demande à tous les partis de faciliter la formation du nouveau gouvernement pour que le pays puisse lancer les appels d'offres tout en rappelant que les problèmes économiques et sociaux s'aggravent[516]. Le ministre de l'Énergie adresse une lettre au président de la République et au premier ministre du gouvernement démissionnaire : il leur demande de convoquer le gouvernement en réunion extraordinaire afin d'adopter les deux décrets qui délimitent les blocs maritimes et définissent le contrat de l'exploration et de production pour préserver les richesses pétrolières et les

---

514-As-Safir, « le défi du pétrole, le gouvernement est coincé et tout retard additionnel est un crime, As-Safir, 5 octobre 2013.

515- L'Autorité de l'énergie a proposé d'ouvrir trois blocs : 1 au nord, 1 au centre et 1 au sud.

516-*As-Safir*, « le défi du pétrole, le gouvernement est coincé et tout retard additionnel est un crime, *As-Safir*, 5 octobre 2013.

protéger de toute tentative de blocage interne ou d'agressions israéliennes. Bassil déclare au journal *As-Safir* que l'adoption des deux décrets n'est pas liée aux propos du président de la chambre Nabih Berry qui désire ouvrir les 10 blocs simultanément aux enchères, car c'est contre le principe de la transparence et de la concurrence. De plus, une telle action nuirait à l'éventuelle compagnie pétrolière nationale[517]. Le ministre affirme aussi qu'il a proposé l'ouverture de deux blocs au sud ce qui a irrité Israël, en affirmant que le gaz de tous les blocs a la même importance, et que de ce point de vue, l'ouverture de tous les blocs n'est pas faisable[518]. Le désaccord est donc clair, même s'il a l'air de se limiter à des questions ''techniques'', surtout encore que cette question du choix des blocs à proposer aux enchères sous-tend l'ensemble de la gestion du dossier. Il est donc évident que l'entente de principe entre Bassil avec Berry est là pour éviter d'approfondir les litiges, sur la question du gaz notamment, entre ces deux courants politiques officiellement alliés, et tous deux en compétition pour s'affirmer comme incontournables.

En février 2014, et en contradiction avec l'opinion du département de législation et de consultation, le Conseil d'État émet un avis indiquant que le gouvernement sortant de Mikati n'a pas le droit de prendre des décisions dans un dossier stratégique comme le dossier du gaz, qui ne fait pas partie prenante des affaires courantes[519]. Le président de la République Michel Sleiman commente ainsi la décision : « si l'on transgresse cet avis et que des sociétés se présentent, que se passerait-il si quelqu'un prenait l'initiative d'un recours en invalidation ?[520] ». Il ajoute que « Grâce à Dieu, le pétrole se trouve sous terre, parce que s'il était sur terre, il serait perdu[521] ». Ces propos du Chef de l'État montrent à quel point le sujet est devenu polémique et soulignent le manque de confiance du Président de la république qui vient juste de terminer son mandat, envers les responsables gérant ce dossier. Cela montre ainsi les tensions entre les forces politiques et les dysfonctionnements structurels de l'administration

---

517-*As-Safir*, « le défi du pétrole, le gouvernement est coincé et tout retard additionnel est un crime, *As-Safir*, 5 octobre 2013
518- *Ibid.*
519- Entretien avec le président Michel Sleiman, Beyrouth, le 19 septembre 2017.
520-« Il a dit : Michel Sleiman, président de la République », *le Commerce du Levant*, Mai 2014, page 37.
521- *Ibid.*

libanaise et des processus de prise de décision dans un sujet aussi important que le gaz. Le président révèle que même si le Conseil d'État avait donné un avis favorable pour la tenue du Conseil des ministres, il se serait opposé à une telle décision en prenant des mesures contraires. « J'étais contre la tenue de telles réunions car d'une part c'est contraire à la constitution et d'autre part je ne voulais pas donner au 8 mars ce qui ne leur a pas été donné durant le dernier Conseil des ministres de Mikati. Les pressions de Bassil n'ont pas donné leurs fruits, je suis convaincu que le gaz peut attendre et que ce n'est pas une priorité ». S'il reconnaît donc que des considérations constitutionnelles, mais aussi politiques sont entrées en ligne de compte, il nie cependant toute pression politique exercée sur le conseil d'État pour le pousser à prendre une telle décision.

Après sa formation le 14 février 2014, le gouvernement Salam tente de relancer le processus. Les deux décrets sont inscrits à l'ordre du jour de la deuxième réunion du gouvernement le 31 mars 2014, mais sont reportés à la troisième réunion du 2 avril 2014[522]. Contrairement aux attentes de l'ancien ministre de l'Énergie, Bassil, le gouvernement n'adopte pas les décrets mais forme une commission ministérielle pour les réexaminer[523]. La commission, présidée par le Premier ministre Tammam Salam, comprend également le ministre de l'Énergie Arthur Nazarian, le ministre des Affaires étrangères Gebran Bassil, de la Défense Samir Mokbel, de l'Environnement Mohammad Machnouk, des Finances Ali Hassan Khalil, de la Santé Waël Abou Faour et des Travaux publics Ghazi Zeaïter. Cette composition reflète clairement les équilibres politiques et confessionnels au sein du gouvernement. Au Liban, la formation de telles commissions ou sous-commissions au Conseil des ministres indique que la classe politique n'est pas prête à trancher. Ce genre de techniques est fréquemment utilisée pour ajourner les décisions et gagner du temps explique Abdallah Bou Habib[524]. Tout ceci est donc perçu comme une nouvelle tentative de blocage du processus ; le débat dépasse les questions techniques ou juridiques, il est politique : tous les grands partis politiques

---

522- « Il a dit : Michel Sleiman, président de la République », *le Commerce du Levant*, Mai 2014, page 37.
523- *Ibid.*
524- Entretien avec Abdallah Bou Habib, Beyrouth, le 15 février 2017.

incluant le 8 et 14 Mars et toutes les confessions sont représentés dans cette commission; le Premier ministre essaie de trouver un dénominateur commun en vue d'un accord qui débloquera le dossier et qui ne se limitera probablement pas uniquement aux dispositions des deux décrets[525].

Nabi Berry critique le blocage du dossier et dévoile, en avril 2014, que la Russie a été la première à présenter au Liban une offre d'étude de la zone maritime pour la recherche du gaz offshore, offre qui n'a pas été prise au sérieux[526]. Il s'irrite de la manière dont l'État traite un dossier si important et considère que toutes les mesures nécessaires doivent être prises à tous les niveaux pour protéger et préserver les ressources naturelles du pays[527]. Berry fait remarquer que la Présidence de la République, chargée selon la constitution de négocier et de signer les traités internationaux et le chef du gouvernement, représentant du pouvoir exécutif, ne jouent pas leurs rôles respectifs. Ce constat l'a incité à suivre ce dossier même si cela ne fait pas partie de ses compétences. Il tient l'ancien Premier ministre Fouad Siniora pour responsable de la grave erreur, commise lors de la délimitation des frontières maritimes et qui a coûté très cher au Liban. Selon lui, les responsables américains considèrent les réserves de gaz libanaises comme faisant partie des plus importantes au monde, information confirmée par des sources internes de la compagnie Spectrum. Le Chef du parlement -dans un cadre stratégique- rappelle l'importance du rôle de la résistance nationale (Hezbollah) dans la défense des ressources offshore du Liban.

En mai 2014, les déclarations du directeur général d'ENI, Paolo Sacroni, enflamment encore davantage les discussions internes. Ce responsable dit : « chaque report de l'appel d'offres de la part du gouvernement libanais diminue notre désir d'y participer. Donc, s'ils veulent que nous disions "ça suffit", ils n'ont qu'à continuer de reporter, comme ils l'ont fait ces deux dernières années[528] ». Ces déclarations révèlent l'amertume des grandes compagnies

---

525- Entretien avec Abdallah Bou Habib, Beyrouth, le 15 février 2017.

526- MARMAL, Imad, « les Présidences de la République et du Gouvernement négligent les frontières maritimes », *As-Safir*, le 30 avril 2014.

527- *Ibid*

528- « Il a dit : Paolo Saroni, directeur général ENI », *Le Commerce du Levant*, Mai 2014, page 37.

qui ont entamées des préparatifs importants pour être présents dans le marché libanais. Ces divisions et atermoiements de la classe politique libanaise reste la menace la plus importante pour les investissements d'envergure dans le pays surtout dans le secteur du gaz.

La fin du mandat du président Michel Sleiman, le 25 mai 2014, laisse le Liban sans président et le fait entrer dans une crise politique aiguë. Le dossier du gaz en subit les conséquences. Des débats juridiques et politiques portent sur le droit du Parlement à légiférer et du gouvernement à tenir des réunions en l'absence du chef de l'État. Le ministre des Affaires étrangères Gebran Bassil demande de traiter le dossier du gaz indépendamment de l'élection présidentielle ou de toute autre question car il s'agit d'un « dossier crucial et urgent [529] ». Il ajoute que « la vacance de la présidence n'est guère rassurante pour le dossier du pétrole et pour les compagnies étrangères[530] ». Pour sa part, le ministre de l'Énergie Arthur Nazarian souligne que les institutions doivent fonctionner malgré la vacance à la tête de l'État.

Quant à l'Autorité de l'énergie, elle présente à la commission parlementaire de l'Énergie son plan pour relancer le dossier. Il consiste à finaliser le cadre juridique notamment les deux décrets et la loi de fiscalité et à rouvrir la phase de pré-qualification. Cette action est considérée comme une étape nécessaire après deux années perdues. « Après ce premier round, dit Gaby Daaboul, les compagnies peuvent ne plus être intéressées » [531]. En parallèle à tout ce qui vient d'être évoqué, un comité interministériel entame une série de réunions en juillet 2014 pour coordonner les actions avec l'Autorité de l'énergie[532].

Plusieurs mois passent sans que le comité interministériel ne progresse. La proposition du ministre de l'Énergie israélien, Silvan Shalom, à ses homologues euro-méditerranéens -réunis les 18 et 19 novembre 2014 à Rome afin d'étudier la faisabilité d'un gazoduc qui achemine le gaz israélien vers l'Europe en passant par Chypre, la Grèce et l'Italie-, pousse le Liban à réagir.

529- Le commerce du Levant, « Gaz : nouveaux délais en perspective », *Le Commerce du Levant*, Mai 2014, page 44.

530- *Ibid.*

531- Entretien avec Gaby Daaboul, Beyrouth, le 15 février 2017.

532- Le comité mentionné déjà à la page 135.

Selon Gaby Daaboul, « on risque de perdre des marchés potentiels européens après les marchés régionaux avec la Jordanie et l'Egypte[533] ». En effet, la Jordanie signe avec Israël un accord pour l'importation du gaz israélien. Plusieurs réunions ont été organisées entre le comité interministériel et l'Autorité de l'énergie pour relancer le dossier, mais sans grand succès. Le président du Parlement Nabih Berry et le président du Conseil des ministres Tammam Salam assurent les Libanais en décembre 2014 que le dossier de l'exploration offshore sera une priorité du nouveau gouvernement en 2015[534].

Le 15 décembre 2014, une réunion rassemble le Chef du parlement, le ministre de l'Énergie, le chef du comité parlementaire de l'Énergie et le chef de l'Autorité de l'énergie. Cette réunion a pour but de faire avancer le dossier, selon Ali Hamdan, conseiller de Berry dans le dossier du gaz offshore[535]. Le ministre Nazarian déclare qu'il faut agir rapidement étant donné que le Liban n'est pas seul sur le marché. Il rappelle le danger israélien et propose de séparer politique et dossier du gaz car « ça sera bénéfique pour l'État et les Libanais de mener une telle séparation[536] ». Cet avis n'est pas partagé par Abdallah Bou Habib, qui considère qu'un tel dossier ne peut pas être séparé de la politique compte-tenu de la mentalité des politiciens libanais. La réalité libanaise montre que depuis plusieurs années le dossier n'avance pas à l'ombre des crises successives et tensions y compris entre les alliés d'un seul camp. De son côté, le député Mohamad Kabani met en garde contre d'éventuelles réactions des compagnies ayant participé à la pré-qualification. Selon lui, elles peuvent ne plus être intéressées par l'appel d'offres à cause des reports successifs de la part du Liban, de la chute du cours du brut ou encore des offres et projets israéliens. Il ajoute que le monde ne peut pas attendre indéfiniment, rappelle que ce dossier est d'un intérêt national majeur et qu'il est bénéfique à tous les Libanais. Il nie la présence de divergences entre le gouvernement et le parlement et assure que le Premier ministre Salam est au courant des discussions en cours. Ces déclarations montrent une entente minimale entre

---

533- Entretien avec Gaby Daaboul, Beyrouth, le 15 février 2017.
534- https://www.lebanese-forces.com/2015/02/26/tammam-salam-159/, [consulté le 10 avril 2017].
535- Entretien avec Ali Hamdan, Beyrouth, le 5 mars 2017.
536- http://mtv.com.lb/news/425108, [consulté le 15/12/2014].

les acteurs chargés institutionnellement du dossier dans les deux camps, 8 et 14 mars, entente qu'ils n'arrivent pas à faire adopter par leurs propres partis politiques. Mais ces déclarations sont aussi des tentatives de les disculper des accusations de blocage, que les partis politiques et les camps de 8 et 14 mars se lancent mutuellement sans arrêt, pour expliquer à leurs publics respectifs et aux Libanais, voire aux alliés externes les mauvaises performances du pouvoir libanais.

Les tentatives politiques pour trouver un compromis se poursuivent. Dans ce contexte, le journal *As-Safir* rapporte que la rencontre du 27 janvier 2015 entre le Président du parlement et le ministre des Affaires Étrangères Bassil a permis de conclure un accord politique sur deux dossiers : le gaz et un projet de loi visant à restituer la nationalité aux ascendants libanais[537]. L'accord inclut un compromis sur les blocs qui seront ouverts les premiers et sur la façon de délimiter les frontières maritimes. L'approche commune est basée sur la volonté d'arrêter de perdre du temps et des opportunités, la nécessité de protéger les ressources pétrolières des ambitions israéliennes ainsi que de confirmer les droits du Liban dans des blocs maritimes frontaliers. Par la suite, le projet de loi de restitution de la nationalité a été adopté[538] mais aucune mesure concrète n'a été prise pour faire avancer le dossier du gaz. Le retard peut être imputé au chevauchement de plusieurs dossiers politiques faisant polémique ainsi la question de la tenue d'une session législative du parlement, à laquelle les partis chrétiens s'opposent catégoriquement, la considérant comme non constitutionnelle du fait de la vacance présidentielle[539].

Le ministre Arthur Nazarian explique lors d'un forum portant sur le gaz offshore organisé à l'ESA en avril 2015, que les deux décrets sont prêts, et qu'ils ont fait l'objet de discussions approfondies en commission interministérielle et avec les compagnies internationales concernées. Il ajoute que le ministère de l'Énergie et l'Autorité de l'énergie ont fait ce qui relève de

---

537- http://nna-leb.gov.lb/ar/show-news/139307/nna-leb.gov.lb/ar, [consulté le 10 avril 2017].
538- https://www.lorientlejour.com/article/926224/bassil-priorite-a-la-loi-sur-la-restitution-de-la-natio-nalite-aux-emigres.html, [consulté le 10 juin 2017].
539- Les partis qui s'y sont opposés sont : le CPL, les FL et les Kataëb. Cependant la position de ces partis chrétiens ne change pas la recomposition politique du pays qui reste divisée entre le 14 et 8 mars.

leurs responsabilités, et que la décision de les inscrire à l'ordre du Conseil des ministres relève désormais du Premier ministre[540] . Le blocage est sûrement d'ordre politique, les décrets en eux-mêmes ne posant pas problème, explique Abdallah Bou Habib. Il ajoute qu'à l'instar de la quasi-totalité des problèmes du pays, la paralysie est due à des considérations de rapports de forces politiques et géopolitiques[541].

Le journal Al-Moustaqbal, proche du courant du Futur, rapporte le 20 juillet 2015 que le Hezbollah a réalisé un compromis entre ses deux alliés Amal et le CPL, qui consiste à ce que le Chef du parlement accepte que l'ouverture des blocs aux appels d'offres ne soit pas limitée seulement aux blocs du sud. L'ouverture pourrait ainsi être lancée par n'importe quel bloc étudié conformément à la proposition du CPL contre l'acceptation de la tenue d'une session législative parlementaire exceptionnelle[542]. Ces révélations ne sont pas suivies de mesures concrètes.

Suite aux déclarations de Neos GeoSolutions en juillet 2015 confirmant la découverte d'indices indiquant la présence d'importants gisements d'hydrocarbures dans le sous-sol libanais, le ministre de l'Énergie Arthur Nazarian déclare que les recherches de Neos GeoSolutions ont « replacé le dossier de l'exploration pétrolière et gazière en tête de l'agenda national[543] ».

Parallèlement au blocage politique, un autre danger menace le dossier. Le retard des travaux d'exploration va de pair avec la chute mondiale du cours du brut. Mais Mounir Bouaziz du groupe Shell explique que quel que soit le niveau des cours, la demande augmentera : « elle doublera d'ici à 2040-2050 et les hydrocarbures continueront de jouer un rôle prépondérant dans le mix énergétique[544] ». Il ajoute que le Liban peut profiter de sa situation géographique aux portes de l'Union européenne d'autant plus que cette dernière cherche à

540- RIZK, Sibylle, « Gaz offshore : le blocage politique libanais suscite l'exaspération », *L'Orient le Jour*, 9 juin 2015.
541- Entretien avec Abdallah Bou Habib, Beyrouth, le 15 février 2017.
542- http://www.almustaqbal.com/article/669173, [consulté le 30 mars 2017].
543- OLJ, « le Liban aurait bien des gisements de gaz et de pétrole », *L'Orient le Jour*, 29 juillet 2017.
544- RIZK, Sibylle, « Gaz offshore : le blocage politique suscite l'exaspération », *L'Orient le Jour*, 9 juin 2015.

réduire sa dépendance envers le gaz russe[545]. Wissam Chbat, quant à lui, précise que malgré le blocage politique du dossier, le travail d'exploration ne s'est pas arrêté, ce qui augmente l'appétit des compagnies même avec la chute du cours du brut. Il explique que la ZEE a été quadrillée à maintes reprises durant les dernières années, ce qui a permis d'identifier 63 objectifs de forage avec des perspectives de succès intéressantes, voire élevées. Il ajoute que c'est une vraie opportunité pour le Liban en ce sens qu'il est parmi les rares pays du monde où les travaux d'études ont atteint ce niveau avant le début de l'exploration[546]. Les responsables s'efforcent donc d'être optimistes pour éviter la colère du public libanais de voir une opportunité s'évanouir, faute d'avoir été saisie à temps. Mais, une fois de plus, aucune mesure concrète ne vient justifier cet optimisme puisque le blocage se poursuit.

En avril 2016, l'Autorité de l'énergie remet un rapport au ministre de l'Énergie Arthur Nazarian qui le transmet à son tour au Président du parlement Nabih Berry et au Premier ministre Tammam Salam. Ce rapport est discuté lors d'une réunion tripartite avec les membres de l'Autorité. Outre son contenu technique, ce rapport incite la classe politique à faire avancer le dossier bloqué[547]. Il confirme la présence d'importantes réserves d'hydrocarbures dans la zone contestée avec Israël. Wissam Chbat révèle que le contenu de ce rapport est issu de l'analyse d'une étude sismique réalisée en 2002 par la société britannique TGS, suite à un accord verbal avec le ministère de l'Énergie. Il ajoute que l'État libanais et l'Autorité de l'énergie n'ont pu y avoir accès que très récemment, suite à un accord juridique avec TGS. Ces informations sont un outil additionnel qui clarifie l'étendue des gisements potentiels et consolide la position du Liban en vue des négociations futures avec les compagnies intéressées, d'autant plus que les blocs 8 et 9 se trouvent dans la zone contestée. Il convient de signaler à cet égard que ni PGS, ni Sprectrum ne pouvaient envoyer leurs navires dans la zone en question car les compagnies d'assurances refusaient de couvrir ces opérations. Ce refus n'a

---

545-RIZK, Sibylle, « Gaz offshore : le blocage politique suscite l'exaspération », *L'Orient le Jour*, 9 juin 2015

546-Entretien avec Wissam Chbat Beyrouth, le 18 mai 2017.

547-*Ibid.*

cependant pas posé de problème à TGS, qui a réalisé son étude bien avant que le litige ne soit soulevé[548]. Le député Joseph Maalouf estime que les réserves du bloc 8 seront parmi les plus importantes et révèle que cette information lui a été divulguée par des sources proches de la compagnie ENI[549].

La discorde politique autour du dossier est bien reflétée par les déclarations des divers partis politiques. Ali Hamdan, conseiller du président du Parlement, déclare que « Berry cherche à obtenir une position politique unifiée pour lancer l'appel d'offres, car ce secteur pourra rapporter beaucoup à notre économie[550] ». Arthur Nazarian déclare à l'Orient-Le Jour que c'est à Tammam Salam de faire avancer les discussions en convoquant le comité interministériel formé un an et demi auparavant afin que ce dernier approuve les deux décrets en suspens, avant qu'ils ne soient votés au Conseil des ministres [551]. Le chef du parti Kataëb, Samy Gemayel, estime qu'un gouvernement corrompu ne peut trancher dans un tel sujet et que son parti s'opposera à toute décision prise[552]. Lara Saade, conseillère politique de M. Gemayel et responsable du dossier de gaz offshore, explique que les Kataëb soutiennent le développement de la manne nationale mais ne font pas confiance à la classe politique qui essaye d'en retirer des bénéfices avant même le début de la production à travers la formation de compagnies susceptibles de devenir des sous-traitants offrant leurs services aux compagnies exploitantes[553]. En fait, ces discours ne font que refléter le manque de prise de responsabilité des différents acteurs et les divisions politiques entre des responsables censés donner une priorité à un secteur stratégique du pays.

Pareillement, et après de longues discussions, les résultats des réunions préparatoires entre les responsables du CPL et le Chef du parlement Nabih Berry se sont concrétisés par un accord entre les deux partis sur le dossier

---

548- Entretien avec Wissam Chbat Beyrouth, le 18 mai 2017

549- Entretien avec Joseph Maalouf, Beyrouth, le 30 mars 2017.

550- NEME, Cyrille, « Gaz offshore : de vieilles données peuvent-elles permettre de débloquer le dossier au Liban ?», *L'Orient le Jour*, 23 avril 2016.

551- *Ibid.*

552- *Ibid.*

553- Entretien avec Lara Saadé, Beyrouth, le 19 avril 2017.

du gaz[554]. Les divergences entre les deux partis se rapportaient à la façon de procéder concernant l'ouverture des blocs maritimes. Berry veut lancer les appels d'offres pour les dix blocs de la ZEE libanaise tandis que le ministre Bassil souhaite donner des adjudications au fur et à mesure, en commençant par le nord du pays pour finir avec les trois blocs 8,9 et 10 partiellement revendiqués par Israël au large des côtes sud du Liban. Bassil préfère donc éviter un conflit avec Israël et considère que la question peut être mise en suspens dans l'attente d'une solution générale[555]. Parallèlement, le ministre de l'Énergie estime qu'une fois l'adjudication du premier bloc accordée, les prix des autres devraient monter et qu'il est donc préférable, sur le plan économique, de ne pas lancer les adjudications d'un seul coup[556]. Nabih Berry, quant à lui, juge qu'il est préférable de lancer les adjudications en même temps, pour ne pas faire d'exclusion, pour confirmer le droit du Liban sur l'ensemble de sa ZEE y compris les 850 km² controversés et faire face ainsi aux revendications israéliennes[557]. Pour Abdallah Bou Habib, du point de vue de la rentabilité financière, certes il est plus logique de procéder bloc après bloc, mais selon lui, la demande de Berry est une façon intelligente de mener des négociations avant tout compromis et avec des plafonds hauts pour en tirer le plus de bénéfices possibles. L'Orient-le Jour rapporte que cet accord surprise est le fruit de pressions américaines ; les États-Unis veulent que le Liban exploite ses ressources naturelles pour deux raisons principales : ils souhaiteraient que leurs sociétés, déjà opérationnelles dans les champs israéliens tout proches, puissent être parmi les premières à bénéficier de la situation et ils entendent trouver un compromis régional sur les modalités d'acheminement du gaz à travers Chypre ou la Turquie[558]. De toute évidence, les grandes compagnies pétrolières mondiales font des pressions sur les gouvernements concernés, et ce, d'autant plus qu'il s'agit d'intérêts économiques majeurs : possibilité

554- https://newspaper.annahar.com/article/418285-بري-استقبل-باسيل-في-حضور-خليل-و اتفاق-على-النقاط-العالقة-في-ملف-النفطو, [consulté le 10 avril 2017].
555- HADDAD, Scarlette, « Gaz : les véritables enjeux de l'accord surprise », *L'Orient le Jour*, 9 juillet 2016.
556- *Ibid.*
557- *Ibid.*
558- *Ibid.*

de grandes réserves naturelles de gaz et de pétrole[559]. Pour L'Orient-le Jour, les pressions évoquées concernent également les Russes qui ont de bonnes relations avec Israël. Le compromis trouvé se traduit par l'adjudication de 5 blocs sur dix, dont les trois du Sud (blocs 8, 9, et 10), un au Nord (le bloc 1) et un au centre (le bloc 4).

L'entretien du premier juillet 2016 entre Nabih Berry et Gebran Bassil est venu concrétiser l'accord portant sur le dossier du gaz. Il en a résulté un déblocage de la situation. Ali Hassan Khalil, le ministre des Finances s'exprime ainsi : « ce dossier avait suscité de nombreux débats dernièrement. C'est pourquoi le président Berry a tenu à ce que cet entretien ne s'achève pas sans aboutir à une entente qui prélude, à l'approbation en Conseil des ministres, des décrets relatifs à ce dossier [560]». Il ajoute : « tous les points sensibles et problématiques ont été débattus avec beaucoup d'ouverture, aboutissant à une entente complète entre le ministre Bassil et nous[561] ». Bassil précise, à propos de cette entente, sans toutefois en expliquer la teneur : « elle sert l'intérêt national supérieur, loin de tout calcul privé. C'est ce qui a catalysé notre entente directe sur une question qui touche à la sécurité économique des Libanais et tend à protéger leurs droits face à l'ennemi sioniste qui, lui, a déjà lancé son chantier d'exploitation des ressources maritimes[562] ».

Il révèle les grandes lignes de l'accord qui est axé sur les prochains appels d'offres, qui vise à en assurer la réussite tout en garantissant l'intérêt économique et la sauvegarde des investissements du Liban[563] ». Bassil valorise le « très bon timing » de cet accord, qui serait, « un signe d'espoir pour un accord politique plus large ». Il ajoute : « notre entente -sur les moyens pour que le Liban profite de ses ressources-, permet d'ajouter à l'équation de la force une équation économique, dans la lutte contre l'ennemi sioniste et place le Liban sur la carte mondiale du pétrole et du gaz[564] ». En se basant

---

559- Entretien avec Abdallah Bou Habib, Beyrouth le 15 février 2017.
560- OLJ, « Entente « totale » CPL-Amal sur le pétrole, à la demande de Salam », *L'Orient-le Jour*, 2 juillet 2016.
561- *Ibid.*
562- *Ibid.*
563- *Ibid.*
564- *Ibid.*

sur l'entente CPL-Amal, Ali Hassan Khalil lance un appel au Premier ministre Tammam Salam « en son nom et en celui de Gebran Bassil», afin de convoquer la commission ministérielle chargée du dossier du pétrole, en vue de remettre l'exploitation des gisements d'hydrocarbures à l'ordre du jour du Conseil des ministres et de faire approuver au plus vite les décrets relatifs à la question[565] . Bassil ajoute, quant à lui : « nous ne prétendons pas monopoliser les avis des autres partis politiques sur la question. Cependant, nous souhaitons que le dossier des ressources pétrolières retrouve sa place naturelle au Conseil des ministres, qui est le centre des prises de décision et notre autorité de référence à tous[566] ». Il interpelle Tammam Salam : « le Premier ministre avait déjà requis que le dossier soit résolu avant la prochaine convocation de la commission ministérielle, et nous avons agi sur la base de sa requête. C'est désormais lui qui doit décider des démarches à suivre». Si l'entente Berry – Bassil sur la question permet de débloquer la situation, cela montrerait que leur mésentente était l'une des causes majeures du blocage, contrairement à leurs affirmations qui accuseraient le 14 mars et le Courant du Futur. Les luttes de pouvoir entre alliés du 8 mars seraient ainsi la cause principale du retard du dossier. Il semble également que le compromis trouvé penche davantage du côté du point de vue de Berry que de Bassil, compromis que ce dernier se voit contraint d'accepter, tant il a misé politiquement sur le dossier du gaz. Sachant encore que si elle se justifie au niveau du principe, l'inclusion des blocs 8, 9 et 10 risque encore de retarder le dossier, puisqu'elle implique d'impossibles négociations avec Israël.

Ali Hamdan explique que le CPL voulait dès le début procéder par 5 blocs[567]. En revanche, le président Berry donnait la priorité aux blocs du sud pour confirmer le droit du Liban face aux ambitions israéliennes. Le compromis fut donc de conserver le nombre cinq mais en y incluant tous les blocs du sud, soient les 8,9 et 10. Les deux partis se sont efforcés d'être consensuels et de trouver un accord ''gagnant-gagnant''.

565- OLJ, « Entente « totale » CPL-Amal sur le pétrole, à la demande de Salam », *L'Orient-le Jour*, 2 juillet 2016.

566- *Ibid.*

567- Entretien avec Ali Hamdan, Beyrouth, le 12 mai 2017.

Diverses voix internes critiquent l'accord et le considèrent comme « un partage des parts » entre le mouvement Amal et le CPL. Le parti Kataëb critique le gouvernement Salam qui cherche à adopter les deux décrets dans la période marquée par « un vide présidentiel, une prolongation du Parlement et une absence d'instances de contrôle[568] ». Le parti met ainsi en garde : «la richesse pétrolière représente un espoir pour la nouvelle génération. C'est une bénédiction si elle est correctement exploitée. Cependant elle pourrait devenir un malheur à l'ombre d'un gouvernement qui fonctionne selon le principe du donne-moi-que-je-te-donne». Lara Saade explique que les critiques envers le gouvernement sont dues à sa négligence ainsi qu'à sa passivité vis-à-vis d'un dossier d'une importance majeure[569]. Elle révèle que le gouvernement refuse de rejoindre l'Initiative pour la transparence des industries extractives (ITIE), car il est « incapable de respecter les normes requises de transparence, d'intégrité et de bonne gouvernance[570] ». Le parti Kataëb est un farouche opposant au gouvernement. Le suivi des dossiers nationaux comme celui du gaz est pour lui une opportunité pour signaler les différentes irrégularités commises ou mettre en jeu la responsabilité du gouvernement.

Il reste que cette entente sur le pétrole, présentée par les deux partis comme une entente CPL-Amal, annoncerait, au-delà du dossier des ressources énergétiques, une « étape de coopération et de coordination bilatérale sur des dossiers divers touchant au quotidien des gens », selon les termes du ministre Ali Hassan Khalil[571].

Dans un entretien publié par le quotidien *As-Safir*, le président du Parlement déclare qu'il abordera -en marge de la session du comité de dialogue national du 2 août 2016-, la question de l'adoption des deux décrets-cadres, auxquels est suspendue l'attribution des licences d'exploration des réserves présumées d'hydrocarbures contenues dans la ZEE libanaise. « Le Conseil des ministres doit approuver ces décrets de toute urgence. Je prévois de

---

568- OLJ, « la richesse pétrolière est une bénédiction », *L'Orient le Jour*, 5 juillet 2016.
569- Entretien avec Lara Saade, Beyrouth, le 19 avril 2017.
570- *Ibid.*
571- *OLJ, «Entente CPL-Amal sur le pétrole, à la demande de Salam », L'Orient le Jour, 2 juillet 2016*

m'entretenir avec le Premier ministre, Tammam Salam sur ce sujet [572]». Il souligne que le dossier doit être dissocié des rivalités politiques internes car tout retard supplémentaire est bénéfique à Israël. Le ministre des Finances Ali Hassan Khalil plaide aussi pour un déblocage du dossier du gaz offshore dans un discours prononcé pendant la 20ème édition du Forum de Saint-Pétersbourg [573] qui s'est déroulé du 16 au 18 juin 2016 [574].

Mais l'accord conclu entre le CPL et Nabih Berry le 1 juillet 2016 ne s'est concrétisé qu'après l'élection du Président Michel Aoun. Dans son discours d'investiture, le chef de l'État indique que la croissance de l'économie nationale est liée à « l'investissement dans les ressources naturelles du pays [575] ». La déclaration ministérielle confirme l'engagement du gouvernement Hariri à accélérer les procédures de lancement du cycle de l'octroi des licences d'exploration pétrolière offshore, ainsi que l'adoption des décrets et lois nécessaires ; elle souligne le droit du Liban à bénéficier de ses ressources pétrolières et gazières, et réitère les droits maritimes libanais en particulier dans la zone économique exclusive [576].

Après le vote de la confiance au gouvernement par le parlement le 28 décembre 2016, le dossier du gaz fait l'objet des premiers décrets du gouvernement Hariri. En effet, après deux heures de discussion, le gouvernement adopte les deux décrets à l'unanimité, deux ministres du PSP, Marwan Hemade et Aiman Chouqair, accordant leur acceptation assortie de réserves [577].

Le journal *Al-Akhbar* rapporte que l'adoption des deux décrets a été précédée par une longue intervention du ministre des Finances qui a présenté 26 remarques sur des questions financières et surtout sur les compétences du

---

572- OLJ, « Berry veut relancer le dossier du gaz offshore », *L'Orient le Jour*, 21 juin 2016.

573- Le Forum de Pétersbourg est un forum économique regroupe chaque année des chefs d'entreprises et des responsables politiques qui discutent de divers sujets économiques et politiques.

574- OLJ, « Berry veut relancer le dossier du gaz offshore », *L'Orient le Jour*, 21 juin 2016.

575- http://www.presidency.gov.lb/French/News/Pages/Details.aspx?nid=23771, [consulté le 30 avril 2017].

576- *Ibid.*

577- https://al-akhbar.com/Politics/224351, [consulté le 5 avril 2017].

ministre de l'Énergie. Le ministre Khalil demande l'ouverture des blocs 8, 9 et 10 qui se situent au sud Liban à la frontière avec Israël (conformément à l'accord ente le CPL et Berry). Étant donné que le décret impose au ministre de l'Énergie l'ouverture de 5 blocs sans plus de précision, ce dernier promet d'inclure les blocs du sud dans l'ouverture. Cette promesse est inscrite au procès-verbal de la réunion. Ainsi, la dissension et confrontation entre Amal et le CPL sur la gestion du dossier se poursuit, en dépit de l'accord récemment conclu.

Le même journal rapporte que les ministres des Forces Libanaises ont préféré garder le silence suite aux propos du ministre Khalil. Le ministre Michel Pharaon, quant à lui, a demandé des explications concernant le choix des blocs du sud. Le ministre Khalil lui a répondu que ce choix reflète la volonté du Liban à affirmer ses droits maritimes étant donné qu'Israël a commencé la production. En parallèle, il a réitéré son opposition à donner au ministre de l'Énergie le droit de contrôler plusieurs étapes du processus de la production et a demandé le transfert de ces pouvoirs au Conseil des ministres, indiquant la détermination de Berry à ne pas se laisser dessaisir du dossier. Pour sa part, le ministre Marwan Hemade, demande la formation d'un fonds souverain et d'une compagnie nationale pour le pétrole. Dans ce contexte, le Premier ministre Hariri assure à Joumblat son engagement à former le fonds à travers l'adoption d'une loi qui sera votée au parlement.

Le ministre des Affaires étrangères, Gebran Bassil[578], répond aux accusations du ministre des Finances en assurant que les décrets ne donnent pas de pouvoirs exceptionnels au ministre de l'Énergie ; il rappelle que les membres de l'Autorité de l'énergie jouent un rôle essentiel dans le dossier du gaz et représentent tous les partis politiques du pays. De plus, il assure que les décisions importantes seront prises par le gouvernement.

Bassil répond au ministre Hamade que l'intérêt du Liban sera dans la formation d'une telle compagnie après l'acquisition de l'expertise nécessaire

---

578- Gebran Bassil a été nommé ministre des Affaires étrangères au lieu de l'Energie, qui est toujours détenue par son parti politique, le CPL. Bassil considère, selon une source proche de lui, que ce ministère contribue à assurer le chapeautage politique local et international au dossier du gaz.

et lui rappelle qu'actuellement les Libanais ne possèdent ni l'expérience, ni les moyens nécessaires pour la constitution d'une compagnie nationale. Les discussions sur la compagnie pétrolière nationale révèlent l'ignorance de la classe politique du texte de la loi 132 mentionnant clairement que la formation d'une telle entreprise ne peut être envisagée avant la découverte de quantités commerciales du gaz.

Suite à ce débat qui dura deux heures, le Président de la république, Michel Aoun, intervient en disant qu'il est vain de discuter encore et que « soit on adopte les décrets à l'unanimité, soit par vote[579] ». Après cette intervention, le gouvernement adopte donc à l'unanimité les deux décrets, les deux ministres du PSP Marwan Hemade et Choucair, rappelons-le, accordant leur acceptation assortie de réserves.

Suite à l'adoption de ces deux décrets, Le chef de la diplomatie, Gebran Bassil adresse ses félicitations aux Libanais et remercie « tous ceux qui ont contribué à ces accomplissements exceptionnels[580] ». Le ministre de la Justice Salim Jreissaty, proche du chef de l'État, considère que le relancement du dossier du pétrole est un pas important dans l'histoire politique du Liban[581].

Il convient de signaler que durant cette réunion, la position du Premier ministre Saad Hariri était en concordance avec celle du Président de la république ce qui a consolidé la position de ce dernier qui a même suggéré le vote au sein du Conseil des ministres. En contrepartie, le chef du Courant du Futur a eu le soutien nécessaire pour limoger Abdel Menhem Youssef de ses fonctions, PDG d'Ogero et directeur d'exploitation et de maintenance au sein du ministère des Télécoms. Ces premières décisions du gouvernement Hariri reflètent la volonté commune du CPL et du Premier ministre Saad Hariri à donner un nouvel élan au premier gouvernement formé, à l'ère de la présidence du général Aoun.

Walid Joumblatt, chef du PSP et du Rassemblement démocratique, explique dans L'Orient-Le Jour, les raisons pour lesquelles les deux ministres

---

579- AL-Akhbar, « le Liban adopte les deux décrets du gaz offhsore », *Al-Akhbar*, 5 janvier 2017.
580- ABI AKL, Yara, « le pouvoir prend ses premières marques », *L'Orient Le Jour*, 5 juin 2017.
581- Entretien avec Salim Jreissaty, Beyrouth, le 20 avril 2017.

socialistes de son parti ont exprimé des réserves à l'égard de ces deux décrets. Il dénonce « un vol » entériné par « la majorité des partis politiques » en ajoutant que « les ministres du Rassemblement démocratique ont voté contre le racket et le piratage organisé et officiel de nos ressources pétrolières[582] ». Le mot fort utilisé par Joumblatt est dans ses pratiques pour dénoncer d'une part le partage des dividendes du pouvoir et d'autre part l'accord Aoun-Hariri. Le chef druze considère que la formation du fonds souverain doit précéder l'ouverture des blocs maritimes. Il rappelle que son parti, le PSP, a plaidé pour : « la création d'un fonds souverain national alimenté par les rentes de l'exploitation des ressources maritimes et la création d'une société nationale qui décide de l'exploitation[583] ». Joumblatt explique que les pays du Golfe ont opté pour la formation de compagnies nationales et cite à titre d'exemple la société saoudienne Aramco, l'algérienne Sonathrac et l'irakienne Iraq Petroleum Company.

Walid Joumblatt considère que la gestion des ressources naturelles doit être de la responsabilité d'un fonds souverain et d'une société nationale. Il dénonce le fait que le ministre de l'Énergie soit en mesure de gérer désormais « entièrement et exclusivement[584] » la richesse pétrolière. Toujours selon Joumblatt, « le ministre se substitue à la société nationale dans toute prise de décision en la matière[585] » dénonçant cette « escroquerie flagrante, indépendamment du parti politique dont relève le ministre en question[586] ». Le chef du PSP considère que « tous les partis impliqués ont accepté de déléguer au ministère de l'Énergie les pleins pouvoirs dans la gestion des ressources gazières, abandonnant l'idée d'un fonds souverain et d'une société nationale d'exploitation[587] ». Il semble pour le leader druze qu'un compromis a été conclu bien avant l'élection présidentielle et la formation du gouvernement. Walid Joumblatt qui se sent à l'écart du compromis politique, hausse le ton pour améliorer sa situation : de cette façon, il rappelle qu'il est bien présent

---

582- NOUJAIM, Sandra, « Joumblatt s'oppose au piratage du gaz », *L'Orient Le Jour*, 5 janvier 2017.
583- *Ibid.*
584- *Ibid.*
585- *Ibid.*
586- *Ibid.*
587- *Ibid.*

et qu'il envisage toujours de jouer un rôle dans un dossier stratégique comme celui du gaz. La loi 132 mentionne clairement que la formation d'un fonds souverain est obligatoire, et que la compagnie nationale ne peut être envisagée qu'après la découverte de quantités commerciales : nous avons déjà évoqué ce point et nous le développerons plus tard.

Le député Ghazi Youssef, membre du Courant du Futur, révèle à l'Orient-Le Jour qu'un accord entre le dossier du pétrole et celui des télécommunications a bien été réalisé avant l'élection du président Michel Aoun. Il considère que « ces accords semblent pencher en faveur de Baabda et de ses alliés[588] ». Ghazi Youssef fait état d'un accord « entre les trois grands décideurs actuels : le bloc aouniste et ses alliés, le courant du Futur et le mouvement Amal ». Il cite trois points non élucidés qui sont en contradiction avec la démarche de transparence du secteur : premièrement, la loi fiscale toujours non adoptée et qui est censée être un outil important pour convaincre les grandes entreprises ; en second, l'amendement de la loi 132 imposant la création d'un fonds souverain et déterminant ses méthodes de fonctionnement en allouant sa gestion au Conseil des ministres réuni. Quant à la troisième faille, elle se manifeste par l'absence d'un comité indépendant qui supervise et régularise les opérations. De plus, le député Youssef critique la concentration des compétences aux mains du ministre de l'Energie et le rôle majeur qui lui est attribué. Il rappelle que l'Autorité de l'énergie « n'a qu'un pouvoir consultatif non contraignant auprès du ministre de l'Énergie » et que le ministre peut présenter un avis contraire à celui de l'Autorité et du Conseil des ministres voire s'abstenir et faire blocage. Pour Ghazi Youssef, « les sociétés intéressées par les adjudications seraient vraisemblablement portées à ménager le ministre en question, ou tout groupe politique ayant un avis prédominant au niveau de la procédure ».

Après l'adoption des deux décrets, le dossier suit son cours, toujours encadré et surveillé par les politiques. Ainsi, suite à l'adoption par le parlement le 16 juin 2017 de la nouvelle loi électorale sur la base de la proportionnelle, le Président de la république organise une réunion de concertation à Baabda le 22 juin 2017 entre les principaux dirigeants des formations politiques participant

---

588- NOUJAIM, Sandra, « Joumblatt s'oppose au piratage du gaz », *L'Orient Le Jour*, 5 janvier 2017

au gouvernement de Saad Hariri. Cette réunion présidée par le Chef de l'État, permet aux dirigeants de se mettre d'accord sur une feuille de route rendue publique. Dans ce document, les responsables rappellent leur attachement à plusieurs questions d'ordre constitutionnel, économique, et social qui ont trait à la gouvernance du pays. Concernant le dossier de gaz, les responsables ont réitéré la volonté de l'État libanais d'exploiter ses ressources pétrolières et gazières au large des côtes libanaises. Ils affirment leur volonté de compléter le cadre juridique du secteur pétrolier au Liban[589]. Les décisions qui ont émané de cette réunion et qui concernent le dossier du gaz représentent un message ferme sur le fait que le gouvernement et les partis politiques accordent une importance majeure au dossier et le considèrent comme une priorité nationale. Dans le même contexte, le journal Al-Joumhouriya rapporte que le président du Parlement, Nabih Berry, après le prolongement du mandat du parlement, donne la priorité au dossier du gaz[590]. Il vise en effet à faire adopter au parlement la loi sur la fiscalité et à poursuivre simultanément les concertations avec les Etats-Unis ainsi qu'avec l'envoyée spéciale du Secrétaire général de l'Onu au Liban, Sigrid Kaag[591].

En guise de conclusion, le compromis politique entre les trois partis, le CPL, le courant du Futur et le parti Amal a permis le déblocage du dossier du gaz. Le chapeautage politique du dossier restera une nécessité tant que les contrats d'exploration et de production ne seront pas signés avec les compagnies pré-qualifiées, ce qui est prévu pour novembre 2017. Pour le Président Aoun, le dossier du gaz doit être l'une des réalisations majeures de son mandat. Pour Saad Hariri, qui a besoin d'investir dans des dossiers productifs ayant des conséquences directes sur le niveau de vie des Libanais, le dossier du gaz s'avère l'un des meilleurs choix pour réacquérir la confiance des Libanais. Mais naturellement, il ne s'agit encore que de la manifestation de la volonté de faire avancer le dossier qu'il faudra confronter aux avancées effectives.

589- KARAM, Matthieu, « La réunion de concertation à Baabda accouche d'une feuille de route qui ratisse large », *L'Orient le Jour*, 22 juin 2017.
590- http://www.aljoumhouria.com/news/index/371646, [consulté le 23 juin 2017].
591- *Ibid.*

2.2 L'entente Bassil – Berry, gaz et présidentielle

L'accord conclu entre Bassil et Berry n'a été appliqué qu'après l'élection de Michel Aoun. Ce fait a été l'objet de maintes interprétations au Liban. Selon le quotidien Al-Joumhouriya, les négociations pour le déblocage du vide présidentiel sont en relation directe avec le dossier du gaz, lui-même bloqué depuis 2013[592].

Le député Mohamad Kabani, chef de la commission parlementaire de l'Energie, considère que l'accord pétrolier ouvre une nouvelle page dans la vie politique libanaise qui sera traduite par une détente au niveau politique et une amélioration sur le plan économique[593]. Cependant, il estime que le dossier du gaz n'est pas nécessairement en relation directe avec celui des présidentielles. Jean Oghasabyan, membre du bloc parlementaire du courant du Futur estime quant à lui qu'au Liban, tous les dossiers sont liés entre eux, notamment le dossier stratégique du gaz. Cependant, selon lui, en ce qui concerne les présidentielles, il faut prendre en compte également l'influence des puissances régionales et internationales concernées directement par le dossier [594]. Quant au ministre des Finances Hassan Khalil, il insiste suite à l'accord, sur l'importance du rapprochement entre les Libanais qui peut se traduire par un déblocage politique à tous les niveaux.

Le quotidien *Al-Akhbar* rapporte que Gebran Bassil avait envoyé des messages positifs à Berry sur fond des élections présidentielles avant les rencontres qui ont traité de la question du gaz. Selon la même source, Bassil a discuté durant ces réunions avec le chef du parlement de la question des présidentielles[595]. Pour le CPL, le support du bloc parlementaire d'Amal est important pour assurer les voix nécessaires à l'élection de Michel Aoun, mais la relation tendue entre les deux partis complique la possibilité d'un compromis politique tout en laissant ouverte les perspectives. Le quotidien précité rapporte également que Berry préfère un compromis global incluant

---

592- http://www.aljoumhouria.com/news/index/275948, [consulté le 20 juin 2017].
593- NAZIR, RIDA, « Un déblocage politique au Liban suite à l'accord gazier », *Al-Chark-Al-Awsat*, 4 juillet 2016.
594- *Ibid.*
595- RIZK, Maissam « Berry est contre l'élection de Aoun sauf si … », *AL-Akhbar*, 21 juillet 2016.

la loi électorale, le gouvernement et d'autres dossiers. C'est, en effet, dans ce contexte qu'est venue la réponse de Berry qui considère que le dossier du gaz est un dossier national et qu'il ne faut pas le lier à la question des présidentielles. Quant au quotidien An-Nahar, il rapporte que Berry considère que le dossier du gaz ne doit pas être retardé ou bloqué par des obstacles politiques et que la question des présidentielles nécessite des concertations plus larges[596]. De son côté Ali Hamdan conseiller du chef du parlement explique que ce dernier accorde une importance majeure au dossier du gaz et qu'il est prêt à faire tout ce qui est nécessaire pour assurer son bon déroulement. Quant à la relation entre l'entente pétrolière et présidentielle, il explique que les partis politiques au Liban ont l'habitude de mélanger les dossiers tout en niant la présence d'un compromis en lien entre ces deux dossiers[597]. La longue expérience politique et le pragmatisme de Berry contribuent à donner l'image qu'il est un homme d'Etat qui respecte les lois en dehors de tout clivage politique. Mais cette attitude est critiquée ouvertement par ses adversaires politiques notamment le CPL.

Wissam Dahabi, membre de l'Autorité de l'énergie, nie avoir pris connaissance d'un compromis politique qui échange le déblocage du dossier du gaz contre celui des présidentielles. Il rappelle que l'Autorité n'est pas impliquée dans la politique interne, mais qu'elle voit d'un bon œil tout rapprochement politique entre les partis qui pourra être bénéfique pour l'avancement du dossier[598]. Wissam Chbat, quant à lui, considère que le plus important réside dans l'avancement du dossier du gaz suite aux compromis politiques[599]. Ainsi, l'accord pétrolier entre Berry et le CPL d'une part et l'élection du Président Michel Aoun d'autre part, ont assuré le chapeautage politique qui a permis de compléter le cadre juridique et administratif du dit dossier. Chbat ajoute que la classe politique est de plus en plus consciente de l'intérêt national suprême que représente le dossier, en un temps où la majorité des pays de la Méditerranée

---

596- An-Nahar, « Déblocage politique du dossier du gaz », *An-Nahar*, 4 juillet 2016.
597- Entretien avec Ali Hamdan, Beyrouth, le 12 mai 2017.
598- KHATIB, Raed, « Dahabi: pour le déblocage du dossier du pétrole » , *Al-Moustaqbal*, 18 juillet 2016.
599- Entretien avec Wissam Chbat, Beyrouth, le 18 mai 2017.

orientale ont déjà commencé la production du gaz. Il rappelle aussi que la résolution de la question du traité avec Chypre et la délimitation des frontières sud ont besoin de décisions politiques. De telles décisions nécessitent aussi une stratégie qui se base sur une entente ou un compromis entre les partis libanais qui participent au gouvernement. Le Liban pourra ainsi parler d'une seule voix dans toute négociation future.

Le quotidien *Al-Akhbar* rapporte que des réunions ont été organisées entre le ministre Bassil et Nader Hariri à Paris pour discuter de la période qui suivra l'élection de Michel Aoun et la formation du gouvernement Hariri[600]. La même source rapporte que le dossier du gaz était au centre des discussions. Elle ajoute que les deux partis se sont mis d'accord sur la nécessité d'accorder une priorité à l'avancement du dossier une fois que le nouveau gouvernement sera formé par Saad Hariri.

Jihad Zein remarque que le déblocage du dossier de gaz s'est fait après l'entente entre Aoun et Berry, mais pas avant l'élection de Michel Aoun. De plus, il estime que le bloc du Futur y a adhéré ultérieurement à travers son chef Saad Hariri. Il convient de signaler à cet égard que l'accord pétrolier nécessitait l'approbation de Berry, représentant majeur des chiites avec le Hezbollah dans le système politique libanais, et l'accord présidentiel celle de Hariri, représentant des sunnites dans le système. Zein ajoute que les deux décrets pouvaient être adoptés par le gouvernement Salam sans toutefois attendre l'élection du président Aoun et la formation du nouveau gouvernement, cependant le symbolisme garde son importance au pays des cèdres. En effet, le compromis qui a été élaboré entre un Maronite et un Chiite doit nécessairement inclure un sunnite pour sa validation. C'est ainsi que le compromis bilatéral a été transformé en un compromis tripartite regroupant les représentants des trois plus grandes communautés du Liban. Toujours selon Jihad Zein, la conséquence directe de ce compromis a fourni au dossier du gaz un chapeautage politique solide qui lui garantira une suite fluide. En parallèle, une autre dimension s'ajoute au dossier, celle de la volonté internationale de

---

600- CHOUFI, Firas, « Rencontre entre Bassil et Nader Hariri à Paris », *Al-Akhbar*, 28 septembre 2016.

maintenir une stabilité au Liban. Abdallah Bou Habib souligne dans ce contexte la volonté des grandes capitales de maintenir le Liban à l'écart des grands problèmes de la région. Il est bien évident que ceci nécessite des compromis internes entre les partis politiques qui détiennent les clés du jeu. Même s'il ne semble pas exister d'indices tangibles de l'éventuelle existence de liens entre le dossier du gaz et les présidentielles, ils sont en réalité étroitement liés. Toujours selon Bou Habib, les deux dimensions régionale et internationale du dossier du gaz sont certaines, à l'instar de celles du dossier des présidentielles. En effet, les deux dossiers impliquent des acteurs au-delà des frontières et font intervenir les intérêts politiques, stratégiques et économiques des grandes puissances ; intérêts qui s'alignent avec la logique de stabilité et des compromis au niveau interne de la politique libanaise. A tout ce qui vient d'être évoqué, s'ajoute le fait que le Liban à l'heure actuelle représente la base opérationnelle et logistique pour les organisations internationales intervenant dans la crise syrienne. Pour toutes ces raisons, il est donc de l'intérêt de tout le monde de préserver sa stabilité. Abdallah Bou Habib ajoute que le dossier de gaz fut un facteur de rapprochement entre les Etats-Unis et le général Michel Aoun après la dégradation de leurs relations suite à la signature du document d'entente entre le CPL et le Hezbollah, le 6 février 2006. En effet, le rapprochement du CPL avec le parti chiite, considéré comme l'allié numéro 1 de l'axe syro-iranien au Liban a entravé les relations qui liaient les deux partis. En guise de rappel, le général Aoun a visité les Etats-Unis le 17 septembre 2003 et a témoigné devant une commission du congrès américain qui discutait d'un projet de loi sur l'imposition de sanctions à Damas pour son soutien au terrorisme et son occupation du Liban[601]. Bou Habib rappelle dans ce contexte que le ministre Bassil tente de profiter du dossier du gaz pour reconstituer la relation avec Washington et dans ce contexte, introduit les sociétés américaines de prospection afin de s'imposer en interlocuteur principal.

Il convient de signaler que des voix se sont élevées pour dénoncer les compromis à deux conclus en dehors des institutions ou du gouvernement.

601- PERRIN, Jean Pierre, « le général Aoun prêche pour le Liban libre », *Libération*, 13 novembre 2003.

Le chef Druze Walid Joumblat utilise twitter pour mettre en garde contre un « barrage de Janna pétrolier[602] » en référence au barrage construit dans la région de Byblos[603]. De son côté, le ministre des Kataëb Segaan Kazi met en garde contre tout accord bilatéral qui exclut la majorité des Libanais. Il ajoute que l'Etat et ses institutions ne peuvent pas être réduites à des personnes ou des partis compte-tenu du fait que la constitution définit les règles du fonctionnement du régime politique au Liban[604]. En conclusion, tous les dossiers sont liés au Liban. L'accord pétrolier a certes facilité les élections présidentielles, même si Berry a repris à plusieurs reprises que Aoun n'était pas son candidat sachant qu'il n'a pas voté pour lui.

2.3 Le ministère de l'Energie et le retour du rôle politique des chrétiens sur l'échiquier régional et international

Le ministère de l'Energie a acquis une importance stratégique du fait de la forte probabilité de ressources gazières et est devenu par conséquent un portefeuille souverain à l'instar de la Défense, de l'Intérieur, des Affaires étrangères et des Finances. Les émissaires internationaux, les ambassadeurs et les représentants des multinationales négocient les accords du dossier pétrolier directement avec le ministre de l'Energie. Le ministère est ainsi devenu une pierre angulaire dans l'élaboration des politiques internes et externes du Liban. Il a acquis une importance équivalente au ministère des Affaires étrangères et se présente comme une plateforme indispensable pour s'introduire ou pour échanger et communiquer avec les acteurs politiques sur les scènes régionale et mondiale. Les relations qui se créent se répercutent sur la vie politique interne : le dossier du pétrole permet au parti politique qui détient le ministère de l'Energie de consolider ses positions sur le plan interne et externe.

Depuis 2008, le ministère est détenu par le Courant Patriotique Libre (CPL) fondé par l'actuel président de la république, le général Michel Aoun, ou par son allié proche le parti arménien Dachnak. Une source anonyme proche

---

602- La construction du barrage dans la région de Byblos suscite des divisions et des critiques violentes entre le CPL et le courant du Futur. Le débat fait partie des divisions politiques que connaît le pays. Le Courant du Futur considère que le projet n'est pas une priorité, qu'il dissimule une tentative de corruption et qu'il présente des défaillances au niveau des études.
603- An-Nahar, « Déblocage politique du dossier du gaz », *An-Nahar*, 4 juillet 2016.
604- *Ibid.*

du CPL considère que la détention du ministère de l'Energie par les ministres du CPL présente une opportunité pour les chrétiens de revenir sur l'échiquier de la politique régionale et internationale[605]. La source rappelle que le rôle actif des chrétiens sur le plan de la diplomatie a été affaibli suite à l'occupation syrienne au Liban et à l'influence de l'ancien premier ministre Rafik Hariri. En effet, la politique étrangère menée par Hariri a occulté le rôle que jouaient les chrétiens avant-guerre, sur la scène internationale en menant des contacts avec l'Occident et la France à leur place. Aujourd'hui, le ministère de l'Energie qui a pris une nouvelle dimension avec les premières découvertes de gaz en Méditerranée orientale, est une vraie occasion pour reconstituer un rôle chrétien actif dans le cadre de l'intérêt suprême du pays. Ceci se traduit par le fait que les chrétiens deviendront les interlocuteurs directs des multinationales présentes au Liban ; puisque, les intérêts économiques de ces dernières sont directement liés aux intérêts politiques de leurs pays. Cette affirmation ne prend pas en considération le manque d'un projet pour les chrétiens du Liban à l'instar du projet politico-confessionnel du Hezbollah qui est clair.

Dans le même contexte, le député des FL, Joseph Maalouf rappelle que son parti déploie de grands efforts pour réintégrer les chrétiens au sein de l'Etat et revaloriser leur rôle tant sur le plan interne qu'externe. Pour lui, le dossier du gaz est une opportunité pour le renouvellement des institutions politiques et administratives au Liban[606]. Dans l'entrevue mené avec lui, il insiste sur l'importance du rôle particulier que doit assumer l'élite libanaise afin d'assurer le développement du pays. Il rappelle toutefois que le dossier du gaz est bénéfique à tous les Libanais et que sa bonne gestion doit être menée avec transparence. Quant au parti Kataëb, Lara Saade, conseillère de Sami Gemayel, affirme que la priorité de son parti est de redonner aux chrétiens un rôle important au sein de l'Etat et de ses institutions. Elle ajoute que les Kataëb voient d'un bon œil la détention du ministère de l'Energie par des chrétiens n'appartenant pas au même parti qu'eux. Cette position montre l'ouverture du parti et son engagement pour un rôle important des chrétiens dans le système

---

605- Source qui a préféré conserver l'anonymat.
606- Entretien avec Joseph Maalouf, Beyrouth, le 20 mars 2017.

politique indépendamment de la lutte pour le pouvoir. Toutefois, Saade appelle à la vigilance au niveau de la gestion du dossier et insiste sur l'importance de la transparence à tous les niveaux.

Il est reproché aux deux partis chrétiens, FL et Kataëb, leur négligence envers le dossier du gaz, négligence qui a abouti à la monopolisation de sa direction, du côté chrétien, par le CPL. En effet, depuis que le dossier a vu le jour en 2007, les deux partis n'ont pas accordé le suivi adéquat à son développement. Ce n'est qu'en 2016 que les FL ont entrepris le premier pas sérieux à cette échelle et ce à travers l'organisation, dans leur quartier général à Meerab, d'un séminaire intitulé : « Renforcement de la transparence dans le secteur pétrolier[607] ». Pour le député du parti, Joseph Maalouf, le retard affiché a été rattrapé et les FL suivent actuellement le dossier dans ses moindres détails. Il note qu'en plus de l'organisation de deux séminaires spécialisés à Meerab, des membres du parti ont visité les responsables chypriotes pour une meilleure compréhension de la question du traité non ratifié. Maalouf souligne également qu'en tant que membre de la commission parlementaire de l'Energie (impliquée directement dans la définition du cadre juridique du dossier), il a présenté un projet de loi en 2016 pour le renforcement de la transparence dans le secteur pétrolier libanais. Quant aux raisons du retard déjà évoqué, Maalouf explique qu'au début, les préoccupations politiques avaient la priorité car les défis stratégiques étaient omniprésents ; de plus, le parti avait besoin d'un certain temps pour s'organiser afin de pouvoir faire face aux multiples dossiers.

En ce qui concerne le rôle du CPL dans le dossier du gaz, son importance ne peut être isolée de la stratégie du parti adoptée après le retour du général Michel Aoun au Liban en 2005 ni du support incontestable et primordial de l'allié chiite, le Hezbollah. Rappelons que, la formation du gouvernement Mikati a été bloquée pour plus de 5 mois afin d'assurer à Gebran Bassil, gendre du général, le portefeuille du ministère de l'Energie suite aux élections

---

607- https://www.lebanese-forces.com/2016/10/19/oil-file-maarab-lf-party/, [consulté le 6 avril 2019].

législatives de 2009[608]. Abdallah Bou Habib remarque que le soutien apporté par le Hezbollah au CPL était crucial dans l'acquisition de certaines demandes politiques face à l'intention de Nabih Berry de dominer le dossier. A maintes reprises, la confrontation politique entre le CPL et le parti Amal a pris la forme d'une escalade confessionnelle mais l'intervention d'un intermédiaire qui est le plus souvent le Hezbollah permit à chaque fois de parvenir à un compromis. La question du fonds souverain et la présidence de l'Autorité de l'énergie ont en particulier été sujets de tractations politiques intenses qui ont retardé l'avancement du dossier de gaz.

La stratégie du CPL semble se traduire donc par l'élaboration d'alliances afin de consolider sa position interne. C'est ainsi que le Hezbollah, en quête d'une couverture politique chrétienne, surtout durant et après la guerre de 2006, était prêt à soutenir son allié chrétien même au détriment du mouvement chiite Amal, ce qui l'arrange, dans la mesure où il affaiblit son allié mais non moins seul concurrent dans la communauté chiite. Cette stratégie a permis au CPL de conserver le ministère de l'Energie ou de l'accorder au Dachnak, un allié proche qui assure la continuité de sa politique. Ainsi, Arthur Nazarian, ministre de l'Energie entre 2014 et 2017, et qui avait succédé à Gebran Bassil, n'a pas modifié du tout l'équipe de ce dernier au ministère[609]. Toujours dans le même contexte, il convient de signaler que l'actuel ministre de l'Energie, César Abi Khalil, a été le conseiller de Gebran Bassil et de Alain Tabourian au ministère[610]. Le journaliste Jihad Zein signale que l'insistance du CPL à devenir un acteur énergétique principal dans le pays, reflète une volonté claire de détenir un rôle essentiel dans la gestion des ressources naturelles du pays, rôle qui est censé lui fournir des cartes clés qui seront utilisées ultérieurement sur la scène politique nationale.

Ainsi serait-il intéressant d'étudier la relation entre les négociations avec les partis principaux du pays avant l'élection présidentielle fin 2016- et l'avancement du dossier du gaz.

608- https://www.france24.com/ar/20110613-lebanon-new-government-najib-mikati-prime-minister, [consulté le 5 mai 2017].
609- Entretien avec Wissam Chbat, Beyrouth, le 18 mai 2017.
610- *Ibid.*

2.4 Processus de décision publique dans le dossier du gaz

Le processus de décision publique au Liban sera l'un des facteurs clés pour le succès du dossier du gaz. La structure de décision peut être résumée selon le schéma suivant :

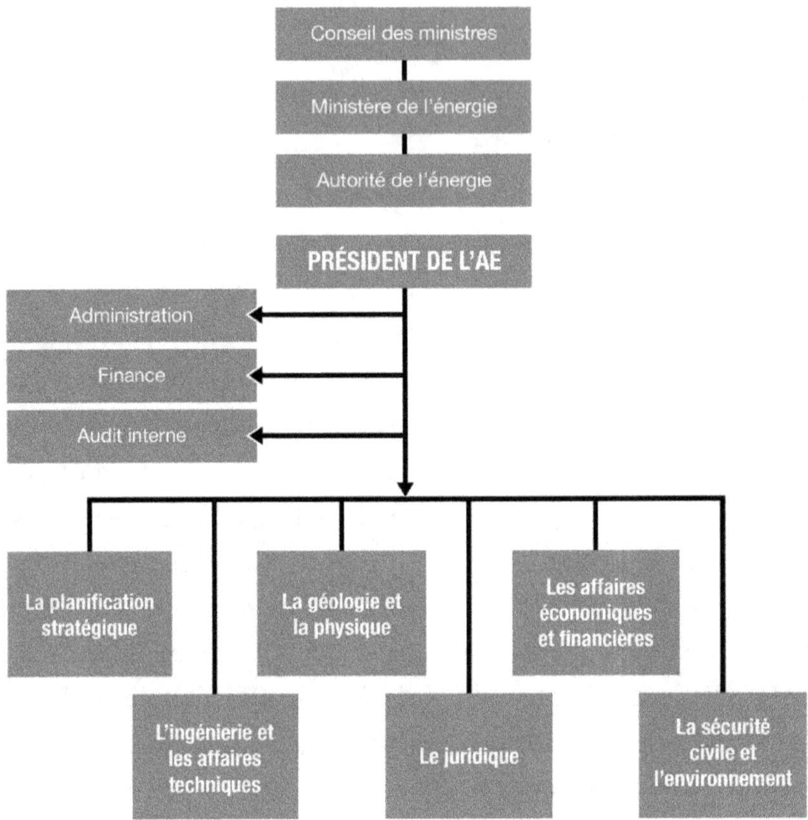

Figure 14: La hiérarchie du processus de décision relatif à la gestion du gaz
(Source : https://www.norad.no, consulté le 5 juillet 2017)

Les entités directement impliquées dans le processus de décision publique qui concerne le dossier du gaz sont : l'Autorité de l'énergie, le ministère de l'Energie et le Conseil des ministres. L'Autorité de l'énergie est le noyau de la structure hiérarchique. Elle est sous la tutelle du ministre de l'Energie dont le ministère est impliqué directement dans le dossier du gaz. En haut de la structure, le gouvernement. La constitution au Liban détermine la façon dont les gouvernements doivent être formés. Les ministères doivent être répartis à part égale entre chrétiens et musulmans tout en prenant en compte la représentation des communautés de chaque rite. Ainsi, côté chrétien, les maronites, les grecs catholiques, les grecs orthodoxes, les arméniens et parfois d'autres minorités comme les syriaques ou les évangéliques sont représentés tandis que chez les musulmans, ce sont essentiellement les sunnites, les chiites et les druzes qui sont représentés.

L'instabilité politique et les divisions communautaires amplifient le risque de paralysie politique. Le Liban a été incapable d'élire un président pendant deux ans après la fin du mandat du Président Michel Sleiman : l'équilibre instable est l'une des caractéristiques du système politique libanais. La composition du gouvernement reflète l'équilibre de force entre communautés et partis du pays. Le cabinet actuel présidé par Saad Hariri regroupe la majorité des partis politiques du pays à l'exception du parti des Kataëb qui a choisi d'être dans le rang de l'opposition.

Un choix majeur pour la structure du secteur a été reporté ; la question d'une compagnie pétrolière nationale. Les pays qui explorent ou qui ont découvert le pétrole et le gaz souhaitent accroître la participation nationale dans leurs secteurs pétroliers et perçoivent souvent la mise en place d'une société pétrolière nationale (SPN) comme un outil pour la défense des intérêts nationaux en amont. Au Liban, des voix se sont élevées pour la création d'une compagnie nationale. L'article 6 de la loi sur les ressources offshore définit le cadre nécessaire pour créer une SPN : « Si nécessaire et après avoir identifié des opportunités commerciales, le Conseil des ministres peut créer une SPN sur la base d'une proposition du ministre de l'Energie et de l'avis de l'Autorité de l'énergie[611] ». Plusieurs questions émergent sur son rôle et sur les mécanismes de gouvernance appropriés pour assurer son bon fonctionnement.

Il est utile dans ce cadre de tirer les leçons de l'expérience des autres pays. Pour les pays d'Afrique comme le Nigeria ou l'Angola le bilan est négatif.

611- Article 6 de la loi 132/2010.

Pour les producteurs émergents au Moyen-Orient, le bilan est au contraire très positif. Ainsi Saudi Aramco et Qatar Petroleum gèrent leur secteur pétrolier avec une grande compétence. Cette réussite consolide les attentes publiques dans ces pays où la population estime que le secteur pétrolier ne doit pas être dominé par les compagnies étrangères. Cependant, dans le contexte de chaque pays, il faut tenir compte des opportunités et des défis. Le cadre libanais est différent des autres. Cela nécessite une réflexion particulière sur les modalités de fonctionnement de toute entreprise.

L'analyste Valérie Marcel identifie ainsi les trois défis qui se posent pour la création de toute SPN : son financement, la qualité du personnel et le gonflement de son cadre humain par le clientélisme de l'Etat[612]. Elle explique que la capacité des SPN à générer des profits dépend en grande partie du stade de développement des ressources, c'est-à-dire si le pays a atteint la phase de production (génératrice de revenus) et de sa capacité à gérer les bénéfices des ventes de pétrole ou de gaz. Ainsi, toute entreprise créée avant la phase de production nécessitera le soutien financier de l'État. Or dans un pays comme le Liban, où l'instabilité politique menace l'avancement du dossier, ce financement peut devenir un fardeau pour l'Etat. Ainsi, jusqu'à ce que la production commence et que des revenus soient tirés des ventes de pétrole ou de gaz, les SPN dans les pays émergents producteurs se sont appuyées sur les sources de revenus suivantes : les allocations budgétaires, les ventes en aval comme par exemple des activités de raffinage, ou des revenus en amont comme la vente de données géologiques ou sismiques. L'autre défi est la qualité du personnel recruté. Le Liban connu pour sa diaspora peut avoir recours à des cadres libanais ayant l'expertise et le savoir-faire nécessaire. Une autre dimension à considérer est la tendance de l'Etat à gonfler la taille du personnel sur une base de clientélisme politique. Ainsi, les SPN sont confrontées à de graves difficultés financières lorsque le prix du pétrole chute et que l'exploration ralentit car elles ne peuvent pas maintenir leurs coûts de main-d'œuvre.

Il est donc essentiel pour le gouvernement de définir de façon très claire la mission d'une SPN, sa portée et les limites de son rôle pour éviter

---

612- MARCEL, Valérie, « Establishing a National Oil Company in Lebanon », *LCPS*, septembre 2016.

le chevauchement des rôles. Le rôle d'une SPN devrait être défini par le gouvernement et guidé par une hiérarchisation claire des objectifs de l'État. Au Liban, une SPN interagit principalement avec le ministère de l'Energie, le ministère des Finances et un organisme de réglementation qui est l'Autorité de l'énergie. Dans ce contexte, la création de la SPN doit respecter les limites définies dans le cadre institutionnel existant et optimiser le système de gouvernance pétrolière existant. Six rôles de la SPN peuvent être identifiés[613] : maximiser le revenu de l'État, exercer un contrôle national des ressources, assurer la sécurité de l'approvisionnement, fournir une énergie abordable pour les utilisateurs domestiques, aider à la mise en œuvre de la politique de développement économique. L'importance relative des objectifs variera d'un pays à l'autre en fonction des ressources, de la capacité administrative de l'État et des compétences du secteur pétrolier disponibles. Dans les pays producteurs émergents comme le Liban, le gouvernement doit s'attendre à ce que les variables changent avec le temps, comme par exemple la baisse du prix du pétrole ; et les objectifs de la SNP doivent être réévalués tous les trois à cinq ans, tout en conservant une cohérence politique globale.

Il existe plusieurs types de modèles pour les compagnies nationales. Le Liban doit choisir celui qui lui conviendrait le mieux. Quatre types de compagnies peuvent être identifiés[614]. Pour l'entreprise concessionnaire (Concessionnaire-type), les pays mandatent leurs SPN pour les fonctions réglementaires du secteur pétrolier au nom de l'État. Or dans le cas du Liban, une fonction réglementaire entraverait les processus de gouvernance et saperait l'Autorité de l'énergie. Il y aurait vraisemblablement un chevauchement et une concurrence dans les fonctions entre l'Autorité et la SPN. Un manque de clarté dans les rôles et les responsabilités pourraient engendrer une mauvaise gouvernance du secteur national du pétrole. Pour ces raisons, le Liban devra éviter de donner à une SPN un rôle qui pourrait usurper celui de l'Autorité de l'énergie dans les licences et la réglementation des opérateurs. Cependant un rôle consultatif peut être attribué ; de plus une SPN peut détenir la part

---

613- MARCEL, Valérie, « Establishing a National Oil Company in Lebanon », *LCPS*, septembre 2016
614- *Ibid.*

d'équité de l'État et participer aux réunions avec les compagnies pétrolières étrangères. La gestionnaire des actions de l'Etat en amont (Manager of state equity shares in the upstream), est distincte de la SPN commerciale qui détient des intérêts minoritaires. Elle n'aspire pas à être une compagnie investissant dans des filiales ou à participer à des structures décisionnelles mais plutôt, à jouer un rôle de surveillance, comme la société norvégienne Petoro par exemple. Un autre aspect de son rôle est la gestion des risques et la gestion des intérêts financiers directs de l'État, y compris la préparation des budgets et la tenue des comptes. C'est un aspect important de son rôle parce que la Norvège possède de grandes exploitations de pétrole et de gaz et Petoro gère le portefeuille pour le compte de l'État. Cependant, au Liban, où la base de réserve sera probablement sensiblement plus petite, la gestion de portefeuille ne sera pas une priorité. Une SPN commerciale en amont (commercial upstream company) présente un mandat légèrement différent dans le sens où elle est propriétaire de ses participations dans les licences et son mandat est d'opérer dans le commerce. Son rôle de gouvernance (ou pour le compte de l'État) devrait normalement être très limité : au plus un rôle consultatif auprès de l'Autorité de l'énergie, du ministère de l'Energie ou du ministère des Finances. Ce type de compagnie est chargée de renforcer ses capacités techniques et d'accroître sa présence dans le secteur en amont au Liban et, au fil du temps, de devenir une entité commerciale prospère. Le mandat commercial en amont de la SPN est le mandat archétypal d'une SPN dans le modèle de séparation des pouvoirs inspiré de la Norvège. Alors que le Liban reçoit une assistance technique norvégienne dans le cadre du programme Oil for Development, ce modèle de SPN et le modèle SPN de type Petoro sont pertinents pour le Liban. L'autre type de SPN qui est l'entreprise commerciale en aval (commercial downstream or marketing company) pourra être créé au Liban dans le cas de découvertes commerciales et une fois la production commencée. Cette entreprise sera mandatée pour commercialiser la part de l'État. Son objectif pourra être la vente à l'exportation ou la création de l'infrastructure nécessaire pour amener le pétrole à la côte dans le but d'une utilisation au Liban. Chypre a créé une SPN qui illustre fort bien ce type d'entreprise. En effet, la Chypre

Hydrocarbons Company (CHC) a été créée en mars 2014[615]. Elle travaille avec les entrepreneurs du bloc 12 pour commercialiser conjointement la part du gouvernement dans le gaz produit au champ d'Aphrodite. La société prend en charge, pour le compte du pays, tous les grands projets d'infrastructure qui seront établis par rapport au secteur, comme l'usine de GNL proposée à Vasilikos ou le pipeline sous-marin. Pour remplir efficacement ce rôle, une SPN se doit de posséder un savoir-faire et des capacités techniques. Dans le cas du Liban, l'Autorité de l'énergie possède ces qualités ; il n'aurait donc aucune valeur ajoutée d'avoir une SPN remplissant ce rôle en doublon. Cependant, compte-tenu du développement des ressources dans le temps, l'État pourra peut-être mettre en place une entreprise experte possédant une compréhension profonde de l'expertise commerciale et de l'industrie.

La définition et l'analyse du cadre de gouvernance nécessaire pour superviser une SPN au Liban se concentrent sur cinq principes de bonne gouvernance identifiés par un groupe de pays producteurs et Chatham House[616]. Ces principes s'appliquent aux pays producteurs à n'importe quel stade de développement des ressources. Pour chaque principe, on passe en revue les problèmes de gouvernance présents au Liban et les stratégies, le cas échéant, pour atténuer ces risques. Ils sont : la clarté des objectifs, des rôles et des responsabilités ; la capacité de remplir le rôle assigné ; la transparence et la précision de l'information ; la responsabilité de la prise de décision et de la performance ; le développement durable pour le bénéfice des générations futures.

Dans la phase de préproduction, la compagnie pétrolière nationale ne semble pas une nécessité au niveau technique ou économique. De plus, l'article 6 de la loi 132 pour l'exploration offshore, mentionne clairement que légalement, sa formation peut être envisagée après la découverte de quantités commercialisables de gaz. Après la phase de production, le Liban pourra choisir l'option la meilleure pour lui, tout en prenant en compte les risques potentiels

<hr>

615- http://chc.com.cy/about-us/about-the-chc/, [consulté le 10 août 2017].
616- G. Lahn, V. Marcel, J. Mitchell, K. Myers, P. Stevens, "Good Governance of the National Petro-leum Sector: The Chatham House Document" , https://www.chathamhouse.org/publications/papers/view/108469, 2007.

comme le manque de savoir-faire, la compétition avec les multinationales présentes. L'une des options les plus réalistes serait alors la création d'une entreprise en aval prenant en charge la création d'infrastructures terrestres pour répondre à la demande interne sachant que le Liban dépend fortement des importations d'énergie. Les choix doivent être guidés par une stratégie gouvernementale claire en ce qui concerne le développement économique, tout en prenant en compte le dynamisme important du secteur privé libanais. En effet, les investissements locaux pourraient s'effectuer dans des projets d'infrastructures pour le traitement du gaz offshore à condition d'être soutenus par un environnement propice à l'investissement. Cependant, à ce stade, le Liban doit se contenter de consolider le rôle de l'Autorité de l'énergie qui est le noyau de la structure pétrolière naissante. D'autres initiatives qui visent à soutenir la structure du secteur, en particulier des organismes indépendants qui travaillent des dossiers liés à l'environnement et à la lutte contre la corruption doivent être adoptés par le parlement. Comme nous l'avons vu plus haut, certains politiciens sont favorables à la création d'une SPN. Mais ce choix n'a pas été retenu, ce qui semble être une bonne décision pour le moment.

Chapitre 5
Les administrations libanaises face aux défis de la potentialité du gaz

Les lacunes de l'administration libanaise ont été révélées par son incapacité à jouer un rôle efficace dans la reconstruction du pays après la guerre. Les dégâts que cette administration a subis durant la guerre et l'insuffisance du personnel spécialisé due à l'absence de concours de recrutement et au clientélisme politique ont dégradé ses qualités de service. Pourtant la loi protège les droits des fonctionnaires contre les ingérences des politiques[617]. La corruption, l'absence de responsabilisation, le manque de technologies modernes, le manque de compétences et la bureaucratie ont contribué également à sa dégradation. Après la guerre, un ministère dédié à la Réforme administrative a été créé et le Conseil de la Fonction publique recommence à organiser des concours de recrutement. Dans le même contexte, des tentatives sérieuses de réforme et d'épurations ont été menées, mais le clientélisme politique a encore une fois bloqué le processus. Le chevauchement et la dualité des responsabilités s'ajoutent aux problèmes déjà existants[618].

Pour Max Weber, la bureaucratie est un instrument neutre chargé d'exécuter tous les ordres – quels qu'ils soient – transmis par tous ceux qui revendiquent l'exercice légitime de l'autorité légale ; la bureaucratie est neutre en ce sens qu'elle ne répond pas à des aspirations charismatiques ou clientélistes[619]. Au Liban, la neutralité politique de l'administration est exigée par le décret-loi 112/1959. Les fonctionnaires avaient interdiction d'adhérer à un parti politique

---

617- Article 15 du décret 112, définissant le statut de la fonction publique, [consulté le 5 mai 2017].
618- SALHAB, Sami, « Les composantes rationnelles d'une réforme administrative », *Confluences Méditerranée*, numéro 47, automne 2003.
619- Cité dans SLAHAB Sami, op.cit.

avant la modification des articles 14 et 15 en 1991 qui leur donna le droit d'être membre de partis politiques sans y prendre de responsabilités[620]. Cette relation entre le pouvoir politique et l'administration ne doit pas laisser de confusion. Or le rôle de l'administration au Liban est en intrication avec les acteurs de la classe politique. Elle assure l'exécution des décisions des instances supérieures. Jacques Lagroye définit le fonctionnaire comme « le serviteur de l'Etat », dont l'honneur consiste à appliquer scrupuleusement les décisions prises par les gouvernements quels qu'ils soient, du moins tant que ces décisions sont conformes aux règles en vigueur[621]. L'application des politiques publiques est toutefois confrontée aux divers conflits générés par la complexité de la structure politique de l'Etat libanais. La réputation de l'Etat a été ainsi érodée auprès du citoyen qui se plaint de la mauvaise qualité des services. D'autres types de contrôles sont assurés par l'administration elle-même à travers l'Inspection Centrale chargée d'inspecter et d'établir la discipline ou par le parlement. Pour Bernard Chenot, le seul contrôle politique des Services publics effectué en toute démocratie, c'est celui qui est exercé au nom de l'ensemble des citoyens sur le gouvernement et l'administration par le Parlement[622]. Or ces différentes formes de contrôles doivent être accompagnées par une réforme morale qui se réalise par une socialisation administrative. Pour Jean-Jacques Chevallier, « chaque administration exerce une action socialisatrice en direction de sa clientèle mais aussi du public en général, elle cherche à établir son bien-fondé au regard des normes qui commandent son institution »[623] .

Cependant, le Liban doit offrir l'environnement politique, juridique, sécuritaire, économique, et administratif le plus avantageux, afin d'obtenir les conditions optimales pour l'exploitation de ses richesses gazières. Les nouvelles découvertes demandent la restructuration de l'État et de ses institutions. L'ampleur des enjeux en cause nécessite une administration moderne et professionnelle capable de faire face au défi. Le gaz devient

---

620- Article 14 du décret 112, définissant le statut de la fonction publique, [consulté le 5 mai 2017].
621- GROZIER, Michel, *Les apports de la sociologie contemporaine.* p. 393, Paris, Cariscript-Paris, 1994, 406 p.
622- Cité dans : SALHAB, Sami, « Les composantes rationnelles d'une réforme administrative », *Confluences Méditerranée*, numéro 47, p. 90, automne 2003.
623- CHEVALLIER, Jean-Jacques, *Science administrative*, Paris : PUF, 1986. p. 560.

ainsi une opportunité pour reconstituer la structure administrative de l'État. Différentes administrations civiles et militaires sont impliquées ; plusieurs ont déjà entamé les préparatifs nécessaires requis.

1. Des responsabilités accrues pour les administrations militaires et civiles

1.1 Une nouvelle souveraineté à défendre pour l'armée libanaise

La sécurité des installations gazières offshore est une problématique bien connue par les compagnies internationales. Les richesses naturelles attisent les rivalités et provoquent parfois des conflits armés. Le terrorisme et la piraterie constituent deux menaces supplémentaires pour les installations offshore au large de la mer libanaise. La protection militaire des installations gazières offshore est déjà au centre des préoccupations de l'armée libanaise, qui est consciente de l'importance de son rôle dans une région connue pour son instabilité. Plus le risque est faible, plus l'Etat libanais sera en position de force pour négocier les accords de partenariat et d'exploitation, et les Libanais profiteront ainsi des retombées du gaz offshore.

L'armée libanaise, dans son état actuel, ne semble pas avoir les moyens technologiques et opérationnels pour remplir une telle mission. Cela demande de grands moyens et la formation de cadres spécialisés au sein de l'armée qui doit adapter notamment ses forces marines. Le commandement de l'armée est en train de créer une unité spéciale bien entraînée et équipée pour qu'elle soit fonctionnelle au début de l'exploration, déclare un général qui a préféré conserver l'anonymat[624]. L'armée compte évidement sur l'aide internationale à cause du manque de moyens financiers. Les forces navales libanaises utilisent deux bases à Jounieh et à Beyrouth ; elles disposent de 40 petits navires et sont composées de 1100 hommes environ[625]. Selon cette source, les hauts responsables militaires américains qui visitent le Liban depuis 2010 discutent avec l'état-major des besoins de l'armée libanaise, entre autres

---

624-Entretien avec un général de l'armée libanaise, Yarzé, le 8 juin 2017.

625- Leroy, Didier. « Les Forces Armées Libanaises. Symbole d'unité nationale et objet de tensions communautaires », *Maghreb - Machrek*, vol. 214, no. 4, 2012, pp. 31-44.

de ceux de la marine nationale. Ils insistent sur le fait que la fourniture de nouveaux équipements doit être faite en parallèle avec des mesures politiques qui contribuent à la résolution du litige frontalier avec l'Etat hébreux. En même temps, ils demandent des garanties pour que les armes fournies ne soient pas données ou utilisées par Hezbollah en cas de conflit avec Israël[626]. Pour sa part, l'état-major libanais demande que dans le cadre du programme de formation des officiers libanais déjà existant, les officiers de la marine libanaise poursuivent les formations nécessaires pour pouvoir élaborer des plans de protection des gisements à l'instar des autres pays du monde, ainsi que des plans d'actions conçus à l'avance et exécutés en cas d'accidents, en cas de fuites de gaz, d'explosions ou d'accidents et toutes autres sources de nuisances à l'environnement[627]. L'armée joue ainsi un rôle essentiel dans la préparation du plan national de lutte contre les marées noires, surtout. Son personnel suit des formations même en l'absence du matériel nécessaire. En plus de la contrainte sécuritaire, des équipements de défense civile doivent être fournis, comme les hélicoptères ou les navires bombardiers d'eau. La source militaire interrogée ajoute que l'Armée libanaise, qui est assistée dans ses fonctions opérationnelles au sud du Litani par la FINUL dans le cadre de la résolution 1701[628], bénéficie, en mer également, d'une contribution directe et utile des navires de la force onusienne[629]. Le contrôle des frontières maritimes est pratiquement effectué par la Finul renforcée. Cette assistance internationale sera alors bénéfique au niveau des champs gaziers libanais qui sont situés face au littoral sud du Liban. Cette présence est une garantie et une protection contre toute tentative israélienne d'empêcher les explorations. Il explique que la présence des pays européens au sein des forces marines de la FINUL encourage les compagnies européennes à participer activement aux explorations.

Selon le quotidien libanais Al-Joumhouriya, le plan de fourniture de nouvelles armes à l'armée libanaise adopté par le gouvernement libanais en 2012, consacre 200 millions de dollars américains pour l'amélioration des

---

626- Leroy, Didier. « Les Forces Armées Libanaises. Symbole d'unité nationale et objet de tensions communautaires », *Maghreb - Machrek*, vol. 214, no. 4, 2012, pp. 31-44.
627-Entretien avec un général de l'armée libanaise, Yarzé, le 8 juin 2017.
628- https://undocs.org/fr/S/RES/1701%20(2006), [consulté le 12 novembre 2016].
629-*Ibid.*

capacités des forces marines[630]. Ce plan inclut l'achat de nouveaux navires qui pourront assurer la protection de l'ensemble de la ZEE libanaise, et rester en eau 24/24 h même dans les conditions météorologiques les plus difficiles. Le Premier ministre à l'époque Najib Mikati insiste sur l'importance de la fourniture des nouvelles armes qui permettront à l'armée d'accomplir les tâches de la protection des frontières terrestres et maritimes[631]. Il ajoute que son gouvernement prendra toutes les mesures nécessaires pour assurer la stabilité du pays, condition indispensable pour le développement économique. Le ministre de la Défense Fayez Ghosson explique que les navires qui seront achetés permettront la protection de la ZEE contre toute agression[632]. Il ajoute que les conditions météo ne seront plus un handicap pour les patrouilles de la marine libanaise qui verra ses tâches augmenter avec le début de l'exploitation du gaz. Le manque de financement a ajourné l'achat des navires et le projet est mis en suspension dans l'attente de donations internationales[633].

Dans le cadre du programme d'armement américain pour l'armée libanaise, la marine nationale a reçu en 2014 huit canonnières avec des pièces de rechange comme don du gouvernement des États-Unis. Les nouvelles embarcations serviront à consolider les capacités de l'armée selon un communiqué de l'ambassade américaine à Beyrouth[634]. La marine reçoit aussi un nouveau navire conçu spécialement, dans le cadre du programme des ventes militaires étrangères FMS (Foreign Military Sales) des États-Unis, à l'armée libanaise. Le bateau améliora la capacité du Liban à surveiller et à patrouiller ses eaux territoriales et à contribuer aux efforts de sécurité maritime internationale en Méditerranée orientale. C'est un bateau rapide, de haute qualité, explique un officier de l'armée libanaise. Il intègre de nouvelles technologies, et sa longueur est de 42 m[635]. L'amiral River Scott, déclare que

---

630- CHATAH, Christina, « Le nouveau plan d'armement de l'armée libanaise », *Al-Joumhouriya*, 15 octobre 2012.

631- «Mikati : le gouvernement approuve le plan d'achat des nouvelles armes», http://www.elnashra. com/news/show/518364, [consulté le 10 novembre 2016].

632-*Ibid.*

633- Entretien avec un général de l'armée libanaise, Yarzé, le 8 juin 2017.

634- Daily Star, «la marine libanaise reçoit 8 navires », *Daily Star*, 14 avril 2014.

635- SAYEGH, May, « Le Liban reçoit un bateau comme don », *Al-Joumhouriya*, 14 avril 2013.

le coût du bateau présenté comme cadeau au Liban est de 29,8 millions de dollars[636]. Il ajoute que ce don est une étape importante dans l'amélioration de la capacité du Liban à surveiller ses eaux territoriales. Le responsable américain réaffirme l'engagement de son pays à maintenir le Liban comme un pays stable, souverain et indépendant. Il ajoute que ce don représente une extension du plan d'armement américain qui est en concordance avec les décisions du Conseil de sécurité visant à combattre le terrorisme et à sécuriser les frontières du pays. Le don a augmenté la visibilité de la marine nationale le long des côtes libanaises et lui a permis d'améliorer la sécurité, le long du littoral.

Parallèlement, depuis 2007 plusieurs exercices de coopération et de manœuvres militaires ont été organisés entre la Marine libanaise et la FINUL. Ces exercices visent à entraîner la marine nationale, à développer ses capacités, à préserver la souveraineté nationale ainsi qu'à appliquer la résolution 1701[637]. Le soutien occidental à l'armée libanaise est une garantie pour le dossier du gaz, explique Jihad Zein. Les Etats-Unis, le Royaume-Uni, la France et d'autres pays sont tous engagés dans des programmes de soutien et de formation à l'armée libanaise. La guerre contre le terrorisme a transformé cette armée en un partenaire stratégique et une pierre angulaire pour l'Occident engagé dans cette lutte. La crise syrienne et le flux sans précédent de réfugiés vers le vieux continent ont renforcé la coordination entre les services de renseignement pour déjouer les tentatives d'attentats qui se sont multipliés ces dernières années en Europe. En effet, entre 2013 et 2016, l'Europe a été le théâtre de 24 attentats, 6 tentatives déjouées et 64 projets d'attentats en lien avec le contexte syro-irakien[638]. Pour cela, le renforcement des capacités de l'armée libanaise dans le contexte régional et international est utile pour l'Union européenne tout en constituant une opportunité pour le dossier du gaz.

1.2 Le rôle clé du ministère de l'Energie

Le ministère de l'Energie, sans doute l'une des administrations libanaises les plus concernées par la question du gaz offshore, tente d'anticiper en multipliant les projets, d'autant que la question est centrale pour le Liban,

---

636- SAYEGH, May, « Le Liban reçoit un bateau comme don », *Al-Joumhouriya*, 14 avril 2013.
637- http://www.defense.gouv.fr/operations/operations/liban/multimedias/archives-avant-2010/liban-exercice-de-cooperation-entre-marine-libanaise-et-la-finul, [consulté le 20 juillet 2017].
638- DEVECHIO, Alexandre, « l'Europe théâtre de 24 attentats », *Le Figaro*, 23 mars 2017.

qui paie très cher l'énergie qu'il assure avec parcimonie aux citoyens et aux entreprises. Une des principales causes de l'augmentation de la dette publique libanaise est le secteur de l'électricité, enjeu clé dans la crise financière, qui fait assumer à l'Etat et à l'économie environ 2 milliards de dollars de pertes annuelles depuis 2005[639]. De plus, le rationnement de la fourniture de courant est quotidien, les pannes dues notamment à l'obsolescence des infrastructures existantes sont récurrentes et ces insuffisances ont de graves répercussions sur le plan économique et politique[640]. Le Président Aoun annonce que le déficit total accumulé de l'électricité depuis 1992 est de 33 milliards de dollars[641]. Il ajoute que si ce problème avait été résolu au milieu des années 1990, la dette publique serait aujourd'hui 42 milliards[642]. La résolution de ce problème engendrera des effets positifs sur l'ensemble de l'activité économique du pays. Depuis 2009, le ministère de l'Energie, dans le cadre du plan de restructuration du secteur, a commencé à utiliser le gaz naturel fourni par l'Egypte dans l'usine de Deir Ammar, au nord du pays, pour abaisser le coût de production[643]. Il s'agit donc pour le Liban de commencer à expérimenter l'emploi du gaz pour la fourniture du courant électrique, dans la perspective d'exploiter à l'avenir son propre gaz à cette fin. Mais ce projet a connu beaucoup d'arrêts suite au déclenchement de la crise en Syrie en mars 2011.

Le gaz reste le combustible le moins cher pour la production de l'électricité. Le Liban censé réduire sa coûteuse facture énergétique, compte sur le gaz pour le faire. Gebran Bassil propose en 2010 un plan pour rétablir l'électricité 24 heures sur 24 qui est formé de 10 initiatives interdépendantes.

639- ISKANDAR, Marwan, « L'électricité au Liban », *An-Nahar*, 1 décembre 2011.

640- ISKANDAR, Marwan, « L'électricité au Liban », *An-Nahar*, 1 décembre 2011. Rappelons que des manifestations de rues ont lieu régulièrement pour dénoncer les coupures de courant et l'inégalité dans la fourniture du courant, qui dégénèrent parfois en affrontements avec les forces de l'ordre et alimentent les tensions entre les communautés, puisque la banlieue sud majoritairement chiite se voit davantage privée de courant que la capitale par exemple : http://www.lorientlejour.com/news/print.php?id=742447 [consulté le 5 janvier 2013] ; http://www.lorientlejour.com/category/%C3%80+La+Une/article/752316/Electricite+%3A_Tout_peut_encore_rebondir,_avertit_Mikati.html [consulté le 5 janvier 2013].

641- https://www.annahar.com/article/605391, [consulté le 29 juin 2017].

642- *Ibid.*

643- « L'Egypte fournit du gaz au Liban », http://www.moheet.com/show_news.as-px?nid=263534&pg=27, [consulté le 5 octobre 2012].

Il repose sur l'utilisation du gaz naturel dans les centrales électriques. Dans le cadre des préparations pour l'exploitation du gaz, le ministère lance également un projet de gazoduc le long de la côte libanaise qui approvisionnera en gaz les différentes centrales électriques, les cités industrielles et les localités du pays[644]. Le gazoduc assurera l'approvisionnement des centrales existantes sur le littoral. Il sera lié à des stations de gaz naturel liquéfié qui seront construites, au gazoduc panarabe provenant de l'Egypte à travers la Syrie et plus tard aux gisements qui seront découverts[645]. Le ministère prévoit la construction du gazoduc sur le tracé du chemin de fer du littoral avec une boucle maritime pour contourner Beyrouth. Les études du ministère estiment à 550 millions de dollars maximum (plusieurs options sont à l'étude) le coût d'un terminal de regazéification situé à Bedawi (Nord), à Zahrani (Sud) ou à Salaata (Batroun) et à 120 millions de dollars environ le coût du gazoduc longeant le littoral[646].

Le gaz offshore libanais assurera l'approvisionnement des centrales électriques au moins pour 120 années, selon l'ancien ministre de l'Energie Gebran Bassil[647]. Il déclare que le gazoduc d'une longueur totale de 174 km reliera la centrale électrique de Deir Ammar dans le nord au vieux port de la ville de Tyr au sud. Il ajoute que 19 compagnies internationales ont demandé de participer à l'appel d'offre pour sa construction. Mais le projet est toujours en phase d'étude et son lancement nécessite l'approbation finale du projet de loi au parlement[648]. En attendant le début de l'exploitation du gaz libanais, l'approvisionnement en gaz pour ce gazoduc sera assuré à travers la Syrie et l'Egypte. Rappelons qu'en 2009 le ministre de l'Energie Alain Tabourian signe avec son homologue égyptien un accord pour l'acheminement du gaz en utilisant le gazoduc arabe qui relie l'Egypte par la baie d'Al-Aqaba à la Jordanie et la

644-« L'Egypte fournit du gaz au Liban », http://www.moheet.com/show_news.as-px?nid=263534&pg=27, [consulté le 5 octobre 2012]
645- RIZK, Sybille, « le plan de Gebran Bassil pour l'électricité », *Le Commerce du Levant*, Juillet 2010.
646-*Ibid.*
647-*Ibid.*
648- «Le Liban construit un gazoduc le long de la Méditerranée», http://arabic.rt.com/news_all_news/news/60867, [consulté le 25 mai 2017].

Syrie[649], sans passer donc par Israël. Le ministre de l'Economie Mohamad Safadi évoque en novembre 2012, suite à sa rencontre avec des représentants de la Banque Européenne pour l'Investissement et de l'Agence française de développement (AFD), l'intérêt des deux partis à financer le projet de gazoduc le long de la côte libanaise[650]. Il explique que la construction du gazoduc aura d'importantes retombées économiques, en plus des nombreux avantages environnementaux. Il permettra la diminution de la facture énergétique du Liban en remplaçant le fuel et le diesel par le gaz. Il assurera également la diminution du coût de production des usines libanaises, ce qui contribuera au développement de l'industrie et attirera de nouveaux investissements. Le projet constituera aussi l'épine dorsale du transport et de la distribution de gaz naturel pour une utilisation ultérieure dans le domaine des transports (voitures fonctionnant au gaz) avec des économies de près de 40% réalisées par rapport au coût de l'essence, et pour l'utilisation domestique dans les villes côtières[651].

Compte-tenu de l'échec du comité ministériel formé pour étudier les résultats de l'appel d'offres concernant la construction du terminal de liquéfaction FSRU (Floating Storage Regasification Unit) à Bedawi au Nord du Liban, le ministère de l'Energie a étudié la possibilité d'éventuels autres sites. Selon ces études, les sites de Salaata (Batroun, 58 km au nord de Beyrouth) et Zahrani (Saida, 53 Km au sud de Beyrouth) ont plusieurs avantages par rapport à Bedawi, entre autres, la profondeur de l'eau et l'emplacement géographique qui les rend idéaux pour la création des usines de production d'électricité de 1000 MW[652]. Or le projet du gazoduc traîne depuis 2012, et le projet de loi n'a pas été adopté par le parlement jusqu'à présent. Le ministère propose un nouveau plan qui consiste à décomposer le projet du gazoduc en deux parties en annulant la partie qui contourne la capitale. La première partie du gazoduc relierait les usines au nord de la capitale et la deuxième relierait celles du sud. Ainsi, le terminal GNL proposé à Salaata desservirait l'usine de Zouk et toutes

---

649- « L'Egypte fournit du gaz au Liban », http://www.moheet.com/show_news.aspxnid=263534&pg=27, [consulté le 5 mai 2017].
650- « L'Europe s'intéresse au financement du gazoduc libanais », http://www.albawaba.com/ar/44907, [consulté le 5 mai 2017].
651- « Le projet de gazoduc sur le littoral libanais », *An-Nahar*, 5 avril 2012.
652- http://www.al-akhbar.com/node/274760, [consulté le 20 juin 2017].

les usines se trouvant au nord de la capitale. Le coût de ce tronçon du gazoduc s'élèverait à 70 millions de dollars. Les économies sont estimées alors à 50 millions de dollars si le prix du baril est à 50 dollars américains. Le terminal GNL de Zahrani au sud de la capitale assurerait le gaz à l'usine de Jiyeh par le biais d'un gazoduc dont le coût est estimé à 67 millions de dollars. Les économies seraient de l'ordre de 20 millions de dollars.

Le choix des emplacements pour la construction des trois usines de gaz liquéfié a été le sujet de maintes concertations politiques au Liban. Certes le côté technique est important, mais le choix est toujours dominé par la politique explique Lara Saadé[653]. Le premier projet dans la région de Bedawi n'a pas vu le jour. On pense que les forces politiques principales du pays veulent que les projets soient réalisés dans les différentes régions du pays, de manière équitable pour les différentes communautés. Ainsi, le projet de Zehrani est situé dans une région habitée par une majorité chiite, celui de Salaata concerne une majorité chrétienne et Bedawi, une majorité sunnite. Saadé révèle aussi que les discussions au sein des commissions parlementaires portent clairement sur ce point. Elle dénonce le fait que le confessionnalisme soit aussi fort et présent dans un tel dossier dont la gestion se doit d'être scientifique et rationnelle. Elle ajoute que le projet initial a été bloqué car chacune des principales forces politiques veut que l'usine soit construite dans une région où elle est influente. Un compromis serait alors de faire trois usines au lieu d'une, réparties dans trois régions qui seraient, l'une chrétienne, l'autre sunnite et la troisième chiite. Des sources proches du ministre de l'Energie actuel, César Abi Kahlil, démentent que le confessionnalisme soit un facteur déterminant dans le dossier et indiquent que les contraintes techniques ont prévalues.

Le plan de restructuration de l'électricité présenté par le ministre Bassil traîne depuis 2010. En mars 2017, le gouvernement adopte les grandes lignes du nouveau plan de restructuration de l'électricité élaboré par le ministre de l'Energie César Abi Khalil[654]. Cependant, les ministres

---

653- Entretien avec Lara Saadé, Beyrouth, le 19 avril 2017.
654- Le plan n'a pas été appliqué. Le gouvernement libanais a approuvé le 8 avril 2019 un nouveau plan préparé par la ministre de l'Energie, Nada Boustani.

ont exigé que les modalités de mise en œuvre soient approuvées au fur et à mesure par le gouvernement. Cette position défendue principalement par les ministres des Forces Libanaises montre que des divergences persistent entre les deux nouveaux alliés chrétiens, le Courant Patriotique Libre et les Forces Libanaises, et que l'arrivée du Président Aoun à Baabda laisse des divergences sur plusieurs dossiers notamment celui de la partition des postes clés de l'Etat et de l'électricité. Le ministre de l'Energie considère que son plan est une continuité de celui présenté par Gebran Bassil : il l'actualise en le réorganisant en cinq axes pour pouvoir combler le déficit entre la production et la demande. Pour rappel, le plan Bassil prévoyait des investissements publics et privés de 4,87 milliards de dollars pour augmenter la capacité de production du pays de plus de 150 %, à 5000 MW en 2015[655]. L'échec du premier plan est attribué par le CPL aux obstacles politiques posés principalement par le parti Amal[656]. Ali Hamdan, conseiller de Berry, nie que son parti retarde l'application du plan de restructuration de l'électricité et rappelle que les dossiers présentés par le ministre Bassil comportaient de nombreux défauts procéduraux qui ont engendré l'arrêt à maintes reprises par la Cour des comptes.

Les principaux axes du plan Abi Khalil sont : la location de navires usines, la participation du secteur privé dans la construction de centrales de 1000 MW, la construction à Selaata, Zahrani et Deir Ammar de trois unités flottantes de stockage et de transformation du gaz liquéfié importé (Floating Storage and Regazification Unit ; FSRU en anglais) qui seront reliées par des gazoducs aux centrales les plus proches, le développement de l'énergie renouvelable en construisant des centrales photovoltaïques de 1000 MW et l'augmentation des tarifs de l'EDL pour couvrir les coûts liés à l'augmentation de la production[657].

Or, la location des navires usines a suscité des débats mouvementés et des accusations de corruption. La question des navires soulève de grandes interrogations vis-à-vis des méthodes de transparence adoptées par

655-HAGE BOUTROS, Philipe, « Le plan Abi Khalil approuvé », *L'Orient Le Jour*, 29 mars 2017.
656- https://www.imlebanon.org/2018/02/26/bi-khalil-accuses-amal-of-obstructing-electri-city-plants-criticizes-hezbollah/, [consulté le 5 mars 2018].
657- HAGE BOUTROS, Philipe, « Le plan Abi Khalil approuvé », *L'Orient Le Jour*, 29 mars 2017

le gouvernement. Ces soupçons pèsent lourd sur la réputation de l'exécutif libanais chargé de la gestion du dossier du gaz. L'électricité est un exemple de l'incapacité de l'Etat à faire face aux défis de gouvernance. Cette incapacité est en train d'éroder la confiance internationale vis-à-vis du pays et de ses institutions. La location des navires pourrait être une solution rapide pour augmenter la production et arriver aux 3000 MW nécessaires pour satisfaire la demande croissante durant l'été. Cette demande est due à l'arrivée attendue des touristes et à la venue des réfugiés syriens qui consomment environ 486 MW[658]. Cette solution permettrait de produire 825 MW supplémentaires pendant cinq ans en louant en 2017 deux navires-centrales supplémentaires à la société turque Karadeniz Powership (KP) qui seront amarrés près des centrales électriques de Deir Ammar (Liban-Nord) et de Zahrani (Liban-Sud). Selon le ministère, les navires permettront de fournir 7 heures de courant supplémentaire par jour et augmenteront la production du pays de 42,5% environ[659]. Le coût d'opération annuel est de 848,2 millions de dollars, c'est-à-dire que le prix du kilowatt/heure (kWh) est fixé à 5,80 dollars contre 5,85 dollars actuellement pour l'électricité produite par le Orhan Bey et le Fatmagül Sultan, les deux navires que le Liban loue à Karadeniz Powership (KP) depuis avril 2013 pour produire 370 MW et dont le contrat arrive à échéance mi-2018[660].

Plusieurs partis politiques notamment les Forces Libanaises (FL) et les Kataëb contestent la façon dont le cahier des charges a été préparé et qui a fait de KP la seule compagnie éligible. Ghassan Hasbani, ministre FL chargé de la Santé demande de revoir le cahier des charges pour ouvrir la compétition. Le ministre Michel Pharaon précise que le plan Abi Khalil proposait une compagnie pour chacun des axes mais le Conseil des ministres a refusé toutes les recommandations[661]. Charles Saba, coordinateur de l'Observatoire libanais contre la corruption, explique la démarche suivie par le ministère de l'Energie[662]. Il rappelle que malgré les différences politiques qui existaient

---

658- Selon une étude de la PNUD et du ministère, février 2017.
659- HAGE BOUTROS, Philipe, « Le plan Abi Khalil approuvé », *L'Orient Le Jour*, 29 mars 2017
660- *Ibid.*
661- *Ibid.*
662- Entretien avec Charles Saba, Beyrouth, le 2 juillet 2017.

entre le CPL et le courant du Futur, la location des premiers navires a été faite quand Bassil était ministre de l'Energie, sachant que le représentant de la compagnie turque au Liban est Ralph Faissal un parent de Samir Doumet vice-président du courant du Futur. Il révèle que lors d'une visite de journalistes libanais dans les locaux de KP, le CEO les a informés que la compagnie était en train de préparer un nouveau bateau pour fournir le courant électrique au Liban. Ce qui confirme le ministère des Affaires étrangères turc qui annonce en octobre 2016 qu'un troisième bateau turc va rejoindre les deux navires usines déjà en service au Liban[663]. Pourtant, ces déclarations turques anticipent tout dossier préparé par le ministère de l'Energie au Liban, ce qui indique que des pourparlers informels (ou des accords ''sous la table'') étaient bien en cours. Saba ajoute que le ministre Abi Khalil -avant la présentation formelle au gouvernement de son nouveau plan pour l'électricité- a envoyé un brouillon aux ministres concernés (Finances et Économie). Dans ce brouillon, il mentionnait clairement son intention de donner à la compagnie turque de gré à gré la location des deux navires. Après la révélation par le journal *Al-Akhbar* de ce fait suite à l'information passée par le ministre des Finances, le ministre Abi Khalil fut contraint de changer le texte et de préparer un cahier des charges sur mesure pour que KP soit la seule compagnie éligible. Charles Saba révèle que lors de la préparation du nouveau texte du rapport, l'équipe du ministre a commis une grave erreur. Elle a oublié d'effacer dans un des index le nom de KP, ce qui prouve ses intentions. Suite à la révélation de cette erreur et aux pressions politiques, le gouvernement a demandé à la Direction des appels d'offres d'étudier le dossier. Cette dernière conclut que le cahier des charges contient dix défauts procéduraux. Suite à ces conclusions, la démarche a été bloquée dans l'attente d'une sortie de crise. Le CPL et le courant du Futur sont les deux partis participant au gouvernement Hariri qui sont en faveur de la location tandis que Amal, les Forces Libanaises, le Hezbollah, le PSP et le Marada sont contre. Des sources qui ont préféré garder l'anonymat, révèlent que Oger Telecom est le vrai propriétaire de Turk Telekom[664] et ajoutent que

---

663- Entretien avec Charles Saba, Beyrouth, le 2 juillet 2017.

664-Le site web de la compagnie révèle qu'Oger a 55% des parts de la société. https://www.turktele-kom.com.tr

le Premier ministre Hariri a promis aux responsables turcs de leur donner le projet des navires usines contre la garantie bancaire de Karrendiz pour des prêts bancaires auprès des banques turques pour les compagnies de Saad Hariri. Parallèlement, la compagnie américaine APR Enegry (concessionnaire de General Electric pour la location des navires usines d'électricité) qui a présenté une offre de 3,8 USD par kilowatt/heure envisage d'intenter un procès à New-York contre l'Etat libanais sur fond de corruption et de non transparence[665]. Ce procès complique les choses pour les responsables libanais qui ont tout à craindre de pareilles décisions américaines[666].

Le ministère de l'Energie entend également lancer un projet pour la réhabilitation des infrastructures pétrolières de Tripoli et Zehrani respectivement au nord et au sud du Liban[667]. Ces raffineries joueront un rôle important dans l'exportation des produits pétroliers du Liban, déclare le ministre Bassil qui annonce aussi la mise en étude de la construction d'une usine de liquéfaction du gaz qui servira à exporter le gaz offshore libanais vers les marchés mondiaux. Le ministre précise encore : « Nous n'allons pas attendre le début de l'exploitation pour préparer les infrastructures nécessaires au gaz et au pétrole. Nous prenons toutes les mesures nécessaires pour que notre pays bénéficie au maximum de ses richesses naturelles »[668]. César Abi Khalil, le ministre sortant de l'Energie, signe en janvier 2019 un contrat de vingt ans avec la compagnie russe Rosneft pour la réhabilitation des réservoirs de carburants à Tripoli[669]. Cette signature montre à la fois la détermination du gouvernement à améliorer les infrastructures pétrolières et le rôle grandissant russe au Liban.

665- Entretien avec Charles Saba, Beyrouth, le 2 juillet 2017.

666- Le procès est toujours en cours.

667- « Projet de réhabilitation des raffineries de Tripoli et Zahrani », http://www.gebranbassil.com/in-the-ministry/ministry-of-energy-and-oil/oil-and-gaz-sector/593/27/7, [consulté le 5 novembre 2012].

668- «GNL au Liban », http://www.gebranbassil.com/in-the-ministry/ministry-of-energy-and-oil/oil-and-gaz-sector/593/25/liquid-naturan-gas-, [consulté le 5 mai 2017].

669- https://www.lorientlejour.com/article/1154503/reservoirs-de-carburants-a-tripoli-le-liban-signe-un-contrat-avec-rosneft.html, [consulté le 28 janvier 2019].

1.3 La nouvelle centralité du ministère de l'Environnement

La loi libanaise 132 pour l'exploration et l'exploitation du pétrole offshore prend en compte la question de l'environnement et de la sécurité publique à travers les 7 articles du chapitre 9 de la loi[670]. L'écriture de ces articles est basée sur les expériences mondiales dans le domaine[671]. L'article 54 précise que les activités pétrolières doivent être exercées d'une manière garantissant les plus hauts niveaux de sécurité en permettant de bénéficier des récents développements techniques et technologiques. L'obligation de la préparation des plans d'urgence est prise en compte dans l'article 55 qui note : « Avant toute activité pétrolière, le propriétaire du droit d'exploration doit établir et publier des plans de la santé et de la sécurité, y compris un plan pour faire face aux situations d'urgence en prenant en compte les caractéristiques des activités pétrolières »[672].

Le ministère de l'Environnement suivant l'article 60 traite les questions environnementales liées aux activités pétrolières et assure la coordination avec les autres institutions gouvernementales concernées. Il prend les mesures et agit pour réduire ou prévoir tout effet négatif pouvant survenir. Mais le grand problème reste d'une part le manque de personnel qualifié au sein du ministère, et d'autre part le manque de moyens techniques et technologiques pour accomplir les tâches[673]. Le manque de savoir-faire est pallié par une série de formations, comme c'est le cas dans le cadre du programme de formation norvégien « Oil For Development » grâce auquel 4 fonctionnaires sont déjà en train d'être formés[674]. L'obtention de nouveaux équipements reste la tâche la plus difficile. Selon un responsable du ministère qui a préféré garder l'anonymat[675], l'armée nationale doit être en charge de cette question. Il ajoute que le ministère commence les préparatifs pour la création d'une section spéciale de surveillance des activités pétrolières en mer. La question

---

670- Entretien avec Gaby Daaboul, Beyrouth, le 15 février 2017.

671- *Ibid.*

672- *Ibid.*

673- Entretien avec un responsable du ministère de l'Environnement, Beyrouth, le 15 mars 2017.

674- *Ibid.*

675- *Ibid.*

doit être prise au sérieux, car en cas d'accident, les effets écologiques seraient catastrophiques pas seulement pour le Liban mais aussi pour les pays voisins. Les leçons tirées du désastre écologique de 2006 suite à un bombardement israélien des réservoirs de stockage du fuel de la centrale électrique de Jiyeh ont donné au ministère de l'expérience pour traiter de pareils cas lors des forages futurs[676].

Gaby Daaboul, juriste spécialiste et membre de l'Autorité de l'énergie, explique que les décrets d'application intègrent des règles très strictes de sécurité qui doivent être instaurées à bord des plateformes[677]. Car en la matière, il est plus simple de prévenir que de guérir. Mondialement, on recense une douzaine d'accidents majeurs survenus sur ce type de structures depuis 1976 (incendies, naufrages...)[678]. Le dernier en date qui a causé la mort de 53 personnes, a été enregistré le 18 décembre 2011 dans les eaux de la mer d'Okhotsk, au cours d'une opération de remorquage[679]. Aux risques traditionnels liés à la perte d'intégrité des structures (corrosion, fuite, explosion...) viennent désormais s'ajouter ceux créés par les conditions extrêmes de certains gisements en raison, soit de leur environnement (profondeur, force des courants...), soit de leur instabilité (surpression, haute température...). L'accroissement des risques humains et environnementaux va en effet de paire avec la complexité des opérations de forage. Or dans le cas libanais, l'offshore est classifié d'ultra-profond car il est réalisé au-delà de 2000 mètres, ce qui complique les choses et nécessite une très grande vigilance[680]. Le texte de la loi libanaise détermine les responsabilités en cas d'accidents maritimes lors du forage[681], ce qui pousse les compagnies à avoir pour objectif l'amélioration et la sécurisation des conditions d'exploitation. Cette politique de prévention et de sécurité est basée sur trois notions. La première implique la conception d'installations

---

676- Entretien avec un responsable du ministère de l'Environnement, Beyrouth, le 15 mars 2017
677- Entretien avec Gaby Daaboul, Beyrouth, le 15 février 2017.
678- BEALL, Jacques, « De la gestion préventive des risques environnementaux : la sécurité des plateformes pétrolières en mer », http://www.lecese.fr/sites/default/files/pdf/Avis/ 2012/2012_08_plate-formes_petrolieres.pdf, [consulté le 12 octobre 2012].
679- *Ibid.*
680- Entretien avec Gaby Daaboul, Beyrouth, le 15 février 2017.
681- *Ibid.*

selon des standards élevés. La deuxième se rapporte à l'évaluation et la gestion des risques, la protection à mettre en place, les tests réguliers des équipements de sécurité, la tenue à jour des plans d'urgence et le contrôle récurrent des moyens d'intervention au cours d'exercices de grande ampleur. La troisième concerne la compétence des intervenants. Gaby Daaboul ajoute que les grandes compagnies maîtrisent de plus en plus le forage profond. Il reprend les paroles du Directeur général de la branche exploration et production du groupe Total qui minimise les risques et observe « qu'il y a plus de 10 000 puits en offshore profond forés dans le monde et que fort heureusement, il y a eu un seul accident : Macondo[682] ».

Dans le cadre des préparations du ministère de l'Environnement, une série de formations et de séminaires ont été organisés en collaboration avec l'Autorité de l'énergie et en partenariat avec le programme norvégien OfD[683]. Ces formations font partie des initiatives de coopération entre l'Autorité de l'énergie et les organisations gouvernementales et d'autres parties prenantes. Elles visent à développer les capacités des fonctionnaires libanais et à les sensibiliser à tous les aspects du secteur pétrolier au Liban.

Le premier atelier a été organisé le 23 et 24 octobre 2014 sous le titre de « la protection de la santé, la sécurité et l'environnement dans le secteur pétrolier au Liban ». Le responsable du département qualité, santé, sécurité et environnement (QHSE) à l'Autorité de l'énergie, l'ingénieur Assem Abu Ibrahim, a expliqué les étapes les plus importantes de l'exploration et de la production. Il a souligné les répercussions sur la santé, la sécurité et l'environnement durant chacune des étapes de l'exploration et de la production. Abou Brahim a insisté sur l'importance des préparations qui visent à améliorer la coopération entre les ministères concernés et à renforcer les capacités des fonctionnaires. Les experts norvégiens ont donné des conférences sur les principes de la gouvernance, la gestion des opérations et les méthodes d'audit et d'inspection en matière de santé, de sécurité et d'environnement relatives aux différentes phases d'exploration et d'extraction de pétrole et de gaz. Ils ont

---

682- Entretien avec Gaby Daaboul, Beyrouth, le 15 février 2017.
683- http://www.lpa.org.lb, [consulté le 29 juin 2017].

également souligné l'importance de la coopération et de la coordination entre les entités gouvernementales du secteur pétrolier.

Deux autres ateliers ont été organisés du 11 au 12 février 2015 respectivement sous le titre de « conformité environnementale dans le secteur pétrolier » et « conformité sanitaire et sécuritaire dans le secteur pétrolier ». Les experts de l'Agence norvégienne de l'environnement (NEA) et de l'Autorité de sécurité pétrolière (PSA) ont donné des conférences sur la gouvernance relative à la santé, la sécurité et l'environnement (HSE : Health, Safety and Environment). La méthode HSE inclut des méthodes d'audit et d'inspection, des outils de surveillance de la conformité à ses règles, des systèmes d'autocontrôle et des rapports d'évaluation pour les différentes phases de l'exploration et de l'extraction du pétrole et du gaz. Un aperçu des données statistiques sur les performances HSE dans le secteur pétrolier et gazier norvégien ont été aussi exposées.

Le quatrième atelier, organisé entre le 8 et le 11 décembre 2015, a porté sur l'évaluation environnementale stratégique pour le secteur du pétrole et du gaz au Liban. La formation a été faite par l'Agence norvégienne pour l'environnement, le ministère norvégien de l'Energie, ainsi que la Commission néerlandaise pour l'évaluation environnementale. En plus des conseillers environnementaux locaux, plusieurs fonctionnaires libanais des ministères de l'Environnement, du Travail, de l'Industrie, ainsi que de l'Énergie ont bénéficié de cette formation. Elle visait à renforcer les capacités de gestion des impacts environnementaux, sociaux et économiques du secteur du pétrole et du gaz en se concentrant à la fois sur les études d'impact environnemental (EIE) et sur l'évaluation environnementale stratégique (EES). Des exercices pratiques ainsi que des cas réels ont été traités. La formation a ainsi contribué à renforcer les capacités des participants à revoir le processus de vérification des impacts environnementaux et sociaux liés aux différents stades de production de gaz pour un développement durable.

Le cinquième s'est tenu du 13 au 16 octobre 2016, en partenariat avec l'Autorité de l'énergie et le Programme des Nations Unies pour le développement (PNUD) dans le cadre du projet SODEL. Cet atelier visait à fournir le soutien nécessaire aux fonctionnaires libanais ainsi qu'aux gens de la société civile. Les séances ont réuni des représentants de diverses organisations gouvernementales, des médias, des organisations non gouvernementales ainsi que des groupes de protection de l'environnement. Des outils techniques ont été utilisés pour sensibiliser et renforcer les capacités ; des séances interactives couvraient des connaissances détaillées des opérations de pétrole et de gaz en amont ; l'accent a été mis sur la gestion et l'atténuation des risques et impacts liés à la santé, à la sécurité et à l'environnement (HSE). Les outils communs requis pour la gestion durable du secteur pétrolier ont été présentés.

Un séminaire spécialisé portant sur les techniques de l'audit pour le management des systèmes de l'environnement a eu lieu entre le 5 et 9 décembre 2016. Des spécialistes du ministère de l'Environnement et du Travail ont suivi une formation sur l'application de l'ISO 14001 dans le secteur pétrolier. L'analyse des risques environnementaux ainsi que les principes de la bonne gouvernance ont été abordés durant la formation.

Dans le même contexte, le plan national de lutte contre les marées noires dans les eaux maritimes du Liban a été lancé le 10 octobre 2016[684]. Ce plan a été préparé par l'Autorité de l'énergie en collaboration avec le programme des Nations Unis (SODEL), des ministères concernés, l'armée libanaise ainsi que des organisations non gouvernementales et des organismes régionaux et internationaux. Le Liban prend ainsi en compte le droit international sur la question.

La convention internationale pour la prévention de la pollution par les navires (Marpol) a été complétée par une autre convention internationale sur la préparation, la lutte et la coopération en matière de pollution par les hydrocarbures (OPRC). Cette convention entrée en vigueur le 13 mai 1995, a été conclue à Londres en 1990[685]. Le Liban a signé la convention le 30 novembre 1990 et l'a ratifiée le 30 mars 2005, et elle est entrée en vigueur

---

684- https://www.lpa.gov.lb/news2019.php, [consulté le 10 octobre 2017].
685- https://treaties.un.org/doc/Publication/UNTS/Volume%201891/volume-1891-I-32194-French.pdf, [consulté le 28 juin 2017].

le 30 juin 2015[686]. Les pays signataires s'engagèrent à mettre en place des systèmes nationaux et régionaux de préparation à la lutte contre les pollutions accidentelles par hydrocarbures. Ainsi, les exploitations au large relevant de leur juridiction et les ports maritimes de leur territoire doivent-elles disposer de plans d'urgence pour les pollutions dont ils seraient responsables[687]. Le Liban est aussi signataire de la Convention de Barcelone. Cette convention, entrée en vigueur le 6 février 1978, vise à protéger la mer Méditerranée contre la pollution[688]. Elle adopte un plan d'action pour la Méditerranée sous l'égide du Programme des Nations unies pour l'environnement (PNUE)[689]. Le plan est le résultat d'un effort de coopération régionale qui implique l'Union européenne et 21 pays riverains de la mer. Le Programme des Nations Unies pour l'Environnement (PNUE) est la plus haute autorité en matière environnementale dans le système des nations Unies. Il renforce les standards environnementaux et les pratiques tout en aidant au respect des obligations en matière environnementale au niveau national, régional et international[690].

L'objectif du Plan national de lutte contre les marées noires (NOSCP : National Oil Spill Contingency Plan) dans les eaux libanaises est de protéger la vie humaine, les ressources naturelles, l'économie nationale et de préserver l'environnement côtier et marin de tout effet défavorable provenant d'un déversement d'hydrocarbures. Il couvre également les marées noires provenant des mers voisines. Ce plan assure l'engagement continu du Gouvernement libanais à tenir ses obligations nationales et internationales.

Gaby Daaboul résume les principaux objectifs de ce plan : assurer la préparation des entités impliquées ; établir un mécanisme de compréhension mutuelle entre les entités gouvernementales et non gouvernementales, les

---

686- http://www.imo.org/fr/About/Conventions/StatusOfConventions/Pages/Default.aspx, [consulté le 10 novembre 2017].

687- http://www.marees-noires.com/fr/lutte/cadre-organisationnel/convention-internationale.php, [consulté le 28 juin 2017].

688- CHEEYA, Manal, « le Liban est signataire de la convention de Barcelone », *An-Nahar*, 15 mars 2016.

689- http://www.un.org/youthenvoy/fr/2013/08/pnue-programme-nations-unies-lenvironnement/, [consulté le 3 juillet 2017].

690- *Ibid.*

organisations du secteur privé et public et les agences internationales pour coordonner et intégrer leurs ressources ; assurer une réponse rapide et efficace face aux marées noires et prévenir de nouvelles contaminations ; identifier les zones nationales à haut risque et les zones côtières prioritaires pour la protection et le nettoyage; établir des processus d'assistance et de coopération avec d'autres pays et agences internationales[691].

Le plan adopte un système de réponse basé sur le système de commande des incidents (ICS : Incident Command System) qui comporte une structure intégrée qui définit clairement les responsabilités. Il permet néanmoins une flexibilité suffisante pour s'adapter à des circonstances changeantes ou imprévues, d'une manière appropriée à l'échelle des incidents.

Délégué par l'autorité compétente, le commandant national de lutte contre les marées noires a la responsabilité générale de la gestion des incidents. La structure du National Oil Spill Contingency Plan comporte six divisions organisées de la façon suivante : le groupe consultatif tient en compte les orientations stratégiques et définit les priorités lors des accidents. L'équipe de support aide dans la gestion des accidents, elle est responsable de la communication avec les médias et le public. Elle assure également le conseil et l'assistance sur les questions techniques et sécuritaires. La section d'opération prend en charge la gestion de toutes les activités entreprises pour lutter contre les marées noires et de la gestion de toutes les ressources déployées. La section de planification est responsable de la gestion de l'information et de l'élaboration du plan d'action pour l'incident. La section de la logistique assure la fourniture et la maintenance des outils et matériaux. La section des finances s'occupe du calcul des coûts des opérations. Ces données peuvent être utilisées dans le cas de demande d'indemnités, car en cas de marée noire, il appartient à l'État sinistré de procéder au nettoyage des côtes avec ses moyens propres ou en faisant appel à des entreprises privées spécialisées dans le transport et le traitement des déchets.

691- Entretien avec Gaby Daaboul, Beyrouth, le 15 février 2017

Wissam Chbat qualifie l'élaboration de ce plan d'étape importante car il coordonne les actions entre 15 entités différentes incluant l'armée nationale, les ministères concernés et des organisations internationales[692]. « C'est un message que le Liban assume ses responsabilités et prend part à la préservation de l'environnement[693] ». Il ajoute que le plan reflète aussi le sérieux de l'Etat qui prend d'ores et déjà les mesures nécessaires destinées à renforcer la sécurité maritime et à organiser la lutte contre les pollutions maritimes potentielles qui peuvent toucher le littoral. Wissam Chbat rappelle que ce plan est l'une des réalisations de l'Autorité de l'énergie afin de préparer le lancement des appels d'offres.

Laury Haytayan, quant à elle, considère que rarement l'Etat libanais a prévu ou élaboré des plans avant la survenue de désastres. Elle salue cette action préventive qui reflète un professionnalisme rare[694].

Cependant le ministère censé avoir un rôle primordial dans le dossier du gaz, est confronté aux problèmes de la pollution grandissante au Liban notamment au dossier des déchets ménagers. Le fiasco de ce dossier s'ajoute à celui des carrières qui rongent les montagnes libanaises. L'inexistence d'un plan viable en matière de gestion des ordures a laissé éclater en juillet 2015 une crise sanitaire après la fermeture de la décharge de Naamé et l'entassement des ordures dans les rues. Depuis trois ans, des plans temporaires de stockage de déchets à Costa Brava et Bourj Hammoud n'ont pas permis de résoudre le problème et ont suscité des contestations de la part de la société civile et des écologistes[695]. La solution proposée par le conseil municipal de Beyrouth d'adopter les incinérateurs soulève des protestations. Elle laisse des doutes quant à l'aptitude de l'administration de gérer un tel projet.

692- Entretien avec Wassim Chbat, Beyrouth, le 18 mai 2017.
693- *Ibid.*
694- Entretien avec Laury Haytayan, Beyrouth, le 20 avril 2017.
695- https://www.lorientlejour.com/article/1098645/gestion-des-dechets-menagers-au-liban-retour-sur-un-terrible-fiasco.html

1.4 Les préparatifs du ministère des Finances

Le ministère des Finances, et dans le cadre du programme norvégien « Oil for Development », a déjà formé 2 fonctionnaires[696]. Durant la tenue du sommet international du pétrole et du gaz à Beyrouth le 3 décembre 2012, le ministre Safadi établit un bilan des avancées sur le plan financier. Il évoque les principaux projets étudiés comme le partage des profits générés par l'exploitation du gisement, ou encore le cadre légal requis[697].

Le ministre Safadi ajoute que le ministère des Finances a participé à l'élaboration de la loi 132 pour l'exploration et l'exploitation du pétrole offshore, aux projets de décrets et conventions nécessaires pour le lancement de la première session d'octroi de licences d'exploration et de forage et à l'écriture du décret organisant le fonctionnement de l'Autorité de l'énergie notamment son système financier.

Il fait remarquer que la vision du ministère des Finances a été, depuis le début, de poursuivre une politique qui présente des incitations pour pouvoir attirer les entreprises internationales pour investir dans le secteur pétrolier au Liban. Il ajoute que « Le système financier des activités pétrolières est basé sur la transparence et il est fondé sur une législation stable qui est facile à appliquer à la fois pour le Liban et les détenteurs de droits d'exploration[698] ». Il assure toutefois que les décrets garantissent à la fois les droits de l'Etat et ceux des compagnies exploitantes.

Le quotidien Al-Hayat rapporte que le ministère des Finances libanais commence à préparer les propositions nécessaires pour l'amendement de certaines lois relatives à la fiscalité pour qu'elles soient adaptées au secteur pétrolier[699]. Dans ce cadre, les compagnies exploitantes auront le privilège de l'octroi de certaines exonérations fiscales sur les équipements et machines nécessaires pour l'exploration et l'exploitation dans la ZEE libanaise.

696-Entretien avec Gaby Daaboul, Beyrouth, le 15 février 2017.

697-MEDAWAR, Dalal, « sommet LIOG : des ressources offshores au Liban potentiellement colossales », *L'Orient le Jour*, 4 décembre 2012.

698-« Le Sommet international du gaz se tient au Liban », An-Nahar, 4 décembre 2012.

699- « Al-Hayat : l'importance de l'autorité de gestion du gaz au Liban », *Al-Hayat*, 4 décembre 2012.

Toujours dans le cadre du programme norvégien « Oil for Development », trois séminaires ont été organisés par le ministère des Finances en collaboration avec l'Autorité de l'énergie. Le premier entre le 8 et le 11 juin 2015. Il portait sur les priorités fiscales, la comptabilité utilisée dans le secteur pétrolier, les techniques de l'audit et les crises du marché. Les participants ont acquis un savoir-faire et ont bénéficié des expériences des experts norvégiens présents au séminaire. Le deuxième a eu lieu entre le 14 et 18 septembre 2015. Il portait sur la gestion des revenus, les dernières normes internationales de comptabilité relatives au secteur et l'interprétation des articles du brouillon de la loi de fiscalité du secteur pétrolier. Le troisième s'est tenu entre le 25 et 28 janvier 2016. Il a été organisé par le ministère des Finances en collaboration avec le Bureau de taxation du pétrole (OTO : Oil Taxation Office) en Norvège. Dans ce séminaire, des méthodes de comptabilité et des techniques d'audit relatives au secteur du gaz -en concordance avec les normes internationales établies- étaient exposées, ainsi que des explications poussées sur le transfert du prix (TP : Transfert Pricing) en utilisant le OECD TP guideline et des interprétations pour des cas réels de transfert de prix.

Les formations suivies ont permis aux cadres du ministère des Finances de participer activement à l'écriture des différents projets de lois en relation avec le secteur pétrolier. Gaby Daaboul explique que les fonctionnaires libanais, qui ont suivi les formations par le biais de l'OfD, ont acquis l'expérience et le savoir-faire nécessaire pour contribuer au cadre juridique du secteur pétrolier[700]. A ce titre, et comme déjà mentionné au chapitre 1, le ministère des Finances participe activement à l'élaboration du projet de la loi du fonds souverain.

Quelques indices ressortent ainsi : la volonté affichée des administrations civiles et militaires libanaises de se préparer à accompagner l'exploration et l'exploitation du gaz offshore et leurs grands besoins pour pouvoir le faire, en ressources financières et humaines. Si l'optimisme semble caractériser les discours officiels en la matière, concrètement toutes ces questions doivent encore être réglées, sachant que le pays est déjà fortement endetté. Remarquons

---

700- Entretien avec Gaby Daaboul, Beyrouth, le 18 mai 2017.

aussi que toute décision tarde à être adoptée, puisque le gaz n'est pas seulement une question économique ou technique : il revêt une importance politique certaine, comme le montrent les tensions qu'il contribue à alimenter entre les deux grandes coalitions politiques qui structurent la vie libanaise depuis 2005, tensions qui gagnent aussi les coalitions elles-mêmes, comme on l'a vu dans le cas du 8 Mars en particulier qui impose son leadership sur le dossier. Sachant encore que ces tensions sont inséparables des choix du Liban en matière de politique étrangère, d'alliances avec les axes régionaux sur la scène moyen-orientale avec leurs prolongements internationaux, comme nous le verrons dans le chapitre qui suit.

2. Les initiatives de la société civile

Le concept de société civile trouve son origine dans l'antiquité grecque. Aristote avance le nom «koinonía politikè» (Société citoyenne) qui sera ultérieurement repris en latin «societas civilis». Il désigne une assemblée sans hiérarchie dominante, composée de personnes partageant les mêmes points de vue, ce qu'on appelait alors « polis », c'est-à-dire, la société citoyenne ou politique[701]. Cependant, il fallut attendre le 18ème siècle pour que la société civile soit considérée comme acteur autonome par rapport à l'Etat. Montesquieu évoquait l'existence de deux sphères différenciées : celle de la politique et celle de la société citoyenne. John Locke considérait que les citoyens avaient le droit de se rebeller en tant que société citoyenne, si l'Etat ne garantissait pas les droits. Pour Hegel, la société civile désigne un espace indépendant hors de la sphère naturelle de la famille ainsi que de la sphère plus grande représentant l'Etat. Il ajoute que dans cet espace, les citoyens peuvent poursuivre leurs intérêts particuliers et légitimes. C'est ainsi que la structuration des intérêts de la société sera en partie menée par la société civile, intermédiaire entre l'individu et l'Etat. Dans les théories de la société globale, la société civile est le groupement humain qui gère le bien commun, qui est à l'origine de l'État (Aristote, Hobbes, Locke, Rousseau) ou qui s'oppose à lui (Hegel et Marx)[702].

701- GROUX, Guy, *l'Etat , la société civile et l'économie,* Québec, Harmattan,2001, 250 p.

702- Céline Thiriot, « Rôle de la société civile dans la transition et la consolidation démocratique en Afrique : éléments de réflexion à partir du cas du Mali », Revue internationale de politique comparée 2002/2 (Vol. 9), p. 277-295.

Le sens moderne du concept redéfinit l'ensemble des rapports entre Etat et société civile. Gramsci considère que la société civile représente un ensemble d'organismes vulgairement dits, privés[703]. Elle se présente comme un domaine qui est apparu entre les sphères étatique, économique et privée et qui regroupe différentes formes d'organisations tels que les groupes d'initiative, les clubs ou les associations. Pour Berger, « la société civile, c'est la vie économique, sociale et culturelle des individus, des familles, des entreprises et des associations dans la mesure où elle se déroule en dehors de l'État et sans visée politique, en ignorant la double logique, idéologique et de souveraineté, de la vie politique, en recherchant, par contre, soit la satisfaction des besoins ou des intérêts matériels, soit le soin des autres, la convivialité, le bonheur privé, l'épanouissement intellectuel ou spirituel[704] ». La société civile évoquée est plutôt une pluralité de genres qu'un groupe organisé et homogène. Elle n'est pas non plus une représentation des intérêts individuels des citoyens. En effet, l'existence d'un objectif ou d'une cause représente le centre d'intérêt qui incite les gens à se regrouper librement autour d'une idée ou d'un concept. Ce regroupement peut avoir lieu sous forme de clubs, d'associations, de mouvements sociaux, etc. Il convient de signaler que toutes ces organisations sont protégées par la liberté individuelle et collective, condition essentielle à leur existence. Ainsi leur interaction avec l'Etat est importante bien qu'elles soient en dehors de lui. Leur indépendance vis-à-vis de l'Etat et des organisations économiques leur permet de créer un impact social dans la vie publique et d'attirer ainsi l'attention de la société. De plus, ces organisations agissent aussi au-delà des intérêts individuels et familiaux et ne visent pas le profit. Pour sa part, Arenhovel considère que les groupes qui poursuivent des objectifs exclusivement privés (familles, entreprises, etc.) n'appartiennent pas à la société civile, tout comme les partis politiques, les

---

703- Céline Thiriot, « Rôle de la société civile dans la transition et la consolidation démocratique en Afrique : éléments de réflexion à partir du cas du Mali », Revue internationale de politique comparée 2002/2 (Vol. 9), p. 277-295.
704- BERGER G., op. cit., 1989-1990, p. 136.

parlements ou les administrations étatiques[705]. La société civile est liée à la démocratisation. De nos jours, le terme est devenu synonyme pour de demande de plus de démocratisation.

Au Liban, les organisations de la société civile jouissent depuis des décennies de diverses libertés voire de protections, à l'opposé du vécu des organisations non gouvernementales des pays arabes. Cela a contribué à faire de Beyrouth le centre et le lieu privilégié des organisations opérant sur le plan régional. Aujourd'hui, la crise en Syrie et en Irak a contribué à la consolidation de la position de la capitale libanaise en tant que plaque tournante.

Le nombre d'ONG enregistrées au Liban a augmenté de façon significative après 2005 en raison d'un environnement politique moins restrictif après le retrait syrien et d'un afflux de financements des donateurs occidentaux. Il est estimé à environ 5000 en 2017[706]. En effet, dans l'ensemble, la société civile libanaise est plus développée que dans les pays arabes voisins. Néanmoins, cette dernière est en grande partie affectée par les divisions communautaires pendant et après la fin de la guerre civile. Pour Laury Haytayan, la classe politique libanaise essaye de dominer la majorité des ONG et cherche à les affaiblir par crainte qu'elles ne soient moteurs d'une vraie réforme politique du pays[707]. Ces pressions semblent également réduire la capacité des acteurs de la société civile à s'acquitter de leurs tâches.

La société civile se saisit des questions de la société, de surveillance du pouvoir et des enjeux économiques. A ce titre, elle ne pouvait qu'être interpellée par la question du gaz qui suscite un intérêt grandissant pour les ONG ainsi que pour les centres de recherche du pays. Plusieurs de ces organismes jouent déjà un rôle de premier plan dans ce domaine, tels l'organisation écologiste ELARD - Liban, le (LCPS), le Centre arabe pour la recherche et le développement

---

705- « Qu'est-ce que la société civile ? », http://library.fes.de/pdf-files/bueros/madagaskar/06890.pdf, [consulté le 21 juin 2017].

706- http://www.socialaffairs.gov.lb/MSASubPage.aspx?parm=112&parentID=102#, [consulté le 20 juin 2017].

707- Entretien avec Laury Haytayan, Beyrouth, le 20 avril 2017.

(CARD) ainsi que l'Association libanaise pour la transparence (LTA _ Lebanese Transparency Association). Le LCPS (Lebanese Center for Policy Studies) a lancé un programme de recherche sur le secteur pétrolier qui est censé avoir un impact remarquable. Dans le même contexte, des organisations internationales anti-corruption augmentent leurs engagements et contributions dans le dossier du gaz libanais. Ces dernières suivent de près les questions liées à la transparence. A titre d'exemple, la Publish What you Pay localisée au Liban, utilise son réseau pour faire fonctionner son programme dans d'autres pays de la région. Mais à partir de 2012, l'ONG a commencé à opérer plus fréquemment au pays des cèdres et le considère désormais comme pays cible. L'International Revenue Watch et la Transparency International ont commencé à opérer au Liban via l'exécution d'un certain nombre de projets.

Laury Haytayan considère que la société civile doit développer ses compétences pour assumer son rôle anticipé dans la promotion de la transparence au Liban surtout dans le secteur du gaz. Selon elle, cette société souffre d'une multitude de problèmes dans sa structure et dans ses fonctions de base ; les restrictions politiques et communautaires ainsi que les divisions internes ont limité la capacité des ONG à agir efficacement. Dans ce contexte, elle appelle à une coordination plus efficace entre la société civile et les médias qui doivent jouer un rôle essentiel dans le dossier du gaz offshore[708]. Haytayan rappelle le travail important déjà entamé dans la lutte contre la corruption en évoquant les questions d'intérêt commun publiquement comme dans le cas de la sécurité des aliments ou dans l'affaire des médicaments périmés. Les médias couvrent avec un grand intérêt les activités liées au secteur pétrolier. Cependant, les journalistes ont besoin de formations adéquates pour une meilleure maîtrise des sujets liés au dossier du gaz. Un engagement mutuel avec les médias clés du pays sera une mesure importante pour améliorer la couverture médiatique relative aux dossiers du secteur pétrolier. Haytayan rappelle les fonctions fondamentales que la société civile libanaise est supposée assumer. La première

---

708- Entretien avec Laury Haytayan, Beyrouth, le 20 avril 2017.

est la protection contre toute ingérence non légale ou dérapage dans le dossier du gaz. Quant à la deuxième, elle se traduit par l'observation et le contrôle des moindres détails du dossier au jour le jour. La participation active, par le biais des mécanismes établis dans le cadre de l'initiative ITIE (*Initiative* pour la transparence dans les industries extractives) déjà adoptée par le gouvernement libanais représente la troisième et dernière fonction.

Les universités du pays ont également un rôle à jouer, en particulier pour la formation de cadres de haut niveau aptes à diriger le secteur pétrolier. Les futurs diplômés sont d'ores et déjà protégés par la loi 132/2010 qui stipule que les détenteurs de droit sont obligés de compter parmi leurs employés au moins 80 % de ressortissants libanais. Ces mêmes détenteurs doivent également donner la préférence en termes d'achats, aux produits libanais dans tout contrat signé. C'est dans ce contexte que les programmes de formation établis ou en cours d'établissement, doivent outiller les Libanais du savoir-faire nécessaire pour occuper les postes en question. Ce défi concerne à la fois les compagnies pétrolières, les autorités libanaises, les universités ainsi que les instituts de formation professionnelle et technique. La présence de main-d'œuvre libanaise qualifiée dans les pays du Golfe, et la proximité du Liban avec ces pays ont poussé plusieurs universités libanaises à proposer depuis quelques années aux étudiants des diplômes « pétrole et gaz ». Ces diplômes doivent intégrer de nouvelles matières, des installations et des équipements modernes adaptés au contexte libanais. Il convient de signaler, à cet égard, qu'à partir de 2013, plusieurs universités ont introduit de nouvelles formations afin de répondre aux besoins futurs de l'éventuelle industrie pétrolière du pays. Ces futurs nouveaux diplômés seront assistés dans un premier temps par des Libanais ayant une expérience à l'international. Wissam Chbat révèle qu'une stratégie nationale est en cours de préparation : elle définira les besoins du marché et proposera des programmes pertinents adaptés à ces besoins[709]. Plusieurs grandes universités proposent, depuis 2013, des formations spécialisées sur la question.

____

709- Entretien avec Wissam Chbat, Beyrouth, le 18 mai 2017.

Université	Diplôme	Programme
USJ – ESIB	Master (2013)	Pétrole et gaz : exploration, production et management
Université Américaine de Beyrouth	Master (en projet)	Energy Studies
	Licence	Petroleum Geology
	Master (en projet)	Petroleum Engineering
Université de Balamand	Master (en projet)	Chemical Eng, Petroleum Major
Université Saint Esprit – Kaslik	Master (en projet)	Génie chimique, option pétrole
Université libanaise	Licence (2013)	Génie pétrole
	Master (2013)	Génie pétrole offshore
Université Notre Dame – Louaizé	Licence (en projet)	Petroleum Eng
	Licence (en projet)	Chemical Eng
Ecole Supérieure des affaires	Master (en projet)	Management de projets pétroliers
Université Arabe de Beyrouth	Licence (2013)	Petroleum Eng

Tableau 16 : récapitulatif des diplômes proposés par les universités libanaises (Source : Le Commerce du Levant, février 2014, p 38)

Ainsi le rôle des universités est capital. Elles sont placées au cœur du débat sur les richesses naturelles et le développement du pays. Elles s'évertuent à fournir les moyens nécessaires au nouveau secteur gazier en alignant leurs programmes et fournissent des études de haute qualité. Elles préparent, de la sorte, les cadres à prendre une part active dans la gestion de la nouvelle manne.

Partie III

La nouvelle place du Liban sur la scène régionale et internationale

Le gaz représente actuellement le quart de la consommation énergétique mondiale, avec un taux de croissance annuelle d'environ 2.5 à 3 %[710]. Connue pour ses avantages économiques et écologiques, cette énergie fossile est devenue la plus utilisée après le pétrole en 2004[711]. Les découvertes de la Méditerranée orientale depuis 2009 ont probablement été faites au bon moment. Le Moyen-Orient et l'Afrique du Nord en tant que régions ont connu une croissance considérable de la demande d'énergie domestique au cours de la dernière décennie, en raison de la diminution des approvisionnements en gaz naturel. Les réserves régionales de gaz sont fortement concentrées chez quelques grands producteurs, principalement l'Iran, le Qatar et, dans une moindre mesure, l'Arabie saoudite. Le gaz du Qatar est exporté sous la forme de GNL coûteux tandis que l'Iran essaye de développer ses champs après son accord avec l'Occident en 2015. Les économies du Levant - généralement moins dotées de richesses en hydrocarbures que les États du Golfe et certaines parties de l'Afrique du Nord - ont été, pour la plupart, dépendantes des importations pour l'ensemble de leurs besoins énergétiques.

Le gaz est donc devenu un outil géopolitique primordial. Les nouvelles découvertes en Méditerranée orientale augmentent l'importance de la région du Moyen-Orient en tant que source principale d'énergie mondiale, et amplifient la concurrence internationale sur l'exploitation des richesses de cette région qui traverse, par ailleurs, une phase critique de son histoire en raison des soulèvements depuis 2010. Ainsi, la région connaît-elle une nouvelle raison d'ingérence pour ses ressources énergétiques du fait des puissances qui y sont traditionnellement présentes, comme les États-Unis, l'Union Européenne et la Russie ainsi que de nouveaux acteurs en raison de la forte croissance de leurs économies, tels la Chine, l'Inde, le Brésil et l'Afrique du Sud.

710- «World Energy Outlook», http://aie.org/WEO/2017, [consulté le 25 août 2017].
711- *Ibid.*

Le Liban se retrouve face aux défis de la découverte des ressources naturelles qui modifient radicalement la donne. Ses relations régionales et internationales subissent de profonds changements après le début du recouvrement de son indépendance en 2005. Les grandes puissances, soucieuses de l'importance des nouvelles ressources, commencent à traiter différemment avec Beyrouth. Leurs relations avec le Liban sont désormais à étudier à la lumière de cette politique globale vis-à-vis du gaz récemment découvert en Méditerranée orientale, facteur qui s'ajoute à leurs intérêts traditionnels pour ce pays. Cela semble du moins être le cas pour plusieurs puissances internationales et régionales, à commencer par les États-Unis et la Turquie. Mais la question se pose également de savoir si le Liban a lui-même fait de nouveaux choix en termes de relations internationales ou du moins s'il a tenté de définir, maintenant qu'il est officiellement maître de son destin, les grandes lignes de sa politique étrangère.

Chapitre 6
La difficile définition d'une politique étrangère libanaise

Depuis l'indépendance du Liban en 1943, la politique étrangère est un sujet polémique qui divise les Libanais et déstabilise le système politique. Les clivages confessionnels, idéologiques, économiques, régionaux et culturels de la société pluraliste libanaise affectent profondément le choix de la politique étrangère ; de plus, ils divisent le pays en deux tendances : le « libanisme » et l'arabisme. Le Pacte national de 1943 mettait en place un compromis en établissant deux veto mutuels sur les choix de la politique étrangère. Ces veto mutuels sont critiqués par Georges Naccache qui considère que deux négations ne font pas une nation[712]. La complexité de cette politique pousse certains à la considérer comme l'art de l'impossible[713]. Ghassan Salamé, quant à lui, s'interroge sur l'existence d'une possibilité d'élaboration d'une politique étrangère libanaise[714]. Pour lui, un Etat faible et polarisé, régionalement contesté et ayant des enchevêtrements internationaux, peine à avoir une politique étrangère viable. A ceci s'ajoutent, pour le Liban, la longue tradition et l'héritage de l'intervention extérieure dans sa politique intérieure qui se chevauchent avec le manque de consensus national sur une série de problèmes stratégiques. A prendre aussi en considération, le processus de prise de décisions. Au Liban, existe une diversité de centres de pouvoir et de tendances qui impliquent une série d'acteurs. Le Président, le Premier ministre, le Parlement et son Chef, le ministre des Affaires étrangères, et même les chefs des principales communautés du pays sont concernés par les choix de politique étrangère.

712-https://www.monde-diplomatique.fr/1982/09/A/36936, [consulté le 26 aout 2017]

713- SALLOUKH, Bassel, "The art of the impossible : the foreign policy of Lebanon", Janvier 2009.

714- Ghassan Salamé, "Is a Lebanese Foreign Policy Possible?" in Toward a Viable Lebanon, Halim Barakat, ed. (Washington, DC: Center for Contemporary Arab Studies, Georgetown University, 1988), 347–60.

Théoriquement, la politique étrangère libanaise maîtrise la dynamique complexe entre les politiques nationales et étrangères, considérée comme un jeu à deux niveaux par excellence [715] . L'identité du Liban, son alliance avec une puissance ou avec un axe quelconque, telle son adhésion à la Doctrine Eisenhower en 1957 face au Nassérisme, la question palestinienne et d'autres sujets, n'ont fait que secouer la structure libanaise et aboutir à des guerres civiles dont la plus longue aura duré de 1975 à 1990. Les acteurs locaux déploient ainsi des idéologies transnationales avec des acteurs externes pour renforcer leurs positions dans les luttes politiques internes[716]. Par conséquent, cette imbrication entre les politiques intérieure et étrangère exacerbe la perméabilité du Liban aux pressions régionales et sa vulnérabilité à l'intervention externe, et permet aux acteurs extérieurs de devenir les arbitres ultimes des questions libanaises.

1. l'oscillation entre les « axes » et la revendication de la « neutralité »

Au niveau international, la politique étrangère pré - Taëf du Liban est généralement identifiée par une orientation de centre-droit[717]. Cette tendance était marquée par les politiques des ministres d'Affaires étrangères comme Philippe Takla, Rashid Karamé et Fouad Boutros[718]. Le Liban devait se positionner entre l'Occident et le Mouvement des non-alignés sans aliéner l'Union soviétique. Il s'agissait de maintenir des relations étroites avec le monde occidental, en particulier la France et les États-Unis, tout en soutenant les causes arabes sur la scène internationale. Les positions de la politique étrangère qui se sont éloignées de cette tendance - comme celles de Chamoun en 1957-1958 et celles de Gemayel en 1982-1983 – ont engendré des crises politiques et des confrontations armées[719]. Dans la période précédant la guerre

---

715- Robert D. Putnam, "Diplomacy and Domestic Politics: The Logic of Two Level Games," International Organization 42, no. 3 (Summer 1988): 427–60.

716- Entretien avec Jihad Zein, Beyrouth, le 9 mai 2017.

717- Ghassan Salamé, "Is a Lebanese Foreign Policy Possible?" in Toward a Viable Lebanon, Halim Barakat, ed. (Washington, DC: Center for Contemporary Arab Studies, Georgetown University, 1988), p 55.

718- *Ibid.*

719- Ghassan Salamé, "Is a Lebanese Foreign Policy Possible?" in Toward a Viable Lebanon, Halim Barakat, ed. (Washington, DC: Center for Contemporary Arab Studies, Georgetown University, 1988), p 55.

civile, deux principales orientations de la politique étrangère ont dominé le Liban. L'une, identifiée principalement avec la majorité des chrétiens et des partis de droite, a appelé à mettre le Liban à l'abri des effets déstabilisateurs des conflits israélo-arabes. Cette position considérait que la présence militaire palestinienne était une atteinte à la souveraineté de l'État et s'opposait à l'utilisation du Liban comme terrain pour les opérations commando contre Israël. L'autre, réunissant la majorité des musulmans et des partis de gauche, plaidait pour une orientation propalestinienne en matière de politique étrangère. Cette position était inspirée par le nationalisme arabe. Elle visait aussi, entre autres, à consolider la position des leaders musulmans, sunnites en particulier, dans leur quête à réaliser des réformes politiques structurelles pour réinstaurer l'équilibre du pouvoir et mettre un terme à la prépondérance maronite[720].

L'Accord de Taëf signé le 22 octobre 1989 est destiné à mettre fin à la guerre civile. Il recompose le partage du pouvoir et remplace ainsi le Pacte national de 1943. Il modifie radicalement le processus de la prise de décision en politique étrangère en mettant des limites et des contraintes diverses. La prise de décisions dans la politique étrangère, selon le Pacte de 1943, était l'un des privilèges constitutionnels du Président maronite, même si des premiers ministres sunnites comme Riyad Solh ou Saeb Salam, ont participé à l'élaboration de la politique étrangère du gouvernement. Lorsque les ministres des Affaires étrangères étaient proches du Président, ce dernier leur confiait un rôle majeur dans la politique étrangère. Ainsi, Charles Malek, Philippe Takla, Fouad Boutros et Elie Salem ont joué ce rôle durant les mandats des présidents Chamoun, Chehab et Sarkis. Le président Amin Gemayel, quant à lui, a formé une équipe composée de Ghassan Tueni, Wadih Haddad et d'Elie Salem[721] pour l'aider à bien gérer la politique extérieure du pays.

Avec les accords de Taëf, les pouvoirs du Président maronite ont été transférés au Conseil des ministres. Cela a contribué à renforcer la position du Premier ministre sunnite dans le système politique libanais. Les implications sur l'élaboration de la politique étrangère se sont reflétées dans la Constitution.

720- Entretien avec Jihad Zein, Beyrouth, le 9 mai 2017.
721- SALLOUKH, Bassel, "The art of the impossible: the foreign policy of Lebanon", Janvier 2009.

En effet, l'article 52 de la Constitution qui confère au Président de la République le pouvoir exclusif de négocier des traités internationaux a été amendé. Ce pouvoir est conditionné par l'approbation du Premier ministre et du cabinet réuni[722]. Dans le même contexte, l'article 65 autorise le cabinet à élaborer la politique générale de l'État dans tous les domaines, y compris la politique étrangère[723]. Ce changement est considéré comme une grande concession de la part de la communauté maronite qui se veut le gardien traditionnel de la souveraineté du Liban et de son indépendance. C'est dans ce contexte, durant la période de l'après-guerre et jusqu'au retrait de l'armées syrienne, que Damas a dirigé la politique étrangère[724]. Les ministres des Affaires étrangères ont suivi attentivement les prescriptions de la Syrie. L'apport du ministre des Affaires étrangères au processus décisionnel a donc été considérablement réduit. Le Chef du gouvernement de l'époque, Rafic Hariri, a essayé d'élargir la marge de la prise de décision autonome en utilisant ses liens personnels avec certains membres du régime syrien ainsi qu'avec certaines capitales arabes et occidentales, en particulier Riyad, Paris et le Vatican[725]. Après le retrait syrien du Liban, la prise de décision en matière de politique étrangère est devenue beaucoup plus dissonante. Elle s'est transformée en une véritable bataille entre les différentes coalitions politiques et leurs représentants au cabinet, chacune soutenue par des acteurs extérieurs.

L'Accord de Taëf a reconnu sans ambiguïté que le Liban et la Syrie sont liés par des relations spéciales et partagent des intérêts communs impliquant la coordination des politiques à tous les niveaux[726]. En période de crise interne presque toujours liée à des affrontements sur l'élaboration de la politique régionale de l'État, un nouveau consensus sur la politique étrangère a toujours été négocié entre les chefs des communautés principales avec une contribution directe ou indirecte des acteurs extérieurs. Ainsi, après la fin de la guerre et

---

722- http://www.presidency.gov.lb/Arabic/LebaneseSystem/Documents/TaefAgreementFr.pdf, [consulté le 10 juin 2017].

723- *Ibid.*

724- SALLOUKH, Bassel, "The art of the impossible: the foreign policy of Lebanon", Janvier 2009.

725- Entretien avec Jihad Zein, Beyrouth, le 9 mai 2017.

726- http://www.presidency.gov.lb/Arabic/LebaneseSystem/Documents/TaefAgreementFr.pdf, [consulté le 10 juin 2017].

la continuation de l'occupation israélienne du pays jusqu'en 2000 et de la « présence » syrienne jusqu'en 2005, la politique étrangère libanaise n'était qu'une annexe de la politique étrangère syrienne. Du coup, le Liban a été engagé dans un alignement pro-syrien concernant les choix de sa politique étrangère aux niveaux régional et international. Dans le même contexte, des accords bilatéraux ont été signés entre Beyrouth et Damas dont le plus important est le traité «de fraternité, de coopération et de coordination » signé le 22 mai 1991 qui confirme la mainmise de Damas sur le Liban[727]. Le renforcement des relations bilatérales et institutionnelles par ces accords a eu des effets structurants sur la hiérarchie du pouvoir : ainsi de nouveaux entrepreneurs et un cartel d'hommes organisent une économie politique de la domination institutionnalisée par l'accord de Taëf qui consacre la tutelle syrienne sur un Liban à souveraineté suspendue[728]. La formation des gouvernements et la mise en place des politiques interne et externe se faisaient à Damas. Les émissaires étrangers se rendaient parfois dans la capitale syrienne pour discuter des questions libanaises sans passer par Beyrouth, qui voyait son rôle se limiter seulement à l'exécution des accords passés avec Damas. Ainsi par exemple, durant l'opération militaire israélienne contre le Liban « Raisins de la colère » en 1996, le secrétaire d'État Américain, Warren Christopher effectue plusieurs visites consécutives à Damas pour arriver à un accord de cessez-le-feu entre Israël et le Hezbollah sans mener des pourparlers avec les responsables libanais à Beyrouth[729]. Pour Bertrand Badie, lors des crises, la tentation des voisins à s'y mêler est grande[730]. Cette ingérence syrienne s'explique par trois facteurs. Tout d'abord, le régime politique syrien sous Hafez comme sous Bachar el Assad qui succède à son père en 2000, a besoin de légitimation qu'il croit pouvoir satisfaire par une politique internationale et régionale active. Ensuite, la tentation, notamment des opinions publiques, de s'identifier à la cause

---

727- https://www.monde-diplomatique.fr/cahier/proche-orient/region-liban, [consulté le 2 septembre 2017].

728- PICARD, Elizabeth. *Liban-Syrie : intimes étrangers*. Beyrouth: Sindbad : actes sud. 2016. p 21

729- « En 1996, l'opération les Raisins de la colère », http://www.lefigaro.fr/internatio-nal/2006/07/14/01003-20060714ARTFIG90003-en_1_operation_raisins_de_la_colere.php, [consulté le 5 avril 2017].

730- http://www.lemonde.fr/proche-orient/chat/2006/12/11/reste-t-il-un-espoir-de-paix-au-proche-orient_844436_3218.html, [consulté le 5 septembre 2017].

palestinienne est forte: même sentiment d'humiliation, de marginalisation, même impression de ne pas avoir été consulté lorsque la carte de la région a été constituée. Enfin, ces Etats se sentent eux-mêmes menacés par les Etats-Unis et rêvent donc de réintégrer la négociation régionale, de se rendre indispensables au compromis de manière à être ainsi protégés d'une hypothétique menace américaine. Le Liban est alors une carte dans la stratégie syrienne. Durant cette période, la diplomatie libanaise était en hibernation et orientée vers la libération du territoire libanais occupé par l'État hébreux, la libération des prisonniers libanais en Israël et le rapatriement des réfugiés palestiniens[731]. Son rôle était strictement formel ; elle ne pouvait prendre de vraies initiatives ni élaborer des stratégies et des plans d'actions.

Après le retrait israélien en 2000, le Hezbollah devient un acteur politique incontournable de la scène politique interne et régionale et gagne davantage d'influence. Une fracture s'exprime dans la société libanaise entre partisans du désarmement du Hezbollah et de la fin de la tutelle syrienne et défenseurs du camp pro Damas. Cette ligne de clivage a été accentuée suite à l'adoption par le Conseil de sécurité de l'ONU de la résolution 1559 le 2 septembre 2004 à l'initiative conjointe de la France et des États-Unis, par 9 voix sur 15, et 6 abstentions[732]. La résolution comprend 7 volets. Elle demande notamment à toutes les forces étrangères qui y sont encore de se retirer du Liban (en référence aux troupes syriennes), la dissolution et le désarmement de toutes les milices libanaises et non libanaises (en référence au Hezbollah et aux groupes armés palestiniens) et le respect de la souveraineté, l'intégrité territoriale, l'unité et l'indépendance politique du Liban, placé sous l'autorité exclusive du gouvernement libanais[733]. Cette résolution a visé directement la Syrie en exigeant la fin de sa présence militaire et le désarmement de son allié chiite, le Hezbollah. Les grandes puissances occidentales se sont directement impliquées

---

731- ZEIN, Jihad, « les décisions internes viennent de l'extérieur », *An-Nahar*, 20 décembre 2005.

732- Les neuf pays qui ont voté en faveur de la résolution sont : l'Allemagne, l'Angola, le Bénin, le Chili, l'Espagne, les États-Unis, la France, la Roumanie et le Royaume-Uni. Six se sont abstenus, y voyant une ingérence dans les affaires intérieures d'un pays: l'Algérie, le Brésil, la Chine, le Pakistan, les Philippines et la Russie.

733- https://documents-dds-ny.un.org/doc/UNDOC/GEN/N04/498/93/PDF/N0449893.pdf?OpenElement, [consulté le 5 septembre 2017].

dans le dossier libanais. Pour Bertrand Badie, la question libanaise est des plus difficiles, car elle superpose des conflits internes, des conflits régionaux et des interventions mondiales[734]. Ainsi la résolution 1559 a-t-elle internationalisé la crise libanaise, en mêlant intimement des niveaux qu'il convient de distinguer. La crise mêle ainsi non seulement les différentes communautés libanaises, mais aussi tous les Etats de la région, la France, les Etats-Unis et d'autres acteurs internationaux. Des voix s'élèvent au Liban pour réclamer le retrait syrien. Celui-ci aura lieu en avril 2005, suite à l'assassinat de l'ancien Premier ministre Rafic Hariri et aux accusations qui mettent en cause Damas dans l'assassinat ; la communauté internationale et nombre de pays arabes, ceux du Golfe notamment, appuient les demandes libanaises – qui ne font pas l'unanimité cependant – du départ des soldats syriens du pays. Le 8 mars 2005, le camp pro-syrien organise une manifestation à Beyrouth pour remercier la Syrie. La réplique s'est faite par le camp opposé en organisant le 14 mars 2005, une manifestation qui a rassemblé des centaines de milliers de personnes[735]. Pour cela, ces deux dates marquent la naissance des deux grands courants qui divisent le Liban. Depuis, le Liban est fractionné entre le « 8 Mars », coalition politique proche de l'Iran et de la Syrie comprenant notamment le Hezbollah, Amal et le Courant patriotique libre, et le « 14 Mars », proche de l'Arabie Saoudite et de l'Occident et formé essentiellement par le Courant du futur, les Forces libanaises et les Kataëb. La mort de Hariri a transformé les libanais en de véritables citoyens actifs, qui entendent agir sur le système politique[736]. Cette dynamique entre dans le cadre de la démocratie participative locale qui s'invente dans une transaction tripolaire entre la légitimité des élus, celle des experts et celle des militants qui en se mobilisant et en participant, passent du statut de sujet passif à celui de citoyen actif (Rousseau 1762)[737]. Ainsi la polarisation a permis au 8 et 14 mars l'unification des membres des deux camps au sein de conditions plus communautaires.

734- http://www.lemonde.fr/proche-orient/chat/2006/12/11/reste-t-il-un-espoir-de-paix-au-proche-orient_844436_3218.html, [consulté le 5 septembre 2017].
735- https://www.nouvelobs.com/monde/20050314.OBS1176/un-million-de-libanais-dans-les-rues-de-beyrouth.html, [consulté le 18 juin 2018].
736- CHEMALY, Rita. *Le printemps 2005 au Liban*. Paris: L'Harmattan. 2009. p 63
737- BASSAND, Michel et DOMINIQUE, Joye et KAUFMAN, Vincent. *Enjeux de la sociologie urbaine*. Paris : presses polytechniques : 2007. 411 p.

La diplomatie libanaise n'est plus sous tutelle directe, mais reste otage des divisions libanaises et de leurs corrélations avec les alliances régionales. Les divisions internes et les enjeux internationaux sont indissociables au Liban. Ces influences qui instrumentalisent les fractures communautaires sont un empêchement majeur devant toute indépendance véritable du pays. Le pays subit toujours le poids des ingérences, et les fragilités libanaises restent un terrain sur lequel se répercutent les crises de la région. Avec la sortie de la Syrie du Liban, la France et les États-Unis ont assumé le rôle de parrains extérieurs de la politique nationale et étrangère du Liban. La tutelle de la Syrie au cours des quinze dernières années a été remplacée par le parrainage franco-américain[738]. L'Arabie saoudite a été alors l'État arabe le plus impliqué dans les affaires libanaises, suivie de près par l'Égypte sans oublier le rôle du Qatar dans l'élaboration du compromis de Doha en 2008[739]. Les Saoudiens qui se voient comme les leaders du monde sunnite dans la région sont préoccupés par le rôle grandissant de l'Iran au Liban[740]. La position du Liban dans le système international et l'échiquier régional, encore une fois, donne lieu à un champ de bataille entre les acteurs locaux et leurs alliés externes impliquant les États-Unis et ses alliés, d'une part, et l'alliance iranienne-syrienne de l'autre. En effet, le Moyen-Orient -après la chute de Saddam Hussein en 2003- entre dans une grande confrontation sunnite-chiite qui reflète l'animosité grandissante entre l'Arabie Saoudite et l'Iran. Cette rivalité est renforcée par la disparition des ennemis de l'Iran en Afghanistan et, plus encore, en Irak, où un régime dominé par les chiites se met en place. Cette confrontation se propage progressivement à la majorité des pays du Levant, et les divise en deux grands axes. Une partie des révolutions arabes commencées fin 2010, se transforment en guerres confessionnelles ; ainsi la crise syrienne, devient de plus en plus une guerre entre les alaouites et les sunnites.

Cette crise régionale est le premier défi auquel doit faire face le Liban en vue de minimiser les répercussions négatives pouvant ajourner le début de l'exploration du gaz libanais. La révolution syrienne accentue les divisions

---

738- ZEIN, Jihad, « les décisions internes viennent de l'extérieur », *An-Nahar*, 20 décembre 2005.
739- *Ibid.*
740- GUBERT, Romain, « Henry Laures : un conflit géopolitique majeur », *Le point*, 29 juin 2017.

entre les Libanais, et risque à plusieurs reprises d'attiser le feu qui couve au Liban. Les divisions politiques entre le 8 et le 14 Mars - l'un soutenant, l'autre s'opposant, au régime de Damas- augmentent le risque de confrontation interne. L'implication directe des deux parties dans le conflit syrien est une source continuelle de tensions. Elle constitue un danger réel pour le début de l'exploration, car en cas de chaos, les compagnies internationales ne participeront plus aux appels d'offres. De plus, cette crise rend tout accord sur la délimitation de la ZEE avec le Liban impossible dans le futur proche, ce qui présente un handicap pour les opérations de forages dans les zones proches des frontières maritimes syriennes. Certes, en juin 2010, le président Bachar el Assad et le président Michel Sleiman discutent à Damas la question de la délimitation des frontières maritimes et terrestres et forment des comités pour compléter la collecte d'informations et de données permettant de lancer le processus de définition et de délimitation de ces frontières dès que possible[741]. Dans le même contexte, le président syrien déclara depuis Buenos Aires en juillet 2010 que la Syrie s'était mise d'accord avec le Liban pour la délimitation des frontières maritimes afin que chaque partie puisse reconnaître ses droits dans le futur[742]. Le président Sleiman explique que Damas n'était pas sérieux au sujet de la démarcation de la frontière[743]. Le comité n'a pas tenu de réunions, sachant que le pouvoir syrien a demandé que la démarcation de la frontière commence par le Sud, ce qui cache une volonté de ne pas délimiter les frontières maritimes explique le président. Si la démarcation commence par le sud, cela signifie que pour en arriver au Nord, à la frontière maritime libano-syrienne, cela prendra beaucoup de temps et finira par ne pas délimiter ces frontières[744].

L'ambiguïté de la relation entre les deux pays remonte en premier lieu au fait que l'inachèvement du processus de construction des deux souverainetés étatiques séparées, laisse au cœur des relations syro-libanaises un des contentieux

---

741- https://www.lebanese-forces.com/2010/06/15/89215/, [consulté le 26 aout 2017].
742- http://syria-news.com/readnews.php?sy_seq=117555, [consulté le 26 aout 2017].
743- Entretien avec le président Michel Sleiman, Beyrouth, le 19 septembre 2017.
744- *Ibid.*

portant sur des différends territoriaux, juridiques et diplomatiques[745]. Or les relations interétatiques restent centrales dans les relations internationales[746]. La transposition de la guerre froide, le conflit israélo-arabe et l'exacerbation des multiples fractures idéologiques et politiques ont multiplié la tendance conflictuelle dans l'histoire des deux pays après leur indépendance ce qui a empêché entre autres la délimitation de leurs frontières communes. Pour le Liban, même après le retrait syrien en 2005, les circulations et les influences par-delà la frontière libano-syrienne se sont au contraire multipliées, et ce retrait n'a pas mis fin aux relations étroites entre les deux Etats et les deux sociétés[747]. Ces relations bilatérales sont analysées par Elisabeth Picard en prenant compte du rôle des puissances dans la formation des entités étatiques, le poids des crises et des guerres dans leur évolution et dans le développement de leurs relations bilatérales, et le rôle des acteurs non étatiques transnationaux sur la formation des entités libanaise et syrienne. La frontière est ainsi la première problématique qui s'entrecroise avec la modification de la notion de la souveraineté et le développement des relations internationales. Le concept westphalien de la souveraineté qui organise les relations entre les entités autonomes et interactives est toujours valable, mais il lui a été donné une nouvelle signification. Elle n'est plus une variable dichotomique, mais plutôt propriété intersubjective qui se construit dans un jeu entre plusieurs acteurs étatiques et non étatiques[748]. Quant à la frontière, la globalisation a provoqué son érosion par la densité et la variété des flux qui traversent les frontières internationales si bien que les sphères d'autorité ne correspondent plus à la division territoriale entre Etats[749]. Ainsi, les processus juridiques, économiques et culturels transforment les frontières et construisent des interdépendances complexes entre les unités étatiques[750]. Le flux des déplacés syriens vers le Liban est un exemple typique de cette interdépendance complexe.

745- PICARD, Elizabeth. *Liban-Syrie : intimes étrangers*. Beyrouth: Sindbad : actes sud. 2016.

746- Stanley Hoffmann, « Raymond Aron et la théorie des relations internationales », Politique étrangère 2006/4 (Hiver), p. 723-734

747- Entretien avec le président Michel Sleiman, Beyrouth, le 19 septembre 2017.

748- GIDDENS, Anthony. *The constituition of society*. 1985.236 p

749- ROSENAU, James. *Complexity theory and world affairs*. 1997. P 4

750- KEOHANE, Robert, NYE Joseph. Power and Independance : World Politics in transition. New York. Longman. 1987, p.731

Pour la diplomatie syrienne, le gain de temps est un outil classique qui permet l'ajournement de la résolution des questions dans l'attente d'imposer ses conditions. Aucun progrès concernant la délimitation des frontières n'a été observé depuis le déclenchement de la violence en Syrie. Au contraire, la diplomatie syrienne adressa une lettre au Secrétaire général de l'ONU dans laquelle elle affirma son objection au tracé et à la démarcation de la frontière maritime, énoncés par le Liban dans le décret présidentiel no 6433 en date du 1er octobre 2011[751]. La lettre souligne que le décret libanais ne confère aucun effet juridique en ce qui concerne les autres Etats et qu'il n'a aucune force contraignante en dehors des frontières nationales libanaises et, de ce fait, aucune force obligatoire pour la République arabe syrienne. Enfin la lettre rappelle que les droits souverains de la République arabe syrienne sont définis par la loi no 28 du 19 novembre 2003 dont le texte a été déposé à l'ONU. Cette lettre indique clairement la complexité des relations libano-syriennes et la volonté de Damas de créer une nouvelle zone de tension qui pourra être utile dans le cadre de négociations ultérieures. Il est classique pour la Syrie de créer des tensions ou problèmes régionaux. La politique régionale du président Hafez al-Assad était de créer continuellement des problèmes au-delà des frontières syriennes et de faire en sorte que la Syrie soit une partie de la solution. Pour Elizabeth Picard, cette politique régionale se ramène constamment au territoire libanais, puisque dès 1973 la direction ba'thiste en faisait son champs d'action prioritaire, en tentant d'instrumentaliser la question palestinienne interprétée comme question nationale arabe puis en externalisant le coût des ajustements économiques et politiques opérés en Syrie même, et en exportant ses conflits de leadership[752]. Cette démarche permet à la Syrie de détenir des cartes qui serviront à consolider sa position sur le plan régional. Aucun commentaire n'a été fait de la part de la diplomatie libanaise à propos de la lettre syrienne. Ce silence reflète les divisions internes des libanais vis-à-vis de la Syrie et une volonté implicite de ne pas dénoncer la position de Damas.

751- http://www.un.org/depts/los/LEGISLATIONANDTREATIES/PDFFILES/communications/syria_note_fr.pdf, lettre adressée par l'ambassadeur syrien Ibrahim Jafaré, [consulté le 26 aout 2017].
752- PICARD, Elizabeth. *Liban-Syrie : intimes étrangers*. Beyrouth: Sindbad : actes sud. 2016. 396 p

Le deuxième défi est l'implication des armes du Hezbollah dans le cadre de la confrontation iranienne avec Israël et l'Occident sur sa zone d'influence et les limites de son expansionnisme au Moyen-Orient. Cette question rend la situation dans la région instable surtout avec les menaces répétées d'une frappe militaire venant d'Israël. Les responsables israéliens ont en effet déclaré à plusieurs reprises que dans le cas d'une telle frappe, le Liban ne sera pas épargné comme ce fut le cas en 2006 d'ailleurs. De plus le général Amir Eshel a déclaré que les progrès qualitatifs et quantitatifs de l'armée de l'air israélienne depuis la guerre de 2006 permettent à Israël de mener en deux ou trois jours autant de frappes que celles menées lors des 33 jours du conflit de 2006[753]. Mais le Hezbollah a aussi augmenté ses capacités militaires de manière sensible et cela en dépit, ou grâce, à son implication militaire en Syrie. Sa dénonciation interne, mais aussi externe, par des puissances régionales, constitue également un défi que l'Etat libanais doit surmonter, puisque les Etats-Unis en particulier imposent des restrictions de plus en plus contraignantes à toute collusion avec lui aux entreprises internationales et à l'Etat libanais[754].

Le troisième défi est le litige libano-israélien sur la délimitation des frontières maritimes communes. Le ministère libanais des Affaires étrangères a envoyé, comme déjà dit, plusieurs lettres de protestation à l'organisation mondiale. Le représentant du Liban à l'ONU Nawaf Salam qui joue un rôle important dans cette affaire, appelle la FINUL à trouver une solution, soulignant que les Nations Unies sont responsables d'empêcher toute transgression israélienne des eaux régionales libanaises et des droits libanais dans la zone économique exclusive[755]. Il ajoute que la diplomatie libanaise a pris toutes les mesures nécessaires, y compris le dépôt du tracé des frontières maritimes auprès des Nations Unies, pour défendre les droits et les intérêts

---

753- OLJ, « Israël menace le Liban d'une guerre azimut en cas de conflit », *L'Orient le Jour*, 21 juin 2017.

754- https://www.lorientlejour.com/article/1136387/sanctions-us-contre-le-hezbollah-des-risques-pour-letat-libanais-.html, [consulté le 20 décembre 2018].

755- FLEIHAN, KHalil, « Le Liban demande à la FINUL d'intervenir dans son litige avec Israël », *An-Nahar*, 20 septembre 2012.

Les Etats-Unis ont imposé des sanctions contre le Hezbollah et ses soutiens financiers pour soutien au terrorisme.

du Liban[756]. Pour sa part, le chef du Parlement libanais Nabih Berri révèle au quotidien libanais An-Nahar, que lors de sa rencontre avec le Coordinateur des Nations Unies au Liban, Derek Plumbly, il lui a expliqué que « le Liban ne renoncera pas à sa fortune pétrolière quels que soient les défis imposés par Israël ou les Nations Unies, et qu'il ne laissera à l'Etat hébreux aucune goutte de son pétrole » et lui a rappelé que la mission de l'ONU, dans le cadre de la résolution 1701 est d'aider le Liban à conserver ses droits et ses ressources sur terre comme sur mer[757].

La confrontation diplomatique continue entre le Liban et Israël. Dans ce contexte et après le lancement de l'appel d'offres pour l'attribution de licences d'explorations pétrolières offshore dans la ZEE libanaise en décembre 2016, Israël a exprimé son objection le 2 février 2017 en adressant une lettre au bureau du Secrétaire général des Nations Unies[758]. Parallèlement, Israël adopte en décembre 2016 une nouvelle carte pour sa ZEE et délimite ainsi les blocs d'explorations dans la zone contestée de 850 km2 qu'elle revendique depuis 2011[759]. Cette adoption coïncide avec la formation du nouveau gouvernement libanais de Saad Hariri déterminé à lancer les explorations dans les blocs du sud.

La lettre israélienne évoque « les préoccupations du gouvernement israélien à propos de l'intention du Liban de mener des explorations dans les zones maritimes appartenant à l'Etat d'Israël[760] », évoquant les blocs 1, 2 et 3 de la ZEE israélienne qui correspondent en partie aux blocs 8, 9 et 10 de la ZEE libanaise. La lettre israélienne est accompagnée des cartes de ces zones. Elle rappelle aussi le contenu de la lettre adressée par le gouvernement israélien au Secrétariat des Nations Unies le 12 juillet 2011 incluant la liste

---

756- FLEIHAN, KHalil, « Le Liban demande à la FINUL d'intervenir dans son litige avec Israël », *An-Nahar*, 20 septembre 2012.
Les Etats-Unis ont imposé des sanctions contre le Hezbollah et ses soutiens financiers pour soutien au terrorisme.
757- « Berry – Sinoura discutent du gaz », *An-Nahar*, 25 novembre 2011.
758- *Ibid.*
759- Le commerce du Levant, « Israel dessine les blocs maritimes », *Le commerce du Levant*, Avril 2017, p 44.
760- BARDA, Ali, « Le Liban face aux ambitions israéliennes », *An-Nahar*, 22 mars 2017.

des coordonnées géographiques des eaux territoriales et la zone économique exclusive de l'État d'Israël. La lettre souligne aussi que le gouvernement israélien « rejette toute activité économique libanaise dans les zones marines appartenant à Israël, et précise qu'Israël ne permettra pas d'activités non autorisées, y compris entre autres, l'octroi des droits d'explorations ou de productions de ressources naturelles, tout en réaffirmant les droits souverains de l'État hébreux ». Toutefois, la lettre israélienne exprime « l'ouverture au dialogue et la coopération avec les États voisins concernés » à ce sujet.

Du côté libanais, la réponse à la lettre israélienne fut l'envoi par la Mission permanente du Liban à New York d'une lettre soulignant « que le gouvernement libanais rejette les menaces et les tentatives de création de conflits israéliennes[761] » tout en rappelant que le Liban a déjà envoyé au bureau du Secrétaire général le 14 juillet 2010 et le 19 octobre 2011 les cartes de la ZEE libanaise qui incluent les blocs 8, 9 et 10. La lettre ajoute que le Liban a officiellement contesté l'accord de délimitation des frontières maritimes signé entre Israël et Chypre le 17 décembre 2010. Le texte souligne aussi l'attachement du Liban à ses droits dans ces zones, et confirme que face aux menaces israéliennes, l'État libanais se reporte au droit international et en particulier à la Convention des Nations Unies sur le droit de la mer, concernant la délimitation des frontières maritimes.

En mars 2017, le journal Yediot Ahronot rapporte qu'un projet de loi est en cours de préparation et sera voté par le gouvernement israélien et par la Knesset pour annexer la zone maritime disputée avec le Liban[762]. Cette action vient après l'échec des médiations entreprises entre les Nations Unies et les Etats Unis. Le projet de loi vise à revendiquer la souveraineté d'Israël sur la zone maritime, principalement dans le but de l'exploration des ressources naturelles notamment le pétrole et le gaz. Pour le journal, c'est le Liban qui a récemment brisé le statu quo par le lancement de l'appel d'offres pour l'exploration dans la zone contestée. Israël a répondu par la préparation du projet de loi. Pour le ministre israélien de la protection de l'environnement Zeev Elkin, le ministère

---

761- BARDA, Ali, « Le Liban face aux ambitions israéliennes », *An-Nahar*, 22 mars 2017.
762- BEN DAVID, Amir, «Israel to annex disputed maritime border area» , *Ynetnews*, le 20 Mars 2017.

de l'Energie en Israël aura l'autorité sur la région annexée tandis que son propre ministère assurera l'application des lois environnementales en vigueur.

La réponse libanaise n'a pas tardé. La commission parlementaire des Travaux publics, des Transports, et de l'Énergie a tenu une session extraordinaire le 28 mars 2017 sous le titre « nos frontières et nos droits ». Le président de la commission, le député Mohamad Kabbani, déclara que le sujet est d'une grande importance et que la commission suit de près la question. Il réaffirma l'unité de la position libanaise face aux menaces israéliennes, et l'attachement du Liban à ses droits dans la ZEE et exhorte le gouvernement à compléter la première phase de l'octroi des licences[763]. Le président du parlement libanais Nabih Berri a mis en garde contre les tentatives israéliennes en ce qui concerne la zone contestée. Il a assuré que les institutions libanaises ne laisseront pas faire l'État hébreux, que l'État libanais utilisera tous les moyens pour défendre ses intérêts nationaux. Il ajouta que si Israël parvient à réaliser ses ambitions cela pourra être l'étincelle d'une guerre car le Liban n'acceptera pas la perte d'une partie de son espace maritime et ne renoncera pas à ses droits acquis dans sa ZEE.

Le fait que les compagnies occidentales et russes soient les seules à avoir les capacités techniques et scientifiques pour se présenter aux appels d'offres diminue le degré de dépendance économique et même politique du Liban à l'encontre de certains pays du Golfe, ou de l'Iran par exemple, en même temps que cela augmente les intérêts communs avec les puissances occidentales comme les États-Unis et la France. Ces intérêts peuvent aboutir à de nouvelles politiques surtout au niveau sécuritaire, ce qui s'exprime déjà par l'aide américaine, anglaise et française grandissante pour l'armée libanaise. Moscou n'est pas loin de cette logique et essaye d'établir des relations militaires avec le ministère libanais de la Défense sans grand succès.

Les nouvelles découvertes du gaz en mer libanaise font accroître la volonté des deux axes régionaux et des puissances mondiales de consolider de plus en plus leur influence sur la scène libanaise. Leurs relations avec le Liban sont désormais déterminées en fonction des intérêts économiques et pétroliers

---

763- http://mtv.com.lb/news/691479, [consulté le 29/3/2017].

aussi bien que de leurs intérêts politiques. Mais le risque d'une nouvelle confrontation de ces puissances au Liban et de ses conséquences négatives sur le pays et le dossier du gaz persiste encore.

L'exploitation du gaz ne se limite donc pas aux cotés technique, scientifique et juridique. La politique est primordiale. La situation se complique encore après 2011-2012 du fait du déclenchement de la guerre en Syrie, mais elle ne constitue pas forcément un défi insurmontable. La dimension politique centrale pourra aider à trouver des solutions ou, au contraire, à empêcher l'exploitation du gaz au Liban. Même dans un pays divisé autour d'un conflit non réglé, si la volonté existe, un compromis peut être trouvé, comme le montre l'exemple de Chypre. La division de l'île et la présence d'un conflit non résolu depuis l'invasion turque en 1974, n'empêchent pas l'exploitation du gaz dans la ZEE chypriote depuis 2011[764].

Devant l'ampleur de ces divisions et défis, Beyrouth essaye à plusieurs reprises d'opter officiellement pour une politique externe neutre qui fait l'équilibre entre les deux axes de la région et leurs alliés internationaux[765]. L'ancien président de la république Michel Sleiman insiste à maintes reprises sur l'importance de la politique officielle du gouvernement qui vise à sauvegarder la sécurité et la stabilité du Liban face aux événements et aux alliances dans la région[766]. Il appelle aussi tous les partis à respecter les déclarations du Comité de dialogue national qui demande d'éviter les ingérences dans les affaires des autres pays. Ce Comité a publié la « déclaration de Baabda » comprenant 17 points qui furent sujets de consensus entre ses membres le 11 juin 2012. L'article 16 de la déclaration demande aux Libanais de se tenir à l'écart de la politique des axes et des conflits régionaux et internationaux et d 'éviter les retombées des tensions et des crises régionales pour préserver les intérêts

---

764- « Début de l'exploration de gaz au large de Chypre », http://www.france24.com/fr/20110919-chypre-turquie-exploration-recherche-gaz-mediterranee-riposte-ankara-militaire, [consulté le 5 juin 2017].

765- « Le Liban suit une politique neutre », http://www.najib-mikati.net/LatestNews/7053/, [consulté le 5 juin 2017].

766- Entretien avec le president Michel Sleiman, Beyrouth, le 19 septembre 2017.

supérieurs du Liban, son unité nationale et la paix civile[767]. La déclaration de Baabda consacre ainsi au moins théoriquement une politique de dissociation principalement soutenue par l'ancien président Michel Sleiman vis-à-vis de la crise syrienne. Cette déclaration va de pair avec la stratégie défensive visant à mettre le Liban à l'abri de la crise syrienne, à le tenir à l'écart des axes régionaux et à empêcher l'infiltration des combattants[768]. Elle a été rédigée de façon à être acceptée de tous les protagonistes libanais explique le président Sleiman. Hezbollah la refuse d'abord catégoriquement car elle inclut que les moyens et les expériences de la Résistance doivent être mis à la disposition de l'armée, pour que le pouvoir politique décide en temps voulu de la façon de les utiliser. Ainsi le président serait-il en mesure de disposer de la Résistance. La Ligue arabe et le Conseil de sécurité des Nations unies soutiennent la Déclaration de Baabda, qui devient ainsi un document officiel de l'État libanais. Le Président explique que Hezbollah a approuvé la Déclaration de Baabda car certains sunnites de Tripoli et de Akkar combattaient avec l'opposition syrienne puis a renié ses engagements quand il a décidé de s'impliquer dans la crise syrienne. La participation active du Hezbollah dans la guerre syrienne risque ainsi d'avoir un certain prix, car c'est le fruit d'une décision unilatérale prise par un parti qui défend le triptyque peuple-armée-résistance. Hezbollah a lui-même violé ce slogan car il n'a pas consulté qui que ce soit avant de prendre cette décision. La stratégie défensive préparée par le Président Sleiman prend en compte aussi la question du gaz offshore. Elle mentionne qu'il faut prendre toutes les mesures politiques pour renforcer les institutions de l'État et étendre son autorité, renforcer les forces de sécurité, lutter contre le terrorisme, prévenir les conflits et développer les capacités économiques, en accélérant particulièrement les procédures pour que le pays puisse bénéficier de ses richesses naturelles en eau, pétrole et gaz[769]. Le président explique que le but est de court-circuiter toute tentative du Hezbollah qui essaye d'effectuer à lui seul la tâche de protection du pays et de ses richesses naturelles. Le président Michel Sleiman insiste sur

---

767- http://www.presidency.gov.lb/French/News/Pages/Details.aspx?nid=14483, [consulté le 20 juillet 2017].

768-Entretien avec le president Michel Sleiman, Beyrouth, le 19 septembre 2017.

769-http://michelsleiman.org/thepresident/baabda, [consulté le 20 septembre 2017].

l'indépendance de la politique étrangère libanaise, une indépendance différente du centrisme car elle donne la possibilité de prendre position avec un tel sans en être dépendant. Dans le même contexte, le ministre des Affaires étrangères Adnan Mansour déclare lors de l'assemblée générale des Nations Unies en septembre 2012, que la politique neutre suivie par le gouvernement libanais a démontré sa validité. Il ajoute : « nous avons prouvé que nous avions raison en écartant le Liban de la confrontation régionale. Cette politique est une garantie pour l'unité nationale, la stabilité et la sécurité du pays »[770].

Cette politique continue officiellement avec l'élection du Président Aoun. Il déclare lors de son discours d'investiture son intention d'éloigner le Liban des conflits extérieurs, tout en adoptant une politique étrangère indépendante, fondée sur l'intérêt supérieur du Liban et le respect du droit international, afin que la patrie demeure un espace de paix, de stabilité et de rencontre[771]. Le président ajoute qu'il envisage de mettre le pays à l'abri du brasier qui brûle autour de lui dans la région. Dans le même contexte, le président dont le parti politique est considéré comme partie prenante de l'alliance du 8 mars, entame sa première visite officielle à l'étranger en Arabie Saoudite. Jihad Zein considère que le Président Aoun est conscient que le pays ne peut pas être gouverné sans être à l'abri des grandes fractures qui déchirent la région[772]. La relation avec Riyad est l'une des plus complexes à cause de la participation du Hezbollah aux combats en Syrie contre les fractions de l'opposition appuyées par Riyad et d'autres pays arabes. Le Royaume était hostile aussi à l'élection de Aoun à la tête de l'État à cause de son alliance avec Hezbollah. Or, pour le Président, la priorité est de consolider la paix interne pour pouvoir gouverner. Sur cette base, la visite à Riyad contribue à apaiser la rue sunnite et à aider son nouveau partenaire au sein du pouvoir, le Premier ministre Saad Hariri. Jihad Zein ajoute que l'élaboration d'une politique étrangère indépendante reste le grand défi. Le pays avance en terrain miné à cause des divisions internes notamment entre les communautés sunnite et chiite. Ces divisions sont en corrélation avec les conflits de la région et les zones d'influences de Riyad et de Téhéran. Or,

---

770- « Mikati et Mansour à New-York », *As-Safir*, 24 septembre 2012.
771- http://www.presidency.gov.lb/French/News/Pages/Details.aspx?nid=23771, [consulté le 7 juillet 2017].
772- Entretien avec Jihad Zein, Beyrouth, le 9 mai 2017.

traditionnellement, l'Arabie saoudite est considérée comme la protectrice des sunnites au Liban et dans la région, au même titre que la République islamique d'Iran qui protège les chiites. La sauvegarde de la souveraineté du Liban et l'indépendance de sa politique externe doivent être toujours une priorité. Cela demande une politique équilibrée à la fois créative et innovante qui évite le dysfonctionnement du système politique libanais, selon Jihad Zein. Dans le même contexte, le Premier ministre Saad Hariri déclare que le Liban ne fait partie d'aucun axe régional, tout en soulignant qu'il est partie prenante de la large coalition internationale qui combat le terrorisme[773]. Hariri ajoute qu'il est de l'intérêt du Liban de s'éloigner de toute cause de tension avec les pays amis, et qu'il a le devoir de protéger les intérêts de ses propres citoyens. Le Premier ministre libanais réitère la même position lors de sa rencontre avec le Premier ministre russe Medvedev, en déclarant depuis Moscou qu'il est déterminé à dissocier le Liban des problèmes de la région[774]. Il ajoute que l'armée libanaise doit être équipée d'armes et de technologies modernes afin de pouvoir assumer son rôle sur les frontières ainsi qu'à l'intérieur du pays. Mais Hariri peine à appliquer cette politique de distanciation du fait que Hezbollah détient des armes et parvient à imposer sa volonté. De plus, la politique des axes est aussi une pression subie par un tel acteur libanais pour affirmer une solidarité de principe avec l'allié régional. De son côté, Ghassan Hasbani, l'un des ministres des Forces Libanaises au gouvernement, considère que la continuité et la stabilité du gouvernement sont liées au respect de la politique de dissociation[775]. Il ajoute que tout dérapage signifiera la fin du gouvernement. Les propos de Hariri viennent après les déclarations du ministre saoudien Tamer Sabhan qui a qualifié Hezbollah de « parti du démon » et a demandé aux Libanais de déterminer de façon très claire leur positionnement avec ou contre lui[776]. Hariri tente encore une fois de maintenir le cap de la politique de son gouvernement après l'élection du Président Aoun qui a établi une sorte de statu quo et d'entente interne avec les partis du 8 mars, alliés de l'axe chiite.

773- https://www.lbcgroup.tv/news/d/latest-news/333801/, [consulté le 7 septembre 2017].
774-https://www.lbcgroup.tv/news/d/latest-news/334672/الحريري-لمدفيديف-نريد-تحييد-لبنان-عن-المشاكل-حوله/ar, [consulté le 13 septembre 2017].
775-http://www.addiyar.com/article/1438121/, [consulté le 12 septembre 2017].
776- https://www.otv.com.lb/news/48742, [consulté le 7 septembre 2017].

Le dialogue interne est la seule façon de faire avancer le pays[777]. L'alternative serait une confrontation absurde qui ne mènerait à rien[778]. La chronologie des événements politiques montre que le Liban est le pays des compromis. Les confrontations du 7 mai 2008 en témoignent. Ces événements qui étaient une confrontation à chaud entre les deux axes régionaux ont mené au compromis de Doha[779]. La dissociation du Liban des problèmes de la région ne permettra plus qu'il soit un espace pivot où les confrontations directes sont fréquentes. Dans la région, le Yémen, la Syrie, l'Irak et d'autres pays sont actuellement des lieux de confrontation entre les axes régionaux. Il serait absurde de faire payer de nouveau au Liban une lourde facture. Cette vision est celle de Saad Hariri qui vise, avant tout, à protéger la stabilité interne du pays dans l'attente de la résolution des problèmes de la région. Le dossier du gaz bénéficiera sûrement du succès d'une telle politique. Cette politique interne est appuyée par les déclarations des deux présidents russe et français. En effet, lors de la visite de Hariri à Moscou en septembre 2017, Poutine exprime sa volonté de voir le Liban sortir des conflits de la région notamment celui de la Syrie[780]. Quant au Président français, Emmanuel Macron, il déclare lors de sa rencontre à Paris avec le Président libanais Michel Aoun le 25 septembre 2017, que la politique de distanciation adoptée par le Liban est le meilleur moyen de conserver la stabilité du pays[781]. Ces déclarations présidentielles chapeautent la politique du gouvernement Hariri adoptée après l'élection de Michel Aoun. Des positions qui confortent Hariri dans ses tentatives de dissocier le Liban des axes régionaux, malgré les dérapages de plusieurs partis politiques participant à son gouvernement.

Cette « neutralité » vise à annuler, à la fois, les facteurs internes et externes de division. Le Liban ne peut s'opposer aux pays occidentaux et à la

---

777- Entretien avec le président Michel Sleiman, Beyrouth, le 19 septembre 2017.

778- *Ibid.*

779- Cet accord a été signé à Doha au Qatar le 25 mai 2008 par les dirigeants politiques libanais participant à la conférence, en présence du Comité ministériel arabe et de ses membres.

780- https://www.lorientlejour.com/article/1072431/hariri-clot-sa-visite-en-russie-par-un-entretien-avec-poutine.html, [consulté le 20 juin 2018].

781- https://www.lorientlejour.com/article/1074430/aoun-a-paris-aujourdhui-une-visite-detat-et-des-dossiers-vitaux.html, [consulté le 20 mai 2018].

majorité des pays arabes sunnites à cause de l'importance de la communauté sunnite libanaise, des « peurs » chrétiennes, mais aussi par crainte de sanctions économiques, parce que le droit international a souvent été son principal argument pour faire respecter sa souveraineté et son existence, dans un environnement troublé, face à ses voisins israélien et syrien notamment. Il ne peut pas non plus ignorer les intérêts de l'Iran et de la Syrie, du fait de la proximité géographique et/ou des armes de Hezbollah, représentant principal de la communauté chiite. Une telle politique de « compromis » permettrait donc de garantir un minimum de stabilité, condition préalable à l'exploitation du gaz et au développement économique. Or cette politique n'est pas toujours facile à appliquer. Les blocages et les vétos qui freinent le fonctionnement des institutions ou la formation des gouvernements sont les preuves tangibles que la stabilité politique au Liban nécessite toujours plus qu'un compromis local.

2. Le rôle primordial de la diplomatie libanaise pour l'exportation du gaz

Le Liban, pays importateur de produits pétroliers, pourrait bénéficier du développement de ses réserves potentielles et se transformer progressivement en un pays producteur-exportateur de gaz naturel. Cette transformation, tout en générant des revenus, pourrait tout à la fois réduire sa dépendance énergétique et la pollution de l'air, en remplaçant le diesel par le gaz dans la production de l'électricité et dans l'utilisation domestique.

De nombreuses questions sont liées aux quotas d'exportation : l'utilisation domestique et l'exportation des nouvelles ressources énergétiques en cas de découvertes commercialisables. L'exportation de gaz est un facteur inévitable : les revenus d'exportation seront nécessaires pour rendre les projets économiquement viables, et pour assurer aussi l'utilisation domestique. Puis vient la question des futurs marchés d'exportation : est-ce que ce sera l'Asie, la région elle-même, la Turquie, l'Union européenne ? La marge de profit et les prix de l'énergie sont au cœur de ces décisions. Mais il existe d'autres paramètres à prendre en compte, comme les coûts et la faisabilité des infrastructures d'exportation. Plusieurs possibilités pour l'exportation de gaz sont étudiées par l'Autorité de l'énergie : les pipelines, le GNL ou les deux ensemble. L'objectif est de limiter le risque de suspension des exportations pour des raisons politiques ou techniques, de maximiser l'effet de levier commercial afin d'obtenir les prix les plus élevés pour la vente du gaz. Les pipelines et le développement des installations de GNL constituent les principaux systèmes contemporains pour des exportations de gaz à grande échelle. Le pipeline est généralement considéré comme étant plus rentable jusqu'à environ 2000 miles marins, mais le GNL est plus rentable pour des distances plus longues[782].

Le Liban est bien placé géographiquement pour bénéficier des deux options, d'où l'existence de projets de gazoducs mais aussi de stations de gaz liquéfiés (GNL). Pour les gazoducs, le Liban est déjà connecté au gazoduc arabe, qui relie la Syrie, la Jordanie et l'Egypte[783]. Le Liban peut donc acheminer son gaz en Turquie grâce à ce gazoduc terrestre ou à un autre offshore pouvant atteindre le marché européen en utilisant les réseaux turcs. Pour le GNL, en fonction du volume des ressources en hydrocarbures découvertes, le Liban peut utiliser les usines de GNL prévues sur son territoire ou dans la région (en Egypte par exemple) pour approvisionner les marchés européens ou asiatiques. Les stratégies d'exportation du Liban dépendront dans une large mesure de la fourchette de prix qu'il pourra proposer au moment de ses premières exportations de gaz, de la dynamique du marché du gaz dans les pays producteurs voisins et du prix du gaz sur les marchés d'exportation potentiels lors du début de la production[784].

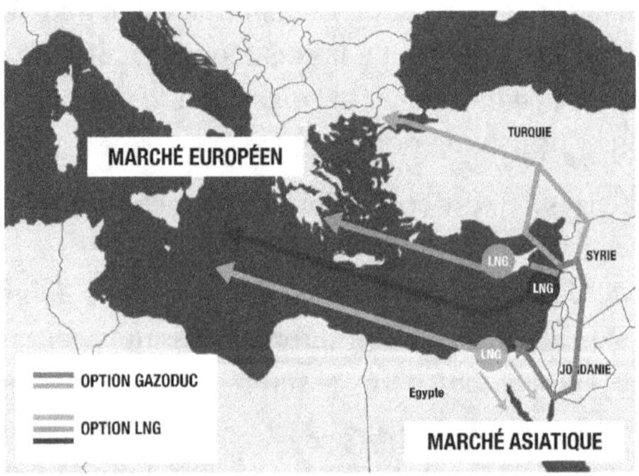

Figure 15 : Les options d'exportations du gaz libanais
(Source : Rapport préparé par l'Autorité de l'énergie, consulté le 13 juin 2017)

782- http://www.egmontinstitute.be/content/uploads/2014/05/ep65.pdf?type=pdf, Energy in the Eastern Mediterranean: Promise or Peril ?, [consulté le 20 aout 2017].

783- Entretien avec Wissam Chbat, Beyrouth, le 18 mai 2017.

784- FATTOUH, Bassam, LAURA, Katiri « Lebanon's gas trading options », *LCPS*, septembre 2015.

Wissam Chbat explique que si l'on découvre des hydrocarbures liquides, on prévoit qu'ils seront exportés par voie maritime par des pétroliers. En ce qui concerne le gaz naturel, si les quantités découvertes suffisent à satisfaire la demande locale et à exporter, le Liban devrait étudier une ou plusieurs des options d'exportation disponibles. La première est le gazoduc arabe. Ce pipeline (qui traverse El-Arish dans la péninsule du Sinaï de l'Egypte et Aqaba en Jordanie) a été lancé en 2002 par le Caire et Amman pour relier les champs de production en Egypte aux marchés potentiels en Jordanie, en Syrie et au Liban et par la suite pour atteindre la frontière syrienne-turque. Le Liban est relié par une extension du pipeline reliant Tripoli, au nord, à la ville syrienne de Homs. La longueur totale prévue du pipeline est de 1500 kms dont 1015 kms sont déjà réalisés[785]. La capacité de transmission maximale est de 0,35 tcf (trillion cubic feet) par an. Si le Liban exporte le gaz à travers le pipeline, quelques modifications s'imposeront : l'inversion du flux de gaz, la construction de pipelines offshore pour relier les sites de production du Liban au marché turc ou au marché de l'UE grâce au réseau de gaz naturel turc. Ce pipeline traversera la ZEE syrienne. Une autre modification à envisager serait la connexion par pipeline des sites de production à Chypre dans le cas où Nicosie prouvait qu'une option d'exportation vers le marché européen est viable. Plusieurs options pourraient être envisagées : la construction d'une usine de GNL sur l'île ou la construction d'un gazoduc vers la Grèce. Une autre option serait la construction d'un long pipeline d'eau peu profonde (Shallow water pipeline) depuis la côte libanaise jusqu'à la Grèce afin d'acheminer le gaz naturel libanais jusqu'aux marchés européens. La construction d'un long pipeline d'eau peu profonde (Shallow water pipeline) depuis la côte libanaise jusqu'à l'Egypte afin de liquéfier le gaz dans les usines existantes ou en cours de construction par ENI, pourrait également être envisagée. Une dernière option serait la construction au Liban d'une usine GNL pour comprimer et liquéfier le gaz naturel et l'envoyer sous forme de GNL -à l'aide de navires gazoducs- vers des marchés potentiels en Europe ou en Asie de l'Est.

785- https://www.lecommercedulevant.com/article/16972-le-gazoduc-arabe-un-rare-projet-rgional, [consulté le 5 septembre 2017].

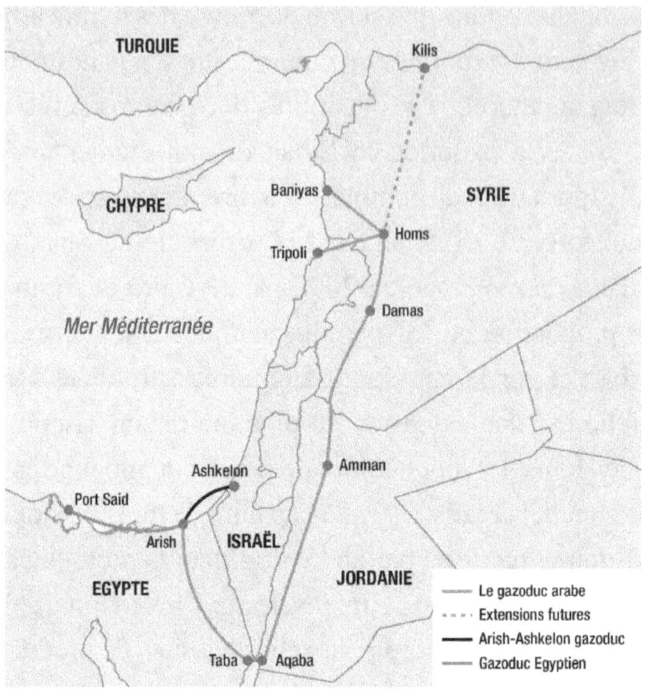

Figure 16 : Le gazoduc arabe
(Source : Rapport préparé par l'Autorité de l'énergie, consulté le 13 juin 2017)

L'exportation terrestre par pipelines vers la Turquie par le nord du Liban et en passant par la Syrie, la Jordanie ou l'Egypte (sud du Liban) est favorisée pour plusieurs raisons. L'ensemble de ces pays ont une demande croissante en gaz naturel[786]. Les pipelines terrestres sont des infrastructures de transport à coût abordable en comparaison avec les pipelines marins. Ils permettent une meilleure malléabilité dans la négociation des contrats de vente et un retour élevé sur investissement par rapport au capital. Les relations stables du Liban avec les pays voisins (Turquie, Jordanie et en moindre degré avec la Syrie) renforcent sa cause en tant que partenaire favorisé avec ces pays. Pour ces raisons, l'exportation par pipeline est l'option la plus réalisable pour le Liban dans le cas où les réserves se révèlent plus petites que prévu et ne suffisent pas pour permettre les exportations de GNL. Les marchés de la Jordanie et de l'Égypte, les voisins du sud du Liban, pourraient être particulièrement favorables car ils sont déjà reliés au Liban via le gazoduc arabe. La Jordanie

---

786- http://www.lecommercedulevant.com/node/16972, [consulté le 20 juillet 2017].

pourrait devenir un marché pour le gaz libanais même si elle est déjà impliquée dans un contrat avec Israël, ainsi que l'Egypte, malgré la découverte de Zohr, étant donné la croissance de sa demande interne en gaz. Les perturbations politiques et l'instabilité sécuritaire en Syrie et en Egypte peuvent être des obstacles devant une telle option.

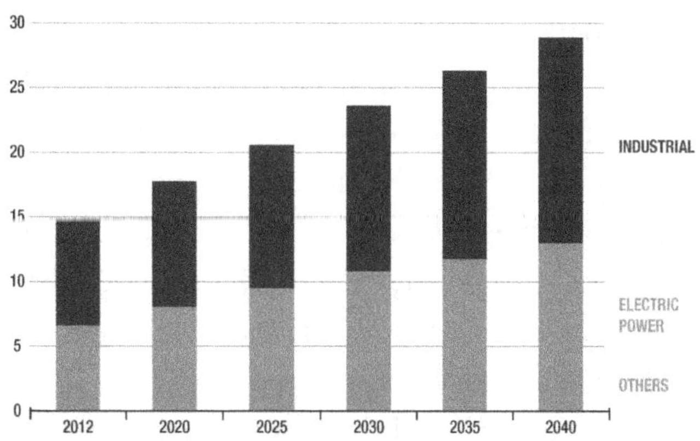

Figure 17 : La prévision de la consommation du gaz naturel
en Moyen Orient
(Source : https://www.eia.gov/outlooks/ieo/nat_gas.php, consulté le 13 août 2017)

Cependant les options d'exportations terrestres du Liban ne sont pas seulement limitées au Moyen Orient. Sa proximité géographique avec la Turquie, porte énergétique de l'Europe lui offre une multitude d'opportunités. En effet, la Turquie manifeste un intérêt grandissant pour devenir le hub régional des gazoducs allant de la Méditerranée orientale ou de la mer Caspienne vers l'Europe. L'exportation terrestre vers la Turquie est moins chère que le gaz liquéfié qui demande des infrastructures coûteuses. Le gaz libanais peut éventuellement bénéficier d'un avantage préférentiel compte-tenu de la disponibilité d'une route terrestre via la Syrie, plutôt que d'une voie maritime, une option qu'Israël n'a pas. La Turquie présente également un marché attrayant, compte-tenu de sa demande grandissante. L'option turque qui peut ouvrir l'entrée au marché européen peut également s'avérer très attrayante d'un point de vue géopolitique. Les exportations du gaz libanais vers l'Europe offrent au Liban la possibilité d'être un fournisseur d'énergie quel que soit le volume des exportations. De même, ces exportations font de la Turquie un allié régional précieux et contribuent à une intégration régionale constructive. Mais cette option dépend des relations syro-turques, qui connaissent depuis les années 1950 des périodes de fortes tensions.

La viabilité de cette option dépend de plusieurs facteurs au moment du début de la production du gaz libanais[787] : la demande des marchés qui peut diminuer et la multitude de projets de gazoducs provenant de la Caspienne ou de la Russie (North Stream, Turkish Stream, South Stream) qui ont une grande part du marché et sont des concurrents au niveau du prix. Sans oublier la possibilité que l'Iran, après la levée des sanctions, devienne un nouvel acteur exportateur sur la scène régionale et européenne. Les marchés européens privilégient les contrats à long terme qui permettent d'obtenir des tarifications moins chères pour l'achat du gaz. Cela pourra réduire la marge des petits exportateurs comme le Liban dont l'extraction des réserves peut s'avérer plus coûteuse que celle des fournisseurs alternatifs comme la Russie[788].

Le GNL reste l'option la plus flexible pour l'exportation du gaz libanais[789]. En effet, il permet l'accès aux marchés éloignés comme l'Europe ou l'Asie. Il peut être fourni à la fois par des contrats à long terme (Long Term contract) ou directement sur le marché au comptant (spot market). Le GNL placerait le Liban sur la carte des fournisseurs mondiaux du marché du gaz, position stratégiquement souhaitable, indépendamment du volume des exportations. Toutefois, l'option d'exportation de GNL reste soumise à de nombreuses incertitudes : la taille réelle des réserves de gaz au Liban, sa production qui sera partagée entre la demande locale et la quantité dédiée à l'exportation dans le cadre de contrat à long terme (15 à 20 ans). En supposant que le Liban puisse prouver une base de ressources comparables à celles de Chypre et d'Israël (dans la fourchette de 5 à 30 tcf de réserves prouvées et

---

787- FATTOUH, Bassam, LAURA, Katiri « Lebanon's gas trading options », *LCPS*, septembre 2015
788- Stern, J., and H. Rogers, 2011. 'The Transition to Hub-Based Gas Pricing in Continental Europe' OIES Working Paper NG49, at http://www.oxfordenergy.org/2011/03/the-transition-to-hub-basedgas-pricing-in-continental-europe/ (retrieved January 2014).
789-Entretien avec Wissam Chbat, Beyrouth, le 18 mai 2017.

récupérables), le potentiel initial de GNL du Liban pourrait atteindre 5 à 10 mtpa (6.8-15.5 bcm), un petit volume mais assez grand pour rendre rentables une à deux unités de GNL[790]. Une autre incertitude concerne les nouveaux entrants sur le marché notamment en Asie. En effet, l'Australie, l'Afrique de l'Est et l'Amérique du Nord ont déjà acquis des contrats à long terme qui commenceront progressivement à entrer en vigueur début 2020, date à laquelle le Liban pourrait être en mesure de commencer à examiner sérieusement les exportations de GNL.

Le Liban peut également envisager d'autres options pour l'exportation du GNL - non pas par ses propres installations de liquéfaction, mais en utilisant des centres d'exportation régionaux existants ou en cours de construction. La première option à considérer est l'exportation via les infrastructures de Chypre, qui pourrait être avantageuse en terme du coût d'investissement si les obstacles techniques, commerciaux et politiques peuvent être surmontés. Le projet chypriote est en suspens actuellement comme déjà expliqué au chapitre un. La monétisation conjointe entre le Liban et Chypre, en vue de la production de GNL, pourrait devenir viable à un stade ultérieur, en fonction de la taille et de l'emplacement de nouvelles découvertes au large du Liban et de Chypre[791].

Une autre option consiste à exporter le gaz libanais via la Jordanie ou l'Egypte. Le Caire dispose déjà de deux unités d'exportation de GNL. Celles-ci sont actuellement sous-utilisés, car la majorité du gaz égyptien produit est consommé localement. De même, le port d'Aqaba en Jordanie, ayant un accès géographique plus facile pour l'Asie, est susceptible d'être un bon choix pour l'implémentation d'une installation GNL. Cependant, les deux options demandent la résolution de plusieurs questions entre autres les frais de transit et d'exportation pour le pays fournissant les installations d'exportation et, dans le cas de l'Égypte en particulier, la sécurité des gazoducs (compte tenu de la fréquence des attaques de pipelines dans la péninsule du Sinaï au cours des dernières années). Pour ces deux options Israël reste le pays le plus susceptible de parvenir à un accord avant que le Liban ne soit même en mesure de négocier la façon de commercialiser son gaz naturel.

Wissam Chbat ajoute que le Liban n'est pas une île géographique ou politique comme Chypre ou Israël. Techniquement, le coût le moins élevé

790- FATTOUH, Bassam, LAURA, Katiri « Lebanon's gas trading options », *LCPS*, septembre 2015.
791- Giamouridis, A. 2013. 'Natural Gas in Cyprus: Choosing the Right Option.' Mediterranean Paper Series. German Marshall Fund of the United States, September.

consiste à acheminer le gaz à travers des gazoducs terrestres ; le Liban pourra alors bénéficier de sa position géographique et de ses relations avec ses voisins arabes pour un acheminement à bas coût. Il ajoute : « le principal avantage concurrentiel que nous avons est d'exporter du gaz vers l'Europe à bon marché, tandis que d'autres doivent construire des structures massives et coûteuses qui les obligent à offrir leurs produits à un prix plus élevé ».

Cette stratégie peut être affectée par les complications de la guerre syrienne qui dure depuis 2011 et par l'instabilité politique en Egypte. En effet, le conflit dévastateur en Syrie a mis en doute la capacité du Liban à utiliser le pipeline arabe. Cependant, Wissam Chbat voit des raisons d'être optimiste : « la Syrie est la seule terre à laquelle nous avons accès. C'est l'une des meilleures options pour le Liban pour exporter son gaz naturel[792] ». Il ajoute que le Liban n'est pas susceptible de commencer à produire du gaz avant deux ans. À ce moment-là, la situation en Syrie pourrait changer. De cette façon, le Liban pourra rivaliser avec d'autres pays de la région parce que la livraison du gaz naturel par pipeline coûte beaucoup moins cher que la liquéfaction du gaz naturel.

Le grand défi reste pour le Liban de faire avancer le dossier le plus vite possible car les autres pays voisins, qui ont déjà commencé à produire, vont pouvoir accéder avant lui aux marchés potentiels. Le Liban a un avantage concurrentiel sur ses voisins car il est relié au gazoduc arabe, ce qui rend potentiellement facile, pour lui, le fait de fournir du gaz naturel à l'Europe en traversant la Turquie. Les pays européens dont les ressources énergétiques sont limitées cherchent, en effet, à réduire leur dépendance vis-à-vis de la Russie. La division de Chypre est jusqu'à présent un obstacle pour l'acheminement du gaz israélien -via gazoduc marin- vers la Turquie, sans oublier l'instabilité qu'ont connu les relations entre Istanbul et Tel Aviv durant les dernières années : ces crises profitent, en quelque sorte, au Liban dont le dossier du gaz a connu un retard accablant. Il est évident que la Turquie est la porte gazière de l'Europe depuis les gisements de la Méditerranée orientale. La planification de tout gazoduc israélien vers la Turquie nécessite le passage par la ZEE libanaise, ou

---

792- Entretien avec Wissam Chbat, Beyrouth, le 18 mai 2017.

par la ZEE chypriote. Pour le Liban, la question n'est pas envisageable tandis que pour Chypre, la réunification de l'île est le passage obligatoire pour tout accord de ce type. Le Liban doit saisir l'opportunité d'être le premier à faire acheminer son gaz vers la Turquie du fait que le gazoduc terrestre est le plus rentable en termes de coût et de faisabilité.

La diplomatie libanaise a donc un rôle primordial dans la préparation du terrain à de telles options d'exportations. Plusieurs pays sont concernés notamment la Syrie, la Turquie, la Jordanie, l'Egypte, Chypre et la Grèce. Le passage terrestre syrien, le plus convenable et le moins cher vers la Turquie, l'Europe, la Jordanie et l'Egypte posera de nouveaux défis pour la diplomatie libanaise. Le gazoduc sera alors une carte importante dans la main du régime de Damas. Or les divisions libanaises sont très importantes à cet égard. Certains partis politiques libanais refusent toute communication avec le régime de Bachar el Assad depuis le début de la crise syrienne en 2011. Ce sujet a été discuté durant la tenue du Conseil des ministres le 9 août 2017[793]. Les discussions étaient tendues et aucun feu vert n'a été donné pour la reprise de la communication. La division au sein du gouvernement a relancé les divisions entre le 8 et le 14 mars. Les ministres des Forces libanaises, du Courant du Futur et du parti socialiste progressiste ont eu des échanges corsés avec les ministres de Hezbollah, d'Amal, du Marada et du Courant patriotique libre. Cette division profonde et l'absence d'unanimité a menacé la stabilité du gouvernement. Malgré cela, trois ministres se sont rendus à Damas, et ce, sans l'accord du gouvernement. Hussein Hajj Hassan, (ministre de l'Industrie et membre du parti chiite Hezbollah), Ghazi Zeaiter, (membre du parti chiite Amal) et Youssef Fenyanos (membre du parti maronite Marrada de Sleiman Franjiyé, connu pour être un ami personnel du président Bachar el-Assad). Le prétexte utilisé par les trois ministres était la participation à une foire internationale organisée le 16 août 2017 à Damas. Cette participation reflète une volonté politique des partis du 8 mars de donner de la vie aux communications officielles entre Beyrouth et Damas, gelées au début de la crise syrienne en mars 2011.

La coopération énergétique avec Damas est nécessaire. Or le pouvoir syrien ne cédera rien sans contrepartie. Cette question divisera sans doute les

---

793- OLJ, « La Syrie divise le gouvernement », *l'Orient Le Jour*, 12 août 2017.

Libanais et sera une nouvelle source de querelles : les partis politiques pro-Damas utiliseront ce dossier pour faire pression et augmenter la coordination avec le régime de Damas ; la Russie aura aussi son mot à dire du fait de sa présence militaire sur le sol syrien.

Dans le contexte de la coopération en Méditerranée orientale, la diplomatie libanaise prend des initiatives pour une meilleure entente avec des partenaires potentiels en Méditerranée. Elle tente ainsi d'élargir le champ de partenariat avec Chypre et la Grèce.

Le Liban et la Grèce maintiennent traditionnellement des relations amicales caractérisées par le respect mutuel et la confiance entre les deux pays. En effet, historiquement, la Grèce était toujours en faveur d'une solution équitable et globale pour la cause palestinienne et le conflit israélo -arabe[794]. La position géographique du Liban et les réfugiés palestiniens présents sur son sol depuis 1948 rendent cette question primordiale pour la politique étrangère du Liban. Dans ce contexte, la position est considérée comme un support à la politique étrangère libanaise.

Les relations d'amitié se concrétisent sur le plan politique et diplomatique. En effet, la coopération bilatérale se voit à travers le soutien mutuel de leurs candidatures respectives au sein des enceintes internationales [795]. La Grèce a soutenu le Liban pendant et après la guerre de 2006, en fournissant de l'aide humanitaire, et en contribuant à la reconstruction du pays. Elle participe aussi à la mission UNIFIL et offre de l'assistance à l'armée libanaise. Des officiers des forces armées libanaises ont été entrainés au centre multinational pour les opérations de soutien de la paix en Grèce (Kilkis) et Athènes était présente à la Conférence de Rome tenue en juin 2014 pour assister l'armée libanaise. Athènes finance aussi le Tribunal spécial pour le Liban qui est chargé de juger les auteurs présumés de l'assassinat de Rafic Hariri.

Les ministres des Affaires étrangères de la Grèce, de Chypre et du Liban s'entendent en marge du Conseil des Affaires Etrangères de l'UE en février 2016 pour atteindre une coopération plus étroite vis-à-vis des sujets d'intérêt commun, principalement la paix et la stabilité de la Méditerranée

---

794- http://www.mfa.gr/fr/blog/relations-bilaterales-de-la-grece/lebanon/, [consulté le 10 août 2017].
795- *Ibid.*

orientale[796]. La réunion ministérielle a été suivie par des consultations politiques tripartites tenues au niveau des Secrétaires Généraux des ministères des Affaires étrangères des trois pays, en mai 2016, à Athènes[797]. La question des ressources énergétiques était un sujet central des discussions, mais aussi le tourisme, l'agriculture, le transport maritime, l'énergie, l'environnement et la culture.

Les ministres des Affaires étrangères chypriote, Ioannis Kasoulides, et grec, Nikos Kotzias, entament une visite au Liban en novembre 2016 pour continuer la mise en place d'une coopération tripartite dans plusieurs domaines, notamment politique, économique, culturel, touristique et sécuritaire. Gebran Bassil explique que les objectifs de ce projet sont la coopération régionale, les flux de migrants, la lutte contre le terrorisme, les crises régionales, la prospection pétrolière et gazière en Méditerranée, l'enseignement, la jeunesse et la préservation du patrimoine culturel[798] . Le ministre libanais exprime son souhait d'élargir cette coopération à d'autres États européens riverains de la Méditerranée. Il ajoute que l'approfondissement des discussions se fera à travers d'autres réunions à Chypre et en Grèce, pour aboutir à des résultats concrets. Bassil ajoute qu'en premier lieu, des rencontres seront organisées entre des responsables d'universités libanaises, chypriotes et grecques en vue d'établir le cadre d'une coopération future. Il en est, de même pour le tourisme, l'idée étant d'encourager la circulation entre les trois pays et l'organisation d'activités culturelles communes[799]. Concernant le sujet du gaz, le ministre n'a pas fourni de détails sur les discussions entamées.

Les trois ministres insistent sur l'importance de la coopération régionale. Ils soulignent que «le dialogue régional peut servir les intérêts communs afin de consolider les rapports entre l'Europe et le Moyen-Orient, et de continuer à renforcer la solidarité et l'entente communes, étant donné leur importance

---

796- http://www.mfa.gr/fr/blog/relations-bilaterales-de-la-grece/lebanon/, [consulté le 10 août 2017]
797- *Ibid.*
798- OLJ, « Le Liban, Chypre et la Grèce élargissent le champ de leur partenariat », *l'Orient Le Jour*, 10 novembre 2016.
799- *Ibid.*

pour le maintien de la stabilité dans la région[800] ». Ils plaident aussi pour le renforcement de la coopération militaire et sécuritaire entre les trois pays et condamnent le terrorisme qui est devenue un phénomène étendu. Quant à la crise syrienne, les trois responsables sont pour une solution politique fondée sur la coopération internationale et soutiennent la position du Liban pour le flux des réfugiés en prônant leur retour dans les zones sécurisées.

Les enjeux énergétiques incitent les pays de la Méditerranée orientale à développer une politique énergétique commune. La diversité des approches, les conflits existants et les intérêts divergents retardent jusqu'à présent sa concrétisation. Le Liban doit alors compter sur ses bonnes relations historiques qui le lient avec la Grèce et Chypre particulièrement. Athènes est pro-arabe dans sa politique étrangère et la présence de la communauté maronite à Chypre est un atout supplémentaire. La politique est primordiale dans la coordination énergétique avec les pays proches et la relation entre la dimension politique et économique est évidente. Le Liban pourra définir une stratégie énergétique grâce à des priorités claires. Les axes de cette stratégie doivent prendre en considération les volets politique, économique et stratégique du dossier du gaz. Les composantes de cette stratégie peuvent être : veiller sur le développement des marchés de l'énergie chez les potentiels futurs clients, accroître et valoriser le rôle de Beyrouth à travers la mise en place d'un marché intégré de l'énergie qui assure la sureté et la sécurité de l'approvisionnement.

800- OLJ, « Le Liban, Chypre et la Grèce élargissent le champ de leur partenariat », *l'Orient Le Jour*, 10 novembre 2016.

Chapitre 7
Le gaz, nouvel enjeu de l'implication
des puissances

Pour les grandes puissances, la croissance et la prospérité économiques sont liées incontestablement à la stabilité de l'offre et de la livraison du pétrole et du gaz. Le Moyen-Orient reste le réservoir le plus important au monde, surtout avec la diminution de la production en mer du Nord en Europe[801], d'où l'importance accordée par les grandes puissances industrielles à la stabilité de cette région, et l'intérêt qu'elles témoignèrent pour les découvertes libanaises.

1. Les Etats-Unis à la recherche d'une médiation entre le Liban et Israël pour accélérer et sécuriser l'exploitation du gaz

Pour les stratèges occidentaux de la Guerre Froide, la Méditerranée est apparue comme la zone de vulnérabilité de l'Alliance atlantique[802]. Le communisme européen est avant tout un communisme méditerranéen qui peut, à certains moments, accéder au moins à une participation au pouvoir[803]. L'ensemble méditerranéen est la transition géographique vers le Tiers Monde devenu le champ de bataille mouvant de la guerre froide[804]. Néanmoins la solidité du dispositif militaire de l'Alliance atlantique doublé par celui de la 6ème flotte US a permis une défense cohérente d'une rive nord allant jusqu'à la Turquie[805]. Dans ce contexte, les États-Unis accordent une grande

---

801- Les Echos, https://www.lesechos.fr/idees-debats/cercle/cercle-189175-opinion-la-production-mondiale-de-petrole-prendre-au-serieux-lalerte-rouge-de-lagence-internationale-de-lenergie-2225070.php, 27 novembre2018.
802- LAURENS, Henri, *L'Orient dans tous ses états - Orientales IV*, Paris, CNRS, 2017, x p.
803- *Ibid.*
804- *Ibid.*
805- *Ibid.*

importance au Liban depuis le début des années 1950 et surtout en 1958 quand l'armée américaine est intervenue pour soutenir le président Camille Chamoun contre les révolutionnaires pro-Nasser[806]. Dans les années 1960, l'ambassade américaine à Beyrouth est devenue l'une des plus importantes de la région[807]. En 2017, Elizabeth Richard, ambassadrice des États-Unis pose la première pierre de la nouvelle ambassade à Aoukar. De superficie égale à 175,000 m², elle sera un complexe moderne et sécurisé , l 'un des plus grands au Moyen -Orient[808]. Durant la guerre de 1975-1990 Washington s'implique politiquement et militairement (en 1983) au Liban et essaye de trouver une solution au conflit libanais et israélo-libanais. Par ailleurs, depuis sa formation, l'armée libanaise est équipée par des armes américaines et coopère activement avec le Pentagone. De plus, le ministère de la Défense américain offre à l'armée libanaise une aide annuelle -depuis 2006- estimée à 100 millions de dollars, comprenant des véhicules légers, des munitions, et des pièces de rechange[809]. Selon l'Ambassade des États-Unis au Liban, l'ensemble de l'aide américaine a dépassé les 1,4 milliards de dollars depuis 2005[810]. Cette contribution place le Liban au sixième rang des pays profitant des donations militaires américaines[811]. « Cette aide a été cruciale et un facteur déterminant dans le renforcement des capacités de l'armée qui confronte Daech aux frontières Est du pays », déclare un général de l'armée libanaise[812]. Washington, avec la contribution de Paris, fait voter au Conseil de sécurité à l'automne 2004, la résolution 1559, qui demande entre autres le retrait des troupes syriennes du Liban, et dont la mise en œuvre a commencé en 2005[813]. Les États-Unis

806- «Historique des relations entre le Liban et les États-Unis», http://arabic.lebanon.usembassy.gov/about, [consulté le 8 novembre 2012].

807- *Ibid.*

808- OLJ, « nouvelle ambassade US à Beyrouth », *L'Orient-le Jour*, 20 avril 2017.

809- CHATAH, Christina, « Le nouveau plan d'armement de l'armée libanaise », *Al-Joumhouriya*, 15 octobre 2012.

810- Daily star, « un haut responsable discute l'aide américaine à l'armée libanaise », *Daily Star*, 27 février 2017.

811- GHALAGER, Ash, « le Liban au sixième rang des pays profitant des donations militaires US », *Gulf-News*, 31 octobre 2015.

812- Entretien avec un général de l'armée libanaise qui a conserver l'anonymat.

813- COUSTILLERE, Jean François, « Quel avenir pour la Syrie et le Liban », http://www.jfcconseil-med.fr/files/Quel-avenir-pour-la-Syrie-et-le-Liban.pdf, [consulté le 25 novembre 2012].

fournissent aussi de l'aide économique à Beyrouth sur une base régulière. L'Agence américaine de développement (USAID), à titre d'exemple, exécute plusieurs projets dans différentes régions libanaises dans les secteurs des infrastructures, du développement rural et de la santé. Elle contribue aussi à la reconstruction du pays après le conflit avec Israël de 2006[814].

La proximité avec Israël, allié stratégique de Washington au Moyen-Orient, et les découvertes du gaz en face des côtes libanaises augmentent l'intérêt américain à l'égard du Liban. Les compagnies américaines déjà présentes en Israël sont intéressées par le gaz libanais. Leur présence en mer israélienne représente pour elles un avantage compétitif majeur, leurs déplacements futurs vers la mer libanaise s'en trouvant facilités. Elles ont acheté les résultats sismiques des études de la ZEE libanaise et se préparent pour participer aux appels d'offres du gouvernement libanais. Quatre compagnies américaines ont été pré qualifiées pour participer aux appels d'offres, trois en tant qu'opérateur et une en tant que non opérateur. L'ex-ambassadeur du Liban à Washington, Antoine Chedid, explique que les sociétés américaines demandent souvent l'aide de leur gouvernement pour être présentes dans les marchés du gaz partout dans le monde[815]. Selon lui, les intérêts économiques de ces sociétés poussent l'administration à stabiliser la situation dans la région, condition préalable pour le début de l'exploration, côté libanais. Les investissements de ces compagnies doivent se faire dans un environnement stable, d'où la nécessité de la présence d'une force militaire américaine qui garantit la stabilité régionale. A l'instar du Golfe, où la circulation des approvisionnements mondiaux en pétrole dépend principalement de la présence militaire des États-Unis, la région Est de la Méditerranée devra être incluse dans un système sécuritaire. La volonté de l'administration US, celle de Trump en particulier, de contrarier l'affirmation russe en Méditerranée sera sans doute un élément déterminant.

La politique de la sécurité énergétique est donc liée à la politique militaire. Les Etats-Unis ont formulé la doctrine Carter et créé la Force de

---

814-« Programs Overview »,http://transition.usaid.gov/lb/programs/index.html, [consulté le 9 novembre 2012].
815- Entretien avec Antoine Chedid, Zahlé, le 3 août 2017.

déploiement rapide (Rapid Deployment Force, RDF) dans les années 1970 après une série de menaces stratégiques dans le Golfe et l'invasion soviétique d'Afghanistan, les menaces continues de l'Iran contre les monarchies arabes considérées comme le cœur du système pétrolier, et la guerre Iran – Irak[816]. Depuis lors, ce programme s'est encore étoffé dans la mesure où l'instabilité a encore augmenté dans la région du fait notamment de l'invasion du Kuwait par Saddam Hussein en 1990 et la crise du nucléaire iranien avec les menaces de Téhéran de fermer le détroit de Hormoz où passent à peu près 40% des échanges pétroliers quotidiens[817]. La stratégie des Etats-Unis consiste à éviter les grandes perturbations et à assurer la libre circulation des grands pétroliers qui acheminent le pétrole et le gaz vers les marchés mondiaux. Le risque encouru a poussé les Etats-Unis à avoir leurs propres réserves stratégiques (la Strategic Petroleum Reserve, SPR) un stock de 700 millions de barils de pétrole brut, détenu et géré par le gouvernement fédéral[818]. Ces réserves sont stockées dans des réservoirs et des grottes souterraines au Texas et en Louisiane, depuis les chocs pétroliers des années 1970, lorsque l'OPEP a imposé un embargo sur les exportations vers l'Ouest, entraînant ainsi une flambée des prix et la peur des consommateurs. Ces réserves sont équivalentes à 90 jours d'importation pour remédier à toute perturbation inattendue. La SPR est donc une police d'assurance contre les chocs pétroliers. Selon les chercheurs Ph.Beccue et H.Huntington, le risque de rupture dans l'offre du pétrole a certainement augmenté ces dernières années et cela du fait de la situation au Moyen-Orient[819]. Dans ce contexte, en 2005, le président américain Georges W Bush a signé « l'Energy Policy Act » qui vise à augmenter la SPR à un milliard de

---

816-«An Assesment of Oil Market disruption Risk», Stanford University, Energy Modeling Forum, Final Report, Octobre 2005, p 26-30.
817-«World Energy Outlook», http://aie.org/WEO/2011, [consulté le 25 août 2012].
818-«An Assesment of Oil Market disruption Risk», Stanford University, Energy Modeling Forum, Final Report, Octobre 2005, p 26-30.
819-*Ibid.*

barils[820]; en 2006, les Etats-Unis ont importé 14 millions de barils par jour[821]. A cette période la dépendance vis-à-vis du pétrole étranger était au plus haut. Actuellement, les États-Unis importent environ 10 millions de barils par jour. La différence est due à l'augmentation de la production du pétrole de schiste. Dans ce contexte, la nouvelle administration américaine du Président Trump, envisage de vendre la moitié de ces réserves pour réduire le déficit du budget américain[822].

En d'autres termes, la présence militaire des Etats-Unis au Moyen-Orient est présentée comme une garantie pour l'économie mondiale afin d'éviter tout choc qui pourrait avoir des conséquences négatives sur les marchés[823]. La sixième flotte américaine, déjà présente en Méditerranée, peut contribuer à la sécurisation des approvisionnements et à la stabilité de la région caractérisée par la présence de nombreux conflits.

1.1 La médiation de Hoff

Il existe de grandes tensions dans la région orientale de la Méditerranée : les conflits entre le Hezbollah libanais et Israël -dont le dernier remonte à 2006-, les attaques répétées contre la bande de Gaza et le différend turco-grec à Chypre ; cette situation incite les États-Unis à prendre des initiatives pour stabiliser la région. Après la révélation du litige frontalier marin qui fait monter la tension entre Israël et le Liban, et suite à un rapport envoyé par Maura Connelly, ambassadrice de Washington au Liban entre 2010 et 2013, les États-Unis envoient sur place en 2011 un coordinateur spécialiste du Moyen-Orient, Frederick Hoff[824]. Il fut tout d'abord adjoint de l'envoyé spécial George Mitchell, qui essaya de parvenir à un traité de paix syro-israélien et

---

820- «Energy Policy Act 2005», http://www.eia.gov/oiaf/aeo/otheranalysis/aeo_2006analysispapers/epa2005_summary.html, [consulté le 25 août 2016].
821- GRAMMMER, Robbie, « Trump envisage vendre la moitié de la SPR », *Foreign-Affairs*, 23 mai 2017.
822- *Ibid.*
823-«An Assesment of Oil Market disruption Risk», Stanford University, Energy Modeling Forum, Final Report, Octobre 2005, p 26-30.
824- Entretien via Skype avec Fred Hoff, Washington, le 14 août 2017.

il a travaillé ensuite comme conseiller auprès de la Secrétaire d'État Hillary Clinton sur la transition politique en Syrie.

Frederick Hoff effectue plusieurs visites consécutives à Beyrouth, Tel-Aviv et Nicosie ; durant environ un an, du printemps 2011 jusqu'au printemps 2012, il dirige des consultations avec les gouvernements du Liban et d'Israël sur la meilleure façon de délimiter leurs zones économiques exclusives respectives dans la mer Méditerranée. Selon lui, les deux côtés considèrent les États-Unis comme une tierce partie fiable, voulant sincèrement les aider à parvenir à une solution pratique et honorable. Étant donné que les deux pays n'ont pas de relations diplomatiques et interagissent uniquement dans le cadre de réunions périodiques liées à la sécurité (à travers la Force intérimaire des Nations Unies qui siège à Naqoura au Liban sud), cette assistance est jugée nécessaire et souhaitable par les deux parties. Hoff propose une solution qui donne au Liban 500 Km^2 sur les 860 Km^2 sujets du litige, et le reste à Israël[825]. Il reste réticent quant à la confirmation des chiffres, mais assure de son soutien (ainsi que de celui de l'administration américaine) dans le cadre de l'exploitation des réserves du gaz et du pétrole de la mer libanaise, pour contribuer à l'élaboration de la paix, la stabilité et le développement[826]. L'instabilité politique que connaît le Liban en 2011-2012 ainsi que ses priorités politiques internes ont fait que cette médiation n'a pas abouti sachant qu'elle n'a pas été refusée officiellement.

F. Hoff explique que la phase active de sa médiation s'est terminée au printemps 2012, lorsque, après une année passée en consultations périodiques avec chaque partie -afin de comprendre leurs justifications respectives et leurs réclamations concurrentes-, il a présenté à chacune un ensemble identique de conclusions et de recommandations. Il ne révèle pas l'intégralité de ses conclusions car les États-Unis restent activement engagés pour aider les parties à parvenir à une entente sur une ligne de séparation maritime appropriée. Les efforts américains se poursuivent pour qu'un accord soit trouvé également sur

---

825- KOUSAIFI, Hyam, « Le Liban risque de perdre 360 Km2 de sa ZEE », *Al-Akhbar*, 30 juin 2012.
826- Entretien via Skype avec Fred Hoff, Washington, le 14 août 2017.

les dispositions connexes qui pourraient permettre aux deux pays de développer leurs ressources importantes sans contentieux et dans le respect mutuel.

Frederick Hoff note qu'il n'y a rien de particulièrement complexe dans le cas libano-israélien. Chaque côté a utilisé des méthodologies acceptables pour arriver à des réponses différentes concernant la ligne de séparation limitant leurs zones économiques exclusives respectives. Les deux pays ont agi professionnellement dans leurs calculs et procédé de façon conforme aux pratiques internationales coutumières. Hoff ajoute avoir été extrêmement impressionné par le professionnalisme des deux côtés. Les experts juridiques et cartographiques ont fait preuve de respect pour le travail de leurs homologues, mais sont restés réticents. Un héritage de méfiance mutuelle et de violence accumulé durant des décennies, ne peut pas être ignoré ni évité ; aussi, malgré tous ces efforts, 860 kilomètres carrés environ restent en litige. Le fait que les deux Etats ne reconnaissent pas mutuellement leurs frontières terrestre ou maritime entrave les négociations en vue d'une solution équitable, honorable et juste. Si les deux pays avaient des relations diplomatiques, ce conflit n'aurait pas vu le jour ou aurait été résolu depuis longtemps. De plus, à aucun moment, les experts de chaque côté ne montrent un « take it or leave it » à l'égard de leurs demandes respectives ; ils ont parfaitement conscience que la méthode de l'équidistance dans une réclamation maritime n'est pas une science exacte. Ainsi, en assignant aux points de base terrestres -qui sont le fondement de la délimitation maritime- des poids subjectifs, il était possible de courber les lignes dans des directions politiquement souhaitables (dans le sens où ces points de base étaient acceptés).

Cependant, toujours selon Hoff, il y avait une tendance dans certains milieux politiques libanais à augmenter les revendications du Liban et à essayer de faire en sorte que la frontière nationale ne soit modifiée que par le biais d'un processus constitutionnel rigoureux. Bien que cette attitude soit compréhensible dans le contexte d'une histoire difficile, elle est injustifiée, de son point de vue. Aucune ligne revendiquée par le Liban ou Israël ne constituerait une ligne permanente ; en effet, la partie israélienne n'a fait aucune revendication. La frontière définitive sera définie seulement lorsque les deux pays signeront un document juridique approprié, mutuellement reconnu. Le Liban et Israël, à l'heure actuelle, n'ont pas de frontières reconnues et définitives. Jusqu'à ce que les relations entre les deux pays soient normalisées, la tâche dans le cadre de la zone économique exclusive est de créer une ligne de séparation maritime qui serait juridiquement contraignante mais provisoire de nature, jusqu'à ce que le Liban et Israël s'entendent directement sur la frontière internationale permanente et définitive. Dans le cas où les deux parties accepteraient la même ligne de séparation maritime provisoire suite à la suggestion d'une tierce partie, chaque pays notifierait et enregistrerait les cordonnées de la ligne avec les Nations Unies ; et chacun modifierait son accord avec Chypre pour le rendre compatible avec la nouvelle ligne. Cette solution n'a rien à voir avec la création de frontières permanentes et contraignantes. Si, avec l'assistance d'une tierce partie, chaque côté déclarait - indépendamment de l'autre - une ligne qui coïncide et que chacun déposait les coordonnées de cette ligne auprès de l'ONU, ils n'auraient pas l'obligation de signer un document juridique créant une frontière permanente. Ils auraient plutôt créé une ligne de séparation maritime commune, qui deviendrait un fait accompli. Les deux parties seraient alors en mesure de faire toute réclamation qu'ils souhaitent dans le cadre de pourparlers de normalisations ultérieures. Manifestement, Hoff essaie de minimiser la dimension politique de l'arrangement à trouver entre Israël et le Liban pour le rendre plus acceptable au Liban, et donner des arguments aux libanais qui soutiennent cette médiation.

Hoff dit que si les deux parties montrent leur volonté de rassurer les investisseurs, l'héritage de la violence depuis la guerre de juin 1967 n'aura pas d'incidences sur le développement des ressources en gaz naturel. Si une ligne de séparation maritime s'avère trop difficile à gérer sur le plan politique, l'alternative serait alors un arrangement de type « unitization» : une société acceptée par les deux parties développerait les ressources dans la zone contestée et répartirait les revenus aux deux parties selon une formule convenue. Hoff révèle qu'Amos Hochstein, qui lui succédera, est plutôt favorable à cette solution.

Hoff conclut en disant que les deux pays devront éviter les explorations en eaux contestées, jusqu'à ce qu'un arrangement soit atteint. Ils peuvent lancer les travaux dans les régions maritimes ne relevant pas du différend. Idéalement, le Liban et Israël mettront ce désaccord simple, direct et relativement mineur sur une ligne virtuelle maritime, de côté. A propos de l'attitude israélienne, l'émissaire Hoff constate que Tel-Aviv exprime une volonté pour entamer des explorations de gaz dans le Nord de sa ZEE à côté de la frontière maritime libanaise, mais il fait savoir que sa position ne va pas changer tant que le Liban reste intransigeant[827]. Il ajoute aussi qu'il a la conviction que l'État hébreux fera des concessions ainsi que le Liban afin de pouvoir bénéficier des énormes richesses naturelles de la région. En termes diplomatiques, Hoff entreprend donc expliquer, aux deux parties et en particulier au Liban, qu'il a tout intérêt à accepter une des solutions qu'il préconise car son intransigeance sera confrontée à celle d'Israël, qui a pour sa part déjà commencé à exploiter ses ressources marines. Dans leur intérêt, les deux pays devront éviter les actions et les déclarations qui pourraient soulever des tensions bilatérales, et effrayer les entreprises internationales d'énergie. Il existe de nombreux gisements de gaz et de pétrole dans le monde entier et les compagnies préfèrent travailler dans un environnement stable, c'est pourquoi il faut que le Liban en finisse avec le litige frontalier avec Israël. Hoff révèle que ses sources assurent que le Liban a de grandes ressources en gaz. Il réitère l'importance de la stabilité politique interne pour que le pays soit capable d'attirer les multinationales ayant une excellente réputation et une large expérience dans le domaine. Il rappelle que la démission du gouvernement Mikati en 2013 a bloqué les actions nécessaires à la fois pour le début des explorations et pour la suite de sa médiation.

Michel Sleiman confirme que Hoff a bien proposé les 500 Km2 au Liban dans le cadre de sa médiation[828]. Il ajoute que les Etats-Unis étaient sérieux dans leur tentative de trouver une solution au litige maritime avec Israël. Il explique que le non aboutissement de la médiation est dû à l'instabilité politique et aux dossiers qui avaient la priorité sur celui du gaz offshore. Dans

827-Entretien via Skype avec Fred Hoff, Washington, le 14 août 2017.
828- Entretien avec Michel Sleiman, Beyrouth, le 19 septembre 2017.

ce contexte, il rappelle que la formation des gouvernements durant son mandat a nécessité parfois plusieurs mois. Quant à l'aptitude de l'État à prendre une décision vis-à-vis des propositions de Hoff avec toutes les divisions existantes, Michel Sleiman explique que les décisions stratégiques nécessitent une entente entre les principaux partis politiques tout en notant l'importance de l'accord de Hezbollah qui avait un droit de veto non formel du fait de sa détention d'armes (cela fait de lui un acteur interne disproportionné). Le Président considère que l'aptitude du Liban à attirer les investissements étrangers ne dépend pas seulement du calme frontalier, mais aussi de la stabilité politique et sécuritaire internes. Une stratégie défensive doit impérativement être mise en place au Liban afin que seul l'État puisse détenir la décision de guerre et de paix. C'est seulement à cette condition que le pays pourra recouvrer la confiance de la communauté internationale et devenir un centre de dialogue entre les religions, ou encore une base pour la reconstruction de la Syrie. Il ajoute que les petits investisseurs fuient l'instabilité, alors que dire des grands ?![829]

Une partie des responsables libanais approuvent Hoff mais déplorent que le Liban soit obligé de modifier sa frontière maritime Sud et par conséquent d'accepter de perdre 360 Km^2 d'eaux « nationales ». Cela nécessiterait aussi la modification de plusieurs décrets et de la loi 163 votée par le parlement libanais en mai 2011 et serait vu par certains comme une trahison nationale. Il est à craindre que le pays ne soit en proie à de nouvelles querelles à l'instar du sujet polémique de la délimitation de la frontière terrestre dans la région des hameaux de Chebaa. Le Hezbollah, en l'absence d'un consensus national, peut considérer cette région maritime comme une cause pour la continuation de sa résistance au sud, d'où l'importance que donnent les États-Unis au rôle modérateur que joue Nabih Berry au sein de la communauté chiite. Michel Sleiman considère que Hezbollah n'est pas contre le début des explorations : son analyse personnelle est que l'avancement du dossier contribuera à faire entrer l'Iran dans le jeu ; la pré-qualification d'une compagnie en 2017 en est la preuve[830]. Il ajoute aussi qu'avec les rapports de force internes, la tâche

---

829- Entretien avec Michel Sleiman, Beyrouth, le 19 septembre 2017.
830- *Ibid.*

de Hezbollah d'augmenter sa part dans le dossier du gaz serait plus facile. Le président confirme une entente politique entre lui et Berry concernant le dossier du gaz offshore.

Le président du parlement Nabih Berry qui suit de près le dossier du gaz, est considéré par les États-Unis comme un interlocuteur clé à cause de son rôle législatif et politique. Durant sa visite à Beyrouth en mai 2012, le sous-secrétaire d'État aux Affaires du Proche-Orient, Jeffrey Feltman, concentre ses discussions avec Nabih Berry sur la question du gaz tandis qu'avec les autres responsables rencontrés, sa priorité va à la crise syrienne et aux réfugiés de plus en plus nombreux au Liban[831]. Cette position montre que les Etats-Unis sont soucieux de trouver un consensus politique libanais, et ne comptent pas sur leurs seuls alliés traditionnels du 14 Mars. L'ancien Président de la république, Michel Sleiman, confirme le rôle primordial que joue Nabih Berry dans le dossier du gaz : il détient des cartes importantes en tant que représentant des chiites au pouvoir, et allié indissociable de Hezbollah ; pour ces raisons, il est considéré comme l'interlocuteur préféré des Occidentaux. Ainsi, avec Berry, les Etats-Unis négocient avec une personnalité ayant une fonction étatique et pouvant en même temps délivrer un message[832]. A part la non rupture officielle des négociations avec les Etats-Unis, ces pourparlers n'ont pas abouti à des résultats concrets.

Les visites de l'émissaire américain à Beyrouth sans passer par Damas -comme cela fut le cas durant de longues années avant le retrait de l'armée syrienne en 2005-, montrent bien que les États-Unis commencent à traiter le Liban comme un État souverain, dont les responsables ont, de nouveau, la capacité d'exercer cette souveraineté après de longues années d'occupation. En mai 2012, après une série de réunions entre les ministres concernés par la délimitation des frontières maritimes, le Président de la République et le Premier Ministre, certaines sources laissent entendre qu'un changement du tracé de la frontière maritime sud (pour qu'elle soit conforme à la « solution

---

831-« Feltman de nouveau à Beyrouth », http://www.lorientlejour.com/news/print.php?id=757171, [consulté le 25 novembre 2016].
832- Entretien avec Michel Sleiman, Beyrouth, le 19 septembre 2017.

Hoff ») est envisagé[833]. Cette rumeur entraîne une vive réaction du Chef de la Commission des Travaux au Parlement, Mohamad Kabani, très attaché au tracé de la frontière maritime en vigueur[834]. Pour sa part, le ministre de l'Energie Gebran Bassil répond avec fermeté : « nous ne céderons sur aucun centimètre, d'autant que nous avions fait tracer la frontière maritime suivant les normes[835] ». Le ministre des Travaux publics Ghazi Aridi, président de la commission en charge de la détermination des frontières maritimes et de la ZEE, affirme lui « que le tracé libanais est précis mais que les frontières ne sont pas définitives et peuvent donc être changées »[836]. Ce qui montre encore une fois que le Liban n'a pas une approche unifiée concernant la façon de traiter ce dossier épineux . Néanmoins, une suite de réunions entre les partis concernés a permis d'aboutir à une feuille unique vis-à-vis de la question[837].

Durant la réunion qui se tient à New York, entre le Premier Ministre Najib Mikati et Hillary Clinton, cette dernière demande au Liban de reconsidérer le projet élaboré par Frédéric Hoff et exhorte le gouvernement libanais à « accélérer le règlement du différend concernant la frontière maritime Liban-israélienne et à commencer à exploiter ses ressources naturelles »[838].

Ali Hamdan révèle que F. Hoff a fait une deuxième proposition qui accorderait au Liban les 2/3 des 360 Km² convoités par Israël, proposition qui aurait été faite à l'ambassadeur du Liban à Washington, Antoine Chedid[839]. Wissam Chbat confirme les révélations de Ali Hamdan. Hoff dément avoir présenté une deuxième proposition[840] ; quant à l'ambassadeur Chedid, il ne confirme ni ne nie[841]. Certaines sources à Beyrouth avancent que cette

---

833- KOUSAIFI, Hyam, « Le Liban risque de perdre 360 Km2 de sa ZEE », *Al-Akhbar*, 30 juin 2012.
834- *Ibid.*
835- *Ibid.*
836- *Ibid.*
837- Entretien avec Ali Hamdan, Beyrouth, le 12 mai 2017.
838- Editorial, « Clinton veut une solution pour le litige entre Israël et le Liban», *As-Safir*, 26 septembre2012.
839- Entretien avec Ali Hamdan, Beyrouth, le 12 mai 2017.
840- Entretien via Skype avec Fred Hoff, Washington, le 14 août 2017.
841- Entretien avec Antoine Chedid, Zahlé, le3 août 2017.

deuxième proposition de Hoff est la vraie cause de son remplacement par Amos Hochstein suite à des pressions du lobby sioniste à Washington.

1.2 La médiation d'Amos Hochstein

Lors d'une conférence organisée par l'institut Aspen, le 29 novembre 2012 à Washington, Amos Hochstein, secrétaire d'état américain adjoint, chargé de l'énergie et successeur de Hoff, révèle officiellement pour la première fois la présence d'une médiation entre le Liban et Israël afin de résoudre le litige frontalier en proposant une solution basée sur le droit et les traités internationaux[842]. Il n'a pas donné de détails quant à sa concrétisation. Selon Hochstein, les États-Unis sont concernés par le fait de trouver un accord entre le Liban, Israël et Chypre pour la délimitation des ZEE des pays cités, afin de faciliter l'exploration dans les régions frontalières ; ce qui encouragera les compagnies à investir sans avoir de craintes[843].

Le quotidien Haaretz révèle que la carte illustrant la nouvelle bordure maritime proposée est établie par des experts américains, et qu'elle a été remise aux responsables des deux pays. Selon le même journal, Beyrouth et Tel-Aviv n'ont pas encore répondu à cette proposition et demandent plus de détails de la part de l'administration américaine. Le quotidien libanais *As-Safir* dévoile que le Liban continue à négocier avec l'administration américaine sans donner une réponse définitive, tout en notant que la nouvelle proposition lui accorde les 2/3 de la zone contestée (estimée à 860 km2)[844]. Un haut responsable américain interrogé par Haaretz précise encore qu'au cas où les deux pays acceptent la solution proposée, ils n'auront qu'à changer la limite de leur ZEE, indépendamment de tout accord politique. Il ajoute que les États-Unis seront garants d'une telle solution. Cette nouvelle initiative montre encore une fois, l'engagement des États-Unis dans la question du gaz de la Méditerranée orientale.

842- RAVID, Barak, « US draft compromise for Lebanon-Israel dispute over gas», *Haaretz*, 16 décembre 2012

843- *Ibid.*

844- MOUSSA, Helmi « Une nouvelle médiation américaine entre le Liban et Israël », *As-Safir*, 17 décembre 2012.

Les visites des responsables américains se poursuivent à Beyrouth et le secrétaire d'État adjoint aux affaires du Proche-Orient, Lawrence Silverman, déclare lors de sa rencontre avec le président Michel Souleiman en mars 2013 que son pays continue à soutenir le Liban, en particulier l'armée libanaise[845]. Le dossier du gaz est le sujet principal lors de sa rencontre avec Nabih Berry. Le responsable américain est accompagné du secrétaire d'État adjoint à l'Énergie, Amos Hochstein, et de l'ambassadeur américain à Beyrouth, Mora Connelly. Une délégation de l'armée libanaise qui a rejoint la réunion expose les méthodes et techniques utilisées, conformément aux normes et lois internationales, lors de la délimitation des frontières maritimes de la ZEE. Le quotidien *As-Safir* rapporte que les responsables libanais ont réitéré le droit du Liban dans l'ensemble de la surface de sa ZEE y compris la zone sujet du litige[846]. Les responsables américains ont entendu une explication détaillée sur les préparatifs précédant les explorations ainsi que sur les détails techniques relatifs au processus. Le même journal rapporte que les Etats-Unis ont renouvelé leur soutien au Liban. Le ministre Bassil ajoute que les compagnies américaines sont déjà impliquées dans le processus d'exploration accompli, et assure que toutes les tentatives pour bloquer le dossier du gaz seront nulles et non avenues.

La Chaîne 2 israélienne révèle, le 30 septembre 2013, que des progrès ont été réalisés dans les négociations indirectes entre le Liban et Israël[847]. Le quotidien *As-Safir* rapporte que les négociations du Premier ministre Netanyahu à Washington le 30 septembre 2013 ont porté sur le dossier du gaz. Le journal ajoute que l'État hébreux essaye de créer un problème avec le Liban en déclarant que Beyrouth envisage de mener des explorations dans la ZEE israélienne. De son côté, le ministre de l'Énergie libanais, Gebran Bassil, nie l'intention du Liban de mener de telles explorations et remarque que la tension israélienne est en concordance avec le récent rapprochement entre

---

845- http://www.lbcgroup.tv/news/78755, [consulté le 20 juin 2017].
846- *As-Safir*, « Mikati: il faut adopter la loi orthodoxe à l'inverse », *As-Safir*, 12 mars 2013.
847- http://www.al-akhbar.com/node/192384, [consulté le 10 juin 2017].

les États-Unis et l'Iran. Il rappelle que le Liban s'est engagé à respecter les lois internationales et qu'il n'envisage pas violer les frontières de la Palestine occupée. Il constate qu'Israël a lancé des explorations adjacentes aux frontières libanaises et ajoute qu'Israël ne peut empêcher le Liban de faire ce qu'elle fait elle-même. Enfin, Bassil dénonce l'attitude de certains responsables libanais qui aident l'État israélien en bloquant le processus interne pour le lancement des enchères[848].

As-Safir rapporte que le sujet du gaz en Méditerranée orientale a été un sujet principal de la rencontre du Premier ministre israélien et du vice-président américain Joe Biden qui prend en charge le dossier. Le secrétaire d'État John Kerry a rejoint la réunion car le dossier du gaz en Méditerranée orientale est un sujet d'une grande importance[849] : outre le litige entre le Liban et Israël, il englobe aussi la question des relations entre la Turquie, Chypre et la Grèce. A noter que le George C. Marshall Institute (GMI) aux États-Unis a élaboré une stratégie qui a été adoptée par l'administration américaine d'Obama : celle-ci consiste à profiter de l'exploitation du gaz pour résoudre les conflits existants et aboutir à des compromis politiques. La stratégie vise à concevoir un gazoduc reliant les gisements chypriotes et israéliens à la Turquie, et dont le Liban peut profiter. Le vice-président américain s'est aussi entretenu avec le Président chypriote après avoir rencontré le Premier ministre turc. Ces réunions visent à trouver un compromis sur les frontières de la ZEE chypriote.

Amos Hochstein entame une nouvelle visite à Beyrouth le 9 novembre 2013[850]. Il propose au chef du Parlement d'établir une ligne bleue pour délimiter la frontière maritime entre le Liban et Israël à l'instar de la ligne bleue terrestre qui a été tracée sous l'égide des Nations Unies après le retrait israélien en 2000. Le médiateur américain déclare en janvier 2014 que son rôle ne se

---

848- http://archives.tayyar.org/tayyar/news/politicalnews/ar-lb/petrol-bassil-rouhani-ksa-mt9.htm, [consulté le 5 juin 2015].

849- MOUSSA, Helmi, « Netanyahou discute le sujet de gaz avec l'administration US », *As-Safir*, 2 octobre 203.

850- https://www.lecommercedulevant.com/article/22967-litige-frontalier-washington-propose-une-ligne-bleue-maritime, [consulté le 10 juin 2017].

limite pas seulement à la délimitation de la frontière maritime, mais consiste aussi à fournir l'aide nécessaire au Liban pour qu'il exploite ses ressources naturelles[851]. Il ajoute que son pays a une longue expérience dans l'industrie pétrolière et qu'il est en mesure de soutenir les efforts du Liban et du ministère de l'Énergie en ce sens[852]. Les tentatives américaines pour le déblocage du dossier sont entreprises parallèlement avec l'accord des P5 + 1 avec l'Iran[853]. Le contexte géopolitique est favorable pour faire avancer les pourparlers et toujours dans la perspective de bénéficier des exploitations du gaz offshore en Méditerranée orientale. L'Orient-le Jour explique que la proposition américaine est une nouvelle façon de faire revivre et accepter le concept de la « ligne Hoff »[854]. La même source ajoute que l'émissaire américain a obtenu un accord de principe pour sa nouvelle idée. Mais ces prémices d'accord de principe n'ont pas été portées devant le Conseil des ministres. De plus, le Premier ministre Mikati confirme au même journal que les États-Unis ont présenté une nouvelle proposition. Il ajoute que cette proposition doit être discutée avec les autres responsables libanais pour prendre une décision qui serait dans l'intérêt du Liban. Le ministre Bassil, quant à lui, souligne que le débat dépasse la question de la démarcation et porte sur la quantité de ressources à exploiter sachant que l'objectif est de parvenir à une solution globale sur les frontières comme sur les ressources[855]. Il critique cependant le manque de décision et demande la transformation des discussions entre les responsables libanais en mesures concrètes et sérieuses afin de réaliser des progrès dans le dossier des frontières[856]. L'instabilité politique interne est le véritable obstacle empêchant la prise de décisions dans la question des frontières. D'une part, les fractures politiques entravent la situation en affaiblissant davantage la structure et le

---

851- « Pétrole et gaz », *le Commerce du Levant*, janvier 2014, page 43.

852- *Ibid.*

853- L'Iran et les pays du « P 5+1 » (Etats-Unis, Russie, Chine, France, Royaume-Uni et Allemagne) sont parvenus à un compromis sur le nucléaire iranien le 14 juillet 2015.

854- OLJ, « les Etats-Unis font une nouvelle proposition au Liban et à Israël », *L'Orient Le Jour*, 30 novembre 2013.

855- *Ibid.*

856- *Ibid.*

fonctionnement de l'État et d'autre part la classe politique n'est pas à la hauteur des événements.

La presse israélienne rapporte que le ministère de la Justice israélien prépare un projet de loi pour délimiter la frontière maritime d'une façon unilatérale[857]. Ce projet est interprété comme un signe d'échec de la médiation avec le Liban. La réponse libanaise ne tarde pas. Le ministre des Affaires étrangères, Adnan Mansour, déclare en décembre 2013 que la délimitation unilatérale des frontières maritimes par Israël ne produit pas d'effets juridiques envers le Liban et est considérée comme nulle et non avenue[858]. Il ajoute qu'une telle action est une violation du droit international notamment l'UNCLOS et qu'elle est dangereuse car elle nuit à la stabilité, à la sécurité et à la paix dans la région. Il rappelle l'article 74 al 1 : « la délimitation de la ZEE des pays ayant des littoraux adjacents se fait par accord sur la base du droit international », comme il a été mentionné dans l'article 38 du statut de la cour de justice internationale pour parvenir à une solution équitable. Il appelle les partis politiques libanais à combler le vide politique et administratif au sein de l'État, pour que le Liban puisse faire face à cette nouvelle agression israélienne. Le secrétaire américain Amos Hochstein réagit sur twitter aux déclarations des deux parties. Il écrit que l'information rapportée par les médias israéliens est trompeuse, et qu'il n'y a aucun changement du statu quo[859].

Amos Hochstein se rend une troisième fois à Beyrouth le 31 mars 2014 pour une visite de deux jours. Le Commerce du Levant rapporte que l'émissaire américain a rencontré tous les responsables libanais à l'exception du président de la Chambre, Nabih Berry, (il a rencontré son conseiller Ali Hamdan)[860]. La même source laisse entendre que la non rencontre avec Berry, très impliqué dans le dossier, laisse supposer des divergences concernant la dernière proposition de ligne bleue maritime[861]. Ali Hamdan dément que la raison soit la non volonté de répondre aux propositions américaines tout en rappelant que

---

857- « Pétrole et gaz », *le Commerce du Levant*, février 2014, page 37.

858-An-Nahar, « Adnan Mansour : le tracé israélien est nul et non avenue », *An-Nahar*, 21 décembre 2013.

859- «Pétrole et gaz », *le Commerce du Levant*, février 2014, page 37.

860-« Amos Hochstein au Liban », *le Commerce du Levant*, Mai 2014, page 36.

861-*Ibid.*

l'approbation de celle-ci nécessite l'accord de tous les partis libanais[862]. Il reconnaît que les engagements de Berry l'ont empêché de rencontrer Hoff, cependant il reste vague sur la vraie position de Nabih Berry à l'égard de cette question.

Le responsable américain revient encore une fois à Beyrouth le 2 juillet 2015. Il entame des discussions avec les responsables libanais, le Représentant spécial de l'ONU au Liban, Sigrid Kaag et le commandant général de la FINUL, Luciano Portolano. Les discussions ont porté sur la question de la délimitation des frontières maritimes entre le Liban et Israël et sur le rôle potentiel que peuvent jouer les Nations Unis dans cette question. Amos Hochstein assure encore une fois que le but de ces visites est de trouver une solution adéquate au litige frontalier afin que le Liban puisse profiter de ses ressources pétrolières[863]. Il réaffirme le soutien des États-Unis au Liban dans ses efforts qui visent à réaliser la croissance économique et la prospérité par le biais d'un développement durable et transparent de ses ressources offshore[864].

Le ministre des Finances libanais, Hassan Khalil, rencontre Hochstein lors d'une visite officielle à Washington en mars 2016. Khalil réclame la mise en place d'une solution définitive pour le litige qui oppose le Liban à Israël. Il estime qu'une solution temporaire risque de répéter le scénario qui a suivi les accords israélo-arabes de 1949 établissant des lignes d'armistice provisoires sans empêcher les guerres qui ont opposé Israël aux autres pays du Moyen-Orient[865]. Dans le même contexte, Hassan Khalil souligne l'importance du rôle des États-Unis et de l'Onu dans les négociations indirectes avec Tel-Aviv et révèle que son interlocuteur attend la réponse israélienne sur ce dossier au cours des trois mois qui suivent. Pour sa part, Amos Hochstein défend « l'institution d'un tracé provisoire en attendant un accord entre les deux parties sur ce dossier[866] ». Il ajoute que parallèlement à la définition du tracé, les deux

---

862- Entretien avec Ali Hamdan, Beyrouth, le 12 mai 2017.

863- http://nna-leb.gov.lb/fr/show-news/46320/nna-leb.gov.lb/en, [consulté le 21 juillet 2017].

864- https://lb.usembassy.gov/special-envoy-coordinator-international-energy-af-fairs-amos-hochstein-visits-lebanon/, [consulté le 18 juin 2017].

865- CHEDID, HODA, « Khalil en visite à Washington », *L'Orient Le Jour*, 24 mars 2016.

866- *Ibid.*

pays auront l'interdiction d'entamer des extractions dans les zones désignées avant l'adoption d'une résolution définitive[867].

Le 26 mai 2016, Hochstein entame de nouvelles discussions à Beyrouth avec le chef du Parlement Nabih Berry. Le responsable américain déclare que les discussions sont sérieuses et ouvertes et que de nouvelles propositions ont été abordées pour résoudre le conflit maritime[868]. Il ajoute qu'il a exprimé son souhait d'aboutir à une solution. Cependant, la nature des propositions n'a pas été publiquement révélée. Dans le même contexte, Hochstein demande d'accélérer le processus des deux décrets en suspens après ses rencontres avec les responsables libanais, notamment le Premier ministre Tammam Salam, le ministre des Affaires étrangères Gebran Bassil, ainsi qu'avec le ministre de l'Énergie, Arthur Nazarian.

1.3 La médiation sous Trump

Le ministre des Affaires étrangères, César Abi Khalil, entame une visite aux États-Unis en avril 2017. Cette visite vise à relancer le dialogue déjà existant et à explorer les tendances de la nouvelle administration après l'arrivée au pouvoir de Donald Trump, fait remarquer Wissam Chbat qui accompagnait le ministre[869]. Chbat ajoute qu'une délégation américaine s'apprête à se rendre à Beyrouth afin de poursuivre les discussions liées au litige sur les frontières maritimes entre le Liban et Israël. La délégation libanaise a aussi rencontré Mary Burce Warlick, qui a été nommée le 20 janvier 2017 au poste d'envoyée spéciale et coordinatrice pour les Affaires énergétiques internationales au sein du département d'État américain. Mary Warlick succède à Amos Hochstein dans le cadre de la médiation américaine pour le règlement du litige frontalier.

Wissam Chbat révèle que l'ambiance était positive à l'égard du dossier du pétrole au Liban. L'administration américaine encourage vivement le Liban

---

867- CHEDID, HODA, « Khalil en visite à Washington », *L'Orient Le Jour*, 24 mars 2016.
868-OLJ, « ZEE : Hochstein et Berry discutent du litige libano-israélien », *L'Orient Le Jour*, 27 mai 2016.
869-Entretien avec Wissam Chbat, Beyrouth, le 18 mai 2017.

à continuer à franchir les étapes pour aboutir au lancement des enchères. Il ajoute que les responsables américains qu'ils ont rencontrés ont informé la délégation libanaise qu'ils ont des directives claires et fermes du secrétaire d'État Rex Tillerson pour aider le Liban à réussir ses appels d'offres. Comme déjà mentionné au chapitre 2, il reprend les paroles du secrétaire d'État des États-Unis, Rex Tillerson qui dit : « Do what ever is necessary in order not to impeed the success of licence ground in Lebanon », qui peut se traduire par : « faites tout ce qui est nécessaire pour assurer la réussite des appels d'offres au Liban ». Rex Tillerson fut pendant 10 ans le PDG d'Exxon Mobil, l'une des entreprises pétrolière et gazière les plus puissantes au monde[870]. Wissam Chbat rappelle que le géant américain pétrolier et gazier Exxon Mobil a été préqualifié en 2013. Ces propos réjouissent sans doute les responsables libanais qui considèrent que la présence d'un technocrate connaisseur du dossier du gaz libanais à la tête de la diplomatie américaine peut être bénéfique pour la suite des explorations gazières au Liban. Antoine Chedid, quant à lui, considère que la présence de Rex Tillerson est une opportunité pour le Liban[871]. Il explique que le fait qu'une multinationale comme Exxon Mobil soit préqualifiée est une sorte de garantie pour le Liban car les intérêts économiques de ces compagnies influencent les politiques étrangères de leurs pays. Dans le cas présent, le poste de secrétaire d'État est détenu par un grand homme d'affaires et un politicien.

César Abi Khalil entame en juillet 2017 une deuxième visite aux États-Unis. Accompagné de Wissam Chbat, il expose à Houston l'évolution du dossier du pétrole jusqu'à présent et les étapes qui précèdent la présentation des offres des compagnies préqualifiées. Wissam Chbat explique que la conférence vise à fournir les explications nécessaires et à communiquer avec les compagnies intéressées et pré-qualifiées aux appels d'offres. Il ajoute que le lobbying fait partie du travail du ministre et de l'Autorité de l'énergie et que les réunions qui ont été organisées avec les compagnies visent à les inciter à présenter

---

870-MASSIOT, Aude, « Rex Tillerson nouveau secrétaire d'Etat de Trump », *Libération*, 13 décembre 2016.
871- Entretien avec Antoine Chedid, Zahlé, le 3 août 2017.

leurs offres pour les cinq blocs ouverts et à former des alliances avec d'autres compagnies intéressées. « La tendance est positive affirme Wissam Chbat, mais nous devons continuer nos efforts jusqu'au bout ». Il rappelle qu'Israël essaye de faire un lobbying aux États-Unis pour inciter les compagnies américaines à ne pas présenter des offres pour les blocs 8, 9 et 10. Quant au choix de la ville de Houston, Chbat précise que Texas a un rôle central dans l'industrie pétrolière américaine et que c'est le centre des grandes compagnies pétrolières comme Exxon ou autres.

Reste que la résolution du litige frontalier attend que la nouvelle administration de Donald Trump ait une stratégie claire vis-à-vis de cette question. Dans ce contexte, Hoff révèle que des rumeurs circulent à Washington que le Premier ministre Hariri a soulevé cette question lors de sa rencontre en juillet 2017 avec Donald Trump[872]. Des sources proches de Hariri confirment que le dossier du gaz a été discuté avec les responsables américains sans donner plus d'informations. Du côté libanais, et après l'élection de Michel Aoun, l'État est en mesure de prendre des décisions. Tout compromis entre les trois présidences actuelles (Aoun, Hariri et Berry) qui ont une large base représentative peut être traduite positivement au niveau du dossier du gaz. Mais, après des années de tractations, et étant donné la ligne très anti Hezbollah du président Trump, les médiations ne semblent pas prometteuses.

2. L'Union européenne : le prolongement d'une influence historique

Le Liban est pour de nombreux pays européens en particulier la France, un centre d'intérêt important et une zone d'influence historique. La signature en 2002 de l'accord de l'association entre le Liban et l'Union européenne marque une étape importante dans l'histoire des relations entre les deux pays[873]. L'UE

872- Entretien via Skype avec Fred Hoff, Washington, le 14 août 2017.
873- « L'économie du Liban », http://www.lebarmy.gov.lb/article.asp?ln=ar&id=171, [consulté le 13 août 2012].

est présente au Liban dans tous les domaines : politique et économique, culturel et militaire. Sur le plan économique, plus de 45% des importations libanaises proviennent de l'Europe, et 25% des exportations libanaises vont vers l'UE[874]. Le montant de l'échange commercial dépasse les 3 milliards d'euros[875]. L'Europe finance à travers ses banques d'investissement plusieurs projets d'infrastructures comme les routes, les réseaux d'eau sanitaire et potable et bien d'autres. Trois conférences de donateurs ont été organisées à Paris pour aider au redressement de l'économie libanaise en 2001, 2002 et 2007. Au niveau culturel, les Libanais ont une longue tradition d'ouverture sur l'Europe. La plupart des grands pays européens ont des centres culturels comme la France, l'Espagne et l'Italie où un grand nombre de Libanais apprennent ces langues. L'Europe est présente aussi militairement avec plus de 7000 soldats dans le cadre de la Finul qui assure l'implémentation de la résolution du conseil de sécurité 1701 qui a mis fin au conflit de 2006 entre Hezbollah et Israël[876]. La présence militaire de grands pays européens, la France, l'Italie et l'Espagne à côté d'autres comme l'Allemagne, est une garantie de sécurité au Liban. L'Europe met ainsi la pression sur Israël pour éviter tout conflit et stabiliser la région, condition primordiale pour l'exploitation du gaz libanais.

L'Union européenne produit 40% de son gaz (essentiellement la Grande-Bretagne et les Pays-Bas), en importe 25% de Russie par l'intermédiaire du consortium d'Etat GAZPROM, 17% de la Norvège et 17% d'Algérie, d'Afrique Noire et du Moyen-Orient[877]. Le déclin des productions britannique et néerlandaise accroît progressivement les autres parts. Ainsi, l'UE est-il considérée comme un importateur net des produits énergétiques. Le pétrole en constitue 68% en 2016 contre 21% pour le gaz en état gazeux[878]. Le tableau

---

874- « L'économie du Liban », http://www.lebarmy.gov.lb/article.asp?ln=ar&id=171, [consulté le 13 août 2012].

875- *Ibid.*

876- « LA FINUL au Liban », http://www.lebarmy.gov.lb/article.asp?ln=ar&id=179, [consulté le 13 août 2012].

877- *Ibid.*

878- http://ec.europa.eu/eurostat/statistics-explained/index.php/EU_imports_of_energy_products_-_recent_developments, Eurostat 2016.

18 montre que la Russie reste le plus grand fournisseur de gaz naturel à l'UE en 2015 et 2016, et que les autres partenaires ayant une part significative dans les importations totales extra-européennes sont la Norvège et l'Algérie[879]. La part mondiale de tous les autres pays exportant du gaz naturel vers l'UE était d'environ 14% en 2015 et de 11% en 2016 en termes de valeur commerciale. En comparaison avec l'importation du gaz, le tableau 19 montre que le marché d'importation du pétrole est divisé entre un grand nombre de fournisseurs. La Russie est alors moins dominante, mais toujours en avance sur le deuxième fournisseur, la Norvège.

Partner	Value (Share %)	Net mass (Share %)
Russia	39.7	38.2
Norway	34.1	35.8
Algeria	15.2	14.3
Qatar	5.1	5.8
Nigeria	2.1	2.1
Libya	1.4	1.5
Others	2.4	2.3

Tableau 17 : Les importations de gaz naturel en 2016
Source : Eurostat 2016.

Les importations du gaz de l'Europe proviennent principalement de quatre pays qui sont la Russie, la Norvège, l'Algérie et le Qatar. Un effort pour la diversification a permis l'importation depuis le Nigéria et la Lybie.

879- http://ec.europa.eu/eurostat/statistics-explained/index.php/EU_imports_of_energy_products_-_recent_developments, Eurostat 2016.

Partner	Value (Share %)	Net mass (Share %)
Russia	28.4	29.2
Norway	12.6	11.9
Nigeria	9.0	8.5
Kazakhstan	7.5	7.0
Saudi Arabia	7.0	7.0
Iraq	6.6	7.7
Azerbaijan	5.7	5.3
Algeria	5.5	4.9
Angola	3.6	3.6
Libyan Arab Jamahiriya	2.7	2.6
Mexico	2.1	2.4
Egypt	1.6	1.5
Kuwait	1.2	1.3
Others	6.5	7.1

Tableau 18 : Les importations de pétrole en 2016
Source : Eurostat 2016.

Pour l'Europe la question la plus importante reste la stabilité de ses sources d'approvisionnement en gaz. L'approvisionnement des pays de l'Union européenne en ressources énergétiques soulève deux problématiques liées : la dépendance énergétique et la diversification des sources. La dépendance au gaz est plus problématique que celle au pétrole. La première nécessite des infrastructures couteuses, comme les gazoducs ou les stations de liquéfaction, tandis que la deuxième permet une diversification de fournisseurs. Cela fait de la Russie le premier fournisseur de l'Europe. Mais un fournisseur a toujours besoin de clients. L'interdépendance est donc réciproque et forte entre la Russie et l'Europe. Ainsi, 70% du gaz russe part vers l'ouest[880]. La Russie compte sur la vente de ses ressources pour le maintien de l'équilibre de son budget. L'est et l'ouest du vieux continent s'orientent ainsi vers un partenariat stratégique mutuel bénéfique au début des années 2000. Il sera perturbé par la crise ukrainienne.

Devant cette situation de dépendance, l'Europe élabore une politique énergétique qui vise à accroître la diversification des sources et des voies

---

880- http://ec.europa.eu/eurostat/statistics-explained/index.php/EU_imports_of_energy_products_-_recent_developments, Eurostat 2016.

d'approvisionnement. L'Europe du Sud-Est et la mer noire sont le passage obligatoire pour la réalisation d'une telle politique. Les avantages présentés sont l'acheminement du gaz non russe, la réduction de la dépendance vis-à-vis de Moscou et la protection contre de futures crises de gaz comme celles de 2006 et de 2009 entre la Russie et l'Ukraine. L'Europe lance ainsi le corridor énergétique du sud qui inclut entre autre le projet de gazoduc NABUCCO. La voie du sud s'ajoute à celles de l'Ukraine, de la Pologne et de la mer Baltique. Elle permet d'approvisionner l'Europe depuis les ressources de la mer Caspienne mais aussi de celles du Moyen-Orient en passant par la Turquie vers l'Europe continentale[881]. Nabucco a été conçu après la crise gazière russo-ukrainienne de 2006. Dans le projet initial il s'agissait de relier l'Iran à l'Europe selon un tracé de 3300 Km avec des ramifications moyen-orientales pour aboutir à la plateforme de distribution de Baumgarten en Autriche[882] ; suite au refus catégorique américain que l'Iran soit associé à ce projet, le plan a été modifié[883].

La détermination russe et son habileté pour ne pas être évincée au profit d'autres partenaires énergétiques de l'Europe, a porté ses fruits. Ainsi la Russie a-t-elle élaboré une stratégie portant sur 4 axes pour saboter le projet. Premièrement, l'entreprise turco-azérie SOCAR qui détient 80% du projet Nabucco a opté pour la construction d'un autre projet qui est le TANAP (Trans-Anatolien gaz pipeline). Deuxièmement la Russie prive le gazoduc de sa source d'alimentation en signant avec la compagnie publique azérie GNKAR en janvier 2011 un accord de fourniture de 0.5 Gm3 provenant du Shah Deniz, le gisement principal qui alimente le gazoduc. Troisièmement, la Russie mine la crédibilité du projet en convaincant les partenaires à s'associer au projet du gazoduc alternatif, le South Stream. Ainsi l'Autrichien OMW signe en 2007 un mémorandum avec Gazprom pour transformer le terminal de Baumgarten en centre de gestion du transit. La Bulgarie, la Hongrie et la Turquie font de

---

881- http://ec.europa.eu/eurostat/statistics-explained/index.php/EU_imports_of_energy_products_-_recent_developments, Eurostat 2016.
882- François Campagnola, « Le corridor énergétique Sud après l'échec du projet Nabucco », Géoéconomie 2014/4 (n 71), p. 141-147.
883- *Ibid.*

même. Pour terminer, la Russie lance deux projets de gazoducs : le North Stream et le South Stream. Le North Stream alimente l'Allemagne depuis la Russie en contournant les pays baltes et la Pologne par la mer Baltique. Le South Stream va du sud de l'Europe vers l'Italie en contournant le Caucase du Sud et l'Ukraine par le Caucase du Nord, la mer Noire, la Bulgarie et la Serbie. Pour Moscou, la voie ukrainienne qui acheminait 80% du gaz russe vers l'Europe en 2000 était une menace économique et stratégique et donnait un pouvoir disproportionné à Kiev. En 2015, l'Ukraine n'achemine plus que 49% du gaz russe vers l'Europe et le président de Gazprom, Alexeï Miller, annonce en avril 2015 qu'à partir de 2019, la Russie ne fera plus transiter de gaz par l'Ukraine[884]. Le North Stream a été réalisé et un deuxième tube (North Stream 2) parallèle au premier est en cours de réalisation et sera opérationnel avant la fin 2019[885]. Le South Stream a été bloqué après que Bruxelles ait fait pression sur les pays européens concernés par le projet pour l'application du troisième paquet énergétique qui impose l'ouverture du tube au tiers et le découplage entre producteur, transporteur et distributeur. Gazprom n'accepte pas ces conditions et considère le tube comme un projet international et non seulement européen. La réaction de Vladimir Poutine n'a pas tardé. Il annonce en décembre 2014 l'abandon du projet South Stream au profit du Turkish Stream. Cette annonce change la donne pour certains pays d'Europe qui étaient des routes de transit. Le Turkish Stream relie la Russie par la mer Noire à la partie européenne de la Turquie avant d'arriver à la frontière grecque. La partie sous-marine est de 910 Km, et le projet coûte 11,4 milliards d'euros[886]. Les pays du sud-est européen seront en mesure d'utiliser le gaz qui sera distribué par le bais d'un hub gazier construit à la frontière turco-grecque. Les travaux de construction ont été lancés le 8 mai 2017, et la fin des travaux est prévue pour la fin 2019[887].

884- BAYOU, Céline, « Turkish Stream : la bataille ne fait que commencer », *Diploweb*, 9 juin 2015.
885- http://www.gazprom.com/about/production/projects/pipelines/built/nord-stream2/, [consulté le 2 septembre 2017].
886- https://fr.sputniknews.com/international/201702011029884548-turkish-stream-conseil-federation-russie/, [consulté le 2 septembre 2017].
887- https://www.rt.com/business/387528-gazprom-turkish-stream-start-construction/, [consulté le 2 septembre 2017].

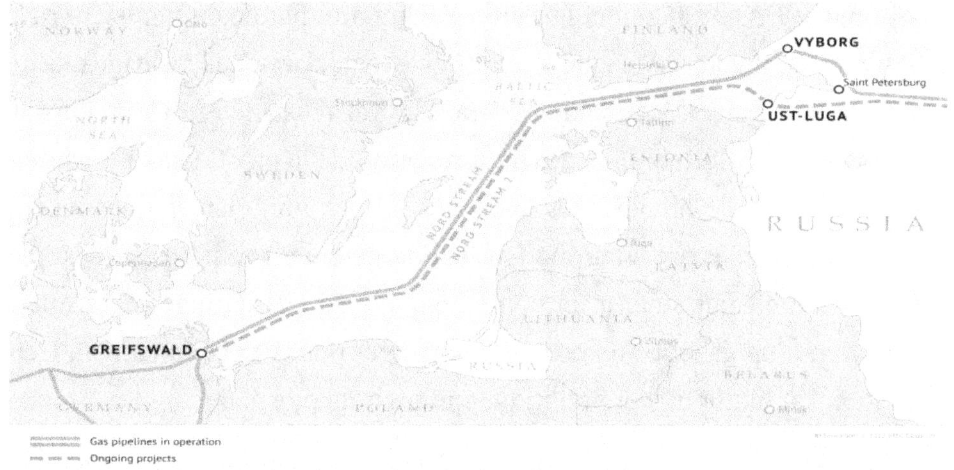

Figure 18 : Le North Stream 1 et 2
(Source : http://www.gazprom.com/about/production/projects/pipelines/active/nord-stream/ consulté le 13 juin 2017)

Même après l'échec de Nabucco, le corridor Sud demeure l'expression de la volonté européenne pour créer un nouveau corridor énergétique au sud du continent. L'objectif étant de dépolitiser les enjeux géostratégiques sous-jacents au projet Nabucco[888]. Outre que Nabucco était l'une des composantes du corridor sud, ce corridor inclut l'inter-connecteur Turquie-Grèce-Italie (ITGI), le White Stream et le Tans-Adriatic Pipeline. L'échec de Nabucco au profit du TAP signifie que la dépendance des pays d'Europe centrale au gaz russe restera grande. Le défi reste alors au sein de l'UE qui doit accélérer les programmes de connexion internes. Moscou réagit aussi à la question du TAP. Elle met en garde contre les mesures unilatérales visant à construire un gazoduc de la mer Caspienne vers des pays de l'Union européenne sans passer par le territoire russe. Le ministère russe des Affaires étrangères a déclaré dans un communiqué, que toute action unilatérale, encouragée par le lobby du projet pour la construction d'un gazoduc dans la région de la Caspienne, compromettrait la confiance entre les pays de la région de cette mer[889]. L'Union européenne et les États-Unis ont soutenu politiquement et financièrement le projet du corridor du gaz

---

888- https://www.rt.com/business/387528-gazprom-turkish-stream-start-construction/, [consulté le 2 septembre 2017].

889- https://arabic.rt.com/news/785350/, [consulté le 23 septembre 2017].

sud qui inclut l'Azerbaïdjan et la Turquie. Un porte-parole du ministère russe des Affaires étrangères, Alexander Ukashević, a déclaré que les dirigeants des cinq pays (la Russie, l'Azerbaïdjan, l'Iran, le Kazakhstan et le Turkménistan) ont annoncé -lors d'un sommet des pays riverains de la mer Caspienne- qu'eux seuls ont le droit de prendre des décisions sur les importantes questions de la mer Caspienne, et ont confirmé leur solidarité envers toutes ces questions. Cette déclaration fait suite à un communiqué de l'UE qui considère que la construction d'un gazoduc ne pose aucun danger pour l'environnement. Cette déclaration est plutôt d'ordre politique qu'environnementale.

Parallèlement à la diversification des sources d'approvisionnement, l'UE doit faire face aux nombreux défis liés au secteur de l'énergie. La sécurité des approvisionnements énergétiques européens reste une priorité absolue du fait de la dépendance à l'égard des importations dans ce domaine. L'augmentation des prix a une répercussion : elle augmente les coûts et diminue la compétitivité du marché. La réduction des émissions de gaz est imposée par le changement climatique. Les Etats membres tentent de définir une stratégie commune malgré les divergences existantes. Les budgets énergétiques sont différents et le degré de dépendance varie d'un pays à un autre. La coordination devient alors une nécessité. La Commission européenne élabore la stratégie d'Europe 2020. Cinq priorités de la politique énergétique sont définies[890] : la limitation de la consommation, la mise en place d'un marché intégré de l'énergie, la responsabilisation des consommateurs, l'augmentation de l'investissement dans les technologies, l'innovation liées à l'énergie, et le renforcement de la dimension extérieure du marché de l'énergie de l'UE. Lors du Conseil de l'Europe du 22 mai 2013, les Etats membres ont exprimé leur volonté de disposer d'un approvisionnement énergétique durable à des prix durables. Or cet objectif ne peut être atteint sans une série de mesures, entre autres : diversifier l'approvisionnement de l'Europe, mettre en place un marché interne connecté et opérationnel, assurer les investissements nécessaires pour l'énergie.

890- http://www.touteleurope.eu/les-politiques-europeennes/energie/synthese/perspectives-de-la-politique-europeenne-de-l-energie.html, [consulté le 2 septembre 2017].

L'échec du projet NABUCCO augmente l'importance accordée par l'UE aux nouvelles découvertes libanaises. Durant la tenue du sommet international du pétrole et du gaz à Beyrouth le 3 décembre 2012, la chef de la Délégation de l'Union européenne au Liban, l'ambassadrice Angelina Eichhorst met l'accent sur l'importance présumée des ressources en gaz et en pétrole au large des côtes libanaises. Elle explique que « l'UE est de plus en plus dépendante du gaz naturel ; cette dépendance vis-à-vis des importations pourrait ainsi représenter autour de 75 % de sa consommation d'ici 2020 [891]». Elle ajoute que dans ce cadre, l'UE essaye d'assurer des approvisionnements durables émanant de sources variées, ce qui représente pour le Liban une opportunité à saisir sur le plan de l'exportation de son gaz[892]. Un autre responsable européen déclare au quotidien l'Orient-le Jour que les nouvelles découvertes de gaz sont perçues par l'Europe comme une source de développement pour les peuples de la région[893]. Il ajoute que ces ressources naturelles doivent inciter les gouvernements concernés à mieux travailler pour arriver à la paix et à la stabilité. L'ambassadeur britannique au Liban Tom Flitcher déclare lors d'une conférence organisée par l'ONG Watch, que la Grande Bretagne, ainsi bien que la Norvège, accorde une importance majeure à la bonne gestion des revenus des ressources du gaz au Liban. Il ajoute que cela représente une circonstance favorable pour diminuer la pauvreté et favoriser le développement du Liban[894].

Dans le même contexte, le chef de la diplomatie britannique, William Hague, entame une visite à Beyrouth le 21 février 2013. Il participe avec le ministre de l'Énergie Gebran Bassil à l'inauguration des travaux de la société britannique Spectrum qui a lancé des explorations du sous-sol libanais pour la recherche des hydrocarbures. Hague affirme que la bonne gestion du dossier représente pour le Liban une opportunité pour développer son infrastructure et pour régler sa dette. Il ajoute que cette situation offre des possibilités précieuses

---

891-MEDAWAR, Dalal, « sommet LIOG : des ressources offshore au Liban potentiellement colossales », *L'Orient le Jour*, 4 décembre 2012.

892-« Le Sommet international du gaz se tient au Liban », An-Nahar, 4 décembre 2012.

893- SARKIS, Nicolas, « Gaz en Méditerranée orientale, chances et défis pour le Liban », *l'Orient le Jour*, 25 octobre 2012.

894- « Flitcher pour une bonne gestion des revenus du gaz », http://www.mtv.com.lb/news/144593, [consulté le 13 décembre 2016].

pour les sociétés britanniques et révèle que le Royaume Uni sera heureux de proposer son expertise dans le domaine du forage offshore[895]. Il ajoute que la Grande Bretagne considère que la stabilité du Liban est une priorité. Dans ce contexte, son pays va accroître sa coopération avec l'armée libanaise. Elle finance ainsi l'entraînement de 2000 membres de troupes en 2013[896]. Le Royaume Uni choisit d'investir dans une institution libanaise considérée comme l'un des derniers bastions de l'État. Les relations entre les deux armées contribuent à consolider les relations entre les deux pays et à renforcer la prise en considération des intérêts politiques et économiques du Royaume Uni dont la stratégie consiste à conserver un rôle efficace au Moyen-Orient. Cette action peut être vue aussi comme un évincement du rôle historique de la France au Liban : l'armée française était en effet un partenaire privilégié parmi les Européens, sans compter le poids des relations historiques franco-libanaises.

La proximité des gisements du gaz du Liban et de la Méditerranée orientale de l'Europe pourront contribuer à réaliser une diversification d'une grande importance stratégique. Le fait que Chypre est un membre de l'Union européenne implique aussi l'Europe directement, ce qui présente une opportunité à saisir par le Liban. Le vieux continent a de forts intérêts dans le pétrole et le gaz de la Méditerranée orientale à cause notamment de la courte distance qui les sépare. Face au manque de ressources sur son territoire et aux études qui estiment que les réserves de la mer du Nord en gaz et pétrole auront chuté considérablement à l'horizon de 2020[897], l'UE compte sur ses compagnies pour compenser le manque de ressources pétrolières. Ces compagnies sont présentes dans le secteur du gaz et du pétrole et ont un savoir-faire technologique allant de l'exploration à l'exploitation, ce qui crée une forte dépendance des pays producteurs à leur égard. De nouveaux forages dans les eaux norvégiennes de la mer de Barents semblent prometteurs[898], mais la dépendance énergétique du vieux continent demeure très grande. L'absence d'une véritable politique

---

895- OLJ, «William Hague à Beyrouth : d'une pierre deux coups », *L'Orient Le Jour*, 22 février 2013.
896- *Ibid.*
897-« Offshore Grids in Europe»,http://www.energy.eu/publications/EU_Offshore_grids.pdf, [consulté le 10 novembre 2016].
898- *Ibid.*

énergétique commune et les divisions classiques lors de l'émergence de crises, constituent les problèmes les plus considérables. La dépendance vis-à-vis du géant russe pousse à maintes reprises les pays européens à réfléchir à la question des réserves stratégiques. Pour certains la solution est trop coûteuse ; pour d'autres, les stocks de 90 jours de consommation fonctionnent bien et coûtent beaucoup moins chers que les réserves stratégiques américaines[899]. Le stockage reste l'outil le plus efficace pour remédier au contentieux russo-ukrainien, comme par exemple lors de la dernière crise de fourniture de gaz en 2008, quand plusieurs pays européens se sont retrouvés avec une baisse considérable de leurs approvisionnements[900].

Les compagnies européennes sont directement impliquées dans le dossier du gaz libanais. Les sociétés britannique Spectrum et norvégienne PGS (Petroleum Geo-Services) effectuent des sondages dans la mer libanaise depuis l'an 2000. Le quotidien *Al-Akhbar* précise que le directeur général de Total a mené une visite éclair à Beyrouth où il s'est entretenu avec le ministre libanais de l'Energie Gebran Bassil en juillet 2011[901]. La réunion a porté sur les perspectives de l'exploration pétrolière et gazière de la part de Total dans la ZEE libanaise[902]. La compagnie française a déjà, comme d'autres compagnies européennes, acheté les résultats sismiques de l'étude de la mer libanaise[903]. Le quotidien *As-Safir* rapporte que Total a déplacé ses équipes de la Syrie au Liban en 2011, et qu'elle s'apprête avec GDF Suez à participer aux appels d'offres[904]. Selon l'un des analystes de Total, les bonnes relations franco-libanaises auront certainement un poids important dans la décision finale de l'attribution des blocs de la ZEE pour le début des opérations de

---

899- VIAL, David, «South Stream contre Nabucco», www.lesjeunesrussisants.fr/SITE/GEOGRAPHIE, [consulté le 20 septembre 2016].

900-« Offshore Grids in Europe»,http://www.energy.eu/publications/EU_Offshore_grids.pdf, [consulté le 10 novembre 2012].

901- « visite du directeur général de Total à Beyrouth »,http://www.lebanese-froces.com/web/more-news.aspx?newid=154450, [consulté le 26 novembre 2016].

902-*Ibid.*

903- RIZK, Sibyle, «Gaz en eaux troubles », le Commerce du Levant, août 2011, page 40

904- « Les compagnies internationales se préparent pour explorer la ZEE libanaise », *As-Safir*, 15 mai 2012.

l'exploration[905]. Comme déjà dit, Total a mis en avant son savoir-faire pour l'exploration en eaux profondes lors du deuxième congrès libanais international sur l'exploitation du pétrole qui s'est tenu à Beyrouth le 12 septembre 2012. Pour sa part, la société écossaise Kern Energy spécialisée dans l'exploration dans les zones non exploitées déclare dans un rapport publié en 2012 qu'elle a l'intention de participer aux explorations attendues au large de la mer libanaise, grâce à la formation d'un consortium avec deux autres compagnies dont l'une est la britannique Kof Energy.

Une délégation de Total entame une visite au président Michel Aoun en mars 2017. Elle est composée du directeur général de la production et des projets, Sergio Mangoni, du directeur du Moyen-Orient, Stephan Michel et du directeur du Liban Philippe Amblar. La délégation expose les activités de la compagnie en Égypte et à Chypre et discute de la situation pétrolière au Liban en tenant compte du plan élaboré par le gouvernement pour lancer les explorations[906]. Le président Aoun assure à la délégation que l'État libanais est déterminé à faire avancer le dossier du gaz offshore en adoptant une stratégie basée sur la transparence et la compétition légale. Cette visite illustre bien les relations particulières qui lient la France et le Liban. Une source proche de l'Autorité de l'énergie assure que Total sera présente dans les appels d'offres. Cette source, qui a préféré l'anonymat, révèle que Total est prête à explorer les blocs du Sud (8,9 et 10) de gré à gré dans le cas où aucune compagnie ne présente une offre compétitive. Cette information montre la volonté de la compagnie française d'être présente, y compris dans des blocs où le risque géopolitique est grand.

Les dix-sept compagnies européennes préqualifiées en 2013 et en 2017 pour participer aux appels d'offres, sont un signe fort de l'importance accordée par ces compagnies à ces ressources. L'Europe possède le plus grand nombre de compagnies participant aux pré-requalifications. L'UE accorde une grande importance au gaz libanais pour toutes les raisons déjà mentionnées. La rapidité de l'avancement de ce dossier dépend du Liban.

905- « Les compagnies internationales se préparent pour explorer la ZEE libanaise », *As-Safir*, 15 mai 2012.

906- http://nna-leb.gov.lb/ar/show-news/272537/nna-leb.gov.lb/nna-leb.gov.lb/en, [consulté le 2 septembre 2017].

L'UE et le cadre règlementaire du gaz en Méditerranée

Pour l'UE, les défis réglementaires du marché de l'énergie en Méditerranée sont des facteurs importants à prendre en considération à côté des facteurs géopolitiques. L'objectif de la réglementation du marché est précisément de concevoir un cadre solide et stable pour assurer la sécurité d'approvisionnement et fournir aux consommateurs une base concurrentielle[907]. Dans ce contexte, l'UE soutient l'Association des régulateurs énergétiques méditerranéens : MEDREG et encourage les pays concernés à appliquer les consignes du traité de la charte de l'énergie l'ECT.

MEDREG a été fondé en 2007. Il regroupe aujourd'hui vingt-quatre régulateurs de l'énergie venus des pays suivants : Albanie, Algérie, Bosnie-Herzégovine, Croatie, Chypre, Egypte, France, Grèce, Israël, Italie, Jordanie, Libye, Malte, Monténégro, Maroc, Autorité palestinienne, Portugal, Slovénie, Espagne, Tunisie et Turquie. L'objectif de MEDREG est de promouvoir un cadre réglementaire transparent, stable et harmonisé à travers la Méditerranée, favorisant l'intégration du marché de l'électricité et du gaz, les investissements dans l'infrastructure et la protection des consommateurs[908]. Il intègre plusieurs groupes de travail dans chaque domaine de l'énergie.

Pour la période de 2015 à 2020, le groupe de travail sur le gaz MEDREG vise la mise en place d'un cadre de marché intégré et l'élaboration de plans d'infrastructures nationaux détaillant les infrastructures existantes et les nouveaux besoins d'investissement. Les principaux objectifs sont d'établir un marché régional et d'améliorer la sécurité d'approvisionnement. Ce groupe de travail se concentre sur le dégroupage des activités commerciales et réglementées, la transparence du marché, l'accès non discriminatoire des tiers aux infrastructures de gaz, les méthodologies tarifaires et la réglementation des prix, ainsi que les mesures visant à garantir la sécurité d'approvisionnement[909]. Les résultats attendus à court terme sont nombreux : une étude sur les besoins

---

907-BONAFE, Ernesto, « Gas discoveries in Easter Med : Exploring regulatory and legal frameworks », Joint report between Egmont Institute and Atlantic Council, Mai 2014.

908- http://www.medreg-regulators.org/Aboutus.aspx, [consulté le 2 octobre 2017].

909- http://www.medreg-regulators.org/Aboutus/WorkingGroups/Gas.aspx, [consulté le 2 octobre 2017].

en infrastructures et les possibles projets d'intérêt commun, la préparation d'une carte d'infrastructures de gaz de la région méditerranéenne, des lignes directrices sur l'accès des tiers et le suivi de la conformité, la mise en place d'un outil de modèle de transparence en ligne, l'échange d'informations sur l'accès aux marchés méditerranéens du gaz, un examen du statut et un suivi de la transparence, l'évaluation des indicateurs de la concurrence et les prix du marché, ainsi que l'évaluation de l'état actuel des marchés du gaz et leur évolution attendue[910].

MEDREG bénéficie du soutien du Conseil des régulateurs européens de l'énergie (CEER). En effet, la contribution passée et actuelle du CEER à l'harmonisation du marché intérieur de l'énergie de l'UE peut aider à guider le travail dans la région euro-méditerranéenne. En octobre 2013, la Commission européenne a dévoilé une liste de 248 projets d'intérêt commun pour aider à intégrer les marchés nationaux de l'énergie et à diversifier les sources d'énergie. Les projets bénéficieront d'une planification accélérée, d'une procédure d'octroi de permis et d'un guichet unique, de moins de coûts administratifs, d'une transparence accrue, d'une meilleure participation du public et de la possibilité de recevoir une aide financière. Les principaux projets de gaz comprennent le pipeline Trans Adriatic, un terminal de GNL de la Baltique, un gazoduc de Bulgarie vers l'Autriche via la Roumanie et la Hongrie, et un projet d'acheminement du gaz de Chypre vers la Grèce.

MEDREG est un acteur clé de la coopération énergétique dans la région méditerranéenne et un intervenant pertinent dans la création de la Communauté énergétique méditerranéenne d'ici 2020. À cette fin, MEDREG collabore étroitement avec l'Association des opérateurs du réseau de transport méditerranéen (Med-TSO) pour l'électricité, ainsi qu'avec l'Union pour la Méditerranée. Selon la Commission européenne, l'intégration progressive du marché de l'énergie, du sud de la Méditerranée dans l'Union européenne, peut être envisagée d'abord pour les pays du Maghreb, pour ceux du Mashreq ; néanmoins, cette approche pourrait être revue à la lumière les découvertes

---

910- BONAFE, Ernesto, « Gas discoveries in Easter Med : Exploring regulatory and legal frameworks », Joint report between Egmont Institute and Atlantic Council, Mai 2014.

de gaz dans la Méditerranée orientale. L'intégration pourrait être envisagée simultanément en mettant l'accent peut-être sur l'électricité au Maghreb et le gaz au Mashreq, ce qui pourrait poser la question de la mise en place d'un Med-TSO pour le gaz.

Les membres de MEDREG partagent l'information, l'expertise et les bonnes pratiques, ce qui les aide à renforcer leurs capacités institutionnelles et à encourager les réformes. Cela favorise également l'échange de savoir-faire, la collecte de données et la diffusion de l'expertise par le biais d'études, de recommandations, de rapports et de renforcement des capacités. Bien que ces procédures et ces pratiques soient nécessaires pour établir un consensus parmi les organismes de réglementation chargés de marchés énergétiques nationaux hétérogènes, elles restent insuffisantes pour assurer des réformes réglementaires. Pour être efficace, MEDREG doit compter sur des règles juridiquement contraignantes et des pouvoirs d'exécution. Cela exige que les pays méditerranéens acceptent de partager un minimum de principes et de règles du marché, comme ceux du Traité sur la Charte de l'énergie.

Le traité sur la Charte de l'énergie ECT (Energy Charter Treaty) est un accord international spécifique au secteur de l'énergie qui cherche à créer un terrain de jeu international. Le traité a été adopté en 1994, suite à la déclaration politique de la Charte de l'énergie de 1991 et est entré en vigueur en 1998, ainsi qu'un protocole sur l'efficacité énergétique et les aspects environnementaux connexes[911]. En tant que modèle unique de coopération internationale à long terme et de règles juridiquement contraignantes, l'ECT doit être considéré comme un cadre valable et bénéfique pour les pays de la Méditerranée orientale[912].

L'ECT est le premier accord intergouvernemental applicable à toutes les formes énergétiques (pétrole, gaz, électricité, énergie nucléaire, énergies renouvelables) et à toutes les étapes de la chaîne d'approvisionnement

---

911- http://www.energycharter.org/who-we-are/institutions/, [consulté le 2 octobre 2017].
912- BONAFE, Ernesto, « Gas discoveries in Easter Med : Exploring regulatory and legal frameworks », Joint report between Egmont Institute and Atlantic Council, Mai 2014.

(ressources, production, transport, commerce, consommation, efficacité énergétique). L'ECT vise la coopération à long terme dans le domaine de l'énergie, en s'appuyant sur les complémentarités et les avantages mutuels.

La charte comprend plusieurs chapitres dont le plus important est celui de l'investissement, considéré comme la pierre angulaire de l'ECT. Ses dispositions visent à promouvoir et à protéger les investissements étrangers dans les pays membres. À cette fin, le Traité accorde un certain nombre de droits aux investisseurs étrangers en ce qui concerne leur investissement dans le pays hôte. Ces investisseurs sont ainsi protégés contre les risques politiques les plus importants, tels que la discrimination, l'expropriation et la nationalisation, la violation des contrats d'investissement individuels, les dommages causés par la guerre et des événements similaires et les restrictions injustifiées sur le transfert de fonds. Ces droits sont renforcés par les dispositions relatives au règlement des différends du traité, couvrant à la fois l'arbitrage interétatique et le règlement des différends entre investisseurs.

La Conférence de la Charte de l'énergie a adopté une politique de consolidation, d'expansion et de sensibilisation visant à faciliter l'adhésion des pays du Moyen-Orient et de l'Afrique du Nord (et de l'Extrême-Orient) au Traité sur la Charte de l'énergie. C'est aussi un objectif de la politique énergétique extérieure de l'UE. En effet, plus les pays adhérents à l'ECT, plus ils établissent la norme pour les relations internationales de l'énergie à l'échelle mondiale.

En Méditerranée, la Turquie et Chypre sont des Parties contractantes à l'ECT. La Jordanie en 2007, la Syrie en 2010 et le Maroc en 2012 signent la déclaration de la Charte de l'énergie. D'autres pays de la région, en particulier l'Algérie, l'Égypte, Oman, la Palestine, Qatar, l'Arabie saoudite, la Tunisie, les Émirats arabes unis et le Yémen sont des observateurs sur invitation de la Conférence de la Charte de l'énergie. Le Liban signe le traité le 17 novembre 2015[913]. L'adhésion à l'ECT pour un pays est un signal clair qui montre sa

---

913- http://www.energycharter.org/process/international-energy-charter-2015/overview/, [consulté le 2 novembre 2017].

volonté de rejoindre une communauté internationale de l'énergie qui œuvre pour une coopération plus large dans le secteur de l'énergie et accepte l'ensemble de règles communes nécessaires pour créer une coopération énergétique sur le plan régional et international. Pour atteindre ce résultat, tous les pays méditerranéens, y compris les pays antagonistes, devraient considérer le Traité sur la Charte de l'énergie comme un processus de dialogue actif concernant les valeurs du marché et, en définitive, comme un cadre pour partager les mêmes règles du jeu énergétique.

Ainsi pour l'UE, les cadres réglementaires pourront être des outils de rapprochement entre les pays de la Méditerranée et former une plateforme commune pour l'entente et le développement durable, et ce, pour le bien de tout le monde.

3. Le retour de la Russie au Moyen-Orient et le rôle grandissant de la Chine

La Russie accorde une grande importance à la région orientale de la Méditerranée depuis le règne de Catherine II qui essaya de donner à la Russie un accès libre à la Méditerranée. Pour Henry Laurens, la guerre froide -qui a duré une quarantaine d'années- s'inscrit dans la durée plus longue de l'histoire de la Méditerranée qui est d'abord celle des flottes de guerre en mouvement et des ports d'attache de ces escadres dont les plus puissantes, depuis le 17ème siècle, sont originaires d'outre-Méditerranée[914]. Pour l'Union soviétique, la Méditerranée est le lieu du contournement du Northern Tier destiné à contenir son expansion[915]. Les successeurs de Staline se trouveront en conjonction avec les nationalistes décolonisateurs pour tenter de casser le dispositif occidental de la rive sud au nom de l'anti-impérialisme[916]. Moscou possède sur le littoral syrien à Tartous une base militaire qui permet à sa flotte d'être

---

914- LAURENS, Henri. *L'Orient dans tous ses états - Orientales IV*. Paris: CNRS. 2017, p 320.
915- *Ibid.*
916- *Ibid.*

présente dans les eaux chaudes de la Méditerranée depuis 1971[917]. Elle est la seule dont dispose l'armée russe en Méditerranée. La volonté de conserver ses intérêts stratégiques sur les côtes de la Méditerranée, entre autres éléments, implique la Russie d'une façon directe dans le conflit syrien en soutenant politiquement et militairement le régime de Bechar el Asad. La Russie lance le 30 septembre 2015 une opération militaire d'envergure pour soutenir son allié syrien et combattre à la fois les fractions de l'opposition et les terroristes. Cette opération entre dans le cadre d'une politique d'expansion et d'engagement dans une démonstration de force vis-à-vis de l'Occident. Le sénateur Igor Morozov explique que la Russie accroît non seulement son potentiel militaire en Syrie mais dans l'ensemble du Proche-Orient[918]. Dans ce contexte, elle consolide ses relations militaires avec l'Égypte de Abdel Fatah el-Sissi et lance des manœuvres militaires avec l'armée égyptienne[919]. Damas et Moscou signent un accord le 18 janvier 2017 d'une durée de 49 ans pour entamer des travaux d'agrandissement et de modernisation du port de Tartous afin d'ancrer davantage la présence russe et de la rendre permanente au Proche-Orient selon le vice-ministre de la défense russe Nicolaï Pancov[920]. Le port pourra aussi 11 navires de guerres russes. Un autre accord intergouvernemental a été signé avec la Syrie le 26 août 2015 pour le déploiement, à durée indéterminée, des forces aérospatiales russes sur la base de Hmeimim dans la province alaouite de Lattaquié[921]. Il est approuvé par le gouvernement russe le 29 juillet ; le 9 août le Président Poutine le soumet pour ratification à la Douma, chose qui sera faite le 7 octobre 2016. La Russie est aussi le principal fournisseur d'armes à l'armée syrienne depuis le temps de l'URSS[922].

La crise syrienne offre l'opportunité à la Russie de s'installer sur le devant de la scène géopolitique au Moyen-Orient. La position russe peut être interprétée par d'autres facteurs qu'un simple soutien entre alliés. L'héritage soviéto-syrien, les arguments d'amitié, le port de Tartous, les contrats

917- « La base russe de Tartous », http://www.lorientlejour.com/category/%C3%80+La+Une/article/768151/ La_base_russe_de_Tartous,_un_symbole_du_pouvoir_de_Moscou.html, [consulté le 25 novembre 2012].

918- http://fr.reuters.com/article/topNews/idFRKCN12A1TV, [consulté le 2 septembre 2017].

919- *Ibid.*

920- *Ibid.*

921- *Ibid.*

922- *Ibid.*

d'armement ont leur importance. D'autres explications peuvent être également avancées. La Russie considère la Syrie comme un foyer de tensions, comportant des perspectives d'aggravation à proximité de ses frontières, voire à l'intérieur de son territoire ou dans son voisinage proche, notamment en Tchétchénie ou au Caucase par exemple. La percée des intégristes islamistes est une menace pour la Russie qui craint la reprise de l'islamisme radical sur son territoire. Le contour russe -contour sunnite gouverné par des dictatures laïques-, est menacé par le modèle de la révolution syrienne qui peut contaminer ces pays. La Russie démontre qu'elle est une puissance capable d'intervenir et de changer la donne, à l'opposé des pays européens -impliqués historiquement dans la région-contraints d'observer sans réagir. Profitant de la crise syrienne, la Russie accroît son influence et consolide son rôle grandissant dans la région au détriment des Européens. La France semble ainsi être la grande perdante du conflit syrien sachant qu'elle a été directement touchée par des opérations terroristes islamistes perpétrées depuis le sol syrien. Cette grande implication russe n'exclut pas l'existence de bonnes relations avec Israël, Chypre et le Liban, trois pays concernés par les nouvelles découvertes de gaz offshore en Méditerranée orientale.

C'est en 1995 que fut signé un accord de coopération commerciale et économique entre la Russie et le Liban [923]. L'ancien Premier ministre Rafic Hariri entame en 1997 la première visite officielle pour un responsable libanais à Moscou depuis la chute de l'URSS. Plusieurs accords économiques sont signés durant cette visite : la protection réciproque des investissements, l'évitement de la double imposition, la mise en place d'une Commission d'Etat pour le commerce et la coopération économique et enfin un accord de coopération dans le domaine de la culture, de la science et de l'éducation[924]. Ces accords ont contribué au développement des relations économiques et commerciales. Ainsi, en 1997, l'échange commercial était de 93 millions de dollars ; il passe en 2011 à 504 millions[925].

Durant la guerre de 2006, Moscou appuie les positions du gouvernement libanais au Conseil de sécurité qui demande l'arrêt immédiat des hostilités et

---

923- « Les relations libano-russes », http://arabic.rt.com/news_all_news/info/22045/, [consulté le 10 octobre 2012].
924- *Ibid.*
925-*Ibid.*

l'indemnisation des dégâts[926]. Elle envoie aussi après l'arrêt des hostilités un bataillon d'ingénieurs pour aider à la reconstruction de 8 ponts détruits[927]. En 2008, Moscou offre la fourniture d'armes à l'armée libanaise, et propose un programme de formation pour les officiers libanais[928]. Le don russe comporte des avions bombardiers de type Mig, des chars et des canons. Cette initiative est interprétée comme une tentative d'augmenter son influence dans le pays. La question des aides militaires fut l'un des sujets des pourparlers du Premier ministre Saad Hariri avec les responsables russes à Moscou en novembre 2010. Hariri déclare lors de sa visite, qu'il a aussi discuté avec eux des projets dans le domaine des ressources énergétiques, de l'eau, du transport et du gaz[929]. Il ajoute que le Liban attend la découverte de grandes quantités de gaz dans sa ZEE, et désire coopérer avec les Russes dans le domaine de l'exploration et de l'exploitation en espérant que les compagnies russes gagneront lors du lancement des appels d'offres du fait de leur expertise dans le domaine[930]. Son successeur à la tête du gouvernement, Najib Mikati, annonce dans une entrevue pour la chaine russe Russia-Today en novembre 2012, que le Liban est en train de préparer les appels d'offres pour l'exploration du gaz, et qu'il a l'intention de coopérer dans ce domaine avec les compagnies russes[931]. Il ajoute que les relations économiques et politiques entre les deux pays doivent être développées pour le bien des deux peuples[932].

Le Liban essaye de profiter de la diplomatie russe pour la résolution du litige marin qui l'oppose à l'État hébreux. En avril 2013, le premier ministre Fouad Siniroa demande à Mikhael Bogdanov, vice-ministre des affaires étrangères que la Russie aide le Liban au sujet du litige avec Israël, suite à la

926-« Les relations libano-russes », http://arabic.rt.com/news_all_news/info/22045/, [consulté le 10 octobre 2012]

927- *Ibid.*

928- «Le Liban reçoit prochainement la première livraison des armes russes », http://arabic.rt.com/news_all_news/news/58124, [consulté le 10 octobre 2016].

929- « Hariri à Moscou », http://arabic.rt.com/news_all_news/news/58124/, [consulté le 5 octobre 2012].

930-*Ibid.*

931-« Mikati veut coopérer avec les compagnies russes dans le dossier du gaz », http://arabic.rt.com/news_all_news/news/598384, [consulté le 5 novembre 2012].

932-*Ibid.*

signature du traité entre Chypre et Israël[933]. Bogdanov promet d'étudier la demande et de trouver la meilleure façon de faire pour que le Liban profite de ses richesses naturelles. Par la suite, aucune initiative n'a été prise dans ce sens du côté russe. Selon un diplomate russe qui préfère garder l'anonymat, la Russie n'envisage pas prendre des initiatives sans qu'elle soit certaine que les partis concernés veulent aboutir à une solution et qu'ils acceptent les propositions de solutions présentés par Moscou[934]. La prudence de la diplomatie russe peut être expliquée par la méfiance envers une partie de la classe politique libanaise qui favorise la médiation des Etats-Unis.

En octobre 2013, le ministre Bassil entame une visite à Moscou suite à l'invitation de son homologue russe, Alexander Novak, pour signer un accord de coopération dans le domaine du gaz et du pétrol[935]. Bassil explique que cet accord est une pierre angulaire dans les relations énergétiques entre les deux pays. Il rencontre les représentants des compagnies qui ont l'intention d'investir au Liban. Il explique que c'est de l'intérêt du Liban que ces compagnies entrent dans le marché, que cela contribuera au retour de l'équilibre sur le plan économique en assurant une compétition plus grande et des opportunités d'investissements plus favorables. Bassil fait remarquer que certaines forces politiques externes et internes retardent le lancement des explorations au Liban mais il souligne l'importance économique de l'élaboration d'une entente politique russo-américaine. Cette entente, en effet, se concrétiser par des alliances entre les entreprises russes et américaines d'une part, mais aussi entre les entreprises russes et européennes d'autre part. Une entente russo-américaine et russo-européenne sur le gaz offshore sera un facteur de stabilité pour le Liban plutôt qu'une source de tensions et de conflits. Il ajoute que le gouvernement libanais doit prendre toutes les mesures nécessaires pour la création d'un environnement favorable afin d'attirer les investissements étrangers. La volonté de Bassil de voir une coopération énergétique entre ces grandes puissances pourrait se réaliser à travers la formation d'un consortium

---

933- http://www.elnashra.com/news/show/611368/, [consulté le 2 septembre 2017].
934- Selon une source qui a préféré garder l'anonymat.
935- https://arabic.rt.com/prg/telecast/898959/, [consulté le 22 septembre 2017].

de trois compagnies qui présenteront des offres pour l'exploration des blocs ouverts. Ainsi, si par exemple Exon s'allie avec une compagnie russe et une compagnie européenne, ce consortium s'il gagne un des blocs, formera une sorte de garantie sécuritaire pour le Liban, car les grandes puissances auront intérêt à maintenir la paix et la stabilité pour que leurs compagnies puissent bénéficier des investissements qu'elles ont réalisés. Dans le même contexte, le président Aoun déclare que le début des explorations au Liban sera impérativement un facteur de stabilité pour le pays car les grandes compagnies exploratrices sont soutenues par leurs gouvernements[936]. Le président Sleiman révèle que le chapeautage international existe pour que le Liban puisse bénéficier de ses ressources[937]. Moscou exprime, à maintes reprises, sa volonté d'être présente ; les États-Unis suivent de près le dossier et essayent de calmer le jeu entre le Liban et Israël ; quant aux européens ils sont impliqués dès le début du dossier à travers leurs compagnies. Pour ces puissances, et indépendamment du volume des ressources, le jeu est avant tout géostratégique. Les européens cherchent à diversifier leurs sources d'approvisionnement, les américains à consolider leur rôle et les russes à être présents partout où il y a du gaz.

Le Premier ministre Hariri mène en septembre 2017 une nouvelle visite officielle à Moscou pour consolider les relations politiques et économiques entre les deux pays[938]. Medvedev exprime le souhait de la Russie d'ouvrir une nouvelle page dans les relations entre les deux pays. Il affirme que Moscou et Beyrouth affrontent ensemble le terrorisme et réitère le soutien de son pays à la stabilité et à la souveraineté du Liban. Hariri demande de l'aide militaire à l'armée libanaise, engagée dans une lutte contre le terrorisme. Quant au dossier du gaz, Hariri appelle les entreprises russes à investir au Liban. Le président Poutine réitère l'importance de développer les relations politiques et économiques entre les deux pays, tout en soutenant les efforts de Beyrouth visant à stabiliser le pays.

936- http://www.lefigaro.fr/conjoncture/2017/09/28/20002-20170928ARTFIG00288-le-liban-se-prepare-a-explorer-ses-hydrocarbures-offshore.php, [consulté le 20 septembre 2016].
937- Entretien avec le président Michel Sleiman, Beyrouth, le 19 septembre 2017.
938- https://arabic.rt.com/prg/telecast/898957/, [consulté le 20 septembre 2017].

Après le retrait de l'armée syrienne du Liban en 2005 et le début de la nouvelle crise dans les relations libano-syriennes, Moscou maintient de bonnes relations avec les deux pays. Pour la Russie, la Syrie est un allié traditionnel depuis l'époque soviétique. Elle participe à l'annulation d'une partie de la dette syrienne en 2008 et fournit de nouveaux systèmes de défense à son armée en 2009[939]. La Russie s'implique aussi de plus en plus au Liban connu depuis longtemps pour sa politique pro-occidentale. Moscou mène une politique d'ouverture sur les différents partis politiques libanais pour consolider sa position au niveau interne et modifier ainsi l'attitude classique libanaise vis-à-vis du rôle russe dans la région. Elle offre de l'aide militaire à l'armée libanaise, et reçoit 2 fois Saad Hariri (en 2008 et 2010) chef de la coalition du 14 Mars et opposant farouche à la Syrie au Liban. Mais l'implication russe dans la crise syrienne entrave les relations avec des alliés libanais traditionnels comme le chef druze Walid Joumblatt, qui déclare lors de sa dernière visite à Moscou que ses points de vue sont divergents de ceux des responsables russes à l'encontre de cette question[940]. Ayant la même attitude vis-à-vis de la crise syrienne, les partis de la coalition du 8 Mars se sentent plus proches de la Russie. Ce rapprochement peut être bénéfique pour les compagnies pétrolières russes, car le 8 Mars comme on l'a vu, est très impliqué dans le dossier du gaz libanais. Ce fait, facilite l'attribution des travaux d'explorations aux compagnies russes en mer libanaise. Le quotidien *An-Nahar* rapporte que le président syrien Bachar el Asad demande au ministre de l'Energie libanais Gebran Bassil lors d'une rencontre à Damas en 2011, de donner la priorité aux compagnies russes lors de l'ouverture des appels d'offres pour le début de l'exploration[941]. La Russie maintient donc une position ambivalente à l'encontre des tensions marquant les relations entre les deux pays, surtout après 2005.

Mais la Russie entretient également de bonnes relations avec Israël, dont elle est un partenaire pour le gaz également. La possibilité d'ouvrir une succursale de la société Gazprom en Israël est discutée lors de la visite du

---

939- « La Syrie en finit avec ses dettes externes », http://arabic.cnn.com/2010/business/4/25/syria.debt/index.html, [consulté le 25 novembre 2012].

940- « Joumblatt : Moscou doit assister le peuple syrien dans ses demandes légales», http://www.naharnet.com/Stories/ar/27944, [consulté le 27 juin 2012].

941- HAJJ, Elie, « Assad demande à Bassil de privilégier les compagnies russes », *An-Nahar*, 31 juillet 2011.

président Poutine à Tel-Aviv, fin 2011[942]. L'attribution de certaines concessions pour la prospection du pétrole et du gaz, ainsi que la possibilité de l'implication des compagnies russes dans la mise en place de certaines infrastructures pour l'exploitation des ressources était au cœur des discussions entre les responsables des deux pays. Le géant gazier russe manifeste une grande volonté pour participer à l'exploitation des gisements de gaz qui ont été découverts sous les eaux de la Méditerranée, au large des côtes d'Israël[943]. Selon le quotidien russe Rbc daily, les chances de Gazprom et Total de participer au projet Léviathan sont assez élevées[944]. Israël voit dans la compagnie russe l'un des plus sérieux candidats afin de participer à la mise en valeur du vaste champ pétrolier[945]. Les négociations pour l'adhésion de Gazprom au projet ont commencé au printemps 2012. Trois options en vue de la coopération sont examinées par les parties. Dans la première, Gazprom sera un partenaire au sein du consortium pour la mise en valeur du champ. Dans la deuxième, la compagnie russe achète du gaz produit par Léviathan en vue de sa distribution dans les pays de la Méditerranée et de l'Extrême-Orient. La troisième est une combinaison des deux premières : un partenariat dans le consortium pour la mise en valeur du champ avec préachat de gaz. Selon le même journal, le géant russe insiste sur une participation de 25% en excluant toute participation minoritaire. Il est donc clair que la Russie entend jouer un rôle actif dans la région surtout après les nouvelles découvertes de gaz. Elle utilise ses bonnes relations avec les pays concernés pour consolider la position de ses compagnies qui ont de grandes capacités financières et un savoir-faire technologique avancé. Moscou négocie une partie du gaz israélien après avoir déjà pris une partie du gaz chypriote.

En 2011, Chypre présente une demande d'emprunt auprès de Moscou. La Russie accepte et prête 2.5 milliards d'Euros à Nicosie pour une période de 5

942-«Le grand retour de la Russie en Moyen-Orient», http://arabic.rt.com/news_all_new/anal/68950, [consulté le 27 juin 2016].

943- *Ibid.*

944-*Ibid.*

945- « Total et Gazprom pourraient produire du gaz en Israël », http://larussiedaujourdhui.fr/articles, [consulté le 9 octobre 2016].

ans de remboursement et un taux d'intérêt de 4.5%[946]. Pour sa part, le ministre russe des Finances Anton Saloanov déclare en juillet 2012, que Moscou a reçu une demande de Chypre pour l'obtention de 5 milliards d'euros pour financer son système bancaire et combler le déficit budgétaire[947]. Les prêts de la Russie à Chypre renforcent les intérêts de Moscou dans l'île, surtout avec les nouvelles découvertes de gaz offshore, et le projet de gazoduc israélo-chypriote qui va fournir du gaz à l'Europe en passant par la Grèce. Pour la Russie, le contrôle des gazoducs alimentant l'UE est primordial. Elle retarde et bloque Nabucco, et consolide sa présence influente à Chypre, passage obligatoire pour le projet de gazoduc israélien vers l'Europe. Moscou veut participer activement à l'exploration du gaz alimentant ce projet. Cela consolide son rôle économique, politique et stratégique vis-à-vis du vieux continent, d'où son intérêt pour les nouvelles sources d'approvisionnement de l'Europe situées en Méditerranée orientale.

La politique russe à l'encontre de Chypre ne tarde pas à donner ses fruits. Le ministre du Commerce chypriote Neoclis Sylikiotis annonce le 30 octobre 2012 que l'exploration du bloc marin 9, riche en gaz, est remportée par un consortium alliant le russe Novatec et la branche ENP de Total[948]. Plusieurs compagnies se sont portées candidates lors de la mise aux enchères dont l'américaine Noble Energy et l'israélienne Delek déjà présentes en mer israélienne, mais n'ont pas réussi à gagner l'attribution de ce bloc important. D'autre part, les compagnies pétrolières russes sont très actives au Moyen-Orient. En Irak, fin octobre 2011, la compagnie non gouvernementale russe Lukoil entame des travaux de forage et d'exploration dans le champ iraquien Al Qurna Ouest 2 dont les réserves sont estimées à 13 milliards de barils de pétrole[949]. De même, Gazprom explore le champ Al Badr près de la ville de

---

946- « La Russie prête de l'argent à Nicosie », http://arabic.rt.com/news_all_news/news/567123, [consulté le 30 septembre 2016].

947- « Chypre espère avoir de l'argent russe », http://arabic.rt.com/news_all_news/news/591816, [consulté le 30 septembre 2016].

948- « Chypre attribue des licences pour l'exploration du gaz », http://lexpansion.lexpress.fr/economie/chypre-attribue-quatre-licences-pour-l-exploration-de-gaz-dont-deux-a-total_356131.html, [consulté le 30 septembre 2016].

949-« Les compagnies russes et les changements arabes», http://rt.arabic.files/16532, [consulté le 6 février 2016].

Bassora au sud de l'Irak. Le total des investissements russes dans cette période s'élève à deux milliards de dollars, et l'extraction suivant les estimations actuelles devrait se poursuivre pour plus de vingt ans[950]. Ces travaux en Irak permettront aux compagnies russes d'avoir des informations géophysiques sur le pays qui aideront à la prise de décisions dans d'autres projets futurs.

La Russie signe en février 2015 un accord avec Chypre pour permettre aux navires de la marine russe d'accéder aux ports chypriotes. Le président russe Vladimir Poutine valide l'accord après des pourparlers avec le président chypriote Nicos Anastasiades. L'accord survient en pleine crise entre la Russie et les pays occidentaux concernant le conflit ukrainien. Le président Poutine joue l'accalmie en déclarant que les autres pays ne devraient pas être concernés et que l'utilisation principale du port serait pour la lutte contre le terrorisme et le piratage[951]. Il insiste sur le fait que ses liens amicaux avec Chypre ne visent personne, et que l'accord ne devrait causer aucun souci. Le président Anastasiades révèle également que les deux pays discutent de la possibilité pour la Russie d'utiliser une base aérienne à Chypre pour des missions de secours humanitaire, sans donner plus de détails.

La Russie est présente aussi au niveau des deux gazoducs qui acheminent le gaz entre les différents pays du Moyen-Orient. Le premier gazoduc, arabe, vise à transporter le gaz naturel de l'Egypte vers la Jordanie, la Syrie et le Liban[952]. La compagnie russe Stroytrans gaz, partenaire de Gazprom, construit la première et la deuxième phases du projet incluant aussi la construction en 2009 d'une centrale pour le traitement du gaz au centre de la Syrie et une deuxième à 75 km au sud de la ville de Rekka. Le deuxième gazoduc, iranien, va des champs gaziers de Pars exploité par Gazprom vers l'Irak, la Syrie et les côtes libanaises sur la Méditerranée[953]. La Russie, déjà présente dans le champ de Pars, a de grands intérêts dans un tel projet qui consolide sa présence économique et politique dans la région.

950-« Les compagnies russes et les changements arabes», http://rt.arabic.files/16532, [consulté le 6 février 2016]

951- http://www.bbc.com/news/world-europe-31632259#, [consulté le 2 septembre 2017].

952- « Gazprom projects in ME », http://neftgaz.ru/1234, [consulté le 15 octobre 2016].

953- « La Syrie et le gaz », http://arabic.rt.com/news_all_press/press/381, [consulté le 20 septembre 2016].

La présence des compagnies russes en mer israélienne et chypriote facilitera considérablement l'acquisition d'une part du marché du gaz libanais lors de l'ouverture des enchères pour le début des explorations. L'importance accordée par les compagnies russes aux ressources gazières libanaises se révèle aussi par la visite d'une délégation de Lukoil au Premier ministre Salam. Lukoil est la plus grande compagnie pétrolière en Russie avec plus de 10 trillions de barils en réserve prouvée[954]. La compagnie exploite une chaîne entièrement intégrée allant de l'exploration, au forage, à la distribution et à la vente au détail. La délégation a discuté avec Salam le développement du dossier du gaz offshore et les possibilités de coopération entre la compagnie et le Liban concernant les explorations[955]. Dans le même contexte, et durant la commémoration de la 70éme année de l'établissement des relations diplomatiques, le ministre Bassil déclare que le Liban et la Russie sont dans le même camp pour lutter contre le terrorisme. Bassil ajoute que le Liban est favorable à un rôle majeur pour les compagnies russes dans le dossier du gaz offshore[956]. De son côté, Bogdanov assure que la Russie a toujours soutenu la souveraineté du pays, et qu'elle soutiendra l'armée libanaise dans ses efforts de lutte contre le terrorisme islamique.

Le réchauffement des relations russo-libanaises se donne donc clairement à voir. Cinq des plus grandes compagnies russes ont été pré-qualifiées en tant que non-opérateur en 2013 (Rosneft, Lukoil overseas lebanon bv, OAO Novatek and GBP global ressources BV) et en 2017 (PJSC Lukoil, JSC Novatek). Le fait d'être qualifiées en non opératrices facilitera l'entrée de ces compagnies dans n'importe quel consortium formé. Ainsi la marge de manœuvre de ces compagnies sera-t-elle plus grande. Gazprom est présente dans la structure des actionnaires d'une façon directe ou à travers des fonds d'investissements.

Par ailleurs, la Chine, pour sa part, connaît une demande énergétique grandissante due à la croissance de son économie. Étant donné le manque de ressources sur son territoire, elle s'intéresse de plus en plus au Moyen-Orient, à l'Afrique et à l'Asie centrale. L'intérêt de la Chine vis-à-vis des ressources

---

954- http://www.lukoil.com/Company/CorporateProfile, [consulté le 2 septembre 2017].

955- http://nna-leb.gov.lb/ar/show-news/92686/nna-leb.gov.lb/nna-leb.gov.lb/en, [consulté le 2 septembre 2017].

956- http://www.kataeb.org, [consulté le 2 septembre 2017].

pétrolières du monde ne peut être compris qu'en fonction de la pénurie de richesses équivalentes sur son territoire national. Pour la Chine, les réserves pourront être en offshore. Elle investit dans ce domaine, et fait des découvertes intéressantes dans le golfe de Bohai et au large de la rivière des Perles, au sud de Canton[957]. Mais les coûts de l'exploration et de l'exploitation restent très élevés. Sur le marché mondial, les compagnies chinoises Petrochina et CNOOC essayent d'être compétitives en proposant lors des appels d'offres pour l'exploration ou l'exploitation, des prix moins chers que les compagnies américaines ou européennes. Cette stratégie chinoise est toutefois confrontée au fait que ces compagnies n'ont, jusqu'à maintenant, le même niveau de technicité que les compagnies occidentales, ce qui affecte leur niveau de production par rapport aux compagnies européennes.

La Chine maintient des relations étroites avec certains pays arabes depuis les années cinquante et soixante, comme l'Egypte, mais depuis les années 1990[958], sa forte dépendance à l'égard du pétrole du Moyen-Orient et ses intérêts pétroliers conduisent à un changement fondamental de ses relations avec les pays arabes. Ces relations sont, de plus en plus, déterminées en fonction des intérêts économiques et pétroliers, et non pas seulement par les intérêts politiques. Tout en occupant la deuxième place parmi les plus grands importateurs de pétrole au monde après les États-Unis, ses compagnies pour assurer l'approvisionnement continu cherchent à investir la région du Golfe et au Moyen-Orient. La visite du Roi d'Arabie Saoudite à la Chine en 2006 aboutit à la signature d'un protocole de coopération entre les deux pays dans les domaines du pétrole, du gaz et des minéraux[959]. Suite à cette visite, Saudi Aramco devient partenaire à 25% dans le projet de la grande raffinerie de la province du Fujian en Chine avec la compagnie américaine Exon Mobile. Les deux Etats ont aussi établi une compagnie conjointe pour l'exploration du gaz dans la région du Quart Vide, et le commerce bilatéral a enregistré des taux de

---

957-«National Energy Policy Report, China's Overseas Investments in Oil and Gas Production», http://www.uscc.gov/researchpapers/6002/oil-gaz.pdf, [consulté le 5 octobre 2016].
958- *Ibid.*
959- *Ibid.*

croissance élevés depuis ce temps. Pékin développe ses relations du commerce du pétrole avec les Émirats Arabes Unis, le Koweït, Oman, l'Iran, l'Irak et le Soudan[960]. La Chine importe 70% des exportations pétrolières soudanaises et occupe ainsi une place importante dans ce pays.

Bien que la Chine entretienne de bonnes relations avec l'Arabie Saoudite, dont elle est un partenaire important, elle est de plus en plus impliquée en Méditerranée orientale, surtout en Syrie. Elle soutient avec la Russie le régime de Bachar el Assad et utilise à 2 fois le droit de véto au Conseil de sécurité pour bloquer la prise de décisions contre le régime syrien. Cette position ne peut être dissociée de l'attitude de la Chine qui veut qu'elle soit présente dans toutes les régions ayant de nouvelles découvertes de gaz ou de pétrole[961]. Pour elle, la Syrie est un pays qui est situé directement sur la Méditerranée orientale, riche en gaz récemment découvert. La position chinoise pourra être bénéfique pour ses compagnies pétrolières. D'autres considérations sont présentes également, telle la volonté de contrer les USA, au Moyen-Orient notamment.

La Chine est présente de plus en plus au Liban. Elle soutient le maintien de la paix à travers sa présence au sein des forces de l'UNIFIL au sud Liban[962]. La septième unité d'ingénierie contribue au déminage des villages, et la sixième unité médicale offre des soins à la population locale depuis la fin du conflit de 2006[963]. Culturellement elle s'implique au Liban à travers plusieurs initiatives, entre autres l'ouverture de l'institut Confucius à l'université Saint Joseph de Beyrouth. L'institut a pour mission première d'enseigner la langue chinoise et de promouvoir la culture chinoise à travers des événements culturels. Il est un lieu d'échange libano-chinois et un pont reliant le Liban à la Chine.

Dans le cadre de son intérêt pour les nouvelles découvertes de ressources naturelles, la Chine s'intéresse aussi au gaz libanais. Ses compagnies notamment CNOOC suivent de près le dossier de gaz et envoient des représentants pour assister aux différentes conférences organisées par le ministère de l'Energie

---

960-«National Energy Policy Report, China's Overseas Investments in Oil and Gas Production», http://www.uscc.gov/researchpapers/6002/oil-gaz.pdf, [consulté le 5 octobre 2016].

961- *Ibid.*

962-«China in Lebanon», http://www.fmprc.gov.cn/eng/wjb/zzjg/xybfs/gjlb/2843/t16377.htm, [consulté le 6 novembre 2016].

963-*Ibid.*

libanais[964]. L'ambassadeur de Pékin à Beyrouth Wu Zeiksaa déclare le 9 juillet 2012 suite à une réunion avec le ministre des Affaires étrangères libanais Adnan Mansour que les entreprises chinoises veulent participer aux appels d'offres pour l'exploration du pétrole et du gaz en mer libanaise[965]. Dans le cadre du projet de la nouvelle route de soie, la Chine tente de faire adhérer le Liban comme partenaire. Des visites et des négociations sont menées entre les deux pays pour élaborer des cadres de coopération à tous les niveaux. Un accord de coopération a été signé en avril 2017 entre la Fédération des Chambres libanaises de commerce (FCCIAL) et la Chambre de commerce internationale de la route de soie (CCIRS)[966]. La nouvelle route de soie est certainement une opportunité pour la Chine afin de consolider sa présence au Moyen – Orient.

964-« La Chine s'intéresse au gaz libanais », http://www.lebaneseforces.com/web/MoreNews.aspx?newsid=225261, [consulté le 15 octobre 2016].

965-*Ibid.*

966- https://www.lorientlejour.com/article/1045365/le-liban-se-positionne-sur-la-nouvelle-route-de-la-soie.html, [consulté le 17 juin 2018].

Chapitre 8 : Le gaz, élément clé des recompositions régionales

Dans cette partie, nous allons étudier l'implication des puissances régionales dans le dossier du gaz, les répercussions des nouvelles découvertes gazières sur les relations entre le Liban et Israël, l'Égypte, la Turquie, et l'Iran, ainsi que les recompositions des alliances régionales qui se dessinent.

1. Israël, un rôle hégémonique consolidé par l'autosuffisance énergétique

La question du gaz ravive la tension entre le Liban et Israël avec la revendication par les deux parties d'une zone maritime estimée à 860 km2[967]. Des deux côtés, les menaces se succèdent. En 2011, le Chef du gouvernement israélien Benyamin Netanyahou déclare que le Liban ne sera pas à l'abri des frappes de Tsahal, en cas d'attaques contre les gisements israéliens[968]. La réponse ne se fait pas attendre : le président libanais Michel Sleiman met en garde Israël contre toute action unilatérale, en insistant sur le fait que le Liban a le droit de défendre ses richesses naturelles par tous les moyens légitimes[969]. Il insiste sur le rôle primordial de l'armée libanaise censée seule défendre le pays. De son côté, le chef de Hezbollah, Hassan Nasrallah, déclare durant la commémoration de la guerre de 2006, en juillet 2011 à Beyrouth, que la mer libanaise est protégée par les armes de ses combattants et il met en garde l'État hébreux contre toute exploration dans la zone contestée par les deux pays[970]. Il ajoute que, lorsque l'État libanais considère une zone maritime comme

---

967- Entretien avec le président Michel Sleiman, Beyrouth, le 19 septembre 2017.

968- RIZK, Sibyle, « Gaz offshore », *le Commerce du Levant*, août 2011, page 38.

969- *Ibid.*

970- Nassrallah menace Israël, http://www.france24.com/ar/20110726-hezbollah-warns-israel-against-stealing-gas-nasrallah-maritime-resources, [consulté le 10 octobre 2016].

étant libanaise, Hezbollah a le devoir de la protéger : « je dis à toutes les compagnies et gouvernements concernés, que le Liban est capable de protéger ses gisements, car celui qui agressera nos installations, payera le même prix, car ses installations seront visées de la même façon[971] ». Ces déclarations montrent que le parti de Dieu se sent concerné en premier lieu par la question de la souveraineté, liée à la lutte contre Israël. Cette démarche est cohérente avec le discours du parti qui insiste sur la priorité de la libération par tous les moyens des terres occupées, même si ce discours est contesté par une grande partie des Libanais.

Face à ce regain de tensions, le gouvernement israélien prend une nouvelle série de mesures militaires pour assurer la protection des champs de gaz. Le quotidien israélien Jérusalem Post rapporte que Tsahal confie à la treizième unité de la marine israélienne la protection des champs de Tamar et de Léviathan[972]. Des drones de type Aaron équipés de techniques visuelles avancées surveillent les gisements israéliens 24/24h, et peuvent intervenir à tout moment pour défendre les champs de gaz découverts, y compris dans la zone contestée entre Israël et le Liban[973]. Selon le même journal, cette décision est prise suite aux menaces de Hezbollah après la détermination de la zone économique exclusive israélienne. La sûreté de l'approvisionnement en énergie de l'Etat hébreux, depuis la découverte des nouveaux gisements, est une question stratégique, et Israël est prêt à utiliser la force pour se défendre contre toute attaque potentielle de Hezbollah envers ses infrastructures maritimes, déclare le ministre des infrastructures israélien Ouzi Landaw[974].

Israël modernise sa flotte maritime en achetant deux patrouilleurs allemands d'une valeur estimée à un milliard d'euros[975]. L'achat fait partie du programme de l'État hébreux qui vise à protéger sa ZEE et ses installations

---

971- Nassrallah menace Israël, http://www.france24.com/ar/20110726-hezbollah-warns-is-rael-against-stealing-gas-nasrallah-maritime-resources, [consulté le 10 octobre 2016].
972-AYALON, Dani, « Drones protects gas fields », *Jerusalem Post*, 5 septembre 2012.
973-*Ibid.*
974- «Israël menace le Liban»,http://arabic.rt.com/news_all_news/news/49924, [consulté le 25-06-2016].
975- «Pétrole et gaz », *le Commerce du Levant*, janvier 2014, page 44.

offshores[976]. Suite au bombardement israélien contre un convoi du Hezbollah au Golan en septembre 2014, la tension monte d'un cran, côté libanais. Le quotidien Haaretz révèle que la vigilance est alors maximale à la frontière israélo-libanaise par crainte de représailles. La même source évoque que l'établissement militaire israélien prend en compte la possibilité que Hezbollah attaque les gisements de gaz au large des côtes israéliennes. L'armée a pris ainsi des précautions pour contrer toute tentative d'attaque possible[977].

Le plus important pour Tel-Aviv reste l'avancement de ses projets d'exploitation et une frontière calme avec le Liban y serait favorable. Depuis la guerre de 2006, le Nord d'Israël connaît un calme relatif à l'exception de quelques tirs de roquettes Katioucha du côté libanais qui sont restés non revendiqués[978]. La présence de l'armée libanaise au sud Liban à côté des forces de l'UNIFEL dans le cadre de la résolution 1701 contribue à faire régner le calme. Selon un expert militaire, la proximité des gisements israéliens de la côte libanaise fait qu'ils sont à portée des missiles du Hezbollah en cas d'une nouvelle confrontation[979]. Les milliards de dollars investis et l'approvisionnent énergétique de l'État hébreux seraient en danger. Les compagnies internationales exploitant la mer israélienne préfèrent travailler dans un contexte pacifique. Pour elles, la sûreté de l'exportation du gaz est primordiale.

Pour Israël, la question cruciale consiste à déterminer si son gaz doit être exporté ou non et dans quelles proportions. Même la Haute Cour de Justice d'Israël est impliquée dans le processus : pendant des mois, elle délibère sur la question pour savoir si le Cabinet a la prérogative de prendre une décision définitive ou si sa décision doit être approuvée par la Knesset. En octobre 2013, la Cour donne son approbation pour l'exportation de gaz. Israël exporte environ 40% de ses ressources, présumées à 950 BCM (billion cubic meters)[980]. Le gouvernement israélien semble considérer les exportations de

---

976- « Pétrole et gaz », *le Commerce du Levant*, janvier 2014, page 44.

977- http://newspaper.annahar.com/article/207630, [consulté le 20 juin 2017].

978- « Des tirs de Katioucha sur Israël », http://www.aljazeera.net/news/pages/804a38bb-bb83-43ab-9f92-fd7372554a12, [consulté le 25 novembre 2012].

979- Entretien avec un général de l'armée libanaise, Yarzé, le 8 juin 2017.

980- KARBUZ, Sohbet, « How to frame and develop the necessary cross-border energy infrastractures between Cyprus, Turkey and Israel ? », Egmont et Atlantic Council, Mai 2014.

gaz naturel comme un moyen de renforcer les relations d'Israël avec les pays voisins. Israël aurait prévu de construire un gazoduc de 15 kilomètres vers la Jordanie, ce qui pourrait aider à stabiliser le partenaire arabe de l'État juif. De plus, les développeurs du champ Léviathan déclarent le 5 janvier 2014, qu'ils ont signé un accord pour vendre du gaz à la Palestine Power Generation Co, pour une durée de vingt ans.

Israël cherche de multiples options pour exporter son gaz : En effet sur le plan politique, des options nombreuses réduiront le risque qu'un pays suspende ses exportations pour des raisons politiques et du point de vue économique, une multiplicité d'options permettra de maximiser l'effet de levier commercial d'Israël dans les négociations sur les ventes de gaz. Les divers procédés utilisés pour l'exportation du gaz seront probablement : un pipeline vers la Turquie, l'option la moins chère et la plus attrayante sur le plan commercial ; et un terminal de GNL, qui éviterait de lier Israël à un seul pays importateur et offrirait un accès aux marchés mondiaux (y compris l'Asie de l'Est, avec les prix les plus élevés au monde). Une autre option pourra être celle de l'utilisation d'un terminal LNG se trouvant dans un pays voisin, l'Égypte. Le gaz israélien pourrait être pompé vers l'Égypte par l'intermédiaire d'un pipeline terrestre existant dans le désert du Sinaï ou par une ligne offshore, pour éviter d'éventuelles attaques terroristes dans le Sinaï, aux terminaux de GNL égyptiens. De là, le gaz serait expédié vers les marchés de l'Asie de l'Est à travers le canal de Suez.

Israël et Chypre ne disposent pas d'infrastructures pour l'exportation du gaz. Les trois options réalistes qu'ils ont pour l'exportation sont : par pipeline, via GNL, ou une combinaison des deux. Cependant, chaque option fait face à plusieurs défis techniques, administratifs, commerciaux, sécuritaires, juridiques et politiques, avec des implications géopolitiques. Les défis techniques sont centrés sur l'infrastructure. Bien que toutes les options soient techniquement réalisables, les coûts impliqués, la complexité de négocier les transactions nécessaires et les obstacles politiques, représentent de sérieux défis non seulement pour les options d'exportation, mais aussi pour le développement du gaz découvert. Les défis administratifs concernent la nécessité d'avoir une vision à long terme et la capacité pour les gouvernements concernés de tirer le meilleur parti du gaz découvert. Les défis en matière de sécurité vont de pair avec l'évolution des relations politiques perturbées entre les pays de la région, en particulier le problème de Chypre non résolu. Les défis juridiques et politiques se manifestent dans les débats et les allégations contradictoires concernant la propriété des ressources et la délimitation des frontières maritimes. L'augmentation des tensions politiques et des conflits sur la démarcation des frontières maritimes entre Chypre et la Turquie est probablement le sujet le plus sensible et le handicap majeur pour la réalisation du gazoduc reliant Israël à Chypre.

Quant à la liquéfaction du gaz, elle reste une option mais il faut attendre la découverte de nouvelles quantités de gaz pour que la construction des usines de liquéfaction soit financièrement rentable. Israël et Chypre n'ont pas de telles infrastructures. Si Israël opte dans le futur pour cette option pour l'exportation de son gaz, elle aura le choix entre trois possibilités[981]. La première est l'établissement d'une usine de gaz naturel liquéfié (GNL) sur son littoral méditerranéen. La deuxième est la construction d'une autre usine sur la mer Rouge près d'Eilat afin d'être proche des marchés du gaz naturel en Inde et en Asie. Mais celle-ci sera vulnérable à cause de possibles attaques terroristes ou de roquettes en provenance de l'Égypte, de la Jordanie et de l'Arabie saoudite. La troisième est la mise en place d'une installation de gaz naturel liquéfié flottante « Floating LNG » qui consiste à liquéfier au large des côtes israéliennes, au-dessus du champ « Léviathan », mais protéger cette installation contre des attaques de Hezbollah serait une tâche très difficile. Une dernière option serait de transporter le gaz vers l'Égypte, qui dispose de deux « chaînes GNL » de liquéfaction sous-exploitées à Demyat.

La compagnie australienne Woodside Petroleum entre en discussions avec les partenaires du champ Léviathan fin 2012[982]. Son intention est

---

981-« Israel to export gasthisdecade »,http://www.ynetnews.com/articles/0,7340,L-4308036,00.html, [consulté le 25 septembre 2017].

982-www.woodside.com.au/InvestorsMedia/Announcements/Documents/03.12.2012%20Woodside%20enters%20major%20gas%20discovery%20offshore%20Israel.pdf, [consulté le 23 septembre 2017].

d'acquérir 25 % des droits d'exploitation, et de construire une usine de gaz liquéfié. Cette usine assurera l'exportation vers les marchés asiatiques. Woodside, réputée pour son savoir-faire dans le domaine du gaz liquéfié, est l'un des leaders mondiaux dans ce domaine. Elle signe un accord préliminaire avec Noble Energy le 7 février 2014 pour l'acquisition des droits ; accord qui, en fin de compte, ne sera pas approuvé, annonce faite par Peter Coleman le PDG de la compagnie australienne le 21 mai 2014. De ce fait, Tel-Aviv se voit dans l'obligation de concevoir de nouveaux cadres de coopération régionale.

Israël est en état de guerre avec son voisin du Nord, le Liban ; d'où l'impossibilité de toute coopération. Elle voit aussi ses relations se détériorer avec le Caire après le changement politique dû à l'arrivée des Frères musulmans au pouvoir, et après la décision d'arrêter le pompage du gaz égyptien vers Israël et d'annuler l'accord en la matière[983]. Même avec l'arrivée de Sissi, les relations ne se sont pas améliorées, c'est pourquoi Israël renforce ses relations avec Chypre ; une série de visites officielles sont effectuées par les hauts responsables israéliens afin de fructifier les échanges. Le Premier ministre israélien Benyamin Netanyahou fait une visite à Chypre consacrée à la coopération gazière en février 2012. Les discussions portent sur la nouvelle coopération régionale avec d'autres pays notamment la Grèce, et la possibilité de construire un gazoduc vers l'Europe via Chypre ou une usine de gaz naturel liquéfié (GNL) :«Nous avons examiné la question des installations de GNL, cela pourrait se faire en direction de l'Europe, via Chypre, ou en direction de l'Asie via Israël[984]» déclare Netanyahou. D'autre part, les découvertes de gisements de gaz ont ouvert la voie à un renouvellement des relations israélo-grecques d'autant plus que les relations d'Israël avec Ankara sont gelées depuis que des commandos israéliens ont tué neuf ressortissants turcs qui tentaient de briser le blocus de Gaza à bord du navire Marmara en mai 2010[985]. Au cours

---

983-« Reuters : l'Egypte annule l'accord de gaz avec Israël », http://arabic.rt.com/news_all_news/news/583700, [consulté le 23 septembre 2017].

984- « Netanyahou à Chypre pour une visite consacrée à la coopération gazière », http://www.lorient-lejour.com/category/%C3%89conomie/article/745414/_Netanyahu_a_Chypre_pour_une_visite_consa-cree__a_la_cooperation_gaziere.html, [consulté le 5 octobre 2016].

985- «Israel attacks Gaza aid fleet», http://www.aljazeera.com/news/middleeast/2010/05/201053133047995359.html, [consulté le 23 octobre 2017].

d'une conférence organisée par le magazine The Economist à Athènes le 28 mars 2012, les ministres de l'Energie grec, israélien et chypriote affirment que l'exploitation des champs de gaz en Méditerranée orientale pourrait conduire à une nouvelle passerelle pour le transport des ressources énergétiques vers l'Europe, ce qui serait une alternative aux gazoducs en provenance de la Russie, du bassin de la mer Caspienne et de l'Asie Centrale[986]. Le ministre grec de l'Energie, Georgios Papaconstantinou, espère trouver des gisements de gaz dans la mer de son pays, et déclare que la compagnie pétrolière grecque DEPA mène des recherches pour la construction du gazoduc entre la Grèce et Chypre. Le ministre de l'Énergie israélien Ouzi Landaw déclare que le gazoduc israélien pourrait relier Chypre à l'île de Crète et de là, à la partie terrestre de la Grèce pour arriver aux autres pays européens, ce qui pourra, selon lui, contribuer à la stabilité et au développement des pays de la région[987]. Le ministre chypriote du Pétrole Nyuklas Celikiotis voit de bonnes perspectives pour la découverte de nouveaux gisements de gaz dans son pays, et proclame que l'objectif stratégique de Chypre est de devenir une plaque tournante régionale de l'énergie[988]. Cette coopération se révèle aussi par la signature d'un accord qui vise à connecter le réseau électrique israélien à l'Europe, à travers un câble sous la mer depuis Israël vers Chypre et la Grèce. Il est nommé « Eurasie Inter connecteur » ; avec une capacité de 2000 MWS, il sera le plus long au monde et s'étendra sur une distance de 540 miles à une profondeur de plus de 6000 pieds[989].

Trois pays de l'Union Européenne et Israël ont décidé de poursuivre le développement d'un projet de gazoduc qui pourrait relier les champs de gaz offshore d'Israël à Chypre, à la Grèce et à l'Italie et potentiellement aider l'UE à diversifier ses approvisionnements en gaz et à réduire ainsi sa dépendance énergétique vis-à-vis de la Russie.

986- «Le gaz de la Méditerranée, une alternative au gaz russe », http://arabic.rt.com/news_all_news/news/581901, [consulté le 5 septembre 2017].

987- *Ibid.*

988- *Ibid.*

989- GERMEN, Marechal Fund, « les découvertes du pétrole en Méditerranée », http://www.washingtoninstitute.org/ar/policy-analysis/view/energy-discoveries-in-the-eastern-mediterranean-source-for-cooperation-or-f, [consulté le 5 octobre 2017].

Les ministres de l'Énergie de Chypre, d'Israël, de l'Italie et de la Grèce, ont décidé d'entamer des pourparlers sur le East Med Pipeline, déclare le ministre chypriote de l'Énergie Georgios Lakkotrypis après avoir rencontré ses homologues en Israël[990]. Le ministre de l'Énergie israélien Yuval Steinitz explique que le pipeline pourrait être achevé en 2025, mais les parties concernées vont essayer d'accélérer le projet. Il ajoute que le gazoduc sous-marin sera le plus long et le plus profond du monde[991] . Pour Miguel Arias Cañete, Commissaire européen pour l'Action climatique et énergétique, le flux de gaz de la région méditerranéenne orientale jouera un rôle vital dans la sécurité énergétique de l'Union européenne durant les prochaines décennies. La Commission soutient fermement la construction de l'infrastructure nécessaire et le développement d'un marché de gaz liquide concurrentiel dans la région. Elio Ruggeri, le chef exécutif de la compagnie IGI Poseidon qui réalise l'étude de faisabilité, voit une décision d'investissement finale sur le projet d'ici à 2020[992].

Le projet s'intègre dans la stratégie de l'Union européenne de diversifier ses sources d'approvisionnement en gaz. Cette étude de faisabilité est financée par l'UE dans le cadre des Projets d'intérêt commun, mais ne fait pas partie des projets de corridor gazier sud-européen comme celui du TAP (Trans Adriatic Pipeline). Le grand défi demeure la rentabilité du gazoduc, étant donné que techniquement, il sera l'un des plus profonds et des plus longs au monde. De ce fait, sa conception demande en effet une technologie avancée et de grands investissements. Quant à sa capacité, elle sera de l'ordre de 10 milliards de m3 par an[993].

990- https://www.rt.com/business/383410/, [consulté le 7 avril 2017].
991- *Ibid.*
992- *Ibid.*
993- *Ibid.*

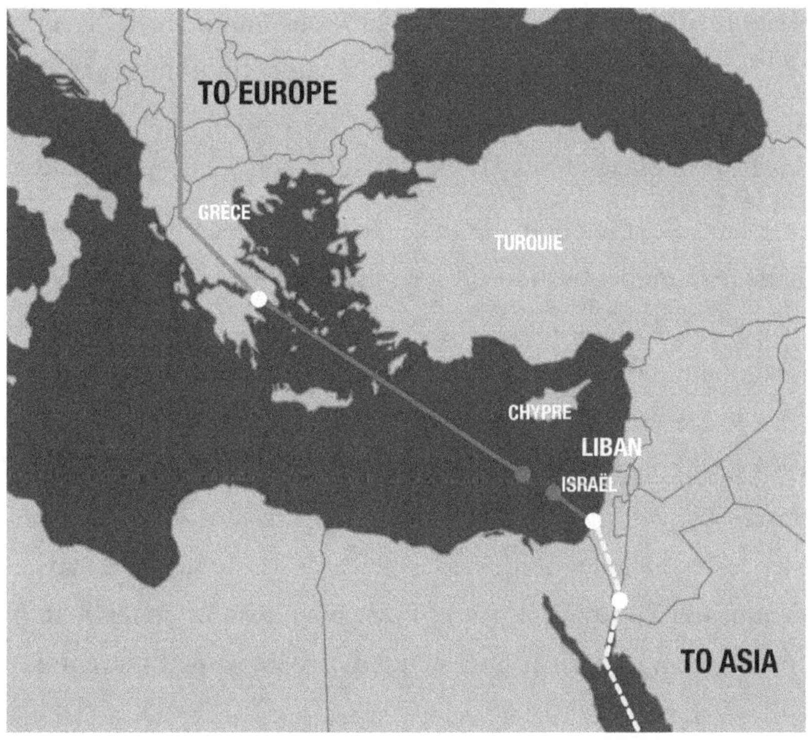

Figure 19 : le tracé du futur gazoduc entre Israël, Chypre, la Grèce et l'EuropeSource : http://int.icej.org/news/special-reports/isarel-caught-between-Eu-russian-Bids-Gaz-Deal

Selon le quotidien *Jerusalem Post*, un haut responsable israélien révèle que Moscou fait pression pour un partenariat dans le développement des gisements de gaz israéliens, mais les Etats européens manifestent leur mécontentement à l'encontre de ces arrangements[994]. La source gouvernementale, qui a demandé de rester anonyme, ajoute qu'il se tient une réunion trilatérale, fin novembre 2012, entre les ministres de l'énergie de Chypre, de la Grèce et Israël pour prendre une décision finale sur la façon dont ces champs de gaz naturel seront développés. La route de l'acheminement du gaz vers l'Europe sera aussi à l'ordre du jour dans le cadre du rapprochement d'Israël avec Chypre et la Grèce. Il est logique que le gaz passe de Chypre à la Grèce, puis à l'Europe. Cela aidera la Grèce à sortir de ses difficultés financières, car il y aura une usine

---

994- PARSONS, David, « Israel caught between EU, Russian bids for gas deal», *Jerusalem Post*, 24 octobre 2012.

de liquéfaction de gaz à la fin du gazoduc sous-marin sur le territoire grec. Toutefois, les experts israéliens disent qu'il y a suffisamment de gaz naturel offshore pour deux pipelines, l'un à l'ouest et l'autre à l'Est. Mais Israël veut d'abord mettre en place la ligne d'alimentation vers l'Europe occidentale [995].

Le plan d'exportation de gaz vers l'Extrême-Orient impliquerait probablement la modernisation du gazoduc existant entre Ashkelon et Eilat et la construction d'une usine de liquéfaction de gaz naturel à Eilat avec tous les terminaux et infrastructures nécessaires. La Chine et la Corée du Sud sont toutes deux intéressées par l'investissement dans le projet et sont prêtes à aider Israël à construire une ligne de chemin de fer d'Eilat au port d'Ashdod sur la mer Rouge. Selon la même source, cela permettrait à Israël non seulement de réaliser le rêve ancien de développer le désert du Néguev, mais aussi de construire une ligne de train à grande vitesse pour le transport des marchandises qui va concurrencer le canal de Suez et faciliter le trafic maritime entre l'Europe et l'Asie [996].

Il est évident aussi qu'Israël donne la préférence aux marchés proches à cause des facteurs techniques et des questions de rentabilité financière sans oublier les conditions géopolitiques compliquées. Israël peut compter partiellement sur les marchés régionaux pour l'exportation de son gaz. Une nouvelle stratégie d'exportation du gaz s'élabore ainsi pour la première phase de production du Léviathan. Le PDG de la compagnie américaine Noble Energy Charles Davidson considère que l'émergence des marchés régionaux, accessibles via des gazoducs, a changé le contexte au détriment du GNL. Ainsi, les pays voisins d'Israël ont-ils été les premiers à conclure des contrats d'exportation du gaz israélien. Le 5 janvier 2014, les partenaires du Léviathan ont signé un contrat de 1,2 milliards de dollars pour la livraison de 4,75 milliards de mètres cubes de gaz naturel à la Palestine Power Generation Company

---

995- PARSONS, David, « Israel caught between EU, Russian bids for gas deal», *Jerusalem Post*, 24 octobre 2012
996- *Ibid.*

sur une période de 20 ans, à partir de 2016 ou 2017[997]. Les partenaires de Tamar signent en février un contrat de 500 millions de dollars avec les sociétés jordaniennes Arab Potash et Jordan Bromine, pour la livraison de 1,89 milliards de m3 de gaz pour une durée de 15 ans, à partir de 2016[998]. Les partenaires de Tamar signent en mai 2014 un accord préliminaire avec l'espagnole Union Fenosa Gas, qui dirige une usine de liquéfaction à Damiette, en Égypte, pour la liquéfaction de 4,5 milliards de m3 de gaz par an pour une période de 15 ans[999]. Le groupe britannique BG Group entame des discussions avec les partenaires de Léviathan pour le traitement d'une partie du gaz. Ces partenaires présentent aussi en avril 2014 une offre pour l'approvisionnement de Chypre en gaz avant le début de la production locale.

Parallèlement et avec le changement politique en Égypte suite à l'arrivée de Sissi, Ankara essaye de se rapprocher d'Israël. Dans ce contexte, les deux pays expriment leur désir commun pour la construction d'un gazoduc reliant le Léviathan à la Turquie. Il permettra l'approvisionnement des marchés turcs et européens. Le coût du projet est estimé à 2-3 milliards de dollars[1000]. Plusieurs compagnies turques ainsi que Noble Energy et Delek, principaux détenteurs des droits d'exploitation en Israël, sont favorables au projet mais la tension entre la Turquie et Israël après l'incident de la flottille de Gaza jouent contre le projet. Après l'apaisement et le retour à la normale, les données peuvent avancer. En revanche, un tel gazoduc a théoriquement deux routes possibles. La ZEE libanaise ou la ZEE chypriote. La première option reste non envisageable à cause de l'état de guerre entre les deux pays. La deuxième nécessite l'autorisation du gouvernement chypriote, sachant que l'article 58 de l'UNCLOS mentionne que les pays tiers jouissent de la liberté de poser des câbles et des pipelines sous-marins.

997- Le commerce du Levant, « Gaz israélien : priorité aux marchés régionaux », *le commerce du Levant*, juillet 2014, p 46.
998- *Ibid.*
999- *Ibid.*
1000- Le commerce du Levant, « les options d'exportation du gaz israélien », *le commerce du Levant*, mars 2014, p 34.

	Compagnie	Pays	Champs
1	la Palestine Power Generation Company	Palestine	Léviathan
2	Arab Potash et Jordan Bromine	Jordanie	Tamar
3	Union Fenosa Gas	Egypte	Léviathan

Tableau 19 : les contrats des exportations signés avec Israël
Sources : *An-Nahar* et *Al-Akhbar*

Ainsi, l'autosuffisance énergétique d'Israël renforce sa position d'acteur incontournable dans la région. Israël saisit l'opportunité de posséder des richesses naturelles pour consolider son rôle dans un Moyen-Orient marqué de plus en plus par l'instabilité et la désintégration des structures étatiques.

2. L'Egypte, le hub énergétique de la région

Les choix politiques et géopolitiques de l'Égypte sont incontestablement liés à sa position géographique : il serait difficile en effet de faire abstraction du territoire pour éclairer les choix politiques de ce pays, tant à l'échelle nationale et régionale qu'à l'échelle mondiale, sachant que les développements géopolitiques font interagir les trois niveaux[1001]. L'Égypte est une très ancienne entité politique : Yves Lacoste affirme que « l'Égypte est sans doute la plus ancienne nation au monde et certainement le plus ancien État centralisé, le seul dont le territoire essentiel, la vallée du Nil, est resté identique durant des millénaires, ce qui n'a pas été le cas de la Chine ou de l' Asie du Sud ou du Sud-Est[1002] ». L'Égypte est une charnière entre l'Afrique et l'Asie, elle est aussi un couloir entre deux mers d'importance, la mer Méditerranée et la mer Rouge qui conduit à l'océan Indien. C'est l'un des passages les plus importants au monde pour le marché de l'énergie. Le canal de Suez, le gazoduc arabe, la ligne Sumed, les lignes d'interconnexion électriques avec les pays du Levant, du Golfe et du Maghreb, donnent une importance vitale à la position géographique de l'Égypte. Sa position géographique [1003] en fait

1001- Pierre Blanc, « Egypte : une géopolitique de la fragilité », Confluences Méditerranée 2010/4 (N°75), p. 13-31.
1002- LACOSTE, Yves. *Géopolitique de la Méditerranée*. Paris : Armand Colin, p.341
1003- EIA, Country Analysis Briefs.Egypt, http://NewCABs/v6/Egypt/full.html, [consulté le 5 octobre 2017].

un centre important pour la production, le stockage et le transfert de l'énergie, à l'est et à l'ouest, au nord comme au sud. A travers le canal de Suez passent tous les jours deux millions de barils de pétrole et de gaz, ce qui équivaut à 5% du volume global du commerce mondial effectué par les pétroliers, et ces livraisons représentent entre 11 et 13% de l'ensemble des livraisons transitant chaque jour par le canal[1004]. A travers le canal de Suez passent aussi les exportations du pétrole et du gaz liquéfié de l'Afrique du Nord pour les marchés en Asie, et également les exportations de pétrole et de gaz des pays du Golfe vers l'Europe. A travers ce canal transite également une grande partie du gaz exporté vers les pays du Sud et de l'Ouest de l'Europe avec des pourcentages atteignant 90% pour la Belgique, et plus de 50% pour l'Italie et la Grande-Bretagne[1005], ce qui accroît la valeur stratégique de l'Égypte et sa volonté d'occuper un centre géostratégique dans une région qui est toujours en pleine mutation géopolitique.

La ligne Sumed, appartenant à la Société arabe des oléoducs (Arab Pipeline Company Petroleum), joint-venture entre l'égyptien General Petroleum Corporation, le saoudien Saudi Aramco et un certain nombre de sociétés koweïtiennes, reçoit environ 1,3 millions de barils de pétrole par jour, ce pétrole sera ensuite expédié du port de Ain Sakhna sur la côte de la mer Rouge, à Sidi Kerir sur la côte méditerranéenne, et de là vers l'Europe à l'aide des pétroliers[1006]. La ligne Sumed augmente la capacité du transport de l'énergie à côté du canal de suez. Le gouvernement égyptien tente d'approfondir ses eaux pour que les grands pétroliers puissent le traverser et arriver en Méditerranée en moins de 15 jours ; sachant que pour traverser le cap de Bonne-Esperance représente 6000 miles[1007] de plus. Dans ce contexte, le président égyptien Sissi inaugure en août 2015 une extension du canal de suez qui permettra de faire passer de 49 à 97 le nombre de bateaux susceptibles de franchir le canal, chaque jour[1008].

1004- EIA, Country Analysis Briefs.Egypt, http://NewCABs/v6/Egypt/full.html, [consulté le 5 octobre 2017]
1005-*Ibid.*
1006-*Ibid.*
1007- NOUAR, Brahim, « Le gaz en Méditerranée », *Al-Ahram* , 1 avril 2012.
1008- http://fr.reuters.com/article/topNews/idFRKCN0QB1QQ20150806, [consulté le 10 septembre 2017].

Le rôle de l'Égypte ne se limite pas à fournir des corridors de transit du pétrole et du gaz pour le commerce mondial de l'énergie, mais comprend aussi l'interconnexion des réseaux électriques de toute la région arabo-africaine[1009]. L'Égypte occupe également une place importante dans le cadre du projet européen Desertec pour la génération de l'électricité à travers l'énergie solaire, dont le coût d'investissement initial est évalué à 560 milliards de dollars sur 40 ans[1010]. Les objectifs du projet, conduit par les entreprises et les banques allemandes, vise à approvisionner l'Europe, en lui fournissant près de 15% de ses besoins en électricité d'ici à 2050[1011]. La centrale de Kreimat, mise en service début 2012, représente la première étape du projet européen[1012] ; elle est réalisée avec le soutien de la Banque européenne d'investissement, la Banque mondiale, les fonds et les institutions financières impliquées dans le développement des énergies propres et renouvelables dans le monde.

L'Égypte cherche à exporter le gaz naturel vers la Jordanie et Israël, et ensuite vers la Syrie et le Liban à travers le gazoduc arabe (Arab Gaz Pipeline). Elle commence à exporter vers la Jordanie en 2003, et le projet du pipeline comprend l'achèvement de la ligne de Banias en Syrie à la frontière turque, pour qu'il soit raccordé en Turquie avec la ligne Nabucco afin de transporter le gaz de la Caspienne et du Caucase du Sud vers l'Europe[1013]. En 2008, un sous-pipeline d'El Arish à Ashkelon est mis en service pour exporter le gaz égyptien vers Israël[1014]. Mais cette ligne connaît pendant les années 2011 et 2012 des sabotages continus, ce qui conduit à l'arrêt de l'écoulement du gaz et cause des pertes considérables pour les pays concernés, en particulier la Jordanie et Israël[1015]. D'autre part, l'Égypte commence à exporter du gaz liquéfié en janvier 2005 à un certain nombre de pays, avec au premier rang les États-Unis, l'Espagne, la France, le Canada et le Mexique[1016]. La capacité d'exportation

---

1009- http://fr.reuters.com/article/topNews/idFRKCN0QB1QQ20150806, [consulté le 10 septembre 2017]

1010- « La place de l'Égypte dans le projet Desertec », http://www.desertec.org, [consulté le 5 octobre2017].

1011- *Ibid.*

1012- *Ibid.*

1013-NOUAR, Brahim, « Le gaz en Méditerranée », *Al-Ahram* , 1 avril 2012.

1014- *Ibid.*

1015-*Ibid.*

1016-*Ibid.*

du gaz liquéfié est environ de 600 milliards de mètres cubes par an, mais les exportations réelles en 2009 se chiffrent à 450 milliards de mètres cubes, 35% vers les États-Unis, 32% pour l'Espagne et 13% pour la France[1017].

L'Egypte, pays limitrophe du bassin du Levant, et premier pays à avoir exploité ses ressources gazières offshores en Méditerranée orientale, accorde une grande importance aux nouvelles découvertes de gaz. A côté de son influence politique, l'Egypte a de bonnes relations économiques avec le Liban. Les deux pays ont signé en juin 2009 un accord pour la fourniture du gaz égyptien à travers le gazoduc arabe à l'usine de Deir Ammar au nord-Liban. Le ministre libanais de l'Energie de l'époque, Alain Tabourian, déclare que le changement du mode de fonctionnement de l'usine du fuel au gaz économise plus de 200 millions de dollars américains[1018]. Il ajoute que le Liban s'est mis en accord avec l'Egypte pour le développement du marché du gaz naturel au Liban pour l'utilisation industrielle et pour la consommation domestique. D'autre part, l'Égypte fournit plus de 100 mégawatts d'électricité au Liban[1019]. Le Liban acceuille aussi plus que 22000 travailleurs égyptiens qui contribuent à son développement[1020], dans les différents secteurs de l'économie. Après l'arrivée de Sissi au pouvoir en 2014, l'Égypte -dans le cadre de son rôle avancé sur la scène arabe-, a de grands intérêts à aider le Liban à exploiter son gaz. Le fait de mettre son expertise dans ce domaine au service du gouvernement libanais peut consolider son rôle politique et économique dans le pays et par conséquent sa position stratégique au Moyen-Orient. A travers l'acheminement du gaz depuis ou vers le Liban et les pays de la Méditerranée orientale, l'Égypte devient l'un des grands passages énergétiques au monde.

La Turquie et l'Égypte sont les deux passages naturels pour l'exportation du gaz de la Méditerranée orientale. Les deux puissances régionales essayent de consolider leurs rôles et tentent de devenir des acteurs régionaux clés sur le plan énergétique. La position de l'Égypte est consolidée par la découverte de Zohr, le plus grand gisement de gaz offshore en Méditerranée orientale.

1017- NOUAR, Brahim, « Le gaz en Méditerranée », *Al-Ahram* , 1 avril 2012
1018-« L'Egypte fournit du gaz au Liban », http://ww.moheet.com/show_news.as-px?nid=263534&pg=27, [consulté le 5 octobre 2017].
1019-*Ibid.*
1020-MOURTADA, Radwan, « Les travailleurs égyptiens au Liban », *Al-Akhbar*, 25 octobre 2012.

Il est important de noter le rôle central de l'Egypte et ses projets de GNL en cours de réalisation. Wissam Chbat révèle qu'après la découverte de Zohr en mer égyptienne, ENI lance les travaux pour la construction d'une usine de gaz liquéfié comportant 8 chaînes ou unités GNL (trains) avec une capacité de traitement approximative de 55 tcf par an[1021]. Cette capacité dépasse les estimations de Zohr qui sont à 30 tcf. ENI par la construction d'une telle usine, envisage dominer le marché de gaz en Méditerranée orientale explique Wissam Chbat. Il ajoute que même si les réserves des champs gaziers qui seront découverts en Méditerranée orientale n'étaient pas importantes ou rentables, elles pourront être traitées ou exploitées. Techniquement, le gaz naturel sera acheminé par gazoduc du gisement où il a été extrait jusqu'à l'usine de liquéfaction en Egypte qui dispose d'une façade maritime et d'installations portuaires. Cet investissement d'envergure réalisé par ENI, Rosneft and BP en Egypte sera sans doute une option incontournable pour les pays de la Méditerranée orientale qui envisagent exporter leur gaz naturel. Ainsi le Caire pourra-t-il devenir le hub énergétique de toute la région.

L'acheminement du gaz par les gazoducs maritimes des divers pays de la Méditerranée orientale sera potentiellement une intégration économique. Ainsi, le gaz provenant des pays qui sont en état de guerre peut être traité dans les mêmes unités de liquéfaction. C'est une sorte de coopération énergétique indirecte entre des pays qui sont opposés ou antagonistes.

La découverte de Zohr coïncide avec l'arrivée de Abdel Fatahl el Sissi au pouvoir, ce qui change la donne politique et énergétique surtout pour la Turquie. Cette arrivée marque le début d'une distanciation politique profonde entre le Caire et Ankara. Les deux pays voient leurs relations se détériorer rapidement du fait du soutien de la Turquie aux Frères musulmans, ennemis numéro un pour le nouveau régime en Égypte. De plus, Zohr et la construction de la nouvelle usine de liquéfaction concurrencent directement le rôle de hub énergétique qu'envisage de jouer la Turquie. Les dimensions politiques et la nature des relations qui existent entre les pays de la Méditerranée viennent interférer avec la dimension énergétique. En comparaison avec la Turquie,

---

1021- Entretien avec Wissam Chbat, Beyrouth, le 18 mai 2017.

le Caire a de meilleures relations avec l'ensemble des pays concernés par la question du gaz. Chypre et la Grèce ont de meilleures relations avec l'Égypte qu'avec La Turquie. Le Liban a de bonnes relations avec les deux pays mais le bloc politique du 8 mars et surtout Hezbollah est loin du régime d'Ankara pour des raisons politiques et confessionnelles. Quant à la Syrie, le régime de Sissi n'est pas un farouche opposant à Assad comme c'est le cas avec Erdogan.

Financièrement, les avantages compétitifs que présente cette usine pour l'Égypte sont la possibilité d'exploiter tous les gisements découverts en Méditerranée orientale même si leurs réserves ne contiennent pas de quantités commerciales. Techniquement, les gazoducs marins peuvent être acheminés depuis les gisements vers l'usine de liquéfaction. La sûreté de ces installations, loin de routes terrestres vulnérables devant les attaques et les tensions politiques, renforce ce choix.

L'acheminement du gaz de la Méditerranée vers l'Égypte fera perdre à la Turquie un atout important. Le rôle de l'Égypte sera consolidé par son positionnement énergétique qui fait d'elle un acteur incontournable dans la région. La réaction de la Turquie face à cette situation se manifeste par sa réconciliation avec Israël et ses efforts entamés pour la construction d'un gazoduc depuis le Léviathan vers le marché turc.

3. La Turquie, à la recherche d'une alliance régionale

La Turquie occupe une position incontournable par rapport à la stratégie américaine. Zbigniew Brezinski la considère comme le centre de l'Eurasie, à la fois pivot géopolitique de premier ordre et acteur géostratégique dans la région des Balkans eurasiens[1022]. Pivot géopolitique car son importance tient à sa situation géographique : sa localisation lui confère un rôle clé pour accéder à certaines régions ou lui permet de priver un acteur de premier plan des ressources qui lui sont nécessaires[1023]. Durant la guerre froide, l'Occident considérait la Turquie comme un rempart contre les poussées russes potentielles

---

1022- BREZINSKI, Zbigniew. *Le Grand échiquier*. Paris : Hachette littératures. 274 p.
1023- Philippe Marchesin « Géopolitique de la Turquie à partir du Grand échiquier de Zbignew Brzezinski», Études internationales 331 (2002): 137–157. DOI : 10.7202/704385a.

vers la Méditerranée ou vers le Moyen-Orient à travers le plateau anatolien. Quant à son rôle sur le plan géostratégique, la Turquie a une capacité et une volonté nationale suffisante pour exercer la puissance et l'influence au-delà de ses frontières[1024] mais le manque de moyens et les difficultés internes (crises politiques, fractures économique et sociale, question kurde) limitent les capacités d'Ankara. Sa situation à la jonction de l'Europe et de l'Asie et au carrefour des nombreux défis existants -Balkans, Caucase, Moyen-Orient-, rend son influence aléatoire et diminue son pouvoir. L'analyse de sa situation peut être éclairée par les définitions données par Michel Foucher pour des espaces politiques qu'il qualifie de «sociétés ouvertes» ou de «sociétés closes»[1025]. Les premières « cherchent à promouvoir des intérêts nationaux dont la durabilité repose sur la conciliation avec des États partenaires » et s'inscrivent dans la recherche « d'une organisation multiétatique viable dans l'espace politique mondial ». Les secondes, dont la Turquie fait partie, représentent un lieu «où l'interaction entre les États s'établit sur un mode strictement binaire, fondé sur un jeu à somme nulle des rivalités territoriales et des ambitions contradictoires opposant des nations ou des empires»[1026]. Camille Grand et Pierre Grosser reconnaissent « la permanence de la géopolitique traditionnelle » dans la politique turque[1027].

La Turquie se situe à proximité de 72% des réserves gazières mondiales prouvées et de 73% des réserves pétrolières de la Russie, de la Caspienne, de l'Iran et du Moyen-Orient[1028]. Sa position stratégique au cœur du corridor sud, lui donne une position de force et lui permet un opportunisme énergétique ; elle essaye de s'imposer non seulement comme une zone de transit mais aussi comme un hub énergétique au croisement des gazoducs. Cependant la Turquie est très dépendante en matière d'approvisionnement énergétique : ainsi 58% de

---

1024- Philippe Marchesin « Géopolitique de la Turquie à partir du Grand échiquier de Zbignew Brzezinski», Études internationales 331 (2002): 137–157. DOI : 10.7202/704385a.

1025- M. FOUCHER, « La fin de la géopolitique ? Réflexions géographiques sur la grammaire des puissances », art. cit., p. 19.

1026- *Ibid.*

1027- C.GRAND et P. GROSSER. *Les relations internationales depuis 1945*. Paris : Hachette supérieur. 2000. p.154.

1028- https://www.eia.gov/beta/international/analysis.cfm?iso=TUR, [consulté le 5 septembre 2017].

ses importations de gaz et 12% de ses importations de pétrole[1029] dépendent de la Russie seule, le reste provient de l'Iran (17%), de l'Irak, de l'Azerbaïdjan et du Turkménistan. La diversification de ses sources d'approvisionnement dépend du développement de l'activité du transit. La Turquie compte faciliter le passage des gazoducs et en tirer profit. En effet, chaque passage d'un gazoduc assure à Ankara une source d'approvisionnement stable et régulière pour une longue durée. Mais ce passage comporte aussi une dimension géopolitique. Outre les recettes de transit, la Turquie acquiert un pouvoir de négociation à l'égard de ses voisins qui bénéficient de branches émanant de ce tube. La Turquie peut ainsi consolider sa position pour être en mesure de renégocier le prix du gaz ou de tirer des revenus croissants. Mais l'ambition de devenir un Hub énergétique nécessite d'avoir des relations solides avec la Russie, son premier fournisseur, qui l'approvisionne en gaz à travers le Blue Stream, un gazoduc sous-marin qui achemine 16 milliards de m3 par an[1030]. Il relie Beregovaia en Russie au port de Samsun en Turquie. Ankara, vu sa position stratégique, est devenue un partenaire de poids pour la Russie. Dans ce contexte, le lancement du gazoduc Turkish Stream représente l'opportunité pour les Turcs de consolider leur activité de transit et de faire baisser le prix du gaz fourni. Ainsi, après l'annonce du nouveau projet, Vladimir Poutine annonce une ristourne sur le prix du gaz fourni à la Turquie[1031]. Parallèlement, la Turquie, pour être un véritable hub énergétique, a besoin d'une valorisation économique de l'activité de transit et d'un contrôle, à titre d'exemple, de la capacité de stockage d'une partie des ressources transitant sur son territoire. Dans cette optique, le projet Ceyhan, cofinancé par la Russie, consiste à traiter et à stocker une partie du pétrole russe arrivant par le pipeline Samsun-Ceyhan. Sans une capacité de stockage conséquente -ce qui n'est pas le cas aujourd'hui- l'objectif de se transformer en un hub énergétique reste incertain et le développement de l'activité de transit demeure le choix le plus réaliste pour la Turquie.

1029-https://www.eia.gov/beta/international/analysis.cfm?iso=TUR, [consulté le 5 septembre 2017].
1030-http://www.gazprom.com/about/production/projects/pipelines/active/blue-stream/, [consulté le 5 septembre 2017].
1031-*Ibid.*

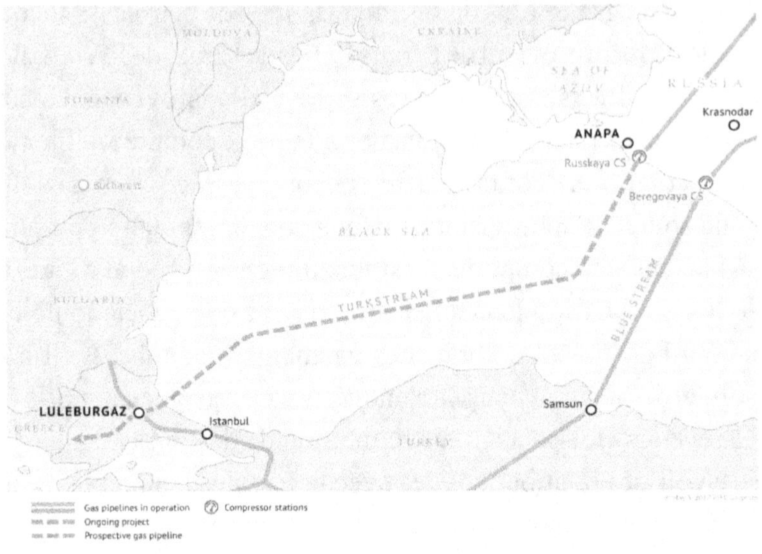

Figure 20 : Le tracé du Blue – Stream et du Turkish - Stream
entre la Russie et la Turquie
(Source : http://www.gazprom.com/about/production/projects/pipelines/active/blue-
stream/, consulté le 5 septembre 2017)

Dans ce contexte, la Turquie lance le 17 mars 2015 les travaux du chantier du gazoduc trans-anatolien (Tanap). Sa longueur est de 2000 kilomètres et son achèvement est prévu pour 2019. Il achemine le gaz depuis l'Azerbaïdjan via la Géorgie et la Turquie jusqu'à la frontière avec la Grèce et la Bulgarie. Une extension est prévue vers la Grèce, l'Albanie et jusqu'en Italie où il sera nommé le trans-adriatique (TAP). Bruxelles soutient ce projet qui est la pierre angulaire du corridor sud, afin de diversifier ses sources d'approvisionnement. Sa capacité de départ est de 16 milliards de mètres cubes par an, mais elle pourra doubler à terme et permettre ainsi de satisfaire 20% des besoins de l'UE en gaz[1032]. Le projet est lancé en 2011 comme alternative au projet Nabucco. Cet approvisionnement peut être complété par le gaz provenant de la Méditerranée orientale, en particulier du Liban ou d'Israël, ce qui incite Moscou à courtiser Ankara.

1032-http://www.lemonde.fr/economie/article/2015/03/17/la-turquie-lance-le-chantier-du-gazoduc-ta-nap_4595213_3234.html, [consulté le 2 septembre 2017].

La Turquie a de grands intérêts historiques au Liban depuis le temps de l'Empire ottoman. Avec l'arrivée du parti d'Erdogan au pouvoir en 2002, les relations avec Beyrouth se développent considérablement. L'arrivée de l'AKP au pouvoir favorise des dynamiques internes favorables au rapprochement avec le Moyen-Orient et contribue à approfondir rapidement les liens économiques et culturels[1033]. Ankara désire assumer aussi le rôle d'une puissance régionale et se lance dans une tentative nouvelle des résolutions des conflits au Moyen-Orient[1034]. Sur le plan politique, Ankara est de plus en plus impliquée dans tous les dossiers. Son rôle devient tangible surtout après la sortie de l'armée syrienne du Liban en 2005. En 2008, la Turquie contribue aux accords de Doha qui mettent fin aux violences internes du 7 mai[1035]. Le Premier ministre turc Erdogan participe personnellement à la cérémonie de l'élection du nouveau Président libanais Michel Sleiman en 2008. Sur le plan économique, la signature de l'accord du libre échange commercial en 2010 entre les deux pays ouvre le marché libanais aux produits turcs, présents en abondance. L'adoption de l'accord de l'annulation des visas entre les deux pays facilite le commerce, et augmente considérablement l'échange touristique. Le Premier ministre Erdogan entame une visite officielle au Liban en 2010, marquant ainsi le renforcement de la position et du rôle turcs au Liban[1036]. La Turquie propose de fournir du courant électrique au Liban et elle est présente militairement au sud du pays dans le cadre de la Finul. Pour ce qui concerne le volet du gaz, deux compagnies turques ont été préqualifiées en 2013 en tant que non opérateurs, la Genel Energy Plc et la Turkiye Petrolleri Anonim Ortakligi. La TP a été impliquée dans des activités d'exploration, de forage, de production, de raffinage et de commercialisation d'hydrocarbures en tant que société nationale turque depuis 1954[1037]. Sa croissance a donné naissance à dix-sept grandes entreprises, dont PETKİM, TÜPRAŞ et POAŞ en Turquie et aujourd'hui la

---

1033- SITZENHUL, Charles. *La diplomatie turque au Moyen-Orient. Héritages et ambitions du gouvernement de l'AKP (2002-2010)*. Paris : l'Harmatan. 2012. 232 p.

1034- *Ibid.*

1035- «L'accord de Doha met fin à la crise libanaise », http://www.aljazeera.net/news/pages/00f3f3fb-5dc1-41c7-b58a-f1be4f3ba777, [consulté le 25 novembre 2016].

1036- «Michel Soliman élu président de la république », http://www.lebarmy.gov.lb/article.asp?l-n=ar&id=18651, [consulté le 25 novembre 2016].

1037- http://www.tp.gov.tr/eng/?tp=m&id=75, [consulté le 5 octobre 2017].

compagnie mère est impliquée dans le secteur en amont (exploration, forage, complétion de puits et production)[1038].

Ankara qui consolide ses relations avec le Liban, voit en revanche se détériorer ses relations avec Tel-Aviv, alors qu'à la fin des années 1990, la Turquie avait établi un partenariat stratégique avec Israël qui comprenait une coopération militaire et de renseignement et offrait à Ankara de nouvelles opportunités pour lutter contre le terrorisme, contenir l'Iran et avoir un rôle grandissant dans les territoires palestiniens. Le partenariat stratégique de la Turquie avec Israël commence à s'effondrer à la fin de 2008, lorsque le Premier ministre Erdogan interprète l'agression militaire israélienne à Gaza comme une tentative de saboter les efforts de la Turquie en vue de faire une percée diplomatique entre Israël et la Syrie. Les relations entre la Turquie et Israël continuent de se détériorer au cours des années 2009 et 2010, suite aux critiques verbales du Premier ministre turc Recep Tayyib Erdogan contre le président israélien Shimon Peres au Forum économique mondial à Davos en janvier 2009[1039]. Les relations se sont détériorées plus en juin 2010, lorsque le gouvernement turc exprime son soutien aux militants à bord du ferry turc, Mavi Marmara, qui défiaient le «blocus» d'Israël pour le territoire de Gaza; Israël a répondu avec un raid de commandos qui a provoqué la mort de huit citoyens turcs à bord du navire.

Du fait de la détérioration de ses relations avec Israël et de l'émergence de la nouvelle coopération entre Israël, Chypre et la Grèce, Ankara se voit encerclée. Le non-respect des intérêts de la partie nord de l'île de Chypre signifie le non-respect des intérêts turcs selon Ankara. Pour contrebalancer la nouvelle alliance, la coopération avec Beyrouth sur le dossier du gaz s'avère stratégique. La république de Chypre du Nord, la Turquie et le Liban peuvent ainsi coopérer et protéger leurs droits et richesses maritimes. La capacité des forces marines turques à protéger les installations gazières libanaises sont un argument pour convaincre Beyrouth de l'importance de cette coopération. Seul

---

1038- http://www.tp.gov.tr/eng/?tp=m&id=75, [consulté le 5 octobre 2017].

1039- «Le forum économique mondial à Davos », http://www.rfi.fr/economie/20110127-davos-le-ren-dez-vous-incontournable, [consulté le 5 décembre 2016].

handicap, la crise syrienne : elle fragilise les relations turques avec le 8 Mars libanais qui soutient le régime syrien face à la révolte populaire, ce qui est en contradiction avec les intérêts d'Ankara, qui veut en finir avec le régime de Bachar el Assad. L'arrivée au pouvoir des Frères musulmans en Égypte, alliés de l'APK turc en 2012, a été aussi une opportunité manquée par la Turquie avant la saisie du pouvoir par Abdel Fatah el Sissi pour faire avancer cette alliance et conserver ainsi ses intérêts dans la région.

Dès le début de l'année 2013, la Turquie et Israël ont travaillé pour restaurer leurs relations. Dans ce contexte, les États-Unis mènent une médiation entre les deux pays pour normaliser les relations. Lors de la visite du président Obama à Tel-Aviv en mars 2013, le président américain annonce dans un communiqué que les deux responsables ont eu un appel téléphonique d'une durée de 30 minutes. Le communiqué rappelle l'importance qu'accordent les États-Unis au partenariat stratégique avec les deux pays, et au rétablissement de leurs relations diplomatiques qui contribuera à consolider la paix et la stabilité dans la région[1040]. Un communiqué israélien explique que les deux pays ont décidé de normaliser les relations après les excuses présentées par Netanyahou à Erdogan qui les accepte au nom du peuple turc ; les détails de la reprise de leurs relations ont été formulés ensuite dans un accord passé à Zurich le 16 décembre 2016.

Cet accord, endossé plus tard par les responsables politiques, prévoit le retour des ambassadeurs, l'indemnisation des familles des victimes, mais surtout une vaste coopération dans le domaine du gaz, en planifiant la construction d'un pipeline israélien passant par la Turquie, afin d'acheminer le produit des gisements offshores prometteurs vers l'Europe[1041]. La Turquie fait face à plusieurs défis qui imposent une diminution de la tension avec les pays de la région. L'année 2013 est marquée par la chute de Mohamad Morsi, allié principal d'Erdogan et l'arrivée au pouvoir de Abdel Fatah el- Sissi, farouche opposant aux Frères musulmans et à la politique islamiste de la Turquie. A cela

---

1040- http://www.lemonde.fr/proche-orient/article/2013/03/23/obama-met-un-terme-a-la-brouille-entre-la-turquie-et-israel_1853126_3218.html, [consulté le 2 septembre 2017].
1041- *Ibid.*

s'ajoutent les tensions avec la Russie après son intervention militaire en Syrie en 2015, la crise aiguë avec Moscou après l'abattage d'un avion de chasse russe, les critiques engendrées par la porosité de sa frontière avec la Syrie, sa tolérance envers les djihadistes qui combattent en Syrie et ses crises avec l'UE sur fond des flux migratoires accentués par la crise syrienne. Quant à Israël, elle essaye de sortir d'une situation d'isolement et de repli. Le gaz devient le facteur principal de réconciliation entre les deux pays, et le déclencheur d'une tentative d'un nouveau partenariat.

Dans ce nouveau contexte, la compagnie turque TP commence en octobre 2013 des négociations avec les partenaires du Léviathan pour la construction d'un gazoduc qui achemine le gaz israélien vers la Turquie[1042]. Ce projet semble être intéressant pour la Turquie pour des raisons économiques et politiques. Économiquement, les importations de gaz israélien aideront la Turquie à diversifier ses sources d'approvisionnement et à diminuer sa forte dépendance à l'égard du gaz russe et iranien qui sont aussi plus chers. En conséquence, la Turquie apprécierait une baisse du prix de vente national du gaz pour les consommateurs turcs et une renégociation des prix à la baisse avec Gazprom, ce qui serait un coup de fouet pour libéraliser son marché de gaz naturel et consoliderait son rôle de hub énergétique. Sur le plan politique, un pipeline israélo-turc favoriserait la quête de la Turquie pour devenir une passerelle stratégique pour le gaz naturel en Europe et renforcerait sa position politique en Méditerranée orientale en tant qu'acteur régional clé. Or un tel gazoduc, quels que soient sa taille et son itinéraire, devra surmonter une série d'obstacles géopolitiques majeurs, liés non seulement à l'instabilité croissante de la région, mais aussi aux intérêts politiques impliqués dans la réalisation d'un tel investissement qui devra durer pendant plusieurs décennies. La situation pourrait se compliquer du fait que la Russie s'opposerait à la construction d'un pipeline turco-israélien afin de ne pas perdre son monopole sur les marchés énergétiques turcs et européens. La route onshore ou offshore libano-syrienne

---

1042- KARBUZ, Sohbet, « How to frame and develop the necessary cross-border energy infrastractures between Cyprus, Turkey and Israel ? », Joint report between Egmont Institute and Atlantic Council, Mai 2014.

étant non envisageable, la réalisation d'un tel gazoduc nécessite alors de bonnes relations avec Chypre, seul chemin possible.

Or la division de l'île reste un obstacle majeur pour la réalisation d'un tel projet. Dans ce contexte, le ministre chypriote de l'Energie, Yiorgos Lakkotrypis, souligne à plusieurs reprises qu'il est hors de question que Chypre accepte d'acheminer son gaz par des pipelines traversant la Turquie, avant qu'une solution équitable et permanente au problème de Chypre[1043] ne soit trouvée. Devant le blocage chypriote pour le projet, des voix s'expriment en faveur d'un passage du tube dans les eaux chypriotes même sans l'approbation de Chypre. Ainsi un responsable turc considère-t-il en avril 2017 que le passage du gazoduc dans la ZEE chypriote ne nécessite pas l'approbation de Nicosie, qui sera simplement informée de ce fait. Il explique que les pourparlers énergétiques avec Israël sont dissociés du processus de paix en Chypre[1044]. Le porte-parole du gouvernement chypriote, Nikos Christodoulides, conteste la position de la Turquie et assure qu'un pipeline ne peut passer par la ZEE Chypriote sans la permission de Nicosie[1045].

Israël tente d'apaiser la situation. Un responsable de son ministère de l'Énergie déclare que le pays mène des discussions parallèles avec Chypre et la Turquie sur différents tracés de pipelines. Cependant, il refuse de commenter la question juridique des eaux économiques de Chypre. Convaincre Chypre de laisser passer le gazoduc sans un accord de paix dans l'île consiste à la convaincre de la possibilité qu'il soit utilisé pour l'acheminement de son propre gaz vers les marchés européens.

Un autre obstacle pour la réalisation du projet reste le prix de vente du gaz. Ankara essaye d'obtenir le même prix que celui du gaz vendu localement en Israël, en rappelant aux concernés que d'autres alternatives y compris celle de la Russie sont déjà présentes. Par ailleurs, la Turquie compte sur l'influence

---

1043- KARBUZ, Sohbet, « How to frame and develop the necessary cross-border energy infrastractures between Cyprus, Turkey and Israel ? », Joint report between Egmont Institute and Atlantic Council, Mai 2014.
1044- https://www.bloomberg.com/news/articles/2017-04-13/turkey-sees-no-need-for-cyprus-to-approve-israel-gas-pipeline, [consulté le 2 septembre 2017].
1045- *Ibid.*

de Tel-Aviv sur Nicosie pour dissocier la question de l'île de la question de la construction du gazoduc. Dans ce contexte, la conseillère du président turc, Reha Denemec, confirme que son pays compte sur Israël, force dominante dans la région afin que Chypre accepte la construction et le passage du gazoduc sur sa ZEE, rappelant que ce sera dans l'intérêt de tout le monde[1046].

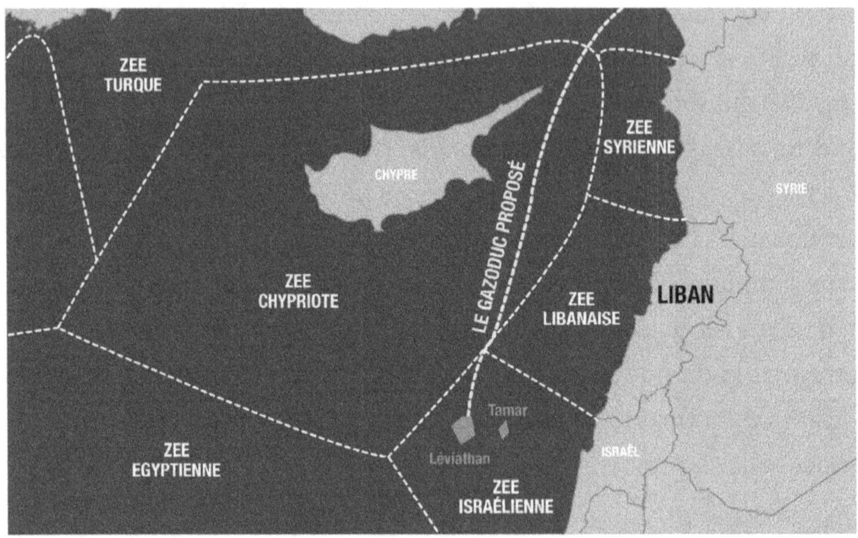

Figure 21: Le tracé du gazoduc proposé entre Israël et la Turquie
(Source: http:// http://www.leblogfinance.com/files/2017/03/Turkey-and-Israel-pipeline-1.jpg, consulté le 5 septembre 2017)

Juridiquement, le texte de la Convention des Nations Unies sur le droit de la mer (UNCLOS) est ambigu en ce qui concerne la question de l'installation des pipelines. Conformément aux articles 58 et 79 de l'UNCLOS, tous les États ont le droit de faire passer des pipelines sous-marins dans la ZEE et le plateau continental d'un autre État. En effet, le paragraphe 2 de l'article 79 stipule : « Sous réserve du droit de prendre des mesures raisonnables pour l'exploration du plateau continental, l'exploitation de ses ressources naturelles et la prévention, la réduction et le contrôle de la pollution par les pipelines, l'État côtier ne peut pas faire obstacle à la pose ou à l'entretien de tels câbles ou pipelines ».

1046- https://www.bloomberg.com/news/articles/2017-04-13/turkey-sees-no-need-for-cyprus-to-ap-prove-israel-gas-pipeline, [consulté le 2 septembre 2017]

Mais le sous-paragraphe (3) semble suggérer le contraire, stipulant : « La délimitation du cours pour la pose de ces pipelines sur le plateau continental est soumise au consentement de l'État côtier ». Par conséquent, l'UNCLOS semble accorder à Chypre le droit de refuser son consentement à un pipeline sur son plateau continental en même temps qu'il oblige Chypre à autoriser un tel pipeline. Compte-tenu de cette ambiguïté juridique, il est peu probable que le gouvernement israélien ou tout investisseur privé (non-turc) accepte le risque politique de contester le droit apparent de Chypre, un État membre de l'UE, de refuser l'autorisation d'un pipeline israélo-turc[1047].

Les bénéfices commerciaux pourraient être un argument en mesure de changer la position de Chypre. Noble Energy et Delek, partenaires du Léviathan, semblent soutenir un tel effort. Le soutien commercial, cependant, ne sera pas suffisant pour atteindre cet accord compliqué. Un effort politique s'avère indispensable ; l'intervention d'un grand acteur international expérimenté sera nécessaire pour aider les trois pays à faire les compromis nécessaires. Les Nations Unies manquent d'expérience dans la négociation d'un tel accord commercial-diplomatique. La Commission européenne a l'expérience de négociation requise (grâce à ses efforts avec le Turkménistan sur le Corridor Sud), mais n'a pas acquis la confiance des turques et de leur allié chypriote, étant donné que Chypre est membre de l'UE. Les États-Unis, cependant, ont de fortes relations avec les trois pays, ainsi qu'une expérience considérable de par la négociation des accords-cadres juridiques et commerciaux internationaux régissant les gazoducs Bakou-Tbilissi-Ceyhan et le Caucase du Sud à la fin des années 1990. Le problème est que l'administration de Trump n'est pas en mesure de prendre en charge actuellement de telles médiations. Elle se concentre sur les questions intérieures et sur sa politique internationale, la priorité allant à la crise avec la Corée du Nord et pour l'endiguement de l'Iran avec une relecture de l'accord nucléaire signé et le refondement d'une nouvelle alliance avec les pays sunnites notamment l'Arabie saoudite pour redimensionner et limiter la sphère d'influence de Téhéran au Moyen-Orient.

1047- MATTHEW, Bryza, « Eatsern Med natural gas: potential for historic breakthroughs among Israel, Turkey and Cyprus », Joint report between Egmont Institute and Atlantic Council, Mai 2014.

Au lieu d'être un dénominateur commun et un axe de stabilité, le gaz naturel est donc devenu un élément prédominant dans les obstacles juridiques et géopolitiques. Une coopération pragmatique serait essentielle pour faire en sorte que le gaz de la Méditerranée orientale soit acheminé en Turquie. Deux grands obstacles demeurent : d'une part la crise syrienne avec les mauvaises relations qui lient Damas à Ankara et qui pourront être un obstacle au pompage du gaz et d'autre part la question chypriote.

Le rôle de la Russie est décisif car Moscou contrôle le littoral syrien, passage terrestre ou maritime obligatoire pour tout gazoduc depuis la Méditerranée orientale. Même si la Russie a de bonnes relations actuellement avec Israël et la Turquie, ses intérêts économiques et stratégiques priment. A cela s'ajoute la guerre des prix que la Russie peut entamer pour rendre économiquement tout gazoduc non rentable, sachant qu'elle essaye d'augmenter sa sphère d'influence à Chypre, politiquement et économiquement. L'association de l'acteur russe à de tels projets stratégiques s'avère importante car il détient des cartes importantes qui pourront compliquer ou faciliter la situation.

4. L'Iran, l'axe de l'énergie chiite

L'Iran, héritier de la Perse essaye toujours de confirmer sa forte identité entre les mondes arabe, turc, indien et européen, tout en étant cerné par des conflits armés[1048]. Au nord-ouest, les conflits du Causasse, à l'Est les conflits de l'Asie centrale (Afghanistan, Kashmir etc.) et au sud-ouest le Golfe arabo-persique, un centre d'instabilité perpétuelle, qui a connu trois conflits armés majeurs. L'évolution des rapports de force internationaux s'ajoute au contexte régional compliqué pour expliquer les contraintes qui s'exercent sur la situation géopolitique de l'Iran[1049]. Ainsi, l'Iran du chah était-il « le gendarme du golfe Persique » face à l'URSS. La révolution islamique de 1979 a bouleversé le Moyen-Orient et l'ordre mondial en s'opposant aux États-Unis, à ses voisins arabes et à Israël[1050].

1048- HOURCARDE, Bernard. *Géopolitique de l'Iran*. Paris : Armand Colin, 2010, p. 209 .
1049- DJALILI, Mohamad Reza. *Géopolitique de l'Iran*. Paris : Editions complexes, 2005. p 143.
1050- *Ibid.*

Les relations entre l'Iran et le Liban remontent fort loin dans l'histoire. Le chah Ismail, fondateur de la dynastie safavide, décida d'établir le chiisme duodécimain comme religion d'État de son nouvel empire[1051]. Dans les premières décades du 14 -ème siècle, il fait venir alors en Iran, des hommes de religion chiites duodécimains de l'Irak, de Bahreïn et de Jabal Amel (qui allait devenir le Liban-Sud)[1052]. Cette opération se poursuivit sous la dynastie Qadjar. Des ulémas chiites de Jabal Amel affluèrent en Iran et y occupèrent des positions-clés dans l'appareil religieux de l'empire, ce qui leur permit de contribuer grandement à l'instauration du chiisme duodécimain comme religion officielle et dominante de l'État et de la société iraniens.

Au début du 20ème siècle, les universités libanaises, l'USJ, l'AUB et autres collèges attirent l'élite iranienne. Beyrouth devient alors un centre éducatif incontournable pour les personnalités iraniennes : parmi celles qui ont fait leurs études au Liban, on trouve Amin Abbas Hoveyda (premier ministre entre 1965 et 1977) et son frère Fereydoun, au Lycée français de Beyrouth, de même que Chahpour Bakhtiar, dans les années 1930. Les relations entre les deux pays se développent après l'arrivée au pouvoir de la dynastie Pahlavi (1925-1979). Leurs relations économiques permettent aux produits européens et américains d'affluer à travers Beyrouth vers les marchés iraniens. Quant aux relations diplomatiques, elles sont établies dans les années 50. Durant le mandat du président Camille Chamoun, Mohammad Reza Chah développa ses relations avec Beyrouth pour faire face au nationalisme arabe révolutionnaire.

L'imam Moussa Sadr, « aalem » d'origine libanaise venu de Téhéran au Liban, marque les années 1960-1970. Il mène une action remarquable pour la modernisation, l'unification et l'intégration de la communauté chiite libanaise dans l'État et la société[1053]. Le libéralisme politique incite plusieurs opposants au régime iranien à venir s'installer au Liban. Mohsen Nejathoseini, membre fondateur des « Moujahidine Khalq », Moustafa Chamrane, Ali-Akbar Mohtachémi et sayyed Hadi Ghaffari, tous viennent à Beyrouth et jouent un rôle important dans la formation de Hezbollah au Liban et en Iran.

1051- JURDI ABI SAAB Roula, HOURANI Albert, HOLLNGER Richard. *Five Centuries of Lebanese-Iranian Ties*. I.B Tauris. 2006. 322 p.

1052- LABAKI, Boutros, http://www.lorientlitteraire.com/article_details.php0000?cid=16&nid=6053, Liban-Iran, une histoire d'amitié et de méfiance, [consulté le 20 juillet 2017].

1053- *Ibid.*

L'invasion israélienne du Liban en 1982 est l'accélérateur pour la formation du parti du Dieu, qui vise à exporter le modèle islamique de la révolution iranienne. Plusieurs groupes chiites fusionnent alors et dans la Bekaa, forment le Hezbollah, devenu une organisation centralisée en 1985. Depuis, le parti est devenu la pierre angulaire dans la stratégie de l'Iran et dans sa vision des relations bilatérales entre les deux pays. L'Iran qui a de grands intérêts au Liban, maintient son influence afin de rester présent sur les côtes de la Méditerranée en soutenant la communauté chiite libanaise, et en fournissant armes et argent au Parti à partir de 1982. De plus, la présence forte des chiites dans le système politique libanais lui fournit un allié fiable, qui garantit les intérêts régionaux de Téhéran. Pour Henry Laurens, l'Iran cherche à tout prix l'accès à la Méditerranée[1054]. Il décrit l'influence majeure iranienne au Liban comme une ceinture de sécurité destinée à protéger le cœur du pays en déplaçant les lieux du conflit, tout en rappelant que l'Iran a été envahi à trois reprises en un siècle : pendant la Première et la Seconde Guerre mondiales, puis lors de la guerre Iran-Irak[1055]. De par son soutien à Hezbollah qui est le premier maillon de cet arc chiite, avec le contrôle d'une bonne part de l'Irak et de la Syrie, l'Iran dispose d'un bouclier[1056]. Laurens explique également que le soutien iranien au régime de Bachar el-Assad est beaucoup moins une prétendue solidarité entre chiites qu'une ambition géographique[1057]. Pour le leadership iranien, ce bouclier est vital pour la protection du pays. L'hégémonie exercée est une reviviscence du mouvement révolutionnaire de 1979 mais elle engendre la réaction de l'Arabie saoudite qui se sent encerclée comme à l'époque des monarchies hachémites d'Irak et de Jordanie ou de l'Égypte nassérienne et de la guerre du Yémen des années 1960[1058].

En parallèle à sa présence politique, l'Iran consolide sa présence économique à travers l'exécution de projets d'infrastructures dans certaines

---

1054- GUBERT, Romain, « Henry Laurens : le choc entre le KSA et l'Iran est un conflit géopolitique majeur », *Le Point*, 29 juin 2017.
1055- *Ibid.*
1056- *Ibid.*
1057- *Ibid.*
1058- DA LAGE Olivier. *Géopolitique de l'Arabie saoudite*. Paris : éditions complexes, 2006. 143 p

régions du pays à majorité chiite comme à Baalbek ou à Hermel[1059]. Il offre la construction de nouvelles usines pour assurer une alimentation continue en courant électrique[1060]. L'ambassadeur d'Iran au Liban, Ghadanfar Abadi, déclare que l'Iran est prêt à aider le Liban dans le domaine de l'énergie en acheminant l'électricité iranienne à travers l'Irak et la Syrie, mais également en investissant dans des usines de production. Il souligne que les entreprises iraniennes veulent participer aux appels d'offres et sont confiantes en leurs chances de les remporter, car les prix qu'elles proposent ne comportent pas de bénéfices, et donc, sont susceptibles d'être inférieurs à ceux de toutes les autres sociétés[1061].

D'autre part, Téhéran lance un projet d'interconnexion électrique entre l'Irak, la Syrie et le Liban[1062]. Elle entend ainsi jouer un rôle grandissant dans toute la région, surtout après la chute en 2003 du régime de Saddam Hussein, qui représentait un obstacle majeur à son expansion. En février 2012, l'agence iranienne Mehr rapporte que «l'arc géographique de l'Iran à travers l'Irak et de la Syrie au Liban est proche de l'exécution d'un projet gigantesque qui relie les réseaux électriques des quatre pays et permet la fourniture de l'électricité iranienne avec une grande flexibilité[1063] ».

Il est question d'assurer dans une première étape l'échange de 1600 MWs, divisés de la façon suivante : 1000 pour l'Irak, 500 pour la Syrie et 100 pour le Liban[1064]. Un protocole d'entente est signé entre le secrétaire adjoint de l'énergie de l'Iran pour l'électricité, Mohammad Behzad, le conseiller du ministre de l'Électricité irakien, Adel Mahdi et, côté libanais, le directeur général du transport d'électricité, Najib Saleh. La guerre en Syrie retarde le projet sans l'annuler selon une source du ministère de l'Énergie libanaise qui

---

1059- « Les projets iraniens au Liban », http://www.iranianembassy.net/index.php?page=6&lan=Ar, [consulté le 5 juillet 2017].
1060- « Iran fournit l'électricité au Liban », http://www.alalam.ir/news/1117794, [consulté le 5 juillet 2017].
1061- KOUBEISSI, Kamal, « Iran fournit l'électricité à l'arc chiite », http://www.alarabiya.net/articles/, [consulté le 5 juillet 2017].
1062- *Ibid.*
1063- *Ibid.*
1064- *Ibid.*

préfère garder l'anonymat[1065]. Pour rappel, en 1995, les deux pays ont signé un accord permettant la fourniture du courant électrique, qui a été renouvelé annuellement, dont la dernière fois, en date du 6 mars 2017[1066].

Côté syrien, et ce, même avant la fin de la guerre en Syrie, l'Iran prend des initiatives pour contribuer au redressement du secteur électrique du pays qui a subi durant la guerre de lourdes pertes, estimées à 19 milliards d'euros[1067]. Les ministres de l'Énergie de l'Iran et la Syrie signent un accord permettant à Téhéran la construction d'une usine de 540 MWs à Lattaquié et d'une autre de 125 MWs qui fonctionne au gaz naturel dans la ville de Bannias à coté de Tartous[1068]. Le choix de ces deux villes porte un message politique clair : toutes les deux sont à majorité alaouite, communauté du président syrien Bachar el Assad. Il peut être justifié par la situation relativement calme qu'ont connu les deux villes durant les années de guerre mais c'est aussi un choix stratégique pour s'assurer que la région alaouite dispose de toutes les infrastructures nécessaires : usines d'électricité, ports, aéroports, etc[1069]. L'Iran conforta sa présence sur tous les plans et renforce l'interdépendance des pays de l'axe chiite.

L'Iran cherche à s'imposer comme un acteur énergétique dans la région. La levée des sanctions après l'accord nucléaire avec les P 5 + 1 , entré en vigueur en octobre 2015, est une vraie opportunité pour Téhéran[1070]. Plusieurs projets de gazoducs sont alors négociés. Le vrai handicap reste le manque d'investissement de la part des grandes compagnies internationales. L'Iran est le troisième producteur de pétrole de l'OPEP et le premier des pays disposant des réserves de gaz[1071]. Il cherche à attirer des compagnies étrangères pour

---

1065- Selon une source qui a préféré garder l'anonymat.

1066- HAGE BOUTROS, Philippe.«EDL augmente ses importations d'électricité de la Syrie», *L'Orient Le Jour*, 9 août 2017.

1067- *Ibid.*

1068- https://arabic.rt.com/business/898520/, [consulté le 13 septembre 2017].

1069- BALANCHE, Fabrice. *La région alaouite et le pouvoir syrien*. Paris : Karthala. 2006.

1070- l'Iran et les pays du « P 5+1 » (Etats-Unis, Russie, Chine, France, Royaume-Uni et Allemagne) sont parvenus à un compromis sur le nucléaire iranien le mardi 14 juillet 2015 à Vienne.

1071- https://www.gazprom-energy.fr/gazmagazine/2016/03/reserves-gaz-naturel-monde/, [consulté le 2 septembre 2017].

développer sa production de gaz et de pétrole, après des années de sous-investissement[1072]. Avec l'arrivée de Donald Trump à la Maison Blanche, le ton monte à nouveau entre les deux pays sans que l'accord déjà signé ne soit annulé ou suspendu jusqu'à présent. Le 8 mai 2018, les Etats-Unis annoncent leur retrait de l'accord.

Total a profité de la levée des sanctions pour signer un contrat estimé à 4,8 milliards de dollars américains pour le développement du champ Pars Sud (South Pars)[1073] et devient ainsi la première firme occidentale à investir en masse en Iran après la levée des sanctions. Pars Sud est l'un des plus grand gisements offshores au monde et il est en développement depuis les années 1990[1074]. Le protocole d'accord signé en novembre 2017 prévoit que Total sera l'opérateur du projet Pars Sud 11 et son actionnaire à 50,1%, aux côtés de Petropars, filiale de la NIOC (19,9%) et de la compagnie nationale chinoise CNPC (30%)[1075]. Qatar et l'Iran partagent ce gisement. Téhéran appelle ce champ South Pars et Doha, North Field. L'entente entre ces deux pays pour le développement de ce gisement, après 10 ans de suspension, est l'une des causes de la crise que connaissent actuellement les pays du Golfe[1076].

Téhéran cherche à développer son marché de gaz et essaye de consolider sa position d'acteur énergétique clé en lançant plusieurs projets de gazoducs. Outre son gazoduc qui achemine le gaz vers la Turquie avec des importations de 30 millions de m3 par jour[1077], elle lance plusieurs nouveaux projets de gazoducs. Le premier relie dans une première phase l'Iran au Pakistan. Il a été lancé en 2010, et vise à relier sur 1800 kms les champs gaziers de South Pars en Iran, à Nawabshah, ville située près de la métropole économique du Pakistan, comptant près de 200 millions d'habitants et affectée par une crise énergétique

---

1072- http://fr.reuters.com/article/businessNews/idFRKBN19N0KX-OFRBS, [consulté le 2 septembre 2017].
1073- http://www.lefigaro.fr/societes/2017/07/02/20005-20170702ARTFIG00057-total-s-apprete-a-signer-un-contrat-de-48-milliards-de-dollars-en-iran.php, [consulté le 2 septembre 2017].
1074- http://fr.reuters.com/article/businessNews/idFRKBN19N0KX-OFRBS, [consulté le 2 septembre 2017].
1075- *Ibid.*
1076- https://arabic.rt.com/business/871452/, [consulté le 2 septembre 2017].
1077- *Ibid.*

qui freine sa croissance[1078]. En 2013, l'Iran a terminé la construction du pipeline de son coté de frontière, mais le Pakistan suspend le projet à cause des sanctions américaines imposées à Téhéran. Le ministre pakistanais du Pétrole, Shahid Khaqan Abbasi, considère que la levée des sanctions permettra à son pays de respecter ses engagements vis-à-vis du gazoduc[1079].

Trajet	Statut	Capacité	Longueur
Iran – Turquie	Fonctionnel	million m^3 / jour 30	
Iran – Pakistan	Annoncé et interrompu	-	km 1800
Iran – Oman	En cours de réalisation	milliard m^3 / an 10	Km 260
Iran – Irak-Syrie-Liban	Partiellement Fonctionnel	-	Km 500
Iran – Italie	Accord de principe subordonné à l'accord sur le nucléaire	-	Km 1800

Tableau 20: les projets de gazoducs iraniens
Sources : An-Nahar et Al-Akhbar

Le deuxième gazoduc acheminera le gaz iranien vers Oman. Les ministres de l'Énergie des deux pays se sont mis d'accord pour la mise en œuvre du projet de gazoduc Iran-Oman[1080]. Le ministre iranien Bijan Namdar Zanganeh déclare en janvier 2016 que tous les obstacles ont été levés devant la réalisation du projet et que les préparatifs sont en cours[1081]. En février 2017, les deux pays signent un accord pour la construction du gazoduc. Il permettra l'acheminement de 10 milliards de M3 de gaz annuellement pendant une période de 15 ans[1082]. Le coût total du projet est estimé à un milliard de dollars et sera financé entièrement par Oman[1083]. Le gaz sera acheminé par un pipeline de 260 kms qui passera par la province iranienne de Hormuzgan jusqu'au port

---

1078- http://www.leparisien.fr/flash-actualite-economie/l-accord-avec-teheran-redonne-vie-au-projet-de-gazoduc-pakistan-iran-15-07-2015-4946347.php, [consulté le 2 septembre 2017].
1079-*Ibid.*
1080- http://archive.almanar.com.lb/french/article.php?id=280961, [consulté le 2 septembre 2017].
1081- *Ibid.*
1082- http://www.almanar.com.lb/1485834, [consulté le 2 septembre 2017].
1083- https://arabic.rt.com/news/667179/, [consulté le 2 septembre 2017].

omanais de Sohar, situé de l'autre côté du Golfe, avant de se connecter au réseau national omanais. Le projet devrait commencer en 2020[1084]. Face aux objections de l'UAE de laisser le gazoduc passer dans ses eaux, les deux pays se sont entendus en février 2017 pour changer le tracé du gazoduc et le faire passer dans les eaux profondes. Des représentants de Total, Shell, et Kojaz ont aussi participé aux réunions[1085].

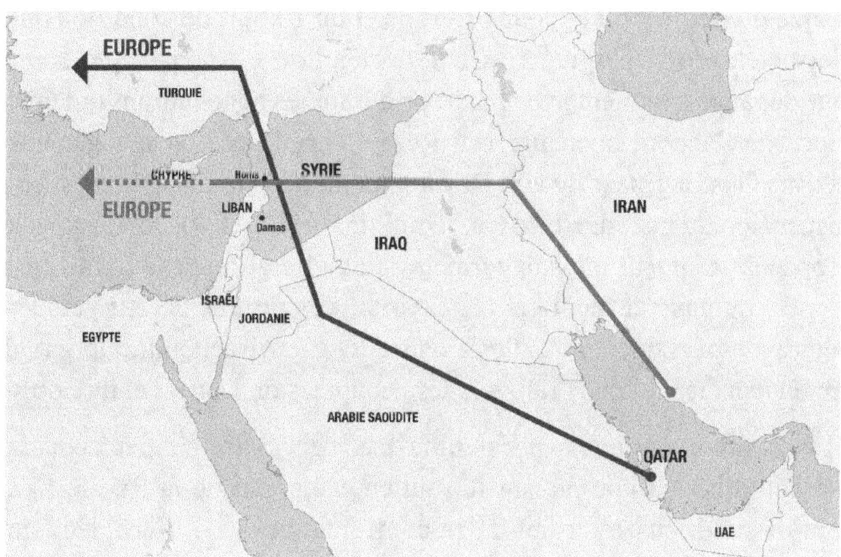

Figure 22 : le tracé du futur gazoduc entre Iran, Iraq, Syrie et Liban
Source : https://ripostelaique.com/les-vraies-raisons-de-la-guerre-en-syrieet-de-la-crise-des-migrants.html, [consulté le 10 septembre 2017].

L'Iran pourra aussi utiliser le gazoduc Transap pour acheminer son gaz vers l'Europe. Cette option a été soulevée par le directeur du projet[1086]. Dans le même contexte, l'ambassadeur iranien en Azérie annonce que l'Iran sera intéressé d'utiliser le gazoduc dans le cas où elle achète une part dans la concession qui finance le projet.

Le ministre iranien de l'Industrie, Mohammad Reza Nehmezadeh, assure en avril 2014 que son pays est prêt à approvisionner l'Europe en gaz

<hr>

1084- https://arabic.rt.com/news/667179/, [consulté le 2 septembre 2017].

1085- http://www.cnbcarabia.com/news/view/25171/25171/-غاز-أنابيب-خط-مسار-تغيير-على-عمان-سلطنة-مع-تتفق-ايران-
تفاديا-لمروره-بالاما رات.html, [consulté le 2 septembre 2017].

1086- http://www.turkpress.co/node/27006 , [consulté le 2 septembre 2017].

naturel d'une façon stable, fiable et à long terme[1087]. Le message est envoyé à l'Europe suite au développement de la crise ukrainienne : l'Iran, en négociation avec les puissances mondiales, envoie un message au détriment de son allié russe. En septembre 2014, le président iranien Hassan Rouhani exprime la volonté de Téhéran de fournir de l'énergie à l'Europe via l'Autriche lors de sa rencontre avec le président autrichien Hans Fischer à New York pendant l'assemblée générale des Nations Unies. Il ajoute que son pays pourra être une source d'énergie stable pour l'Europe et qu'il jouit de conditions uniques dans le secteur de l'énergie[1088]. Cette déclaration est considérée comme un message de rapprochement avec l'Europe durant les négociations qui précédent la période de l'accord nucléaire. Ali-Reza Gharibi, le directeur général de la société Iran Gas Engineering and Development, déclare que l'Iran est en phase de construction du gazoduc Iran Gas Trunkline-9 (IGAT-9), connu sous le nom de Europe Gas Export Line, qui permettra l'amélioration de la livraison du gaz vers l'ouest du pays et facilitera les exportations futures de gaz vers les pays européens. Le gazoduc fait 1800 Kms de long et il achemine le gaz depuis Assaluyeh dans le sud de l'Iran vers les provinces de l'ouest et du nord-ouest.

La position iranienne ne signifie pas nécessairement un changement dans sa politique qui compte sur le soutien et l'appui de la Russie : Téhéran a besoin du poids russe du fait de sa confrontation avec l'Occident sur fond de programme nucléaire et de la limite de sa sphère d'influence au Moyen-Orient. D'autre part, la Russie reste le premier fournisseur d'armes à Téhéran et la seule couverture politique dans les instances internationales. Les relations ne se limitent pas au côté militaire. Sur le plan économique, l'Iran importe la majorité de son blé de Russie, et a utilisé à plusieurs reprises le système de troc pour contourner les sanctions occidentales, sans oublier que les Russes ont construit la station nucléaire de Boucheher. Mais la Russie ne tolère aucun jeu concernant la question du gaz, même si c'est de la part d'un allié proche. Le président iranien clarifie donc la situation : son pays ne sera pas une alternative au gaz russe, si Moscou arrête l'approvisionnement de l'Europe ; cela apaise le Kremlin après les déclarations de Rouhani à New-York[1089].

1087- http://www.aljoumhouria.com/#/992/6/91745, [consulté le 2 septembre 2017].

1088- http://www.shana.ir/en/newsagency/225412/Iran-Ready-to-Supply-Energy-to-Europe. [consulté le 2 septembre 2017].

1089-*Ibid.*

La visite du président iranien en Italie en janvier 2016 fut l'occasion de revaloriser le projet de l'acheminement du gaz iranien vers l'Europe. En effet, un accord de 5 milliards de dollars est signé entre le groupe italien Saipem et les compagnies iraniennes National Gas Company et Persian Oil & Gas[1090]. La compagnie italienne, premier investisseur du projet, envisage de construire un gazoduc de 1800 Kms pour acheminer le gaz iranien vers l'Europe via la Turquie[1091]. La réalisation du projet est envisageable après la levée des sanctions, mais le plus important est d'obtenir les feux verts politiques des différentes parties concernées directement ou indirectement. La Russie et les États-Unis notamment, ont, de fait, une intersection d'intérêts qui fait que la réalisation d'un tel projet sera difficile, de longue durée, nécessitant de longues négociations et des manœuvres politiques et diplomatiques diverses. La Russie essaye de dominer ou d'être un partenaire influent dans tous les projets énergétiques fournissant les ressources naturelles à l'Europe. Les États-Unis ne veulent pas considérer le gaz comme un outil géopolitique qui consolidera le rôle de Téhéran et augmentera sa sphère d'influence. Ce projet revêt une importance stratégique et économique pour l'Iran ; sa conception inclut les plans d'investissement et de réalisation qui marquent le rétablissement de ses liens commerciaux avec l'Europe et le placent parmi les acteurs importants sur le marché mondial du gaz. Les compagnies européennes conscientes de ces opportunités économiques essayent d'agrandir leur part dans les projets d'investissements énergétiques en Iran. Dans ce contexte, 17 documents conjoints dont dix accords énergétiques et d'infrastructures pour 17 milliards d'euros ont été signés lors de la visite de Rouhani à Rome[1092]. Saipem, contrôlé par Eni et le fonds public italien FSI, envisage de rénover les raffineries de pétrole de Shiraz et de Tebriz.

En revanche, l'utilisation du sol turc (Tanap ou autre gazoduc), représente deux défis pour l'Iran. Outre la nécessité de l'augmentation des investissements

---

1090- https://fr.sputniknews.com/economie/201601261021242741-gazoduc-iranien-europe/, [consulté le 2 septembre 2017].
1091- *Ibid.*
1092- *Ibid.*

occidentaux dans ses infrastructures pétrolières, la dépendance de l'Iran vis-à-vis de la Turquie permettra à Ankara de détenir une carte qui pourra être utilisée comme outil de pression sur Téhéran. L'alternative serait alors l'acheminement du gaz iranien vers les côtes syriennes ou libanaises sans passer par la Turquie.

Du fait de leurs relations ambiguës, les ambitions des deux pays voisins s'opposent de plus en plus frontalement. Les fractures confessionnelles entre sunnites et chiites de la région, et la guerre ouverte en Irak et en Syrie sont parmi les dossiers explosifs. Avec le changement du pouvoir en Irak, suite au renversement de Saddam Hussein, Bagdad est désormais gouvernée par des dirigeants à dominance chiite. La rivalité se transforme en une guerre froide entre d'une part l'Iran et d'autre part les pays sunnites notamment l'Arabie saoudite et la Turquie. Pour Henry Laurens, il ne s'agit pas simplement d'une querelle d'ego entre sunnites et chiites mais d'un conflit géopolitique majeur[1093]. La plupart des théâtres de conflits du Moyen-Orient, de Bahreïn au Liban en passant par l'Irak, la Syrie, la Palestine et le Yémen, connaissent une intensification de la lutte d'influence avec le début des révoltes populaires du printemps arabe. Mais malgré la rivalité existant entre la Turquie et l'Iran, une entente semble possible en raison des nécessités du moment, surtout celles concernant les questions économiques comme le transport du gaz : Tout d'abord, la Turquie était le marché secondaire de l'Iran pour contourner les sanctions occidentales. Ensuite, le dossier kurde est un facteur de rapprochement entre les deux pays, tous deux opposés à la formation d'un État kurde ou même à une autonomie proclamée pouvant inciter les kurdes turques et irakiens à la rejoindre, ce qui entraînerait une déstabilisation pour ces deux pays qui ont d'importantes minorités kurdes.

D'autres exemples de leurs ententes se retrouvent dans leur passé historique commun. Les deux pays étaient les premiers de la région à s'accorder en 1639 pour signer le traité de Zohab qui délimite leurs frontières[1094]. Au XXème siècle, les deux pays s'influencent mutuellement

1093- GUBERT, Romain, « Henry Laurens : le choc entre le KSA et l'Iran est un conflit géopolitique majeur », *Le Point*, 29 juin 2017.
1094- DJALILI, Mohamad Reza. *Géopolitique de l'Iran*. Paris : Editions complexes, 2005. 143 p

par leur développement politique. La Perse connaît en 1906 une révolution constitutionnelle qui sera suivie en 1908 par la révolution Jeunes Turques. Des programmes de modernisation similaires ont été lancés dans les deux pays après la Première Guerre mondiale. Ainsi Atatürk impose-t-il en 1923 une politique de modernisation autoritaire qui inspira Reza Shah lors de l'établissement de la dynastie Pahlavi fin 1925. Ankara et Téhéran collaborent au sein des pactes de Bagdad et de Cento à partir des années 1950 jusqu'à la Révolution islamique. Une période de turbulence marque les relations entre les deux pays suite au changement radical qu'a connu l'Iran. La nature différente des deux régimes dont l'un est laïc et l'autre, islamique religieux eut un impact négatif sur l'évolution des relations politiques bilatérales. Or la complémentarité économique et géopolitique incite les deux voisins à éviter tout conflit voire à développer leurs relations malgré les différences politiques existantes. La Turquie a besoin du gaz iranien d'une part pour sa propre consommation et d'autre part pour consolider son rôle en tant que transitaire énergétique entre l'Europe et l'Asie. L'Iran, de son côté, compte sur les importations turques surtout sur les produits industriels.

Pourtant si l'Iran désirait contourner la Turquie, l'alternative serait alors l'acheminement du gaz iranien vers les côtes syriennes ou libanaises. Le troisième gazoduc permet l'acheminement du gaz au Liban en passant par l'Irak et la Syrie ; Téhéran signe un accord avec l'Irak et la Syrie pour acheminer le gaz iranien jusqu'aux côtes de la Méditerranée. Le ministre irakien du Pétrole Hussein al-Shahristani déclare lors d'une réunion avec Jawad Ogi vice-ministre iranien du pétrole en août 2010, que Bagdad a approuvé la mise en place d'un pipeline pour transporter le gaz iranien à travers le territoire irakien en Syrie[1095]. Pour sa part, Jawad Ogi explique que son pays utilisera son réseau de gazoducs transfrontaliers pour exporter le gaz avec une capacité estimée à 110 millions de mètres cubes par jour[1096]. Le coût de ce projet est

---

1095- DJALILI, Mohamad Reza. *Géopolitique de l'Iran*. Paris : Editions complexes, 2005. 143 p
1096- «L'Irak et le gaz iranien », http://arabic.rt.com/news_all_news/news/52595/, [consulté le 13 août 2016].

estimé à 10 milliards de dollars avec un réseau qui s'étend sur 5000 Kms et une durée d'exécution évaluée entre 5 et 10 ans[1097]. Le ministre iranien du Pétrole Rustom Kasemi annonce en avril 2012 que les travaux accomplis sur la ligne sont achevés à 40% et que le gaz doit parvenir à Bagdad en février 2013[1098]. Il ajoute lors d'une conférence de presse que le transfert du gaz iranien vers l'Irak, les côtes de la Syrie et du Liban, en Méditerranée, est une question importante pour la République Islamique qui veut contribuer au développement des peuples de la région[1099]. Pour sa part, le ministre iranien de l'Énergie Magid Namjo déclare durant sa visite à Beyrouth en novembre 2012 que son pays est prêt à coopérer avec le Liban sur la question du gaz et du pétrole. Il réaffirme la position iranienne qui soutient le Liban dans tous les domaines stratégiques[1100]. En 2013, le gouvernement irakien autorise son ministre de l'Énergie à signer un nouvel accord-cadre avec la Syrie et l'Iran pour compléter l'exécution du projet déjà en marche[1101].

En juin 2015, un responsable iranien déclare que les exportations de gaz vers l'Irak seront retardées. Il avance des raisons techniques et de sécurité, du côté irakien, qui ont incité les deux pays à retarder le projet[1102] ; la sécurité du gazoduc étant assurée par les Iraniens sur le sol iranien et par les Irakiens sur leur propre sol. En avril 2017, l'Iran lance l'exportation de son gaz vers l'Irak, Bagdad devenant ainsi le premier importateur du gaz iranien. La capitale irakienne est reliée par un gazoduc qui part de l'ouest de l'Iran tandis qu'un autre devrait transporter le gaz du sud-ouest iranien vers la ville de Bassora, dans le sud de l'Irak. Ces deux gazoducs devraient porter à terme à 70 millions m3 par jour les importations irakiennes de gaz d'Iran[1103].

1097- http://www.bbc.com/arabic/middleeast/2013/02/130219_iraq_pipeline, [consulté le 2 septembre 2017].

1098- «Le gaz iranien arrive en Méditerranée », http://www.alalam.ir/news/971774, [consulté le 5 octobre 2012].

1099-*Ibid.*

1100-« L'Iran est prêt à coopérer avec le Liban dans le secteur de gaz », *As-Safir*, 19 novembre 2012.

1101-http://www.bbc.com/arabic/middleeast/2013/02/130219_iraq_pipeline, [consulté le 2 septembre 2017].

1102- http://www.aljazeera.net/news/ebusiness/2015/7/2/, [consulté le 2 septembre 2017].

1103-http://www.lefigaro.fr/flash-eco/2017/06/22/97002-20170622FILWWW00089-gaz-iranien-debut-des-exportations-vers-l-irak.php, [consulté le 2 septembre 2017].

Même si l'Iran n'a pas le savoir-faire nécessaire pour participer en tant qu'opérateur aux appels d'offres visant à explorer la mer libanaise, il participe aux pré-qualifications en tant que non opérateur. Petropas, la compagnie iranienne, présente un dossier en 2013 mais ne se qualifie pas. Elle sera préqualifiée lors de la réouverture des pré-qualifications en 2017. Des sources (qui ont préféré garder l'anonymat) expliquent que la compagnie a présenté un dossier complet en 2017 à la différence du dossier présenté en 2013 et nient toute dimension politique dans cette question, soutenant que si les ingérences politiques étaient un facteur déterminant, elles auraient montré leur influence lors des premières pré-qualifications. La participation nécessite toutefois de se rapprocher d'un consortium de compagnies pour présenter une offre sur un bloc et cette tâche reste la plus difficile. Mais l'Iran compte bien bénéficier de sa présence politique au Liban pour influencer la question du gaz et accroître son rôle régional. La proximité des gisements israéliens du territoire libanais fait qu'ils sont sous la portée des missiles iraniens fournis à Hezbollah. L'Iran contrebalance ainsi la puissance militaire israélienne et utilise cela comme une garantie contre toute attaque potentielle de Tsahal contre ses propres installations nucléaires. Grâce aux armes de Hezbollah, le gaz en Méditerranée devient pour le régime iranien un atout qu'il peut utiliser au cours de négociations ou de confrontations avec les États-Unis, Israël et l'Occident.

Les découvertes de gaz en Méditerranée orientale suscitent chez les grandes puissances mondiales un intérêt croissant pour la région. Les États-Unis tentent de promouvoir un compromis entre Israël et le Liban, alors que la Russie et la Chine s'efforcent de consolider leurs relations avec l'ensemble des États concernés et que l'Union européenne met en avant ses relations historiques avec chacun d'entre eux pour que ses compagnies jouent un rôle dans l'attribution des marchés actuels et futurs. Les États de la région entrent, pour leur part dans, une nouvelle dynamique où se recomposent les alliances régionales, le Liban étant en particulier appelé à rejoindre sur un plan à la fois politique et énergétique la Turquie, l'Iran ou encore l'Égypte.

conclusion

A la fin des années 1990, les compagnies pétrolières internationales commencent à s'intéresser à la Méditerranée orientale suite à la publication d'études qui estiment probable la présence de gaz en quantités commerciales dans ses fonds marins. L'homogénéité de la composition géologique de cette mer concerne plusieurs pays : le Liban, Israël, Chypre, l'Egypte et la Syrie pour la partie de sa côte intégrée dans le bassin levantin. La Turquie est aussi concernée du fait qu'elle a des frontières communes avec ce bassin et une présence militaire à Chypre du Nord. Les travaux d'exploration et les découvertes réalisées valident l'hypothèse de la présence du gaz. Au cours des années 2000, on découvre du côté israélien plusieurs champs : Mari B en 2004, Dalit en 2008, Damar et Tamar en 2009 et Léviathan en 2010, le plus grand champ de gaz découvert en Israël. La dernière en date de ces découvertes remonte à 2016 avec le champ Dolphine. Au total, Israël a fait des découvertes dans 10 champs, dont les réserves sont estimées à l'équivalent de 35 tcf[1104] (Trillion Cubic Feet). Du côté chypriote, la confirmation a eu lieu le 28 décembre 2011, avec l'annonce par Nicosie de la découverte de son premier gisement de gaz, Aphrodite, en face de son littoral sud, dont les réserves sont estimées à 4,5 tcf[1105] et les travaux d'exploration dans la ZEE chypriote sont toujours en cours. Quant à l'Egypte, la plus importante découverte a été faite en 2015 et a révélé l'existence d'un important gisement nommé Zohr avec des réserves de 30 tcf[1106]. Il entre en phase de production en 2018 sachant qu'il est considéré comme étant le plus grand gisement de gaz en Méditerranée orientale.

1104- http://www.washingtoninstitute.org/policy-analysis/view/israels-leviathan-gas-field-politics-and-reality, [consulté le 5 septembre 2017].

1105- https://www.lecommercedulevant.com/article/25739-gaz-offshore-regain-dintrt-pour-le-potentiel-de-chypre-, [consulté le 5 septembre 2017].

1106- https://www.eni.com/docs/en_IT/enicom/media/press-release/2017/03/eni-fourth-quarter-2016-results-ceo-claudio-descalzi-comments-results.pdf, [consulté le 5 septembre 2017].

Ce n'est qu'en 2018 que le Liban lance les appels d'offre pour le début des explorations dans sa mer pour des raisons politiques dues aux divisions internes. Le démarrage des travaux d'exploration est prévu pour 2019 suite à la signature en février 2018 de deux accords d'exploration et de production couvrant les blocs 4 et 9 de la ZEE libanaise entre le gouvernement libanais et le consortium international mené par le français Total et incluant l'italien Eni et le russe Novatek. Le premier puits sera creusé dans le bloc numéro 4 en face de la localité de Okaybé au nord de Beyrouth à 30 km de la côte. Pourtant depuis l'an 2000 jusqu'à 2013, les deux sociétés Spectrum (britannique) et PGS (norvégienne) ne cessent d'étudier en 2D et 3D une grande partie de la Zone économique exclusive libanaise (ZEE). Les résultats de ces études se révèlent prometteurs et sont achetés par une multitude de compagnies internationales. En 2013, le ministre de l'Énergie, Gebran Bassil, souligne que les compagnies ont payé 130 millions de dollars pour l'achat des résultats des études menées dans la ZEE. La composition géologique uniforme du bassin levantin conforte l'idée que le Liban, partie intégrante de ce bassin, possède aussi de grandes quantités de gaz dans ses fonds marins. Cela est du moins affirmé dans le rapport du US Geological Survey (USGS) datant de 2010 et faisant partie d'un programme gouvernemental américain pour l'estimation des ressources pétrolières et gazières dans le monde qui conclut qu'une grande quantité de gaz et de pétrole se trouve dans les eaux littorales libanaises. Le rapport se base sur des informations géologiques publiées et sur des données commerciales provenant de divers champs de production déjà fonctionnels. De même, ENI suite à la découverte du champ gazier Zohr en Egypte, a redéfini de nouvelles stratégies de prospection en adaptant ses modèles géologiques et en y intégrant les données liées à ce champ. Les analyses prévoient des opportunités pour trouver du gaz dans la mer libanaise dans les structures de sables pétrolifères, semblables à celle du Léviathan en Israël, dans les plates-formes de carbonate, similaires à Zohr, et dans des sources de gaz naturel thermogénique et biosynthétique, ce qui est unique jusqu'ici.

Cette manne semble être découverte au bon moment. Le pays est confronté à une dette galopante qui représente 150% du PIB[1107] engendrant

<hr>

1107- https://www.lorientlejour.com/article/1144182/liban-la-dette-publique-grimpe.html, [consulté le 10 avril 2019].

une crise économique et financière majeure qui pourrait se transformer en crise systémique. Le gouvernement se voit contraint d'adopter en 2019 un plan d'austérité sans précèdent mais il doit, en même temps, confronter une série de grèves et de manifestations sociales qui fragilisent encore plus le système.

Sur le plan interne, le Liban, Etat recouvrant sa souveraineté après les retraits des armées israélienne et syrienne, est divisé depuis 2005 entre deux courants politiques connus sous les noms du 8 et 14 Mars. L'importance et la centralité du dossier du gaz deviennent un enjeu politique et économique fondamental et suscitent des querelles politiques entre le 8 et 14 mars. Mais c'est le 8 mars qui prend le dossier en charge. La mésentente interne bloque le dossier, 14 contre 8 mars, mais aussi et surtout les divergences entre Berry et Aoun. Cette division a eu des conséquences négatives sur l'avancement du dossier du gaz qui est alors soumis à des retards due d'une part aux divisions politiques qui freinent le fonctionnement du parlement et du gouvernement, et d'autre part à la volonté des différents partis libanais d'avoir la plus grande part au niveau des désignations administratives dont relèvera ce dossier. Le Liban adopte en 2007 la politique pétrolière, en 2010 la loi 132 pour l'exploration et l'exploitation du pétrole offshore et nomme en 2012 les membres de l'Autorité censés la mettre en œuvre. La démission du gouvernement du Premier ministre Nagib Mikati le 22 mars 2013, avant l'adoption des deux décrets indispensables pour le lancement de l'appel d'offres, bloque la suite du processus jusqu'à l'élection du Président Michel Aoun et la formation du gouvernement Hariri, fin 2016.

Ainsi, en dépit de leur consensus apparent, les politiciens du 8 et du 14 Mars n'ont pas cherché à atténuer leurs malentendus pour faire avancer le dossier. La potentialité du gaz n'aura pas suffi à réconcilier les adversaires politiques libanais. Elle aura été, au contraire, une nouvelle source de discorde entre le 8 et le 14 Mars. Sachant que les divisions politiques et les blocages mettent en question la stabilité du pays et font accentuer le risque à tout moment du retour au chaos. Les multiples « incidents » recensés dans le pays – les assassinats politiques, les combats répétés à Tripoli entre les sunnites de Tebbaneh et les alaouites de Jabal Mohsen, les incidents confessionnels à

Saida, les attentats terroristes … – sont le reflet sur le terrain de la confrontation entre le 8 et 14 Mars.

Le dossier du gaz a augmenté l'importance stratégique du ministère de l'Energie qui est devenu par conséquent un portefeuille souverain à l'instar de la Défense, de l'Intérieur, des Affaires étrangères et des Finances. Le dossier du pétrole permet au parti politique qui détient le ministère de l'Energie de consolider ses positions sur le plan interne et externe. Depuis 2008, le ministère est détenu par le Courant Patriotique Libre (CPL) fondé par l'actuel président de la république, le général Michel Aoun ou par son allié proche le parti arménien Dachnak.

Cependant, plusieurs développements méritent que l'on s'y arrête. D'après la lecture de la presse quotidienne, on réalise que le dossier du gaz est surtout l'affaire du 8 Mars. Outre le ministre de l'Energie, membre de cette coalition depuis 2005, le président du parlement Nabih Berri, autre chef du 8 Mars, est le plus impliqué dans le dossier indépendamment de la composition politique du gouvernement. Il fait le suivi du dossier de près et son rôle est incontournable dans la prise de décisions comme la désignation des membres de l'Autorité de l'énergie en 2012, ou dans l'adoption en 2017 des décrets 42 et 43 nécessaires pour le lancement de l'appel d'offres pour la première attribution de licences d'explorations pétrolières offshore dans la ZEE libanaise. Le dossier du gaz révèle les luttes internes entre alliés du 8 mars, en particulier celles entre le CPL et Amal. Ainsi, l'adoption de ces décrets a été ajournée 6 fois faute d'entente entre ces deux partis politiques, ce qui a retardé le déclenchement de l'appel d'offres. Le 4 janvier 2017, et après plus de trois ans de report successif, à cause du blocage politique, et suite à un accord entre Amal et le Courant patriotique libre, le gouvernement libanais adopte les décrets 42 et 43 qui ont été publiés au journal officiel du 21 janvier 2017. Le rôle de Hezbollah reste ambigu sachant que dans les questions centrales son approbation est nécessaire pour faire avancer les dossiers. Sa non intervention entre ses deux alliés révèle une volonté implicite de faire stagner les choses ou un délicat calibrage de rapports de forces entre alliés sachant que le dossier est indissociable de celui de la guerre avec Israël. Il est manifeste, de par sa discrétion sur le dossier, qu'il est dans une situation difficile : il ne peut avoir l'air de bloquer le dossier dont le pays a tant besoin ni d'avoir l'air de reculer devant les empiètements israéliens sur la souveraineté libanaise, vu que ce sont les lacunes et mêmes les erreurs techniques dans la délimitation de ses frontières maritimes qui ont placé le Liban dans cette impasse. Le 14 mars n'a pas envie de reconnaître les égarements libanais en la matière. Il préfère manifestement se délester, en partie du moins, de ce dossier. Certes, la contrainte sécuritaire pesant sur ses dirigeants qui ont été pris pour cible par une longue série d'attentats qui a commencé en 2005 peut l'expliquer. Mais c'est également une façon pour placer le 8 mars sur le devant de la scène, face aux pressions occidentales notamment, et d'éviter ainsi les accusations de trahison souvent attribuées aux chefs des partis du 14 mars en cas d'arrangements avec Israël grâce aux médiations des Etats-Unis. Le dossier est sujet à des querelles même si elles restent relativement moins âpres que sur d'autres questions internes. La question qui se pose est celle de savoir s'il s'agit de ne pas mettre en avant l'incurie du pouvoir, ou de ne pas trop donner d'éléments au public afin de faciliter un éventuel accord sur une discrète répartition des dividendes matériels des futurs revenus pour ne pas entrer dans une surenchère politique et médiatique. Ce qui est certain est que, contrairement aux statistiques qui montrent une forte corrélation entre ressources naturelles et guerres civiles, la gestion politique du dossier a contribué aux tensions prévalentes mais n'aura pas mené à une guerre civile, même si cela ne laisse pas augurer d'une bonne entente sur le dossier dans l'avenir, quand l'exploitation aura réellement commencé.

Pour échapper à la complexité des questions géopolitiques avec ses voisins limitrophes, le Liban signe avec Chypre en janvier 2007 un accord pour la délimitation des frontières maritimes communes. Comme le parlement libanais tarde à ratifier l'accord, Nicosie signe un accord avec Israël en décembre 2010 qui remet en cause l'accord libano-chypriote. Suite à cet accord et à partir du 10 juillet 2011, date à laquelle Israël adopte officiellement le tracé de sa zone économique exclusive, sa frontière avec le Liban est poussée vers le nord et diffère de celle notifiée à l'ONU en juillet et octobre 2010 par

Beyrouth. Chypre, historiquement pro-arabe, a attendu le Liban 3 ans avant de signer son accord avec Israël sachant qu'elle était à la veille d'une crise financière aiguë qui a secoué son secteur bancaire et l'a exposé au risque de faillite. Cette préjudiciable délimitation a été une nouvelle source de discorde à la fois avec Nicosie et Tel-Aviv. Le Liban accuse donc Israël d'empiéter sur 860 Km2 dans sa zone économique exclusive maritime de 25,500 Km2 au total. En 2011, un rapport de l'UKHO (United Kingdom Hydrographic Office) révèle la présence d'erreurs dans la délimitation de la frontière maritime avec Chypre. Cette révélation a déclenché une vague de critiques et a remis en cause la capacité de la délégation libanaise qui a mené les négociations en 2007. Les lacunes dans l'accord sont de la responsabilité du Liban qui tout simplement a renoncé à une partie de ses droits et de sa ZEE maritime. Les critiques et la non ratification du traité mettent en cause la capacité de l'Etat libanais et de ses institutions à gérer un dossier important comme celui du gaz sachant que l'accord libano-chypriote n'a jamais été transmis au parlement. Les raisons sont multiples : la présence de lacunes évidentes en termes techniques et juridiques, la crise politique interne et les pressions turques sur Beyrouth. En effet, Ankara favorise la conservation des intérêts de la partie chypriote turque.

Les limites administratives et sécuritaires de l'Etat libanais, ayant commis une erreur dans la définition de ses frontières, ont engendré des problèmes non seulement avec un Etat ennemi comme Israël mais avec un Etat ami comme Chypre. Plusieurs visites et rencontres entre les responsables libanais et chypriotes n'ont pas abouti, jusqu'à présent, à une solution pour la question de la délimitation des frontières maritimes communes qui reste implicitement otage d'une entente avec Israël.

Or, au niveau international, les Etats-Unis déploient de grands efforts afin d'aider le Liban à faire avancer le dossier. L'administration américaine envoie l'émissaire spécial Frederik Hauff, à qui succède Amos Hochstein pour régler le litige sur la frontière maritime sud entre le Liban et Israël ; elle incite aussi le Liban à accélérer le processus de l'exploitation en lui promettant les 2/3 de la zone disputée avec Israël, accord qui semble équitable voire acceptable pour le Liban. Les propositions présentées par les Etats-Unis trouvent un écho positif chez certains dirigeants libanais, sans qu'ils aient l'aptitude à trancher. Mary Warlick succède à Amos Hochstein en 2017 dans le cadre de la médiation américaine pour le règlement du litige frontalier, mais c'est le secrétaire d'État adjoint américain par intérim aux Affaires proche-orientales, David Satterfield qui visite Beyrouth en février 2018 pour le suivi de la médiation américaine sans que sa mission aboutisse à des résultats concrets. L'effort se poursuit avec la visite du secrétaire d'Etat Mike Pompeo à Beyrouth en mars 2019, mais l'impasse persiste.

Il est certain que le gaz en Méditerranée orientale marque le début d'une course internationale vers la région, d'autant plus que les découvertes coïncident avec une volonté russe et chinoise de s'affirmer davantage au Moyen-Orient. Ainsi, la Russie s'investit-elle dans les gisements chypriotes et israéliens, et fait partie à travers la compagnie russe Novatek du consortium international mené par le français Total et incluant l'italien Eni qui explorera les blocs 9 et 4 de la ZEE libanaise et multiplie les ouvertures à l'égard des responsables libanais. Son soutien au régime de Béchar al-Asad se concrétise par une intervention militaire directe dans la guerre syrienne et par la signature de deux accords le 26 août 2015 pour le déploiement à durée indéterminée des forces aérospatiales russes sur la base de Hmeimim dans la province alaouite de Lattaquié et le 18 janvier 2017 pour entamer des travaux d'agrandissement et de modernisation du port de Tartous afin d'ancrer la présence russe au Proche-Orient. Cette alliance se traduit aussi par la signature d'accords pour l'exploration de la ZEE syrienne par les compagnies russes. Quant à la Chine, la nouvelle route de soie, dont le Liban fait partie, est certainement une opportunité pour elle afin de consolider sa présence au Moyen – Orient. Ses compagnies n'ont jusqu'à présent aucun rôle dans le dossier du gaz sachant qu'une seule a été préqualifiée en 2013.

De même, l'Union européenne met en avant ses bonnes relations et son influence historique avec les pays de la région sachant que ses compagnies ont remporté la majorité des appels d'offres d'exploitation du gaz en Méditerranée orientale surtout avec le français Total présent à Chypre et au Liban et l'italien ENI présent à Chypre, au Liban et en Egypte. Pour l'Europe toute découverte qui permet la diversification de son approvisionnement et la diminution de sa dépendance énergétique en gaz naturel vis-à-vis de la Russie est une opportunité à saisir. Total et Eni représentent la France et l'Italie, deux pays européens ayant des contingents importants dans le cadre de la Finul qui assure l'application de la résolution du conseil de sécurité 1701 qui a mis fin au conflit de 2006 entre Hezbollah et Israël. La France consolide davantage sa présence et son soft-power. Elle organise le 6 avril 2018 une conférence économique pour le développement du Liban par les réformes et avec les entreprises (CEDRE). Plus de 11 milliards de dollars sont promis comme investissements directs dans les infrastructures après le début des réformes promises par le gouvernement libanais. L'argent attendu sera un outil primordial pour relancer l'activité économique au Liban parallèlement avec l'adoption du budget de 2019 censé réduire le déficit public.

Mais de nouveaux acteurs semblent aussi s'imposer sur la scène libanaise. Le dossier du gaz libanais permet de voir émerger le rôle de la Norvège, puissance moyenne montante et neutre. L'aide présentée par le royaume de Norvège, à travers le programme gouvernemental OfD (Oil for Developement) est l'un des facteurs clés de succès pour le Liban dans le dossier du gaz. Le Liban a ainsi bénéficié depuis 2007 de 12 ans de soutien norvégien dans l'élaboration de l'ensemble du cadre juridique du secteur offshore. L'accord a été renouvelé jusqu'à présent trois fois, la dernière fois en juin 2018. L'aide multiforme assurée par les experts norvégiens et les lois du royaume peuvent constituer un modèle pertinent pour le Liban. Cette aide aboutit aussi à la validation par le Conseil des ministres libanais le 25 janvier 2017 de l'Initiative pour la transparence dans les industries extractives (ITIE), norme de transparence internationale pour l'exploitation du gaz, du pétrole et des mines.

Sachant encore que la Norvège est connue pour ses médiations politiques comme son rôle dans les accords d'Oslo entre les Palestiniens et les Israéliens en 1993 ; de plus, elle est un acteur neutre. Elle est donc bien placée pour jouer un rôle important dans l'élimination des obstacles qui retardent l'avancement du dossier du gaz libanais sur les plans interne et régional. Pour l'ensemble des Libanais son rôle est accepté plus facilement que d'autres, sachant qu'elle n'est pas impliquée historiquement dans la région. Elle peut ainsi combler le fossé entre les différents partis du 8 et du 14 Mars. Au niveau régional aussi, elle peut jouer un rôle important dans la recherche de solutions pour les différents litiges et conflits qui affectent négativement l'exploitation des ressources en Méditerranée orientale. Ce rôle n'a pas été joué jusqu'à présent, mais la Norvège reste la mieux placée pour le faire et elle semble disposée à continuer dans cette voie.

La région connaît aussi l'amorce de nouvelles alliances. Israël ouvre une nouvelle page avec la Grèce connue par sa politique étrangère pro-arabe et renforce ses relations avec Chypre suite à l'accord de 2010. Les trois pays planifient la mise en œuvre d'un gazoduc qui achemine le gaz depuis les gisements israéliens vers l'Europe. Israël profite du dossier du gaz pour élargir son hégémonie, briser son isolement régional et tisser de nouvelles relations. Du fait de la détérioration de ses relations avec Israël et de l'émergence de la nouvelle coopération entre Israël, Chypre et la Grèce, Ankara se voit encerclée. Le non-respect des intérêts de la partie nord de l'île de Chypre signifie le non-respect des intérêts turcs selon Ankara. L'arrivée au pouvoir des Frères musulmans en Égypte, alliés de l'APK turc en 2012, a été aussi une opportunité manquée par la Turquie avant la saisie du pouvoir par Abdel Fatah el Sissi pour faire avancer cette alliance et protéger ainsi ses intérêts dans la région.

La position égyptienne est consolidée par les découvertes de gisements de gaz sur son sol et en mer. Cependant, depuis 2011, l'Egypte fait face à de profonds changements politiques. Après le soulèvement populaire de l'époque, le président Hosni Moubarak démissionne. Mohamad Morsi, allié du Président turc Recep Tayyip Erdogan, lui succède favorisant un rapprochement entre les deux pays. L'intervention de l'armée égyptienne met fin au mandat de Morsi en 2013 et le général Abdel Fattah Al Sissi, farouche opposant des Frères musulmans et à leur allié turc, arrive au pouvoir. Les alliances changent profondément et une course est lancée entre ces deux puissances régionales pour la détention des clés de l'exportation des nouvelles ressources découvertes.

Pour contrebalancer la nouvelle alliance, la coopération et les relations entre le Liban et la Turquie s'avèrent d'une importance stratégique pour

Ankara. La république de Chypre du Nord, la Turquie et le Liban peuvent ainsi coopérer et protéger leurs droits et richesses maritimes. La capacité des forces marines turques à protéger les installations gazières libanaises sont un argument pour convaincre Beyrouth de l'importance de cette coopération, d'autant que la Turquie a d'abord participé à la FINUL renforcée, et fournit de l'énergie au Liban à travers la compagnie Karrendiz. Mais la crise syrienne fragilise les relations turques avec le 8 Mars libanais qui soutient le régime syrien. Cette situation est en contradiction avec les intérêts d'Ankara, qui s'oppose au régime de Bachar El Assad.

Mais le Caire maintient de bonnes relations avec Beyrouth, et voit aussi dans le Liban un partenaire principal, d'où l'importance stratégique de Beyrouth à la fois pour Ankara et pour le Caire. L'énergie devient alors un outil important pour consolider leur rôle politique et économique dans les pays concernés et par conséquent leur position stratégique au Moyen-Orient. Avec la découverte de Zohr et les projets de GNL en cours de réalisation, l'Egypte est la mieux placée pour l'acheminement du gaz depuis ou vers les pays de la Méditerranée orientale. L'Egypte s'entend avec Israël sur la question du gaz et forme avec Chypre, la Grèce, l'Italie, la Palestine et la Jordanie le forum du gaz de la Méditerranée orientale. L'Egypte consolide ainsi son rôle comme l'un des grands passages énergétiques au monde. Le Liban ne peut en faire partie puisqu'Israël y participe.

Mais le Liban est aussi courtisé par l'Iran qui cherche manifestement à développer un axe chiite politique et énergétique qui comprendrait, outre Téhéran, Bagdad, Damas et Beyrouth. Il est fondamental pour l'Iran de consolider sa présence sur les côtes de la Méditerranée, région géographiquement très stratégique pour l'acheminement de son gaz vers l'Europe. Cela sans oublier les paramètres politiques puisque son soutien indéfectible au régime syrien et au Hezbollah libanais, implique davantage l'Iran dans une confrontation indirecte avec la majorité des pays sunnites de la région.

La question des recompositions régionales met encore une fois l'Etat libanais face à la capacité d'exercer sa souveraineté. Les divisions profondes entre la Turquie et l'Egypte, les alliances qui se composent incluant des amis historiques comme la Grèce et Chypre met le Liban face à un choix inévitable. Cependant, l'Egypte semble la mieux positionnée pour s'entendre avec le Liban.

Face aux divisions internes et à la faiblesse de l'Etat libanais, des doutes subsistent sur l'aptitude des institutions et des administrations libanaises, restées longtemps sous tutelle, à répondre aux défis imposés par les nouvelles richesses naturelles. Différentes administrations civiles et militaires ont entamé des préparatifs. Ainsi, l'armée libanaise cherche-t-elle en particulier à développer les capacités de sa marine afin que celle-ci puisse protéger les richesses offshores du pays. Plusieurs Etats ont d'ailleurs proposé leurs services. Mais vu le manque de ressources humaines et budgétaires des administrations militaires et civiles concernées – tels que les ministères de l'Energie, des Finances, de l'Environnement …– des réformes structurelles s'imposent pour que l'Etat puisse réellement exercer de nouveau sa souveraineté et bénéficier de la manne.

Quand le Liban décide de confier ses futurs revenus à une Autorité de l'énergie à la présidence tournante entre les six principales communautés du pays et à un fonds souverain doté d'un règlement qui repose sur les expériences internationales les plus réussies, ce fait fut considéré comme une mesure salutaire. Mais à voir les querelles ayant entouré la nomination des membres de cette Autorité ou encore lorsque on apprend par les discours des hauts représentants de l'Etat que l'argent du fonds souverain sera utilisé pour l'extinction de la dette nationale, on ne peut que constater que ce texte de loi est traité avec mépris, comme bien d'autres, à commencer par la Constitution. Ces déclarations montrent la volonté de la classe politique libanaise de s'impliquer d'emblée dans les décisions du fonds souverain qui sont supposées être indépendantes. Les tractations et les intérêts des partis politiques prédomineront probablement aux dépens du bon fonctionnement du fonds.

La découverte des ressources naturelles augmentera la solvabilité de l'Etat libanais et sa capacité à faire face à ses engagements. Mais les recettes du gaz ne sont pas un transfert bancaire, et ne sauraient servir seulement à atténuer la dette publique du pays. Ces revenus doivent contribuer au développement économique durable à travers l'investissement dans des infrastructures lourdes, ou dans des projets qui assurent une meilleure qualité de vie pour les Libanais et permettent à l'économie nationale de sortir de sa grave crise.

La gestion interne du gaz ne semble donc pas trancher avec celle des autres dossiers nationaux, ni être l'occasion d'un assainissement et de réformes en profondeur des pratiques politiques et administratives. L'Autorité de l'énergie a joué son rôle en préparant et encadrant plus de 36 décrets et trois projets de lois. Le mandat de cette Autorité a pris fin en février 2019 et on attend le renouvèlement du mandat de ses six membres pour une période additionnelle de 6 ans encore. Quant au projet de loi d'hydrocarbures onshore, il n'est encore pas adopté ; pourtant il a été le sujet de plusieurs discussions au parlement et dans les comités parlementaires. Les divisions politiques et communautaires autour de ce projet de loi révèlent encore une fois la fracture que vit la société libanaise. Certains veulent que la gestion des ressources onshore soit confiée à l'Autorité de l'énergie, en suivant presque le même modèle que pour le gaz. D'autres préfèrent l'attribuer à une nouvelle instance pour tenter d'avoir une part dans les nouvelles désignations administratives.

Le dossier du gaz montre que le Liban est redevenu un acteur reconnu sur la scène internationale mais ce pays peine à exercer réellement sa souveraineté. La question des frontières maritimes demande la prise de décisions politiques qui reflètent la capacité de l'Etat à exercer sa souveraineté. Le gouvernement libanais ne tranche pas sur la question de la médiation de Hoff. Le ni « oui » ni « non » est l'expression de l'hésitation causée principalement par les divisions politiques internes et leurs corrélations régionales. Toute solution gazière avec Israël, même technique, ne peut être adoptée sans l'approbation de Hezbollah allié principal du régime iranien. Quant à la Syrie, aucune action concrète n'est prise pour délimiter les frontières maritimes ou terrestres. En juin 2010, des comités pour compléter la collecte d'informations et de données permettant de lancer le processus de définition et de délimitation de ces frontières sont formés. Aucune réunion n'a été tenue à ce jour, sachant que le pouvoir syrien a demandé que la démarcation de la frontière commence par le Sud. Cette demande cache une volonté d'ajourner la question vu le problème des fermes de Chebaa. Le sujet ambigu de la frontière qui soulève les divisions internes met en cause l'exercice de la souveraineté après le retrait de l'armée syrienne. On est souverain certes, mais on n'ose pas aborder la question avec la Syrie. Ce laxisme face à la complexité des relations historiques avec la Syrie reflète les divisions internes des Libanais qui mettent en cause l'unité nationale et une volonté implicite de ne pas dénoncer la position de Damas.

La diplomatie libanaise n'est plus sous tutelle directe, mais elle reste otage des divisions libanaises et de leurs corrélations avec les alliances régionales. Face aux problèmes de la région qui peuvent retarder le début de l'exploration, le Liban se met récemment à se revendiquer officiellement depuis 2012 de la « neutralité » en matière de politique étrangère – et avec des prolongements internes – afin de dissocier le Liban au moins partiellement des grandes crises que connaît actuellement son environnement. Les divisions internes et les enjeux internationaux sont indissociables au Liban. Ces influences qui instrumentalisent les fractures communautaires sont une entrave majeure devant toute indépendance véritable du pays. Le pays subit toujours le poids des ingérences, et les fragilités libanaises restent un terrain sur lequel se répercutent les crises de la région. Le système politique libanais, toujours en état d'équilibre instable, est de nature à produire des problèmes qui se transforment en crises constitutionnelles qui remettent en question, à chaque fois, les fondements de l'Etat.

La diplomatie libanaise prend des initiatives pour une meilleure entente avec des partenaires potentiels en Méditerranée. Elle tente ainsi d'élargir le champ de partenariat avec Chypre et la Grèce. Plusieurs réunions ont eu lieu en 2016 entre les ministres des Affaires étrangères des trois pays et une coopération plus étroite est prévue en 2019. Le président grecque, Prokópis Pavlópoulos, visite Beyrouth en avril 2019 et de nouveaux pourparlers tripartites sont au calendrier. Ces réunions visent à la mise en place d'une coopération tripartite dans plusieurs domaines, notamment politique, économique, culturel, touristique et gazier. Les enjeux énergétiques incitent Beyrouth à développer une politique énergétique commune pour garder une malléabilité vis-à-vis des options de l'exportation du gaz. La diversité des approches, les conflits existants et les intérêts divergents retardent jusqu'à présent sa concrétisation. Le Liban doit alors compter sur l'héritage de ses bonnes relations historiques qui le lient à la Grèce et à Chypre plus particulièrement. Il est clair que l'Etat libanais peine à fonctionner vu les problèmes et les divisions internes qui reflètent la lutte entre les axes régionaux. Pourtant l'aide internationale s'avère importante et nécessaire pour pouvoir mener à bien le dossier du gaz. Le soutien de la Norvège en est un bon exemple.

Des rapprochements entre formations jadis opposées ont été observés, mais un changement radical de polarisation interne est encore loin. Un minimum d'équilibre interne est toujours conservé entre le 8 et 14 mars. La reconstitution des alliances reste dépendante de la confrontation régionale qui persiste toujours entre Riad et Téhéran sur les limites et les sphères d'influences. S'il semble déjà qu'un dossier important comme le gaz n'a pas été suffisant pour rapprocher les hommes politiques libanais, il est encore trop tôt pour préjuger s'il sera un facteur de paix ou de guerre en Méditerranée orientale. Il aura certainement créé un nouveau sujet de litige entre le Liban et Israël sur le tracé de la frontière maritime, qui vient amplifier celui portant sur la frontière terrestre. Il aura aussi montré, une fois de plus, la complexité des relations libano-syriennes, à travers la définition des frontières terrestres, qui reste à faire, et désormais des frontières maritimes également. Le gaz naturel est donc devenu un élément prédominant dans les obstacles juridiques et géopolitiques. Il rajeunit le rôle historique de la Méditerranée comme moteur de l'économie mondiale et la rend un théâtre des grands enjeux et un centre de gravité géopolitique. Il contribue à la création de nouvelles couches de conflits qui s'ajoutent à celles qui existent déjà dans une région où les tensions sont nombreuses. Si un règlement sera trouvé pour le litige de la frontière maritime, cela ouvrira peut-être une nouvelle page dans les relations entre le Liban et Israël. Le modèle chypriote est un bon exemple à suivre. La division de l'île et la présence d'un conflit non résolu depuis l'invasion turque en 1974, n'empêche pas l'exploitation du gaz dans la ZEE chypriote depuis 2011. Trop d'incertitudes pèsent cependant sur l'équation, avec le retour en force de l'Egypte sur la scène arabe, renforcé par d'énormes découvertes de gaz, les nouvelles ambitions turques, le poids d'Israël renforcé par le gaz, l'incertitude sur l'avenir de la Syrie – pour ne citer que les faits les plus saillants. Avec les découvertes de gaz en Méditerranée orientale, les États de la région entrent dans une nouvelle dynamique au sein de laquelle se recomposent les alliances régionales. Ce qui semble certain, d'ores et déjà, c'est que toutes ces inconnues, avec leurs prolongements internes, sont de nature à dynamiser le début de l'exploitation du gaz libanais prévu en 2019. Mais la probabilité de la présence de gaz peut cependant consolider la place du Liban en tant qu'Etat, puisque les acteurs étrangers, proches et lointains, semblent désormais le traiter en tant qu'Etat souverain, digne de respect et avec lequel on cherche à négocier des accords et à tisser des alliances.

Sources et Bibliographie

Liste des entretiens oraux

- Michel Sleiman, Beyrouth, le 19 septembre 2017.
- Fred Hoff, Washington, Entretien via Skype, le 14 août 2017.
- Per Larsen, Oslo, Entretien via Skype, le 16 mai 2017.
- Ali Hamdan, Beyrouth, le 12 mai 2017.
- Joseph Maalouf, Beyrouth, le 20 avril 2017.
- Lara Saadé, Beyrouth, le 19 avril 2017.
- Charle Saba, Beyrouth, le 2 juillet 2017.
- Antoine Chedid, Beyrouth, le 15 juin 2017 et Zahlé, le 3 août 2017.
- Wissam Chbat, Beyrouth, le 18 mai 2017, 5 septembre 2017, 5 janvier 2018, 6 juin 2018 et 5 janvier 2019.
- Gaby Daaboul, Beyrouth, le 15 septembre 2012, le 5 novembre 2012, le 15 février 2017.
- Wissam Dahabi, Beyrouth, le 17 septembre 2012 et le 15 avril 2017.
- Laury Haytayan, Beyrouth, le 20 avril 2017.
- Abdallah Bou Habib, Sin el fil, le 12 octobre 2012, le 15 avril 2016, 15 avril 2016 et le 15 février 2017.
- Jihad Zein, Beyrouth, le 9 mai 2017.
- Entretien avec un général de l'armée libanaise, Yarzé, le 8 juin 2017.
- Entretien avec un responsable du ministère de l'Environnement, Beyrouth, le 15 mars 2017.

Séminaires spécialisés

- Le sommet international pour le gaz et le pétrole, Beyrouth, septembre 2012.
- Le sommet international pour le gaz et le pétrole, Beyrouth, décembre 2013.

- Le sommet international pour le gaz et le pétrole, Beyrouth, mai 2014.
- Le sommet international pour le gaz et le pétrole, Beyrouth, mai 2017.
- Le sommet international pour le gaz et le pétrole, Beyrouth, avril 2018.
- Le sommet international pour le gaz et le pétrole, Beyrouth, avril 2019.

Lois, traités et autres documents officiels

- Loi libanaise numéro 295, adoptée le 22 février 1994.
- Loi libanaise numéro 132, adoptée le 17 août 2010.
- Loi libanaise numéro 163, adoptée le 17 août 2011.
- Loi libanaise numéro 28, adoptée le 10 février 2017.
- Loi libanaise numéro 57, adoptée le 12 octobre 2017.
- Décret 6433/2011, Décret 7968/2012, Décret 10289/2013, Décret 1177/2017.
- Traité libano-chypriote pour la délimitation de la ZEE, janvier 2007.
- Traité israélo-chypriote pour la délimitation de la ZEE, décembre 2010.
- Le contrat de l'exploration et de la production du bloc numéro 4
- Le contrat de l'exploration et de la production du bloc numéro 9
- Rapport confidentiel de l'UKHO (United Kingdom Hydrographiv Office), juin 2011
- La Convention de Montego bay
- Le droit de la mer, lignes de base, Bureau des affaires maritimes et du droit de la mer, 1989.

- اشكالية ترسيم الحدود البحرية اللبنانية مع العدو الاسرائيلي ومدى تأثيرها على استخراج الثروة النفطية، اعداد المقدم البحري مازن بصبوص، حزيران ٢٠١٣، كلية فؤاد شهاب للقيادة والاركان.

- توصيات الندوة التي عقدت بالتعاون بين مركز البحوث والدراسات الاستراتيجية في الجيش اللبناني وهيئة ادارة قطاع البترول، ١٧ و ١٨ ايلول ٢٠١٤.

- تقرير لجنة الحدود البحرية رقم ١٦٩، وزارة الخارجية اللبنانية.

- تقارير محكمة العدل الدولية ٢٠٠١/٨٧ و٢٠٠٩/١٣٢.

- Report of the meeting of experts on Lebanon's maritime boundaries and offshore resources, Geneva 2011, ASDEAM.

- The maritime boundaries and natural resources of the republic of Lebanon, Challenges and opportunities, December 2014.

- Energy in the Eastern Mediterranean: Promise or Peril?, joint report by the Egmont institute and the Atlantic Council, May 2014.

- Assessment of Undiscovered Oil and Gas Resources of the Levant Basin Province, Eastern Mediterranean, USGS, March 2010.

- State of Israel, Ministry of National Infrastructure, call for bids, first offshore biding round, 2016.

- Oil and gas sector, a new economic pillar for Lebanon, Credit Libanais Economic research unit, January 2015.

- Lebanon first offshore licensing round GIS geopackages, Lebanese Petroleum Administration, February 2017.

- Analysis of the petroleum sector in Lebanon, International law and policy Institute, March 2013.

- Oil for Development, annual report 2016, Norad, may 2017.

Ouvrages et articles

- AMSELLEM, David. La guerre de l'énergie : la face cachée du conflit israélo-palestinien. Vendémiaire. 2011. 183 p

- ANDERSON, Georges. Oil and gas in federal systems. London: Oxford university press. 2007. 452 p.

- ARGOUNES, Fabrice. Théories de la puissance. Paris : Biblis Inédit.2018. 225 p

- ARON, Raymond. Démocratie et totalitarisme. Paris : Gallimard. 1964. 262 p

- BADIE, Bertrand, VIDAL, Dominique. Nouvelles guerres, comprendre les conflits du 21eme siècle. Paris : la découverte. 2014. 339 p.

- BADIE, Bertrand. Les deux Etats. Paris : Fayard. 1987. 336 p.

- BADIE, Bertrand. Un monde sans souveraineté, les états entre ruse et responsabilités. Paris : Fayard. 1999. 250 p.

- BADIE, Bertrand. Humiliation in International Relations. Oxford and Portland, Oregon. 2017. 167 p.
- BALANCHE, Fabrice. La région alaouite et le pouvoir syrien. Paris : Karthala. 2006.
- BALANDIER, Georges. Anthropologie politique. Paris : PUF, 1984. 240 p.
- BASSAND, Michel et DOMINIQUE, Joye et KAUFMAN, Vincent. Enjeux de la sociologie urbaine. Paris: presses polytechniques : 2007. 411 p.
- BIALER, Uri. Oil and the Arab-Israeli conflict. London: St Antonys Series. 1998. 352p.
- BLOUET, Brian. Global Geostrategy: Mackinder and the Defence of the West. Londres : Routledj. 2013. 200 p.
- BRIQUET, Jean Louis et SAWICKI Frédéric. Le clientélisme politique dans les sociétés contemporaines. : Politique d'aujourd'hui. 1998. P 324
- BREZINSKI, Zbigniew. Le Grand échiquier. Paris : Hachette littératures. 274 p.
- CHATTERJEE, Pratap. Iraq, Inc.: A Profitable Occupation. Seven Stories Press, 2004.
- CHEVALLIER, Jean-Jacques, Science administrative, Paris : PUF, 1986. p. 560.
- CHEMALY, Rita. Le printemps 2005 au Liban. Paris : L'Harmattan. 2009. p 63
- CHIHA M. *Politique intérieure*. Beyrouth, Éd. du Trident. 1964. 150 p.
- Clark, John G. The Political Economy of World Energy: A Twentieth Century Perspective. 2004. 325p.
- COHN, Marguite. Energy law in Israel: kluwer law international. 2010. 214 p.
- COLAS, Dominique. Sociologie Politique. Paris: PUF, 1994. 566p.
- CORDESMAN, Anthony and Abraham R. Wagner. The Lessons of Modern War: Volume II, The Iran-Iraq War. Westview Press, 1990.
- CORDESMAN, Anthony. The Gulf and the West: Strategic Relations and Military Realities. Westview Press, 1988.
- CORDESMAN, Anthony. U.S. Forces in the Middle East: Resources and Capabilities. Westview Press, 1997.

- CORM, Georges. La Méditerranée espace de conflit, espace de rêve. Paris : l'Harmattan, 2001. 376p.
- CORM, Georges. Le Proche-Orient éclaté (1956-2012)1. Paris: folio histoire.2012.656 p
- CORM, Georges. Pensées et politiques dans le monde arabe. Paris : la découverte, 2016. 413p.
- CORM, Georges. Le Liban contemporain : Histoire et société. Paris : la découverte, 2012. 432p.
- COSER, Lewis. Les fonctions du conflit social. 1982. 183 p.
- CRYSTAL, Jill. Oil and politics in the Gulf: Rules and merchant in Kuwait and Qatar. London : Cambridge Middle East Library).330p.
- DALAGE Olivier. Géopolitique de l'Arabie saoudite. Paris : éditions complexes, 2006. 143 p
- DEFAY, Alexandre. Géopolitique du Proche-Orient. Paris : PUF. 2011. 128 p.
- DELOYE, Yves. Sociologie historique du politique. Paris : La découverte. 2017. 122 p.
- DEVIN, Guillaume. Sociologie des relations internationales. Paris : la découverte, 2010. 128 p.
- DORMAGEAN, Jean-Yves ; MOUCHARD, Daniel. Introduction à la sociologie politique. Paris: De boeck, 2009. 271 p.
- DJALILI, Mohamad Reza. Géopolitique de l'Iran. Paris : Editions complexes, 2005. 143 p
- CONRAD Ethan. Offshore Oil and Gas Resources in the U.S., Cuba, and Israel. Nova Science Publishers, Incorporated, 2012
- ETHIER, Diane. Introduction aux relations internationales. Montréal : PUM. 2006. 298 p
- FAWCETT, Louise. International relations of the middle East. Oxford: oxford university press. 2016. 444 p.
- FOUCHER, Michel. L'obsession des frontières. Paris : Perrin. 2012. 219 p.
- FURFARI, Samuel. Politique et géopolitique de l'énergie : Technipe. 2012. 454 p.

- GIRAUD, André. Géopolitique du pétrole et du gaz. Paris : Technip. 2000. 418 p.
- GIDDENS, Anthony. The constitution of society. 1985. 236 p
- GORG, Simmel. Le conflit. Paris: Circé. 1992. 250 p.
- GOURDIN, Patrice. Géopolitique : manuel pratique. Paris: Choiseul. 2010. 731 p.
- GROZIER, Michel. Les apports de la sociologie contemporaine. p. 393, Paris, Cariscript-Paris, 1994, 406 p.
- GREGORY, Cause. Oil Monarchies: Domestic and security challenges in the Arab Gulf states. London: Foreign relations book. 2005. 523p.
- GROUX, Guy. L'Etat, la société civile et l'économie. Québec, Harmattan, 2001, 250 p.
- HOURCADE, Bernard. Géopolitique de l'Iran. Paris: Armand Colin. 2016.336 p
- JURDI ABI SAAB Roula, HOURANI Albert, HOLLNGER Richard. Five Centuries of Lebanese-Iranian Ties. I.B Tauris. 2006. 322 p.
- KLARE, Mickael. Naming The War: U.S. Seeks Control Of Middle East, Pacific News Service, September 17, 2001.
- KLARE, Mickael. Ressource Wars. New York: Owl Books. 2001. 289 p.
- Koban. Offshore Oil & Gaz Yearbbok: university of Carolina. 2009. 53 p.
- KOLB, Robert. The natural gas revolution: FT press. 2013. 204 p.
- LACOSTE, Yves. Géopolitique de la méditerranée. Paris : Armand Colin .2006.480 p
- LACOSTE, Yves. La géographie, ça sert, d'abord, à faire la guerre. Paris : F Maspero .1976.187p
- LAURENS, Henri et REY Matthieu. Méditerranées politiques. Paris : Puf. 2017. 102 p.
- LAURENS, Henry. L'Orient arabe à l'heure américaine. Paris, Armand Colin, 2004.
- LAURENS, Henry. Les Crises D'orient. Paris, Fayard, 2017. 373 p.
- LAURENS, Henry. Le rêve méditerranéen. Grandeurs et avatars. Paris, CNRS, 2010.
- LAURENS, Henry. Paix et guerre en Moyen-Orient. L'Orient arabe et le monde de 1945 à nos jours. Paris, Armand Colin, 1999.

- LIEBER, Robert J. Oil and the Middle East War: Europe in the Energy Crisis. Harvard Center for International Affairs, 1976.
- LOUIS, William Roger. The British Empire in the Middle East 1945-1951: Arab Nationalism, the United States, and Postwar Imperialism. Clarendon Press, 1985.
- MCNAUGHER, Thomas. Arms and Oil: US Military Strategy and the Persian Gulf. Brookings Institution, 1985.
- MEJCHER, Helmut. Imperial Quest for Oil: Iraq, 1910-1928. Ithaca Press, 1976.
- MENARGUES, Alain. Les secrets de la guerre du Liban : du coup D'Etat de Bachir Gemayel aux massacres des camps palestiniens. Beyrouth : Albin Michel.2012.
- MERLE, Marcelle. Forces et enjeux dans les relations internationales. Virginia: Economica, 1985. 416 p.
- MERLE, Marcelle. Les acteurs dans les relations internationales. Paris:Economica, 1986. 200 p.
- MERLE, Marcelle. Sociologie des relations internationales. Paris : Dalloz, 1974. 436 p.
- MESSARA, Antoine, Théorie générale du système politique libanais, Paris, Cariscript-Paris, 1994, 406 p
- MONGRENIER, Jen-Silvestre. Stratégies et géopolitique russe des hydrocarbures. 2013. 106 p.
- OECD. Etudes économiques de l'OECD : Israël 2011. 2012. 142 p.
- PICARD, Elizabeth. Liban-Syrie : intimes étrangers. Beyrouth: Sindbad: actes sud. 2016.
- PROEDROU, Philipo. EU energy security in the gaz sector: Ashgate publishing Ltd. 2013. 192 p.
- RIUTORT, Philipe. Sociologie de la communication politique. Paris : La découverte. 2013. 121 p.
- ROUSSEAU, Charles. Droit international public : les relations internationales. Paris: Sirey .1980.671 p
- ROSENAU, James. Complexity theory and world affairs. 1997. P 4
- SALAME, Ghassan. Démocratie sans démocrates. Paris : Fayard. 1994. 452 p.

- SITZENHUL, Charles. La diplomatie turque au Moyen-Orient. Héritages et ambitions du gouvernement de l'AKP (2002-2010). Paris : l'Harmatan. 2012. 232 p.
- TURCICA, Varia. Méditerranée, Moyen-Orient deux siècles de relations internationales : Recherches en hommage à Jacques Thobie. L'harmatan. 2012.672 p
- KEOHANE, Robert, NYE Joseph. Power and Independence: World Politics in transition. New York. Longman. 1987, p.731
- ZVI, Alexander. Oil: Israel covert efforts to secure oil supplies: Gefen publishing house LTD. 2004. 283 p.

- ظافر محمد العجمي، أمن الخليج من منظور العلاقات الدولية، منشورات مركز دراسات الوحدة العربية، بيروت، ٢٠٠٤، ٦٧١ ص.

- دايفيد باوتشر، النظريات السياسية في العلاقات الدولية، منشورات مركز دراسات الوحدة العربية، بيروت، ٢٠١٣، ٨٦٣ ص.

- عاطف سليمان، الثروة النفطية ودورها العربي: الدور السياسي والاقتصادي للنفط العربي، منشورات مركز دراسات الوحدة العربية، بيروت، ٢٠٠٩، ٢٥٦ ص.

- حسين عبدالله، مستقبل النفط العربي، مركز دراسات الوحدة العربية، بيروت، ٢٠٠٦، ٥٥٩ ص.

- محمود عبد الفضيل، النفط والوحدة العربية : تأثير النفط العربي على مستقبل الوحدة العربية والعلاقات الاقتصادية، منشورات مركز دراسات الوحدة العربية، بيروت، ٢٠٠١، ٢٧١ ص.

- «An Assesment of Oil Market disruption Risk», Stanford University, Energy Modeling Forum, Final Report, Octobre 2005, p 26-30.
- Abou S. (2002), *L'identité culturelle*, Beyrouth, Perrin Presse de l'Université St-Joseph, p.52.
- Al-Attar A. et Alomair O. (2005), « Evaluation of upstream petroleum agreements and exploration and production costs », OPEC Review, Vol. 29, No. 4, p. 243-266.
- Bertrand Badie et Marie-Claude Smouts, Le Retournement du monde ; sociologie de la scène internationale, Presses de Sciences Po, 1999, p. 72
- BONAFE, Ernesto, « Gas discoveries in Easter Med : Exploring regulatory and legal frameworks », Joint report between Egmont Institute and Atlantic Council, Mai 2014.

- Collier P. et Hoeffler (2002), « Greed and Grievance in civil war », Oxford Economics Papers, Vol. 56, No. 4, p. 563-95.

- Debs, Nayla. « L'identité libanaise, une difficile identité plurielle », Topique, vol. 110, no. 1, 2010, pp. 105-116.

- DOYLE M., SAMBANIS N. (2000), « International peacebuilding: a theoretical and quantitative analysis », American Political Science Review, 94 (4), p. 779-802.

- El Boujemi, Marwa. « La guerre civile libanaise : conflit civil ou guerre par procuration ? 1970-1982 », Bulletin de l'Institut Pierre Renouvin, vol. 43, no. 1, 2016, pp. 147-158.

- Fagre N. et Wells L. T. (1982), « Bargaining power of multinationals and host governments », Journal of International Business Studies, Vol. 13, No. 2, p. 9-23.

- FATTOUH, Bassam, LAURA, Katiri « Lebanon's gas trading options », LCPS, septembre 2015.

- FATTOUH, Bassam, LAVAN, Mahadeva « Managing oil and gaz revenues in Lebanon », LCPS, August 2016.

- François Campagnola, « Le corridor énergétique Sud après l'échec du projet Nabucco », Géoéconomie 2014/4 (n 71), p. 141-147.

- G. Lahn, V. Marcel, J. Mitchell, K. Myers, P. Stevens, "Good Governance of the National Petroleum Sector: The Chatham House

- Ghassan Salamé, "Is a Lebanese Foreign Policy Possible?" in Toward a Viable Lebanon, Halim

- Barakat, ed. (Washington, DC: Center for Contemporary Arab Studies, Georgetown University, 1988), p 55.

- Giamouridis, A. 2013. 'Natural Gas in Cyprus: Choosing the Right Option. ' Mediterranean Paper Series. German Marshall Fund of the United States, September.

- GRAMMMER, Robbie, « Trump envisage vendre la moitié de la SPR », Foreign-Affairs, 23 mai 2017.

- HAYTAYAN, Laury, «The Extractive Industries Transparency Initiative will help Lebanon govern its resources », Executive magasine, octobre 2014.

- Helmut Tuerk, Reflections on the contemporary law of the sea, Martinis Nijhoff Publishers, Leiden, 2012.

- Hugon, Philippe. « Le rôle des ressources naturelles dans les conflits armés africains », Hérodote, vol. 134, no. 3, 2009, pp. 63-79.

- Jean-Marc Sorel, « La frontière comme enjeu de droit international », *CERISCOPE Frontières*, 2011.

- Johnson C. (1981), « Establishing an effective production sharing type regime for petroleum», Resources Policy, Vol.7, No. 2, p. 129-141.

- Joseph S. Nye Jr., The Paradox of the American Power : Why the World's Only Superpower Can't Go it Alone, Oxford, Oxford University Press, 2002, p. 39.

- Josépha Laroche, « Politique internationale », LGDJ, 1998, p. 87.

- KARBUZ, Sohbet, « How to frame and develop the necessary cross-border energy infrastractures between Cyprus, Turkey and Israel ? », Joint report between Egmont Institute and Atlantic Council, Mai 2014.

- KHOURY, Ricardo, ALHAJ, Dima « Strengthening Environmental Governance of Oil and Gaz sector in Lebanon», LCPS, July 2016.

- Leenhardt B. (2005), « Fiscalité pétrolière au sud du Sahara : la répartition des rentes », Afrique contemporaine, No. 216, p. 65-85

- Leroy, Didier. « Les Forces Armées Libanaises. Symbole d'unité nationale et objet de tensions communautaires », Maghreb - Machrek, vol. 214, no. 4, 2012, pp. 31-44.

- MARCEL, Valérie, « Establishing a National Oil Company in Lebanon », LCPS, septembre 2016.

- MATTHEW, Bryza, « Eatsern Med natural gas: potential for historic breakthroughs among Israel, Turkey and Cyprus », Joint report between Egmont Institute and Atlantic Council, Mai 2014.

- Meyer K. E. (2004), « Perspectives on multinational enterprises in emerging economies », Journal of International Business Studies, Vol. 35, No. 4, p. 259-76.

- Michel Chevalier, Religion saint – simonienne. Système de la Méditerranée, Paris, Fayard, 2006

- Muthoo A. (1999), Bargaining theory with applications, Cambridge: Cambridge University Presse.

- NAKHLE, Carole, « Licensing and upstream petroleum fiscal regimes: assessing Lebanon's choices », LCPS.

- Olivier Jouanjan, Eric Maulin « Introduction - La théorie de l'État entre passé et avenir. Journées en l'honneur de Carrés de Malberg », Jus Politicum, n° 8.

- Olivier Lamotte, Thomas Porcher, « Stratégie des compagnies pétrolières internationales et partage de la rente : le cas du Congo », Management & Avenir 2011/2 (n° 42), p. 310-327.

- Philippe Marchesin « Géopolitique de la Turquie à partir du Grand échiquier de Zbignew Brzezinski», Études internationales 331 (2002): 137–157.

- Pierre Blanc, « Egypte : une géopolitique de la fragilité », Confluences Méditerranée 2010/4 (N°75), p. 13-31.

- Ramamurti R. (2001), « The obsolescing 'Bargaining model'? MNC-Host Developing Country Relations Revisited », Journal of International Business Studies, Vol. 32, No. 1, p. 23-39

- Robert D. Putnam, "Diplomacy and Domestic Politics: The Logic of Two Level Games," International Organization 42, no. 3 (Summer 1988): 427–60.

- SALHAB, Sami, « Les composantes rationnelles d'une réforme administrative», Confluences Méditerranée, numéro 47, automne 2003.

- SALLOUKH, Bassel, "The art of the impossible: the foreign policy of Lebanon", Janvier 2009.

- Serfati, Claude, et Philippe Le Billon. « Mondialisation et conflits de ressources naturelles », Ecologie & politique, vol. 34, no. 1, 2007, pp. 9-14.

- Stanley Hoffmann, « Raymond Aron et la théorie des relations internationales », Politique étrangère 2006/4 (Hiver), p. 723-734

- Susan Strange : Traîtres, agents doubles ou chevaliers secourables ? Les dirigeants des entreprises transnationales, in Michel Girard : L'individu dans la politique internationale, Paris Economica, 1994, p.218 6.

Liste Des Figures

Liste Des Tableaux

Table des Matieres